"新闻出版改革发展项目库"入库项目
"十二五"国家重点图书

特殊钢丛书

新一代核压力容器用 SA508Gr. 4N 钢

刘正东 何西扣 杨志强 著

北京
冶金工业出版社
2018

内容提要

本书总结了核工程和核电站压力容器用钢的发展历史，系统介绍了作者过去十余年间在国内率先开展新一代核压力容器用 SA508Gr. 4N 钢大锻件材料研究、实验室系统试验、半工业试制和大锻件工程化研制情况。建立了 SA508Gr. 4N 钢大锻件的成分设计、超纯冶炼、热变形、热处理、组织性能调控全链条工程技术体系。

本书可供冶金、机械、核电行业从事电站及其材料技术研究的工程技术人员参考，也可供大中院校材料、冶金、机械、核工程专业的本科生和研究生参阅。

图书在版编目(CIP)数据

新一代核压力容器用 SA508Gr. 4N 钢/刘正东等著．—北京：冶金工业出版社，2018. 11

（特殊钢丛书）

ISBN 978-7-5024-7909-1

Ⅰ.①新…　Ⅱ.①刘…　Ⅲ.①特殊钢　Ⅳ.①TG142

中国版本图书馆 CIP 数据核字（2018）第 239702 号

出 版 人　谭学余

地　　址　北京市东城区嵩祝院北巷 39 号　邮编　100009　电话　(010)64027926

网　　址　www.cnmip.com.cn　电子信箱　yjcbs@ cnmip. com. cn

责任编辑　卢　敏　美术编辑　吕欣童　版式设计　孙跃红

责任校对　王永欣　责任印制　李玉山

ISBN 978-7-5024-7909-1

冶金工业出版社出版发行；各地新华书店经销；固安华明印业有限公司印刷

2018 年 11 月第 1 版，2018 年 11 月第 1 次印刷

169mm×239mm；17. 75 印张；344 千字；268 页

69. 00 元

冶金工业出版社　投稿电话　(010)64027932　投稿信箱　tougao@cnmip. com. cn

冶金工业出版社营销中心　电话　(010)64044283　传真　(010)64027893

冶金书店　地址　北京市东四西大街 46 号(100010)　电话　(010)65289081(兼传真)

冶金工业出版社天猫旗舰店　yjgycbs.tmall.com

（本书如有印装质量问题，本社营销中心负责退换）

《特殊钢丛书》

《特殊钢丛书》序言

特殊钢是众多工业领域必不可少的关键材料，是钢铁材料中的高技术含量产品，在国民经济中占有极其重要的地位。特殊钢材占钢材总量比重、特殊钢产品结构、特殊钢质量水平和特殊钢应用等指标是反映一个国家钢铁工业发展水平的重要标志。近年来，在我国社会和经济快速健康发展的带动下，我国特殊钢工业生产和产品市场发展迅速，特殊钢生产装备和工艺技术不断提高，特殊钢产量和产品质量持续提高，基本满足了国内市场的需求。

目前，中国经济已进入重化工业加速发展的工业化中期阶段，我国特殊钢工业既面临空前的发展机遇，又受到严峻的挑战。在机遇方面，随着固定资产投资和汽车、能源、化工、装备制造和武器装备等主导产业的高速增长，全社会对特殊钢产品的需求将在相当长时间内保持在较高水平上。在挑战方面，随着工业结构的提升、产品高级化，特殊钢工业面临着用户对产品品种、质量、交货时间、技术服务等更高要求的挑战，同时还在资源、能源、交通运输短缺等方面需应对日趋激烈的国内外竞争的挑战。为了迎接这些挑战，抓住难得发展机遇，特殊钢企业应注重提高企业核心竞争力以及在资源、环境方面的可持续发展。它们主要表现在特殊钢产品的质量提高、成本降低、资源节约型新产品研发等方面。伴随着市场需求增长、化学冶金学和物理金属学发展、冶金生产工艺优化与技术进步，特殊钢工业也必将日新月异。

从20世纪70年代世界第一次石油危机以来，工业化国家的特殊钢生产、产品开发和工艺技术持续进步，已基本满足世界市场需求、资源节约和环境保护等要求。近年来，在国家的大力支持下，我国科研院所、高校和企业的研发人员承担了多项国家科技项目工作，在特殊钢的基础理论、工艺技术、产品应用等方面也取得了显著成绩，特别是近20年来各特钢企业的装备更新和技术改造促进了特殊钢行业进步。为了反映特殊钢技术方面的进展，中国金属学会特殊钢分会、先进钢铁材料技术国家工程研究中心和冶金工业出版社共同发起，并由先进钢铁材料技术国家工程研究中心和中国金属学会特殊钢分会负责组织编写了新的《特殊钢丛书》，它是已有的由中国金属学会特殊钢分会组织编写《特殊钢丛书》的继续。由国内学识渊博的学者和生产经验丰富的专家组成编辑委员会，指导丛书的选题、编写和出版工作。丛书编委会将组织特殊钢领域的学者和专家撰写人们关注的特殊钢各领域的技术进展情况。我们相信本套丛书能够在推动特殊钢的研究、生产和应用等方面发挥积极作用。本套丛书的出版可以为钢铁材料生产和使用部门的技术人员提供特殊钢生产和使用的技术基础，也可为相关大专院校师生提供教学参考。本套丛书将分卷撰写，陆续出版。丛书中可能会存在一些疏漏和不足之处，欢迎广大读者批评指正。

《特殊钢丛书》编委会主编

中国工程院院长　徐匡迪

2008年夏

前　言

1938年12月梅特纳和哈恩在德国首次发现了核裂变现象。1942年12月费米领导的科研团队在美国芝加哥大学Stagg足球场首次实现了链式反应。1945年7月奥本海默领导的曼哈顿工程首次实现核裂变超临界并成功爆炸第一颗原子弹。1954年1月21日和1957年12月2日在里科弗领导下美国先后成功建成鹦鹉螺号世界第一艘核动力潜艇和希平港压水堆核电站，首次实现可控核裂变的工程化，从此人类进入了可控利用原子能时代。

一直以来，压水堆是核动力和核电站的主要堆型。压水堆核岛主设备由压力容器、蒸汽发生器、稳压器、主管道、主泵等组成，上述装备构成一回路压力边界，其中核岛压力容器中容纳核反应堆芯，是核电站和核动力工程全寿期内唯一不可更换的装备，目前的核压力容器一般由SA508Gr. 3钢大型锻件焊接而成。

我国核压力容器用钢技术源于军而兴于民。我国第一代核动力压力容器采用钢铁研究总院刘嘉禾教授研发的645-3钢制造。645-3钢是在中温锅炉钢的基础上改进而成，该钢在当时的特定环境下很好地承担了其历史使命。改革开放以后，我国开始研究和制造核压力容器用SA508Gr. 3钢。

我国民用核电站从1985年自主设计和建设30万千瓦压水堆秦山核电站开始起步。1995年通过引进法国百万千瓦压水堆技术开始建设大亚湾核电基地，随后在此基础上形成了CPR1000二代加压水堆核电技术。2006年以来，以引进-消化-吸收世界领先的第三代压水堆核电技术AP1000和EPR为标志，我国核电事业进入快速发展轨道。截至2018年6月，我国大陆共有建成和在建核电站56座，其中52座是压水堆核电站。目前我国在运行和在建设中核电站的核压力容器全部采用SA508Gr. 3钢大锻件制造。世界范围内压水堆核电站的核压力容器目前也全部采用SA508Gr. 3钢大锻件制造。

在引进消化和吸收AP1000核电技术基础上，我国自主设计了华龙一号和CAP1400核电站。华龙一号和CAP1400核电站均为第三代核电站技术，具有世界领先水平。CAP1400核电站设计功率为140万千瓦，采用两个蒸汽发生器方案，致使CAP1400核电站的蒸汽发生器SA508Gr.3钢大锻件厚度过大，可能会超出该材料的工程性能使用极限，即随着压水堆核电站核岛主设备的大型一体化设计，SA508Gr.3钢大锻件可能已难以满足工程要求，研制具有更高综合性能的新一代核压力容器用SA508Gr.4N钢大锻件已具备工程意义。

钢铁研究总院刘正东教授2005年开始率先在国内开展SA508Gr.4N钢大锻件的研制工作。过去十余年间钢铁研究总院与中国第一重型机械股份公司和中国核动力研究设计院等单位紧密合作，系统开展了新一代核压力容器用SA508Gr.4N钢大锻件材料研究、实验室系统试验、80吨级SA508Gr.4N钢锻件半工业试制和200吨级SA508Gr.4N钢大锻件工程化研制工作，建立了SA508Gr.4N钢大锻件的成分设计、超纯净冶炼、热变形、热处理、组织性能调控全链条工程技术体系。本书就是作者对上述工程化研制过程的阶段性技术总结。本书共分为11章。第1章介绍了核压力容器用钢发展简史，第2章介绍了SA508Gr.4N钢的标准及工程应用问题，第3章介绍了SA508Gr.4N钢的平衡相变热力学计算分析问题，第4章介绍了SA508Gr.4N钢的相变问题研究，第5章介绍了SA508Gr.4N钢的热加工问题研究，第6章介绍了SA508Gr.4N钢的组织遗传性问题研究，第7章介绍了SA508Gr.4N钢的超纯净冶炼问题，第8章介绍了SA508Gr.4N钢的回火脆化问题研究，第9章介绍了SA508Gr.4N钢的高韧性低回火脆性改善技术问题，第10章介绍了SA508Gr.4N钢的辐照脆化问题，第11章介绍了SA508Gr.4N钢大锻件的工程实践情况。由于作者的知识和技术水平有限，书中不妥之处，恳请读者批评指正。

作者非常感谢国家国防科工局和国家能源局对本研究工作的大力支持！非常感谢中国第一重型机械股份公司和中国核动力研究设计院在过去十年中的密切合作！在本书即将出版之际，作者衷心感谢中国工程院干勇院士、张金麟院士、于俊崇院士、殷瑞钰院士、翁宇庆院士、王海舟院士、王一德院士、王国栋院士、谢建新院士、毛新平院士、聂祚仁院士，钢铁研究总院田志凌、杜挽生，中国第一重型机械股份公司吴生富、马克、隋炳利、蒋金水、张文辉、高建军、张景利、赵德利等，中国核动力研究设计院陈炳德、刘承敏、彭航、罗英、杨敏、王小彬等，上海核工程研究设计院郑明光、景益、王永东等，清华大学马庆贤、杨志刚，上述专家的指导和合作是作者成功写作本书的保障。感谢冶金工业出版社卢敏编辑为本书出版付出的努力！

本书的作者之一刘正东非常感谢过去十几年中由其指导并与其一起成长的专研核压力容器用钢技术方向的博士和硕士研究生陈红宇、李昌义、金明、何西扣、刘宁、杨志强、刘涛、谢常胜、乔士宾等人。其中何西扣博士和杨志强博士是本书的共同作者。

我国的核动力和核电站事业正面临前所未有的历史性发展机遇，作者将与所有合作者一道继续一如既往地推进 SA508Gr. 4N 钢大锻件的工程应用研究，使之早日在我国的核工程上获得应用。

刘正东

2018 年 7 月于北京

目　　录

1　核压力容器用钢的发展简史 …… 1

1.1　核电站概况 …… 1
1.2　核压力容器 …… 4
1.3　核压力容器用钢的发展 …… 8
1.3.1　美国的核压力容器用钢 …… 8
1.3.2　中国的核压力容器用钢 …… 10
参考文献 …… 12

2　SA508Gr. 4N 钢的标准及工程应用问题 …… 14

2.1　SA508Gr. 4N 钢的标准 …… 14
2.2　SA508Gr. 4N 钢的工程应用问题 …… 14
2.2.1　超纯净冶炼 …… 14
2.2.2　回火脆性 …… 15
2.2.3　辐照脆化 …… 16
2.2.4　焊接性 …… 17
参考文献 …… 18

3　SA508Gr. 4N 钢的平衡相变热力学计算分析 …… 19

3.1　计算材料学 …… 19
3.2　平衡相热力学计算 …… 20
3.2.1　CALPHAD 简介 …… 20
3.2.2　Thermo-Calc 热力学计算软件 …… 21
3.3　SA508Gr. 4N 钢平衡相热力学计算 …… 21
3.3.1　热力学计算模型与参数 …… 21
3.3.2　平衡相变热力学计算结果 …… 22
3.3.3　分析讨论 …… 23
3.3.4　平衡相试验验证 …… 25

参考文献 …… 27

4　SA508Gr. 4N 钢的相变问题研究 …… 29

4.1　SA508Gr. 4N 钢升温过程中的奥氏体化 …… 29
4.1.1　连续加热奥氏体化相变曲线 …… 30
4.1.2　奥氏体化相变的 J-M-A 动力学方程 …… 31
4.1.3　动力学方程参数的确定 …… 32
4.1.4　等温奥氏体化相变曲线 …… 35
4.2　SA508Gr. 4N 钢连续冷却中的组织转变 …… 35
4.2.1　SA508Gr. 4N 钢的膨胀曲线与 CCT 曲线 …… 36
4.2.2　SA508Gr. 4N 钢的 K-M 方程 …… 40
4.2.3　SA508Gr. 4N 钢不同冷速下的微观组织 …… 41
4.2.4　CCT 曲线的完善 …… 46
4.2.5　SA508Gr. 4N 钢的淬透极限 …… 46
4.3　SA508Gr. 4N 钢的过冷奥氏体等温转变 …… 49
4.3.1　贝氏体转变动力学 …… 50
4.3.2　SA508Gr. 4N 钢的 TTT 曲线 …… 53
4.3.3　过冷奥氏体不同等温时间对应的微观组织 …… 54
4.3.4　晶粒尺寸对等温组织的影响 …… 55
参考文献 …… 56

5　SA508Gr. 4N 钢的热加工问题研究 …… 58

5.1　变形参数对热变形行为的影响 …… 59
5.1.1　变形温度及速率对热变形行为的影响 …… 59
5.1.2　变形量对热变形行为的影响 …… 71
5.1.3　变形道次对热变形行为的影响 …… 74
5.1.4　道次间隔及保温时间对热变形行为的影响 …… 74
5.1.5　初始晶粒尺寸对热变形行为的影响 …… 77
5.2　SA508Gr. 4N 钢的热变形方程 …… 80
5.2.1　热变形方程的建立 …… 80
5.2.2　SA508Gr. 4N 钢的应变敏感性判定 …… 82
5.3　SA508Gr. 4N 钢的热加工图 …… 82
5.3.1　能量耗散及流变失稳判据 …… 82
5.3.2　热加工图的建立方法 …… 83

5.4 SA508Gr. 4N 钢发生动态再结晶的条件 …… 84
5.4.1 Z 参数及其与峰值应力的关系 …… 84
5.4.2 动态再结晶的条件 …… 85
5.5 SA508Gr. 4N 钢的亚动态再结晶行为 …… 86
5.5.1 双道次真应力-应变曲线 …… 88
5.5.2 亚动态再结晶判据 …… 90
5.5.3 亚动态再结晶分数 …… 90
5.5.4 亚动态再结晶组织 …… 92
5.6 SA508Gr. 4N 钢的流变应力本构模型 …… 94
5.6.1 流变应力模型 …… 94
5.6.2 模型中参数的确定 …… 94
5.6.3 模型计算应力与实测应力比较 …… 96
5.6.4 模型计算结果的准确性 …… 97
5.7 SA508Gr. 4N 钢的再结晶模型 …… 98
5.7.1 动态再结晶晶粒尺寸预测模型 …… 98
5.7.2 动态再结晶百分比预测模型 …… 98
参考文献 …… 100

6 SA508Gr. 4N 钢的组织遗传性问题研究 …… 103

6.1 奥氏体化温度及时间对晶粒尺寸的影响 …… 104
6.1.1 奥氏体化温度对晶粒尺寸的影响 …… 105
6.1.2 保温时间对晶粒尺寸的影响 …… 108
6.2 核压力容器用钢中的氮化铝 …… 110
6.2.1 SA508Gr. 4N 钢平衡相图中的氮化铝 …… 110
6.2.2 SA508Gr. 4N 钢中氮化铝的溶度积 …… 112
6.3 SA508Gr. 4N 钢奥氏体晶粒长大模型 …… 113
6.4 消除 SA508Gr. 4N 钢组织遗传性的传统方法 …… 115
6.5 消除组织遗传新工艺的探索 …… 117
6.5.1 预粗化处理 …… 118
6.5.2 等温退火+两步正火热处理工艺 …… 119
6.5.3 高温回火+两步正火热处理工艺 …… 123
6.5.4 高温回火+亚温正火+正火热处理工艺 …… 125
6.5.5 等温退火+亚温正火+正火热处理工艺 …… 129
6.5.6 高温回火+亚温正火+正火热处理工艺 …… 135

6.5.7 消除组织遗传试验结果分析 …… 137
参考文献 …… 138

7 SA508Gr.4N钢的超纯净冶炼 …… 141

7.1 纯净及超纯净钢 …… 141
7.2 超纯净钢的优越性 …… 142
7.3 超纯净钢的冶炼 …… 143
7.4 超纯净钢在大型锻件上的应用 …… 144
7.4.1 美国超纯净大锻件的研制应用情况 …… 144
7.4.2 日本超纯净大锻件的研制应用情况 …… 147
7.4.3 其他国家超纯净大锻件的研制应用情况 …… 148
7.5 SA508Gr.4N钢超纯净冶炼的实践 …… 151
7.5.1 力学性能 …… 151
7.5.2 分析讨论 …… 153
参考文献 …… 159

8 SA508Gr.4N钢的回火脆化问题研究 …… 161

8.1 SA508Gr.4N钢的韧-脆转变行为 …… 162
8.1.1 组织状态的影响 …… 162
8.1.2 化学成分的影响 …… 170
8.1.3 第二相的影响 …… 189
8.2 SA508Gr.4N钢的回火脆性 …… 192
8.2.1 组织状态对回火脆性的影响 …… 192
8.2.2 化学成分对回火脆性的影响 …… 196
8.3 基于晶界偏聚理论对SA508Gr.4N钢回火脆性的预测 …… 204
8.3.1 非平衡晶界偏聚理论 …… 204
8.3.2 平衡偏聚下等效时间的推算 …… 205
8.3.3 SA508Gr.4N钢大锻件全寿命期内回火脆性预测 …… 207
参考文献 …… 208

9 SA508Gr.4N钢的高韧性低回火脆性改善技术 …… 211

9.1 改善技术 …… 211
9.1.1 提高SA508Gr.4N钢的纯净度 …… 211
9.1.2 优化成分 …… 211

9.2　成分设计 …… 211
9.3　韧性和回火脆性的改善效果 …… 212
9.3.1　冶炼质量 …… 212
9.3.2　韧性的改善效果 …… 213
9.3.3　回火脆性的改善效果 …… 215
9.4　分析与讨论 …… 217
参考文献 …… 223

10　SA508Gr.4N 钢的辐照脆化问题 …… 224

10.1　压力容器用钢的辐照环境 …… 224
10.1.1　反应堆内中子的分类 …… 224
10.1.2　快中子慢化剂 …… 225
10.1.3　中子注量 …… 225
10.2　压力容器用钢的辐照效应 …… 225
10.2.1　辐照效应的类型 …… 225
10.2.2　辐照效应的影响 …… 226
10.3　辐照脆化的评价方法 …… 235
10.3.1　评价标准 …… 235
10.3.2　取样方法 …… 237
10.4　改善辐照脆化的方法 …… 240
参考文献 …… 241

11　SA508Gr.4N 钢大锻件工程实践 …… 244

11.1　冶炼内控成分 …… 244
11.2　冶炼工艺及流程 …… 244
11.3　锻造工艺及流程 …… 246
11.4　热处理工艺 …… 247
11.5　大锻件工业试制 …… 249
11.5.1　锻造后的试制锻件 …… 249
11.5.2　试制锻件的粗加工 …… 249
11.5.3　试制锻件的热处理 …… 252
11.6　SA508Gr.4N 钢工业试制大锻件的全面性能检测及评价 …… 255
11.6.1　试制锻件的试料分解和性能检测项目 …… 255
11.6.2　试制锻件化学成分分析 …… 256
11.6.3　锻件的力学性能检测 …… 258
11.6.4　锻件的微观组织分析 …… 267

1 核压力容器用钢的发展简史

1.1 核电站概况

核电站和火电站的区别在于核电站是在反应堆压力容器内，利用原子核分裂产生的“核能”来加热载热剂，然后将载热剂输送到汽轮发电机组转变为电能。而火电站则在锅炉中燃烧有机燃料加热水产生蒸汽，然后将蒸汽通过汽轮发电机组以发电。目前国际上在役及在建的核电站以反应堆类型不同可分为以下 4 种类型[1]：

（1）轻水型堆：以轻水作为载热剂和慢化剂，又可分为两类。

1）压水堆：为了保持作为慢化剂和载热剂的水在高温下不发生沸腾，而在高压条件下工作。

2）沸水堆：降低了工作压力，允许水在反应堆内沸腾产生蒸汽。

（2）重水型堆：以重水作为载热剂和慢化剂或者为了节约重水资源仅用重水作为慢化剂，以沸腾的轻水作为载热剂。

（3）石墨气冷堆：以气体作为载热剂，石墨作为慢化剂。常用的载热剂为氦气和二氧化碳。

以上 3 种类型均称为热中子反应堆，主要指大多数核裂变由能量在 0.025eV 左右的热中子引起。由反应堆燃料裂变产生出的中子都是快中子。为了将快中子的能量降低，在反应堆内就需有相当数量的慢化剂。

（4）快中子增殖堆：快中子增殖堆中所需要的中子能量应大于 0.1MeV，所以反应堆内不需要慢化剂，载热剂则要求用没有慢化作用的液体金属钠或氦气来承担。快堆不易控制，技术难度大，目前尚未规模应用。

目前世界上广泛建造和使用的是压水堆核电站，截止到 2018 年 2 月底全球有 293 台压水堆机组在运行，占全球总运行机组的 65%。其结构示意图如图 1-1 所示。核电站分为两大部分、三个回路，分别为核岛和常规岛以及一、二、三回路。核岛是利用原子核裂变生产蒸汽的部分，也可称为核反应堆。核岛部分的主要设备位于一回路上，主要有核反应堆压力容器、蒸汽发生器、稳压器、主泵等。常规岛是利用蒸汽发电的部分主要在二、三回路，包括汽轮机回路、循环冷却水系统和电气系统，其形式与常规火电厂类似。

压水堆核电站一回路的压力一般为 15MPa 左右，压力容器冷却剂出口温度约为 325℃，进口温度约为 290℃。二回路蒸汽压力为 6~7MPa，蒸汽温度为 275~290℃，压水堆的发电效率为 33%~34%。中国现有和在建的压水堆核电站的主要参数列于表 1-1。

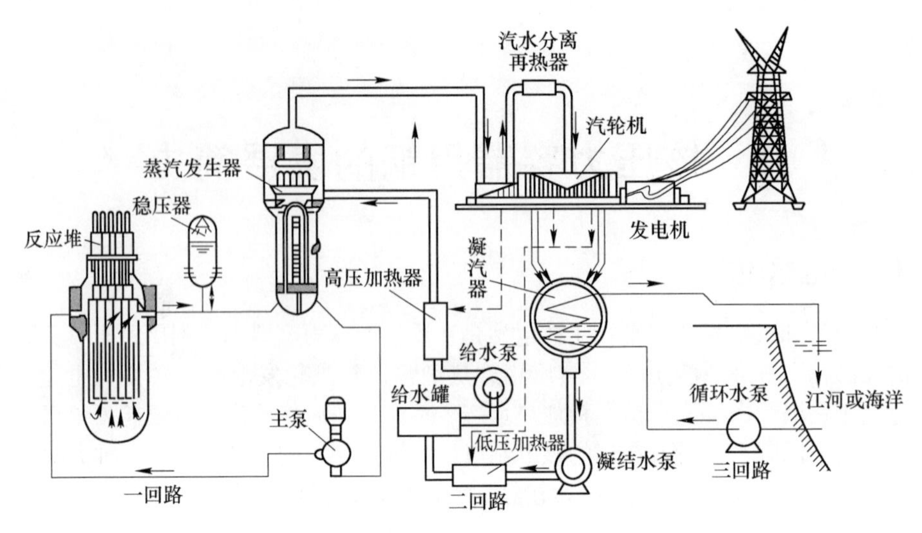

图 1-1　压水堆核电站工作原理示意图

表 1-1　中国压水堆核电站的主要参数[2,3]

堆名	秦山	秦山二期	大亚湾	岭澳	田湾	AP1000
设计年份	1985	1996	1986	1997	1996	2005 批准
核岛设计者	上海核工程设计院	中国核动力设计院	法马通公司	法马通公司	俄罗斯核设计院	美国西屋公司
热功率/MWt	966	1930	2905	2905	3000	3415
毛电功率/MWe	300	642	985	990	1000	
净电功率/MWe	280	610	930	935	1000	
热效率/%	31	33.3	33.9	34.1	35.33	
燃料装载量/tU	40.75	55.8	72.4	72.46	74.2	
平均比功率/$kW \cdot kg^{-1}$	23.7	34.6	40.1	40.0	40.5	
平均功率密度/$kW \cdot L^{-1}$	68.6	92.8	109	107.2	109	
平均线功率/$W \cdot cm^{-1}$	135	161	186	186	106.7	188
最大线功率/$W \cdot cm^{-1}$	407	362	418.5	418.5	430.8	
燃料组件	15×15	17×17	17×17	17×17	六边形	17×17
平衡燃料 U^{235} 富集度/%	3.0	3.25	3.2	3.2	3.9	

续表 1-1

平均卸料燃耗 /MW·d·tU^{-1}	24000	35000	33000	33000	43000	
压力容器材料	508-3	508-3	508-3	508-3	15X2HmΦAc1.1	508-3
压力容器内径/m	3.73	3.85	3.99	3.99	4.13	4.04
安全壳设计压力/MPa		0.52	0.52	0.52	0.5	0.407
一回路工作压力/MPa	15.5	15.5	15.5	15.5	15.7	15.51
堆芯进口温度/℃	288.8	292.8	292.4	292.4	291	280.7
堆芯出口温度/℃	315.2	327.2	329.8	329.8	321	323.9
环路数目	2	2	3	3	4	4
主泵数目	2	2	3	3	4	4
蒸汽发生器数目	2 立式	2 立式	3 立式	3 立式	4 卧式	2 立式
蒸汽发生器管材	Incology -800	Inconel -690	Inconel -690	Inconel -690	不锈钢	Inconel -690
运行周期/月	12	12	12	12	12	

主泵位于核岛心脏部位，用来将冷水泵入蒸发器转换热能，是核电运转控制水循环的关键，属于核电站的一级设备，每个蒸汽发生器备有一个主泵。世界上核主泵的主要制造商有：美国的 EMD、法国热蒙（AREVA）、日本三菱（MHI）、德国 KSB、奥地利 ANDRITZ 和俄罗斯圣彼得堡机器制造中央设计局等。我国已投产的核电站中使用的主泵皆由国外引进。主泵国产化也是我国实现核电自主化必须攻克的难题[4]。我国也特别重视核主泵的国产化，“核主泵制造的关键科学问题”于 2009 年立项，到 2013 年课题已经取得重要进展。这为我国主泵国产化迈进坚实一步。在 2015 年 7 月国产的首台 30 万千瓦核电站主泵由哈尔滨电气动力装备有限公司成果研制并发往核电站，实现了核电主泵国产化的重要突破。

稳压器是用来控制反应堆系统压力变化的设备。在正常运行时起保持压力的作用。在发生事故时提供超压保护。稳压器里设有加热器和喷淋系统，当反应堆内压力过高时，喷洒冷水降压。当堆内压力太低时，加热器自动通电加热使水蒸发以增加压力，属于保证整个核电站安全运行的关键设备。

蒸汽发生器的主要功能是作为热交换设备将一回路冷却剂中的热量传给二回路给水，使其产生饱和蒸汽供给二回路动力装置。

稳压器和蒸汽发生器具有许多共同点，如体积均很庞大，AP1000 中稳压器高 12.1m，蒸汽发生器高 22.4m。外壳均由大锻件焊接而成。对于稳压器和蒸汽发生器的制造我国已经具备能力，但在部分锻件的制造中还存在困难。三门核电站 1 号机蒸汽发生器部分锻件还需向韩国采购。2010 年 4 月 3 日，中国二重成功锻造出用于三门核电站稳压器上、下封头，为我国实现核电主设备国产化又迈进了一步。

1.2　核压力容器

压水堆一回路的工作压力一般为 15MPa 左右，在该压力下 315℃高温的冷却剂始终处于液态。包容冷却剂循环的整个一回路系统就是一个密闭的压力容器系统，如图 1-2 所示。

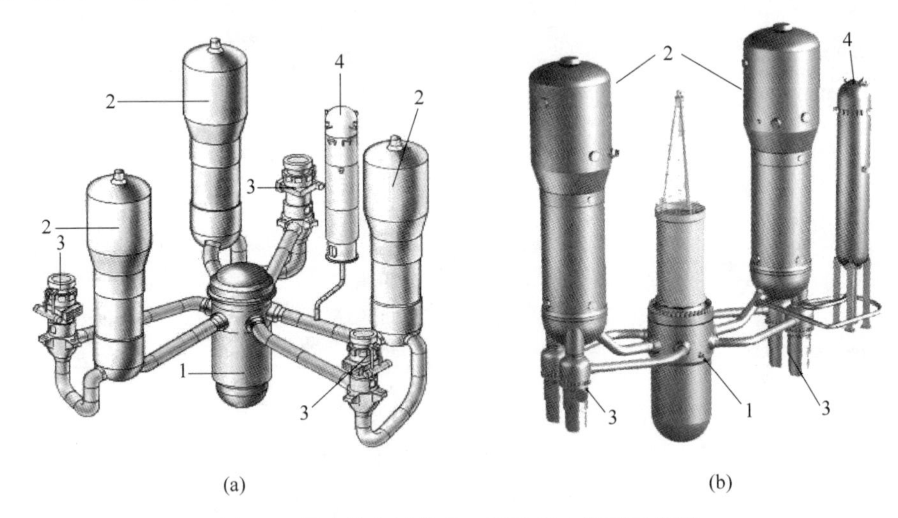

图 1-2　压水堆电站核岛一回路压力容器示意图

（a）二代核电站一回路示意图；（b）AP1000 核电站一回路示意图

1—压力容器；2—蒸发器；3—主泵；4—稳压器

压力容器是核电站最重要的安全屏障之一，它一般由顶盖、接管段、上筒体、堆芯下筒体、下封头等组成。压力容器内放置支撑和定位堆芯的多种堆内构件（见图 1-3）。压力壳在高温高压辐射环境下长期服役，而且在核电站整个寿期内不可更换。近年，为提高核电站的综合经济效益，经过安全性评估后在设计和使用上又把压力壳的寿期从 40 年提高到 60 年，对压力容器材料及制造技术提出了更高的要求。一回路和二回路系统在蒸汽发生器中进行热交换，蒸发器一般由上封头、上筒体、下筒体、过渡段（锥形过渡段）、水室下封头等组成，其中的管板对传热管起定位和支撑作用，数以万计的传热管被成束定位于管板上，通过传热管内的传热介质起到一回路和二回路之间热交换的作用。AP1000 核电站在设计上对蒸发器锻件提出了很高的技术要求，采用了 SA508Gr. 3C1. 2 新材料，对 SA508Gr. 3 钢的性能极限提出了严峻挑战。

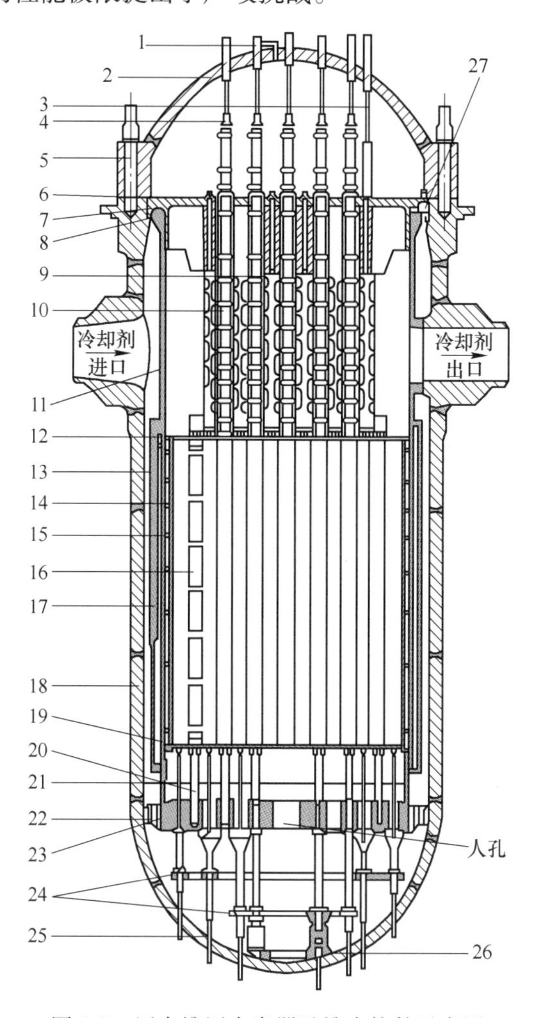

图 1-3　压水堆压力容器及堆内构件示意图

1—放气孔；2—压力容器顶盖；3—热电偶测量管；4—接头；5—压力容器主螺栓；6—导向筒支承板；7—压紧弹簧；8—内支承凸缘；9—支承筒；10—导向筒；11—堆芯吊篮；12—堆芯上板；13—热屏蔽；14—堆芯围板；15—支承辐板；16—燃料组件；17—辐照监督管；18—压力容器筒体；19—堆芯下板；20—堆芯支承柱；21—流量分配板；22—径向支承块；23—堆芯支承板；24—连接板；25—中子通量密度测量管；26—安全支承缓冲器；27—对中销

随着核电站功率的逐渐增大、寿命的延长这导致核压力容器的服役环境更加严苛。在核电站发展的初期阶段，压力容器的服役温度为 316℃，服役压力为 13. 7MPa。目前国内建造的第三代核电站的设计温度为 343℃、压力为 17. 2MPa。这将对核压力容器的力学性能提出更为严苛的要求。表 1-2 为常见堆型的中子注量率及中子注量[5,6]，可见压水堆在 40 年的服役周期内中子注量高达 $10^{19} \sim 10^{20}$ n/cm^2，这将会引起辐照脆化使韧性降低。

表 1-2 常见堆型的中子注量率和中子注量 (E>1MeV)[5,6]

堆 型	中子注量率/n·(cm^2·s)$^{-1}$	全寿命周期中子注量/n·cm^{-2}
WWER-440 core weld	1.2×10^{11}	1.1×10^{20}
WWER-440 maximum	1.5×10^{11}	1.6×10^{20}
WWER-1000	$3\times10^{10} \sim 4\times10^{10}$	3.7×10^{19}
PWR（W）	4×10^{10}	4×10^{19}
PWR（B&W）	1.2×10^{10}	1.2×10^{19}
BWR	4×10^{9}	4×10^{18}
快堆	$10^{15} \sim 10^{16}$	—

注：WWER 堆寿命周期为 40 年，PWR 堆寿命周期为 32 个有效全功率年，即 40 年。

反应堆压力容器的体积大、精度要求高、制造难度大，功率在 1000MW 及以上的普通压水堆核电站的反应堆压力容器直径近 5m，厚度超过 20cm，部分单件铸锭毛重达 500 多吨。压力容器的结构经历了由板焊结构到锻焊结构以及现在的接近整体成型，图 1-4 为反应堆压力容器的结构演变[7]。

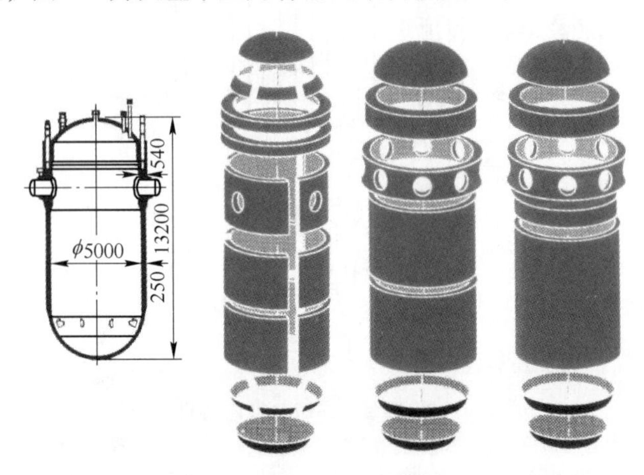

图 1-4 核压力容器结构演变

目前，随着核电技术的发展对压力容器提出更高要求，使压力容器朝着大型化、一体化、锻制化发展，因而使其具有以下特点：

（1）压力容器锻件体积大、重量重。AP1000 型反应堆压力容器高约 12.2m，容器内径 4.4m，壁厚 225mm，总重量约 425.3t。整个容器需分成若干小节进行锻造而后拼焊而成。

（2）压力容器的形状复杂，不易锻造。由于反应堆压力容器属于核一级安全设备，为了提高安全性，压力容器减少了横向焊缝，将上封头与法兰整体锻造，形成整体顶盖。因此，需要采取特殊的锻造方法来锻造压力容器整体顶盖，如采用旋转锻造法，如图 1-5 所示[8]。另外由于压力容器筒体直径过大，每一节宽度过宽，往往超出大型液压机体内锻造极限，需改造设备进行体外锻造，如图 1-5 所示[9]。

（3）压力容器热处理过程复杂。压力容器从锻造成型后要经历一系列热处理，如正火、淬火、回火等。由于核压力容器体积庞大，因此热处理需要长时间的加热和保温，这将导致压力容器的性能不易控制。

（4）压力容器焊接难度大。压力容器由各个锻件拼焊成筒身，在筒身处有一段为压力容器接管段（见图 1-6），需要焊接 6 个接管[9]。这将对焊接提出较高要求，不易一次焊接成型。

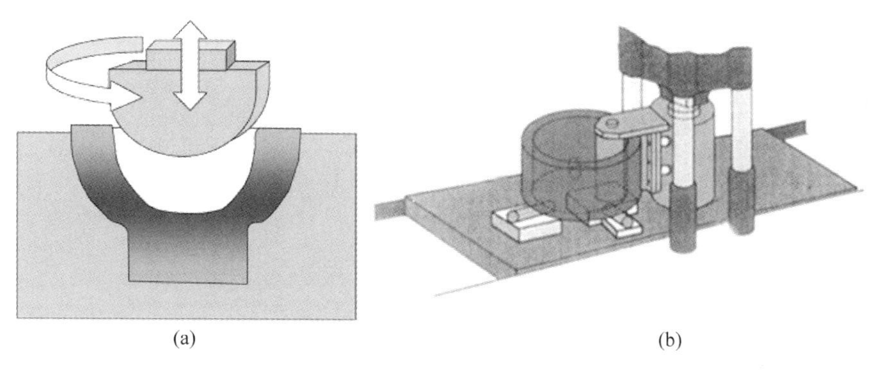

(a) (b)

图 1-5 特殊锻造方法示意图[8,9]

（a）旋转锻造；（b）体外锻造

图 1-6 压力容器接管段示意图[9]

1.3　核压力容器用钢的发展

1.3.1　美国的核压力容器用钢

核压力容器长期在高温高压辐照条件下运行，其完整性对反应堆的安全和寿命至关重要。核压力容器用钢应具有以下关键性能：（1）强度高、塑韧性好、抗辐照、耐腐蚀，与冷却剂相容性好；（2）组织和性能稳定；（3）具有良好的焊接性能和冷热加工性能；（4）成本经济合理等。核压力容器基本上采用板焊结构（厚板+焊接）和锻焊结构（锻件+焊接）两大类。压力容器用钢正沿着一条低强度→中强度→高强度→超高强度的路线发展，图 1-7 为美国反应堆压力容器用钢的发展过程。

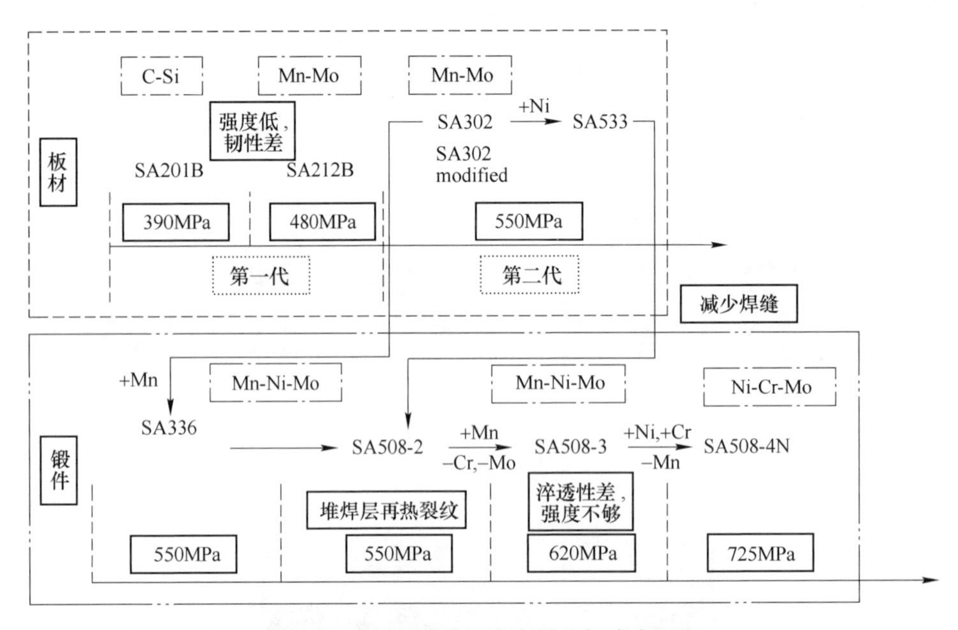

图 1-7　美国反应堆压力容器用钢演变历程

第一代核压力容器用钢板，是在石油化工压力容器用钢技术的基础上，根据低合金钢的使用经验而确定。美国早期的核压力容器基本上采用具有良好焊接性能的锅炉钢板制造。1955 年，核压力容器用钢板选用了 ASME SA212B，该钢强度较低，而且当钢板的截面变厚时，其冲击韧性明显下降。而后核压力容器用钢板改用强度较高的 Mn-Mo 系 SA302B 钢，Mn 是强化基体和提高淬透性的元素，Mo 能提高钢的高温性能及降低回火脆性。为改善厚截面淬透性，使强韧性有良好的配合，通过在 SA302B 钢中添加 Ni，研制了改进型 SA302B（含 0.40%～1.00%Ni），即后来的 SA302C。从 1965 年起，核压力容器用钢板开始采用

SA533B，热处理工艺开始采用淬火+回火（调质）工艺。钢种的提升和热处理工艺的改进使核压力容器用钢板的技术水平上了一个大台阶。

核压力容器锻件用钢的发展过程类似于板材。最初使用的是 C-Mn 钢锻件 SA105 和 SA182，随后又被 Mn-Ni 锻件 SA350-82 和 Mn-Ni-Mo 锻件 SA336 取代。1965 年以后，出现了 Mn-Ni-Mo 系 SA508-2 钢锻件及其改进钢种 SA508Gr. 3 锻件。20 世纪 60 年代是世界范围内核电站建设的高潮期。由于需求的强烈推动作用，20 世纪 60 年代也是核压力容器用钢发展的重要变革期。由于炉外精炼和真空浇铸等冶金技术和装备的进步，大锻件用钢的综合冶金质量大幅度提升，加之热处理工艺由常化热处理升级为调质热处理，使生产细晶粒和高强高韧相匹配的压力容器板材和锻件成为可能。随着核电站不断向大型化发展，压力容器的吨位和壁厚不断增加。由于压力容器壁厚增加和面对辐照活性区的纵向焊缝辐照脆化问题，压力容器在设计和制造上逐渐采用了锻焊结构来代替板焊结构，环锻件不需要纵向焊接。20 世纪 60 年代核电站环锻件材料基本选用 SA508-2 钢，直到 1970 年西欧国家发现 SA508-2 钢制造的压力容器锻件堆焊层部位出现再热裂纹，严重威胁核电站安全。为克服堆焊层下的再热裂纹问题，在 SA508-2 钢的基础上通过成分改进开发了 SA508Gr. 3 钢。后者是在前者的基础上，通过降低 C、Cr、Mo 元素的含量，以减小再热裂纹敏感性。为弥补强化元素降低后的强度损失，提高了钢中 Mn 的含量。Mn、Ni、Mo 是 SA508Gr. 3 钢的主体元素。SA508Gr. 3 钢锻件经调质处理后，其基体组织应为单一贝氏体。当截面过大或冷却不足时，其基体中也可能出现铁素体和珠光体组织。铁素体和珠光体组织的出现对钢的强韧性不利，应尽力避免[1,10]。

目前典型的压水堆核电站 RPV 锻件用钢主要有美国的 SA508Gr. 3、德国的 20MnMoNi55、法国的 16MND5、俄罗斯的 15X2HmΦAcl. 1 和日本的 SFVV3 等。在这些钢种中，除俄罗斯的 15X2HmΦAcl. 1 外，其余钢种的成分与 SA508Gr. 3 非常接近，或者可以说是同一个钢种的不同标准版本。迄今，SA508Gr. 3 钢被认为是制造压水堆压力容器锻件的首选和通用材料。

20 世纪 60 年代中后期，强劲的需求和冶金技术的进步推动 RPV 钢的研究取得了重大发展，特别在锻材的纯净度、均匀性、韧性、辐照后的性能、厚截面力学性能等方面都取得了重大成果。在 SA508Gr. 3 钢基础上，又开发了一种淬透性更强、低温韧性更好的钢种 SA508Gr. 4N。SA508Gr. 4N 钢与 SA508Gr. 3 相比，Mn 含量显著降低而提高了 Cr、Ni，Mn 含量降低可以减少钢中偏析，降低回火脆化敏感性。Cr、Ni 含量的提高降低了奥氏体向铁素体和碳化物的转变速度，使 C 曲线明显右移，从而也降低了淬火的临界冷却速度，致使钢的淬透性增加和获得空淬效应[11]。

1.3.2　中国的核压力容器用钢

我国的反应堆压力容器用钢的研制历程如图 1-8 所示。我国反应堆压力容器用钢是从仿制逐渐走上自主研制。

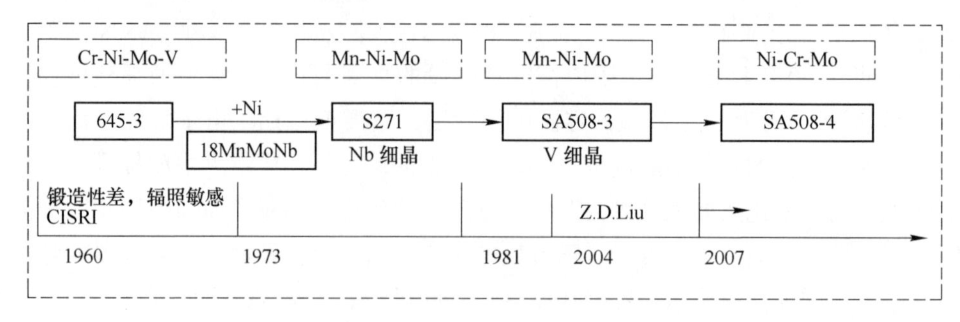

图 1-8　中国反应堆压力容器用钢的研制历程

我国在 20 世纪 60 年代开始进行反应堆压力容器用钢的研究和试制，主要用于我国第一代核潜艇反应堆压力壳。当时我国发展核潜艇，不同于其他武器系统，后者多少有一些苏联的实物或资料可资借鉴，而核潜艇专用材料则一无所有。在这种背景下，钢铁研究总院刘嘉禾教授（中国低合金钢技术领域的主要奠基人之一）接受了研制我国潜艇核反应堆压力壳材料的任务。当时系统设计单位只了解到国外地面核电站的压力壳使用的是碳钢或碳锰钢，由于这类钢强度低，其壳体必然很厚，不适宜用在舰艇上，设计部门要求研制一种强度和韧性都好的新材料。刘嘉禾教授提出两个技术方案：一个是在锅炉钢的基础上调整成分和工艺，保持其中温强度优点，弥补其韧性不足；另一个是在潜艇耐压壳体钢的基础上通过微合金化以满足强度要求。锅炉钢有高中温持久强度优势，潜艇耐压壳体钢有优良的低温韧性。试验方案确定后，需要进行成分优化，同时工艺还要迁就我国当时冶金设备的实际水平。20 世纪 60 年代我国没有炉外精炼设备，无法进行真空处理，致使钢中氢含量不能降低至满意的范围。为防止大锻件出现“白点”缺陷，必须从退火上想办法。当时没有大型热处理设备，使得锻件不能采用淬火+回火调质处理，将使材料的强度和韧性均有一定程度的降低。经过设计和制造单位共同献计献策，采取了一些现在看来很笨而当时却十分有效的措施，克服了上述种种困难。我国核压力容器用钢研制起步阶段正好赶上经济困难时期，我国核潜艇工程曾一度下马，但在当时核潜艇工程总设计师彭士禄等人的支持下，核压力容器用钢研制工作一直没有下马，并成立了彭士禄、陈祖泽、刘嘉禾 3 人领导小组专责协调核压力容器用钢的研制工作。在 3 人领导小组的组织安排以及全体研制人员的不懈努力下，终于完成了这项新材料的试制任务，并定名为 645-3 钢。这种钢制造的压力壳体已用于我国多艘核潜艇上。后来发现这种钢的成分和工艺与国外完全不同，它在核潜艇反应堆壳体材料的发展史上，留下了我国自己独特的一页。

645-3 钢是 Cr-Ni-Mo-V 系列高强度低合金钢，其锻造性能差，钢材利用率低，对白点缺陷较为敏感，大锻件锻造除氢处理时间长，具有较强的辐照敏感性，含镍量高，价格较贵[12]。1973 年我国参照美国 SA508Gr. 3 钢，在当时国内现有钢种 18MnMoNb 的基础上添加 0. 60%~0. 90%Ni，开始研制核电站反应堆压力容器用钢，定名为 S271 钢。该钢种与美国 SA508Gr. 3 钢不同之处在于采用的晶粒细化元素不同——前者添加微量 0. 02%~0. 06%Nb，后者添加微量的 V，其他主要成分 C、Si、Mn、Ni、Mo 的含量大致相同。1981 年起，结合我国核电发展的需要，钢铁研究总院、中国第二重型机械集团公司、哈尔滨焊接研究所、中国核动力研究设计院等单位经过十年的攻关共同仿制成功了国际上通用的 SA508Gr. 3 钢，其质量已达到 20 世纪 80 年代国际先进水平[13]。2005 年 9 月，中国第一重型机械集团公司（中国一重）采用国产 SA508Gr. 3 钢承制秦山核电站二期扩建工程 650MW 反应堆压力容器，这是首次完全由国内制造企业独立建造完成，即从原料的冶炼、锻造、热处理、机械加工、焊接到最终发运出厂均由国内企业独立完成。中国一重承制 650MW 反应堆压力容器对加速百万千瓦级核电站建设步伐、提高核电设备国产化率、降低工程造价具有重要意义。

近年来，随着核电站建设的逐步展开，我国对 SA508Gr. 3 钢的认识在不断进步，可以说基本上掌握了 SA508Gr. 3 钢的生产制造技术，但是与国外先进水平相比还存在着不小的差距。随着反应堆压力容器向大型化和一体化方向发展，SA508Gr. 3 钢难以保证特厚截面上的组织均匀性和性能稳定性。在此情况下，具有更高强韧性和淬透性的 SA508Gr. 4N 钢将可能逐步代替 SA508Gr. 3 钢而获得工程应用，世界上对 SA508Gr. 4N 钢的应用研究和数据积累工作正在进行中。典型的轻水堆压力容器用钢的标准成分范围列于表 1-3。我国从 2005 年起开始 SA508Gr. 4N 钢的研制，钢铁研究总院刘正东教授团队作为主要实践者，目前已取得了诸多进展，为我国新一代核压力容器用 SA508Gr. 4N 钢的国产化工业应用奠定了基础[14~24]。

表 1-3 轻水堆压力容器用钢化学成分 （质量分数,%）

化学成分	中国 645-3	中国 S271	美国 SA508-2	美国 SA508Gr. 3	美国 SA508Gr. 4N	德国 20MnNiMo55	法国 16MND5	日本 SFVV3
C	0. 10~0. 15	0. 17~0. 23	≤0. 27	≤0. 25	≤0. 23	0. 17~0. 23	≤0. 20	0. 15~0. 22
Si	0. 15~0. 35	0. 11~0. 30	≤0. 40	≤0. 40	≤0. 40	0. 15~0. 30	0. 10~0. 30	0. 15~0. 35
Mn	0. 60~0. 90	1. 20~1. 50	0. 50~1. 00	1. 20~1. 50	0. 20~0. 40	1. 20~1. 50	1. 15~1. 55	1. 40~1. 50
P	≤0. 025	≤0. 012	≤0. 025	≤0. 025	≤0. 020	<0. 012	≤0. 008	<0. 003

续表 1-3

化学成分	中国 645-3	中国 S271	美国 SA508-2	美国 SA508Gr. 3	美国 SA508Gr. 4N	德国 20MnNiMo55	法国 16MND5	日本 SFVV3
S	≤0. 025	≤0. 015	≤0. 025	≤0. 025	≤0. 020	<0. 015	≤0. 008	<0. 003
Ni	4. 0~4. 5	0. 57~0. 93	0. 50~1. 00	0. 40~1. 00	2. 75~3. 90	0. 50~1. 00	0. 50~0. 80	0. 70~1. 00
Cr	1. 20~1. 50	≤0. 25	0. 25~0. 45	≤0. 25	1. 50~2. 00	<0. 20	<0. 25	0. 06~0. 20
Cu	≤0. 05	≤0. 05	≤0. 20	≤0. 20	≤0. 25	<0. 12	≤0. 08	0. 02
Mo	0. 40~0. 50	0. 45~0. 65	0. 55~0. 70	0. 45~0. 60	0. 40~0. 60	0. 40~0. 55	0. 45~0. 55	0. 46~0. 64
V	0. 07~0. 15	≤0. 01	≤0. 05	≤0. 05	≤0. 03	≤0. 02	≤0. 01	0. 007
Nb	0. 02~0. 06	0. 02~0. 06	≤0. 01	≤0. 01	≤0. 01			
Co	≤0. 02	≤0. 02						
Al		—	≤0. 025	≤0. 025	≤0. 025			
Sn		≤0. 01						
As		≤0. 01						
Sb		≤0. 005						
B		≤5×10^{-6}	≤0. 003	≤0. 003	≤0. 003			

参考文献

[1] 杨文斗. 反应堆材料学 [M]. 北京：原子能出版社，2000.

[2] 林诚格，郁祖盛. 非能动安全先进核电厂 AP1000 [M]. 北京：原子能出版社，2008.

[3] 连培生. 原子能工业 [M]. 北京：原子能出版社，2002.

[4] 朱向东，李天斌. 浅谈核主泵的国产化 [J]. 通用机械，2014，7：19~23.

[5] Siedle A H，Adams L. Handbook of radiation effects [M]. Oxfordshire University Press，1993.

[6] IAE. Agency. Effects of nickel on irradiation embrittlement of light water reactor pressure vessel steels [M]. International Atomic Energy Agency，2005. IAEA-TECDOC-1441.

[7] Davies L M. A comparison of western and eastern nuclear reactor pressure vessel steels [J]. International Journal of Pressure Vessels and Piping，1999，76：163~208.

[8] 柿本英樹，池上智紀. 大型原子力圧力容器用部材の鍛造技術 [J]. 神戸製鋼技報，2014，64 (1)：66~71.

[9] Tanaka Y，Sato I. Development of high purity large forgings for nuclear power plants [J]. Journal of Nuclear Materials，2011，417：854~859.

[10] 刘建章. 核结构材料 [M]. 北京：化学工业出版社，2007.

[11] 李昌义，刘正东，林肇杰，等. 核电站反应堆压力容器用钢的研究与应用 [J]. 特殊钢，2010，31 (4)：14~18.

[12] 沈艳华. 645-Ⅲ钢大锻件的热处理工艺特点 [J]. 一重技术，1993，3：126~129.

[13] 陈书贵. 核电站反应堆压力容器用钢和制造工艺 [J]. 大型铸锻件, 1994, 2: 25~34.
[14] 刘正东, 林肇杰, 李昌义, 等. 一种核用压力容器用 R17Cr1Ni3Mo 钢及其制备方法 [P]. 中国专利号 ZL200810246775.1, 2009.
[15] Zhiqiang Yang, Zhengdong Liu, Xikou He, et al. Effect of microstructure on the impact toughness and temper embrittlement of SA508Gr. 4N steel for advanced pressure vessel materials [J]. Scientific Reports, 2018, 8 (1): 207.
[16] Ning Liu, Zhengdong Liu, Xikou He, et al. Hot deformation behavior of SA508Gr. 4N steel for nuclear reactor pressure vessels [J]. Journal of Iron and Steel Research, International, 2016, 23 (12): 1342~1348.
[17] 刘宁, 刘正东, 何西扣, 等. 核压力容器用 SA508Gr. 4N 钢消除组织遗传现象研究 [J]. 钢铁研究学报, 2017, 29 (5): 402~410.
[18] 刘宁, 刘正东, 何西扣, 等. 核压力容器用 SA508Gr. 4N 钢加热过程中的奥氏体相变[J]. 金属热处理, 2017, 42 (3): 11~16.
[19] 何西扣, 刘正东, 杨志强, 等. 核压力容器用 SA508-4N 钢的奥氏体晶粒长大行为 [J]. 金属热处理, 2016, 41 (6): 4~7.
[20] 杨志强, 刘正东, 何西扣, 等. 反应堆压力容器用 SA508Gr. 4N 钢的热变形行为 [J]. 材料工程, 2017, 45 (8): 88~95.
[21] 杨志强, 刘正东, 何西扣, 等. SA508Gr. 4N 钢的亚动态再结晶行为 [J]. 金属热处理, 2018, 43 (1): 6~11.
[22] 何西扣, 刘宁, 刘正东, 等. 一种核压力容器用钢原奥氏体晶界的显示方法 [P]. 专利申请号: 201510370042.9.
[23] 刘正东, 何西扣, 杨志强, 等. 一种核电用 SA508Gr. 4N 钢大锻件中心部位细化的锻造方法 [P]. 专利号: 201710662032.1.
[24] 刘正东, 何西扣, 杨志强, 等. 一种核电用 SA508Gr. 4N 钢大锻件厚截面消除混晶的锻造方法 [P]. 专利号: 201710668031.7.

2 SA508Gr. 4N 钢的标准及工程应用问题

2.1 SA508Gr. 4N 钢的标准

新一代核压力容器用 SA508Gr. 4N 钢为 Ni-Cr-Mo 系低碳钢。美国机械工程师协会（ASME-American Society of Mechanical Engineers）在锅炉及压力容器规范中将 SA508Gr. 4N 钢的化学成分、力学性能以及典型工艺进行了相应规范[1]。表 2-1 为 SA508Gr. 4N 钢化学成分。

表 2-1 ASME 标准规定 SA508Gr. 4N 钢的主要化学成分 （质量分数,%）

材料	C	Si	Mn	P	S	Ni	Cr	Mo	V	Cu	Al	Fe
SA508Gr. 4N	≤0. 23	≤0. 40	0. 20~0. 40	≤0. 020	≤0. 020	2. 75~3. 90	1. 50~2. 00	0. 45~0. 60	≤0. 03	≤0. 25	≤0. 025	Bal

SA508Gr. 4N 钢的力学性能按照不同的强度要求可划分为 3 类，具体性能要求和最大锻件壁厚（T）如表 2-2 所示。

表 2-2 SA508Gr. 4N 钢力学性能

类别	$R_{p0.2}$/MPa	R_m/MPa	A/%	Z/%	α_K(−29℃)/J	T/mm
1 类	585	725~895	18	45	48（一组 3 个试样最低平均值） 41（一个试样的最低值）	760
2 类	690	795~965	16	45		405
3 类	485	620~795	20	48		1015

ASME 规范要求 SA508Gr. 4N 钢中的 1 类和 3 类的最低奥氏体化温度为 840℃，最高为 895℃。SA508Gr. 4N 钢 1 类和 2 类的最低回火温度 595℃，而 3 类的最低回火温度为 600℃。

2.2 SA508Gr. 4N 钢的工程应用问题

近年来中国核电建设迅猛发展，为进一步提高单机效率和安全性，设备大型化及设计一体化是核反应堆压力容器的技术发展趋势。设备大型化和设计一体化将导致核压力容器的重量和锻件壁厚增加，从而对压力容器用钢生产装备及制造技术提出严峻挑战。

2.2.1 超纯净冶炼

为了保证核压力容器服役周期的安全性，可采用超纯净冶炼以提高冶金质量，减少杂质元素及夹杂物从而使核压力容器用钢的性能提升。但是SA508Gr. 4N 钢中的 Ni、Cr 合金元素较高，各元素密度相差较大将增大超纯净冶炼的难度。另外，核压力容器锻件较大，表 2-3 为 AP1000 压力容器各部位锻件重量[2]。从表 2-3 中可见核压力容器单体锻件所需最大钢锭已接近 500t。由于所需钢水量大，在严格控制化学成分的基础上需要同时冶炼几炉钢水然后通过中间包多次倒浇，避免钢锭产生偏析，这又增加了超纯净冶炼的控制难度。图 2-1 为纯净钢冶炼浇注示意图[3]。

表 2-3 制造百万千瓦 AP1000 压力容器锻件所需毛坯和钢锭重量估计值[2]

零件	零件重量/t	毛坯尺寸/mm×mm	毛坯重量/t	钢锭重量/t
上封头	58.188	ϕ4980/ϕ1795×2240	255	400
接管段	122.91	ϕ4900/ϕ3830×3740	280	470
下壳体	98.794	ϕ4545/ϕ3830×5300	210	350
过渡段	16.891	ϕ4530/ϕ3410×1300	73	135
下封头	17.983	ϕ5200×255（板坯）	45	86
总重量	314.766		862	1441

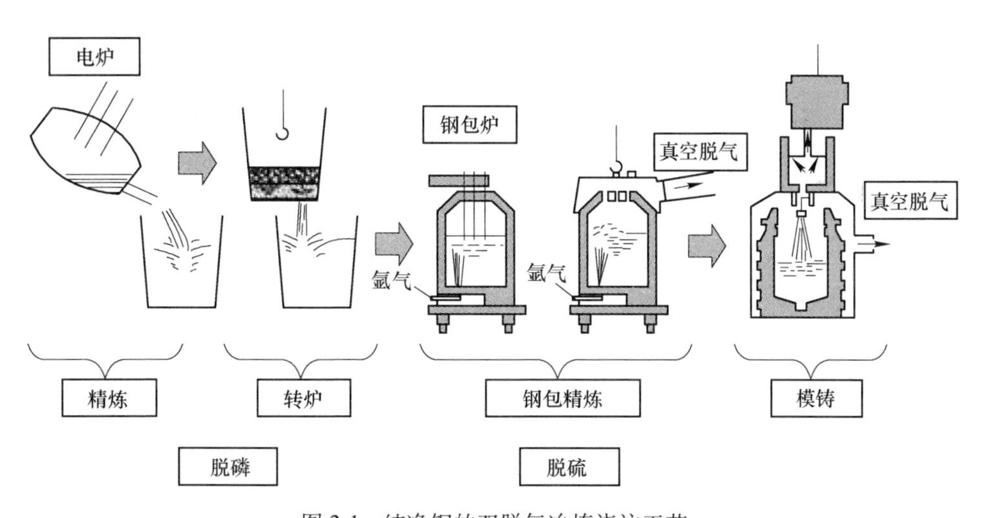

图 2-1 纯净钢的双脱气冶炼浇注工艺

2.2.2 回火脆性

钢在淬火后进行回火时，随着回火温度升高，一般都使钢的强度、硬度下降，塑性上升。但钢的韧性并不随着回火温度的升高一直升高，在一些回火温度区间内回火时钢的冲击韧性会显著降低，这种韧性降低的现象叫做钢的回火脆性，图 2-2 为回火脆性与回火温度关系的示意图。

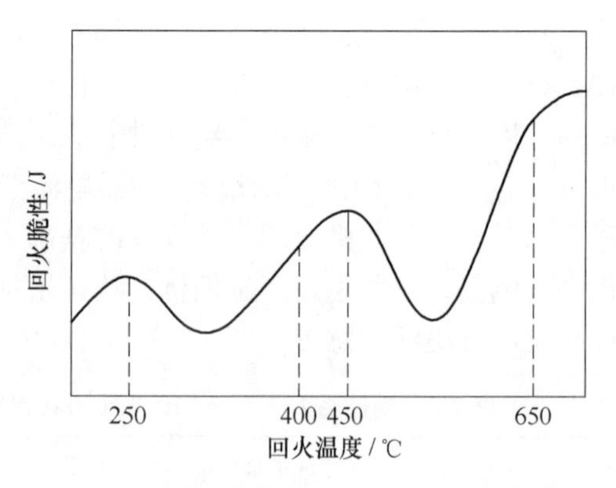

图 2-2　回火脆性与回火温度的关系示意图

回火脆性可分为三类[4]：

（1）低温回火脆性。钢经淬火后在 250~400℃区间内回火，将会出现韧性降低的现象，即低温回火脆性。但是加热到较高温度进行回火当冷却至 250~400℃时，无论在各个温度区间停留多久也不产生回火脆性。这种低温回火脆性具有不可逆性，是回火时马氏体分解生成的 ε 相造成。

（2）高温回火脆性。钢经淬火后在 450~650℃区间内回火，出现韧性降低的现象称为高温回火脆性。高温回火脆性具有可逆性，即将已发生高温回火脆性的钢再次加热至 650℃以上并保温而后快速冷却则不产生回火脆性，若缓慢冷却则将产生回火脆性。因此采用回火后快速冷却能够消除这类回火脆性。

（3）再热脆性。大型压力容器均由多个部件拼焊组合而成。焊接后需要进行焊后热处理，而焊后热处理温度在 500~700℃之间。长时间在此温度保温，将会产生严重的脆性。这种脆性被认为是再热脆性或消除应力脆性。

而针对 SA508Gr. 4N 钢，由于钢中 Ni、Cr 等合金元素较高将加剧回火脆化的严重程度。核压力容器需要由大锻件焊接而成，焊接后需要在 600℃左右进行长时间保温和缓慢冷却以消除焊接应力，这一过程又易造成杂质元素在晶界的偏聚引发回火脆性。核压力容器需在 350℃长期服役，长时高温环境将会促进杂质元素偏聚加剧脆性。

2.2.3　辐照脆化

反应堆内核燃料发生裂变产生的快中子（E>1MeV），将使钢内的原子产生离位现象，若中子能量够高，则初级离位原子能发生多级碰撞。中子的碰撞将使材料内部的空位、间隙原子、晶界或缺陷发生变化，造成位错环、堆垛层错、贫原子区和微空洞等。辐照中材料的微观改变将造成材料宏观性能的改变，如强度升高，塑性和韧性降低，使材料变脆，故称为辐照脆化[5]。

SA508Gr. 4N 钢中 Ni 含量较高，Ni 元素能够扩大 γ 相，一般认为扩大 γ 相的元素能够加剧辐照脆化。国外机构曾建立了元素与辐照脆化之间的预测模型，如表 2-4 所示[6,7]。预测模型指出 Cu、P、Ni 元素对辐照脆化影响显著。SA508Gr. 4N 钢的辐照脆化行为还需要详细研究，综合评价该钢的抗辐照脆化能力，满足核压力容器在中子环境服役 40~60 年的要求。

表 2-4 辐照脆化预测模型

国家	标 准	预 测 公 式	备 注
美国	NRC-RG1.99 (2)	$\Delta RT_{NDT}=[CF]\cdot f^{(0.28-0.10\lg f)}$	CF 为化学因子；f 为中子注量
法国	RCC-M	$\Delta RT_{NDT}=[22+556(Cu-0.08)+2778(P-0.08)]\times(f/10^{19})^{0.5}$	
		$\Delta RT_{NDT(上限)}=FIS(℃)=8+[24+1537(P-0.08)+238(Cu-0.08)+191(Ni^2Cu)]\times(f/10^{19})^{0.35}$	
		$\Delta RT_{NDT(平均)}=FIM(℃)=[17.3+1537(P-0.08)+238(Cu-0.08)+191(Ni^2Cu)]\times(f/10^{19})^{0.35}$	

2.2.4 焊接性

SA508Gr. 4N 钢中 Ni 和 Cr 含量较高，将增加焊接难度。按照式（2-1）~式（2-5）计算钢的碳当量（C_e）、冷裂纹敏感系数（P_{cm}）、冷裂纹敏感性（P_c）、焊接预热温度（T_0）和热裂纹敏感性（HCS）。

$$C_e = C + Mn/6 + (Cr + Mo + V)/5 + (Cu + Ni)/15 \tag{2-1}$$

$$P_{cm} = C + Si/30 + (Mn + Cu + Cr)/20 + Ni/60 + Mo/15 + V/10 + 5B \tag{2-2}$$

$$P_c = P_{cm} + [H]/60 + \sigma/600 \tag{2-3}$$

$$T_0 = 1440P_c - 392 \tag{2-4}$$

$$HCS = C \times 10^3 \times [S + P + (Si/25) + (Ni/100)]/(3Mn + Co + Cr + V) \tag{2-5}$$

式中，[H] 为氢扩散含量；σ 为焊接板厚。经计算确定 SA508Gr. 4N 钢的 C_e 在 0.607%~1.099%，一般认为 C_e<0.4%时，材料的焊接性良好。而 SA508Gr. 4N 钢的 C_e 较高，故焊接性较差。SA508Gr. 4N 钢的 HCS 在 1.833~6.764 之间，一般认为 $HCS\leqslant4$ 时，不会产生热裂纹，可见 SA508Gr. 4N 钢存在热裂纹倾向，需要进一步优化合金成分以减小热裂纹倾向。

另外，核压力容器由于壁厚超过 200mm，在拼焊过程中将会加剧焊接难度。在早期核电压力容器焊接主要采用自动埋弧焊和手工电弧焊的复合工艺，其焊接坡口示意图如图 2-3 所示[8]。但是随着核电压力容器壁厚不断增加，传统埋弧焊焊接难度增加：（1）传统埋弧焊设

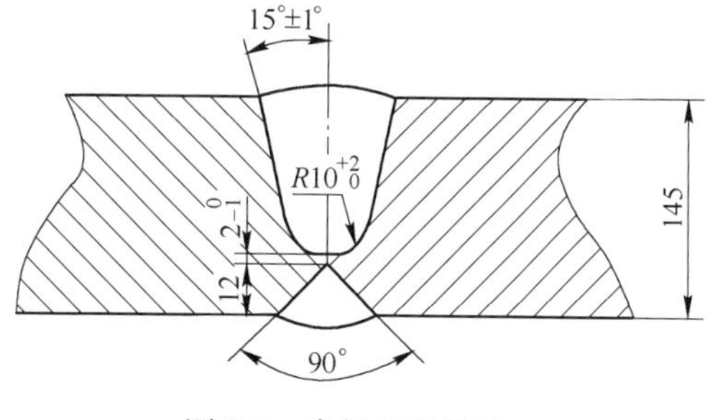

图 2-3 常规埋弧焊坡口

备的导电嘴尺寸较大，为了实现深坡口的焊接，需要加大坡口宽度，增加了焊材和能源的消耗，而且还增大残余应力和变形；（2）传统埋弧焊控制手段落后，难以精确控制，容易产生未熔合、夹渣等缺陷，且自动化程度低。因此，SA508Gr. 4N 钢超厚大锻件的焊接技术还需详细研究。

参 考 文 献

[1] ASME boiler & pressure vessel code, Section Ⅱ-Materials, Part A-Ferrous material specifications, American Society of Mechanical Engineers, 2013.

[2] 郁祖盛. 一个先进的、非能动的和简化的核反应堆- AP1000 [M]. 钢铁研究总院 AP1000 核电厂培训教材, 2008. 4.

[3] Yasuhiko Tanaka, Ikuo Sato. Development of high purity large forgings for nuclear power plants [J]. Journal of Nuclear Materials, 2011, 417: 854~859.

[4] 孙宇. 热壁加氢反应器材料 2 1/4Cr-1Mo 的回火脆性研究 [D]. 南京工业大学, 2005.

[5] Kryukov A, Debarberis L, Estorff U. Irradiation embrittlement of reactor pressure vessel steel at very high neutron fluence [J]. Journal of Nuclear Materials, 2012, 422: 173~177.

[6] RCC-M. Design and construction rules for mechanical components of PWR nuclear island. AFCEN, 2007.

[7] ASTM E185-02. Standard Practice for Design of Surveillance Programs for Light-Water Moderated Nuclear Power Reactor Vessels.

[8] 周维愚. 压水堆容器焊接与展望 [J]. 锅炉技术, 1993, (2): 23~31.

3 SA508Gr. 4N 钢的平衡相变热力学计算分析

3.1 计算材料学

近十几年来，在材料科学与工程领域，计算机计算与模拟的研究及发展已经为定量设计各种材料提供了指导性的方法，材料科学也由传统的试验学科转变为计算与试验相结合的学科。目前，新材料的开发过程中往往借助计算机模拟获取某些参量以优化材料的设计，协助工艺改进。但是金属材料由于合金体系复杂，不能仅靠计算材料而获得理想性能，仍然需要辅助性的试验，计算材料是材料开发中的重要辅助手段。因此，目前材料开发中的主导思想是将材料计算模拟与试验进行有机结合。

计算材料学已发展出众多分支，各分支的主要作用及计算维度如图 3-1 所示。主要的计算研究方法有三种，分别为：第一性原理计算、CALPHAD（Calculation of Phase Diagrams）方法和相场模拟，三者间以吉布斯自由能和原子移动性为纽带建立相关性从而进一步进行材料学相关计算[1]。

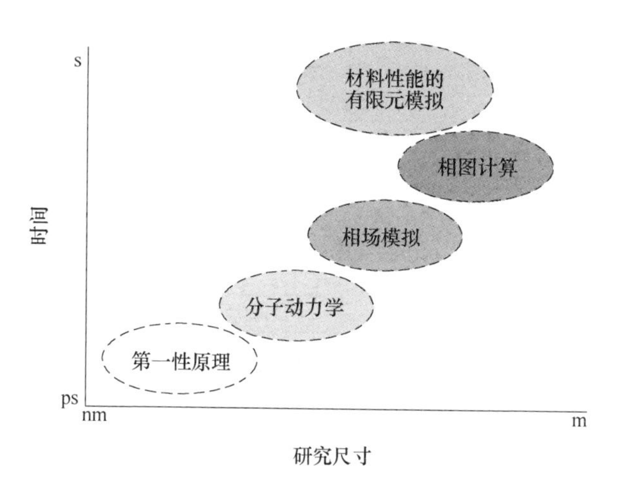

图 3-1　材料模拟方法示意图

在三种研究方法中，第一性原理研究尺寸为纳米级，主要用于简单晶格缺陷的结构与动力学特性，以及材料的各种常数的计算。CALPHAD 方法通过输入相应参数，如计算出热力学信息。

3.2　平衡相热力学计算

3.2.1　CALPHAD 简介

目前，热力学与动力学模型的广泛结合已经能够预测材料组分及材料加工后的结构和性能。通过对材料行为的定量预测与模拟研究，进行合金设计方面应用最为广泛的是包括相图热力学和扩散与相变动力学计算在内的 CALPHAD 方法。CALPHAD 方法是由 Van Larr 于 1908 年提出的[2]，当时他试图将吉布斯自由能的概念引入相平衡中去，但由于缺少必要的数据使其未能将一些数学表达式转换成真实合金系的相图。此后很长时间内，虽然已经掌握了将热力学应用于相平衡的试验信息中的原理，但这个领域的进展仍然很缓慢。直到 20 世纪 70 年代，随着热力学、统计力学和溶液理论与计算机技术的发展，由 Kaufman 等人创建了以相图计算（即 CALPHAD）技术为基础的计算热力学，它使借助包含大量热力学信息的相图技术研制多组元合金体系成为可能，使其发展成为一门介于热力学、相平衡和溶液理论与计算技术之间的交叉学科分支——CALPHAD[3]。

CALPHAD 方法的科学基础是热力学。而相图的计算归根到底是相平衡的计算。建立合金系的热力学模型，根据热力学原理，当体系处于相平衡状态时，体系内各物相的自由能之和为最小值；在恒温恒压条件下，由体系自由能最小可以推导出体系内任一组元在各平衡相中的化学位相等。即体系自由能最小法和等化学位法。CALPHAD 方法计算平衡相的思路如图 3-2 所示[4]。

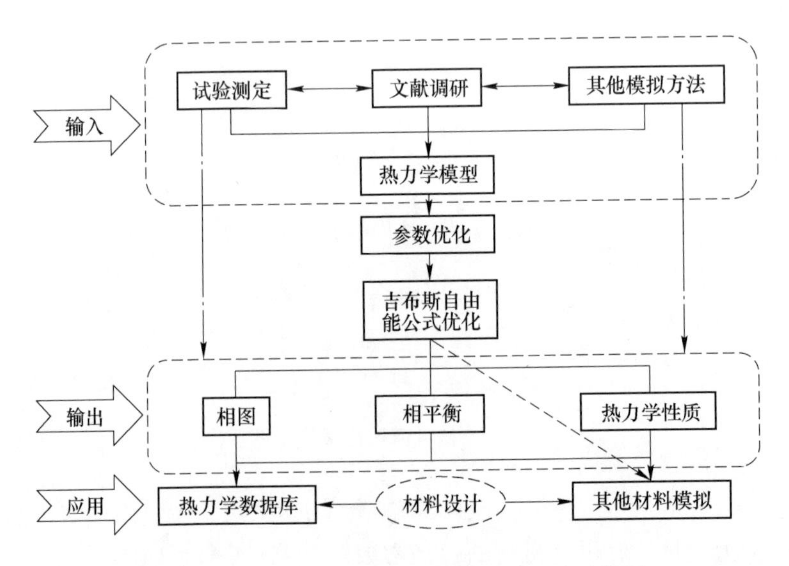

图 3-2　CALPHAD 方法计算平衡相的流程示意图

3.2.2 Thermo-Calc 热力学计算软件

目前，应用最多的专业热力学计算软件当属 Thermo-Calc 软件系统，Thermo-Calc 软件是基于 CALPHAD 方法，由瑞典皇家技术学院物理冶金处（Division of Physical Metallurgy，Royal Institute of Technology）研究开发的一套实用合金数据库计算系统[5]。目前它可处理 40 个组元体系的热力学计算。其数据库主要包括含有优化的 200 多个体系的溶液数据库（SSOL），含有 3000 多种化合物热力学参数的 SSUB 数据库，专用计算钢铁材料相图和热力学性质的数据库（TCFE3）以及计算铁液和炉渣的数据库（SLAG）等，从而基本满足了对铁基材料进行分析评价的要求。它不仅适用于各种热力学体系的平衡计算，而且可以通过其姐妹软件——DICTRA[6]进行非平衡计算，从而可以模拟扩散控制的相变过程。

目前，全世界已有越来越多的钢铁企业和科研院所利用 Thermo-Calc 软件系统开发新材料，并建立和完善相关的热力学数据库。作为材料研究的手段，它从热力学角度，通过计算系统吉布斯自由能的最小值来预测材料中可能存在的热力学平衡相，同时可以计算各个平衡相随温度的变化情况和平衡相的组成成分。利用 Thermo-Calc 软件进行计算，和常规的利用试验测定相图的方法相比，既便捷、迅速，又可以获得很多关于相图和平衡相的详细信息。

3.3 SA508Gr. 4N 钢平衡相热力学计算[7]

3.3.1 热力学计算模型与参数[8]

根据 Andersson 和 Thomas 关于 Thermo-Calc 热力学模型的阐述，核压力容器用钢 FCC 相、BCC 相及 HCP 相吉布斯自由能采用两个亚点阵模型，即金属亚点阵和间隙亚点阵，金属亚点阵取三组元，间隙亚点阵取二组元。金属元素在金属亚点阵的节点上可彼此替代，C 及空位（V_a）在间隙亚点阵上可以彼此替代，析出相与此类似。计算时钢中 γ(FCC) 相和 α(BCC) 相的单位摩尔的自由能表达式为：

$$
\begin{aligned}
G_m = & \sum_i y_i(y_c G^0_{i:c} + y_{Va} G^0_{i:Va}) + a\mathrm{RT}\sum_i y_i \ln y_i + c\mathrm{RT}(y_c \ln y_c + y_{Va}\ln y_{Va}) + \\
& \sum_i \sum_j y_i y_j (y_c L_{i,j:c} + y_{Va} L_{i,j:Va}) + y_c y_{Va} \sum_i y_i L_{i:c,Va} + \\
& \sum_i \sum_j \sum_k y_i y_j y_k (y_c L_{i,j,k:C} + y_{Va} L_{i,j,k:Va}) + G_{mag} \\
& i=\mathrm{Fe},\ \mathrm{Cr},\ \mathrm{Mn}\ (\mathrm{Ni},\ \mathrm{Mo}),\ j>i,\ k>j
\end{aligned}
\tag{3-1}
$$

式中，y_i 为 i 组元在亚点阵上的阵点分数；a、c 为彼此亚点阵阵点数，对于 BCC 晶格，$a=1$，$c=3$，对于 FCC 晶格，$a=c=1$，在不同亚阵点上的组元采用冒号（:）分开，相同亚阵点上的组元采用逗号（,）分开；$G^0_{i,Va}$ 为 i 纯元素在非磁态的吉布斯自由能；$G^0_{i:c}$ 为所有间隙阵点被 C 原子占据时的非磁态的吉布斯自由能；L 为组元间交互作用参数，软件数据库可通过计算给出；G_{mag} 表示评价体系中首次被考虑的磁性能，在计算中取零。本节计算所用试验材料为 ASME 标准中限成分的 SA508Gr. 4N 钢，试验钢化学成分见表 3-1。

表 3-1　试验钢化学成分　　　　（质量分数，%）

材料	C	Si	Mn	P	S	Ni	Cr	Mo	Al	Fe
SA508Gr. 4N	0. 17	0. 27	0. 30	0. 008	0. 005	3. 30	1. 75	0. 52	0. 02	Bal

计算时参照状态为 25℃ 和 10^5Pa。合金系的各组元按质量分数输入。然后分别计算了两炉试验钢析出相的析出温度和最大析出含量、析出相在 α-Fe 和 γ-Fe 中的析出驱动力，最后对析出相进行成分分析。

3. 3. 2　平衡相变热力学计算结果

为了评价温度对试验钢中稳定相的影响，进行了热力学计算，其结果见图 3-3。

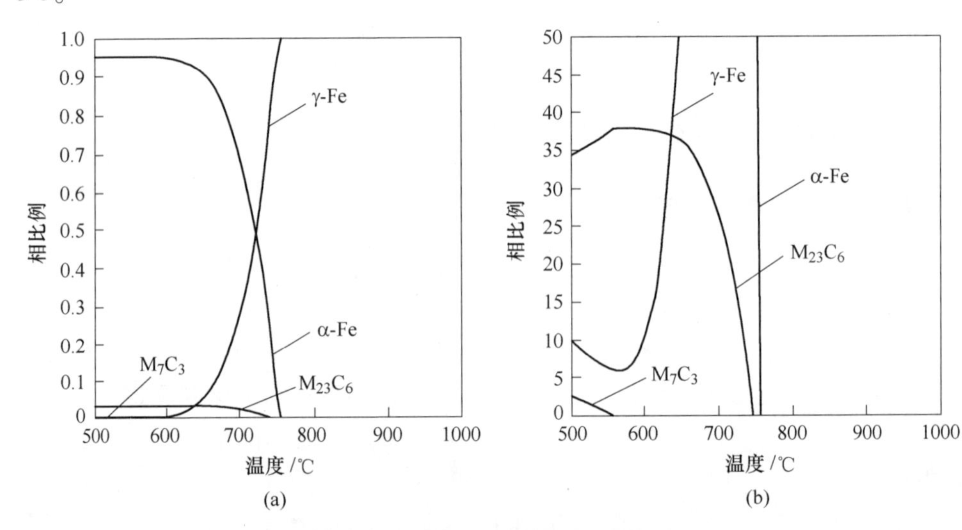

图 3-3　SA508Gr. 4N 钢平衡态相组成
（（b）为（a）的局部放大）

SA508Gr. 4N 钢平衡态下（500 ~ 1000℃）组成相主要有 α、γ、$M_{23}C_6$、M_7C_3，其中 $M_{23}C_6$是其主要析出相。$M_{23}C_6$相在 SA508Gr. 4N 钢中主要起析出强化作用。ASME 规范中 SA508Gr. 4N 钢的最低回火温度为 595℃，在该回火温度区间内 SA508Gr. 4N 钢中的析出相为 $M_{23}C_6$碳化物，随着温度降低将析出 M_7C_3型碳化物。由图 3-3 还可以看出，中限成分的 SA508Gr. 4N 钢的 A_3点约为 756℃，其最佳回火温度范围为 600~680℃。$M_{23}C_6$和 M_7C_3的析出温度范围和最大析出含量见表 3-2。

表 3-2 SA508Gr. 4N 钢中析出相

项　目	$M_{23}C_6$	M_7C_3
析出温度范围/℃	<746	<559
最大析出含量/%	3. 78	0. 25

3.3.3 分析讨论

相变驱动力是新、旧两相自由能差 Δg_v，由于各项的自由能变化取决于温度的变化和相成分的变化，因此相变驱动力也随着相变温度和相成分的改变而改变。在临界点 T_0时析出相与母相的吉布斯自由能相等，析出驱动力 $\Delta g_v=0$；随着温度的降低，过冷度 ΔT 的增加，析出驱动力 Δg_v 增大，母相中开始有析出相析出，Δg_v 与 ΔT 近似成正比关系。同样，当温度高于临界点时，析出相重新固溶于母相中，其转变驱动力随过热度的增加而增加，也近似成正比关系。

核反应堆压力容器用 SA508Gr. 4N 钢中几种主要碳化物析出相（合金渗碳体、ξ碳化物、$M_{23}C_6$）在 γ-Fe 和 α-Fe 中的析出随温度的变化关系曲线，如图 3-4和图 3-5 所示。

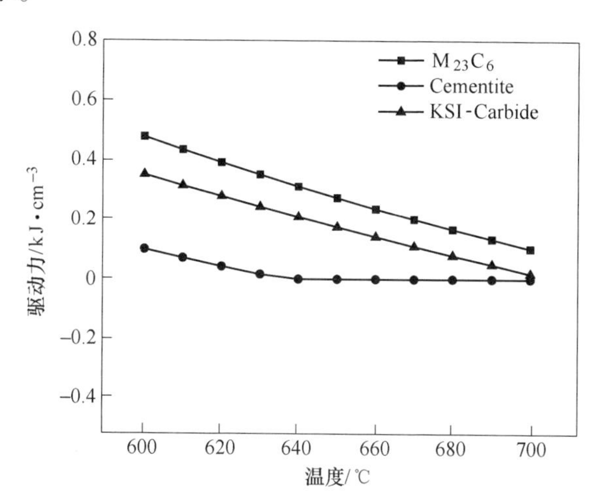

图 3-4 SA508Gr. 4N 钢 γ-Fe 中合金碳化物的析出驱动力

从图 3-4 和图 3-5 中可以看出，SA508Gr. 4N 钢中的析出相，在 α-Fe 中的析出驱动力都高于在 γ-Fe 中的析出驱动力。这是由于 α-Fe 和 γ-Fe 晶体结构的差异，合金元素在面心结构的 γ-Fe 中具有较高的溶解度，而在 α-Fe 中具有较小的溶解度，因此，析出相在 α-Fe 中比在 γ-Fe 中具有较高的析出驱动力。

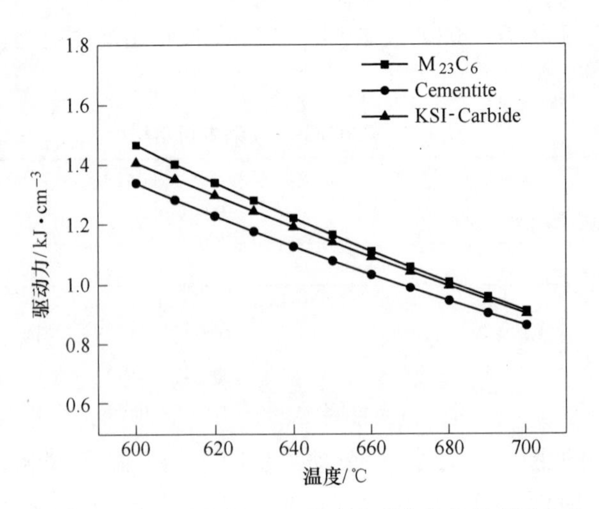

图 3-5　SA508Gr. 4N 钢 α-Fe 中合金碳化物的析出驱动力

SA508Gr. 4N 钢中 $M_{23}C_6$析出相的析出驱动力高于合金渗碳体和 ξ 碳化物析出相。因此，在 γ-Fe 中，SA508Gr. 4N 钢析出相为 $M_{23}C_6$。在 α-Fe 中，SA508Gr. 4N 钢中 $M_{23}C_6$析出相的析出驱动力高于合金渗碳体和 ξ 碳化物析出相。因此，调质处理后 SA508Gr. 4N 钢的析出相为 $M_{23}C_6$。

计算表明，SA508Gr. 4N 钢回火时主要析出相是 $M_{23}C_6$。为了解各析出相的化学成分，利用 Thermo-Calc 热力学软件对 SA508Gr. 4N 钢的析出相进行了成分分析，结果见图 3-6。由图 3-6 可以看出，SA508Gr. 4N 钢在回火过程中，$M_{23}C_6$析

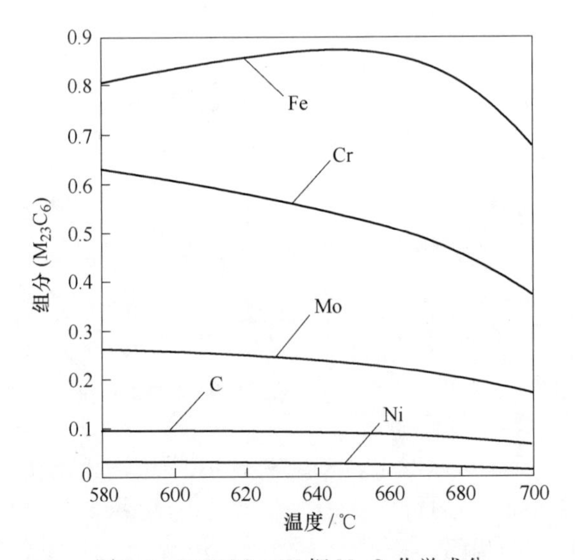

图 3-6　SA508Gr. 4N 钢 $M_{23}C_6$化学成分

出相主要合金元素为 Fe、Cr、Mo、Ni。随回火温度的升高，所有合金元素含量都逐渐减少，即析出相含量逐渐降低。因此，在满足塑性要求的同时，SA508Gr.4N 钢回火温度要适当降低。由此确定的 SA508Gr.4N 钢最佳回火温度为 620℃±10℃。

3.3.4 平衡相试验验证

为了验证 Thermo-Calc 热力学计算 SA508Gr.4N 钢中析出相的准确性，对试验钢进行调质处理后，采用相分析和透射电镜研究了 SA508Gr.4N 钢中的析出相。SA508Gr.4N 钢经 3%HCl+1%柠檬酸甲醇溶液电解后析出相粉末的 X 射线衍射分析见图 3-7（a）。利用 5%HCl+20%H_2O_2 水溶液将析出相分离后的 X 射线衍射分析结果见图 3-7（b）。由图 3-7（a）可知，SA508Gr.4N 钢热处理后析出相有 $M_{23}C_6$、M_7C_3、M_3C、Mo_2C。由图 3-7（b）可知，经 5%HCl 分离后，M_3C 和 Mo_2C 相溶解，$M_{23}C_6$和 M_7C_3相保留。表 3-3 为 SA508Gr.4N 钢中析出相的合金成分。

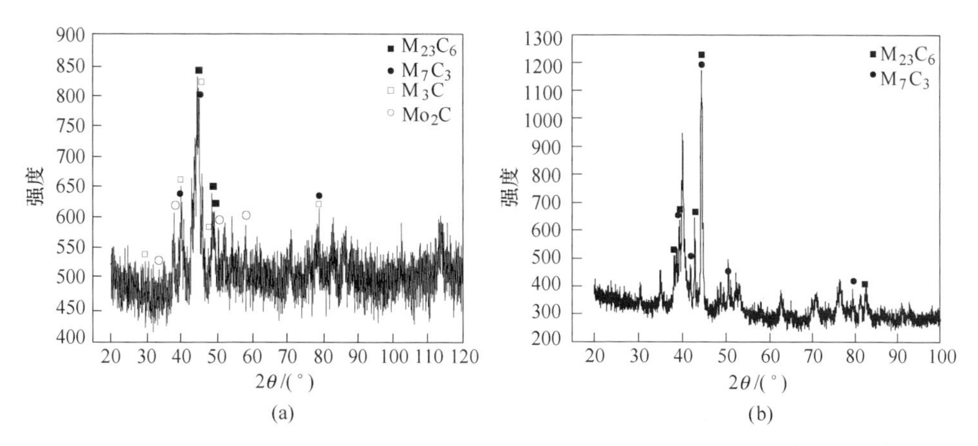

图 3-7 SA508Gr.4N 钢析出相 X 射线衍射分析结果
（a）分离前；（b）分离后

表 3-3 SA508Gr.4N 钢析出相中各元素占比 （质量分数,%）

析出相类型	Fe	Cr	Mo	Ni	Σ
$M_{23}C_6$+M_7C_3	0.36	0.228	0.025	0.0059	0.6189
M_3C+M_2C	0.958	0.304	0.143	0.02	1.425

SA508Gr.4N 钢的热力学计算平衡时的析出相为 $M_{23}C_6$ 和 M_7C_3，而相分析结果表明还有 M_3C 和 M_2C。这是由于热处理过程为非平衡态，析出相根据脱溶贯

序进行演变，一般的 Cr-Mo 钢的脱溶贯序为 $M_3C \rightarrow M_6C \rightarrow M_7C_3 \rightarrow M_{23}C_6$ 或者 $M_3C \rightarrow M_7C_3 \rightarrow M_{23}C_6 \rightarrow M_7C_3$，所以 SA508Gr. 4N 钢在热处理后存在少量的 M_3C 和 M_2C。

利用透射电镜观察了 SA508Gr. 4N 钢中的析出相，如图 3-8 所示。SA508Gr. 4N 钢中的析出相呈短杆状分布，$M_{23}C_6$、M_7C_3 和 M_3C 的尺寸相对于 M_2C 较大。$M_{23}C_6$晶体结构为面心立方，点阵常数 $a_0 = 1.054 \sim 1.056$nm。由表 3-3 可知，$M_{23}C_6$中“M”主要为 Fe、Cr、Mo、Ni 等元素。M_7C_3 晶体结构为六方结构，点阵常数 $a_0 = 1.398$nm，$c_0 = 0.4523$nm，其中“M”以 Fe、Cr 为主。M_3C 型碳化物属于正交点阵的复杂结构，点阵常数 $a_0 = 0.4515 \sim 0.4523$nm，$b_0 = 0.5079 \sim 0.5088$nm，$c_0 = 0.6743 \sim 0.6748$nm。由表 3-3 可知，SA508Gr. 4N 钢中 M_3C 析出相的主要组成元素为 Fe、Cr。Mo_2C 晶体结构也为六方结构，点阵常数 $a_0 = 0.2910 \sim 0.2980$nm，$c_0 = 0.4598 \sim 0.4708$nm。

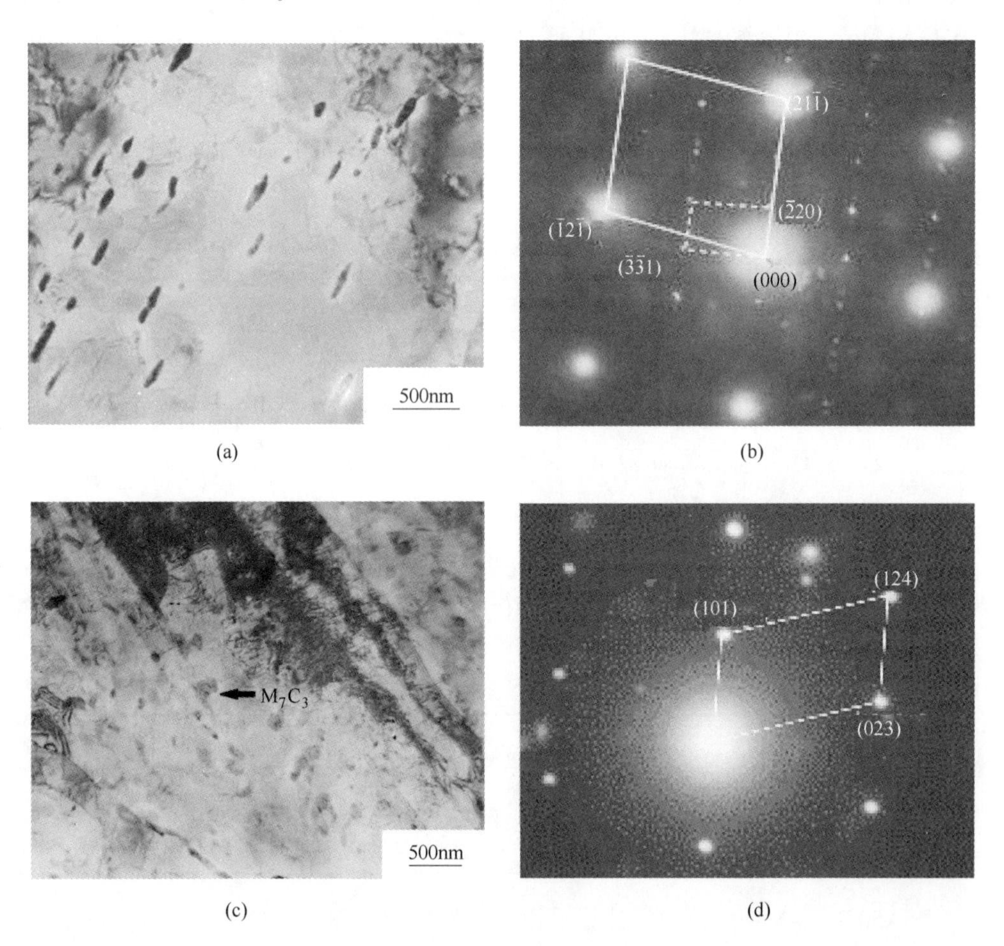

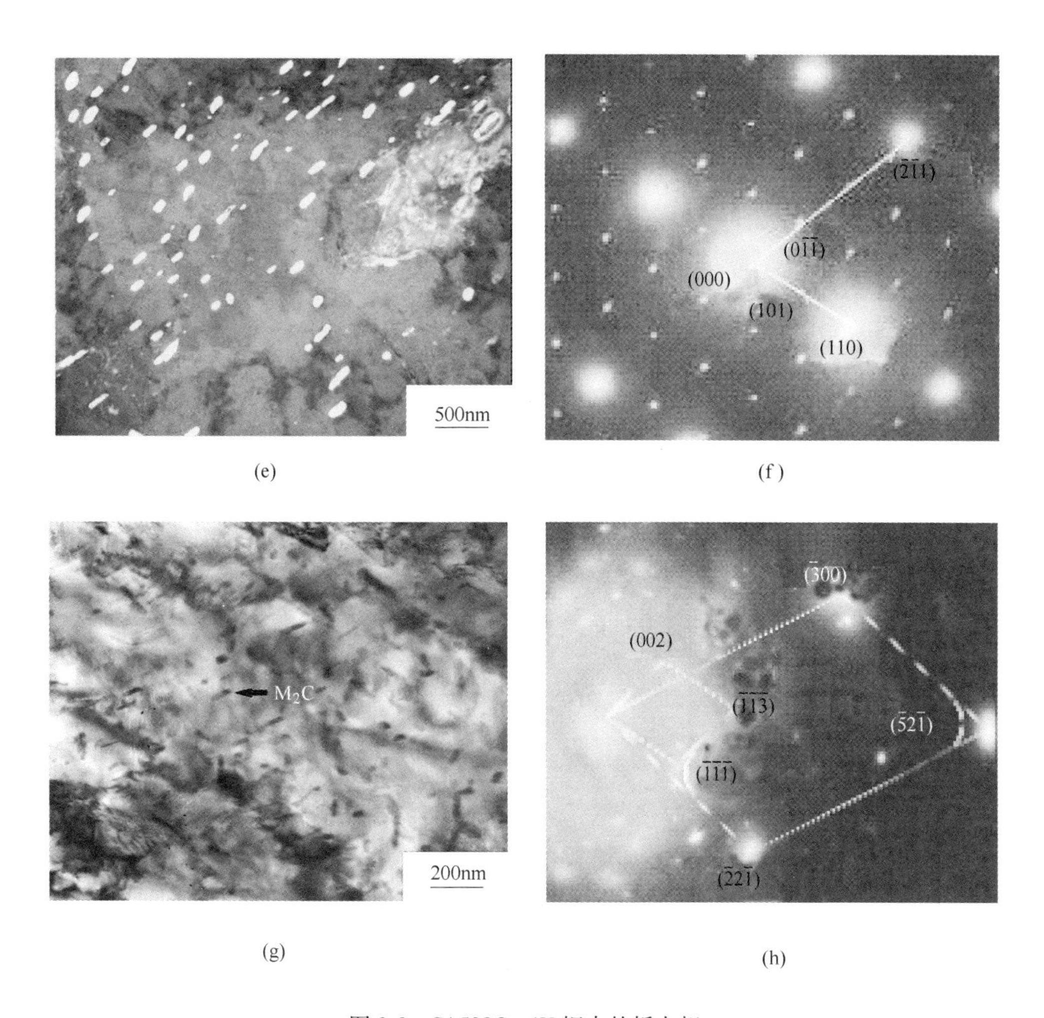

图 3-8 SA508Gr. 4N 钢中的析出相

(a), (b) $M_{23}C_6$; (c), (d) M_7C_3; (e), (f) M_3C; (g), (h) M_2C

参 考 文 献

［1］D. 罗伯 . 计算材料学［M］. 北京：化学工业出版社，2002.

［2］Van Laar J J. Melting or Solidification Curves in Binary System［J］. Z. Physics. Chem., 1908, 63: 216~257.

［3］乔芝郁，郝士明 . 相图计算研究的进展［J］. 材料与冶金学报，2005，4（2）：83~90.

［4］熊伟 . Ni 合金相图、相平衡及相变的热力学研究［D］. 中南大学，2010.

［5］Thermo-Calc Software User's Guide Version Q. Foundation of Computational Thermodynamics Stockholm, Sweden, 1997.

[6] Borgenstam A. DICTRA a Tool for Simulation of Diffusional Transformation in Alloys [J]. Journey of Phase Equilibria. 2000, 21 (3): 269~280.

[7] 李昌义. 核压力容器用 SA508Gr. 3 和 SA508Gr. 4N 钢组织性能及淬透性极限研究 [D]. 钢铁研究总院, 2010.

[8] 何西扣, 李昌义, 刘正东, 等. 反应堆压力容器用低合金钢平衡相热力学计算与分析[J]. 金属热处理, 2013, 38 (5): 14~17.

4 SA508Gr. 4N 钢的相变问题研究

钢的性能取决于相变后钢的组织形态，而奥氏体化过程以及过冷奥氏体的相变过程是钢铁材料热处理中的关键环节，决定着钢的最终组织形态。本章详细研究了 SA508Gr. 4N 钢的奥氏体化过程，奥氏体连续冷却及等温过程中的相变等，以期为 SA508Gr. 4N 钢的工业热处理提供基础数据支持。

本章采用 Formast 模拟试验机和可控速热处理炉，研究 SA508Gr. 4N 钢在升温、降温以及过冷奥氏体等温过程中相变与组织转变，SA508Gr. 4N 钢的成分如表 4-1 所示，试验钢的成分位于 ASME 规范的中线成分，能够反应该出钢相变的普遍规律。[1]

表 4-1 试验钢化学成分 （质量分数,%）

钢号	C	Si	Mn	Ni	Cr	Mo	P	S	Al	Fe
1 号	0. 16	0. 30	0. 36	3. 21	1. 81	0. 58	0. 005	0. 003	0. 025	余

设计如下试验方案：

（1）将试样从室温以 1℃/s 加热到 650℃，然后以 10^{-2}℃/s，10^{-1}℃/s，1℃/s，10℃/s 升温至 850℃进行连续奥氏体化，到温后将试样水冷至室温。

（2）将试样快速加热至 850℃，保温 5min，使其完全奥氏体化，然后分别以 15. 4℃/s，7. 7℃/s，3. 85℃/s，1. 54℃/s，0. 77℃/s，0. 278℃/s，0. 139℃/s，0. 056℃/s 和 0. 028℃/s 的速率冷却至室温。

（3）将试样快速加热至 850℃，保温 5min，使其完全奥氏体化，然后以系列冷却速率（水淬→0. 0028℃/s）至室温。在使用控速降温炉进行试验时，频繁观察实际温度与预设温度差值，确保温度差值在 2~5℃之内。

（4）将试样快速加热至 850℃，保温 5min，使其完全奥氏体化，然后分别快冷到 300℃、325℃、350℃、375℃、400℃和 425℃进行等温，直至相变结束。

（5）将原始组织为粗晶和细晶的两种试样，快速升温至 850℃保温 3h，使试样完全奥氏体化，然后转炉至温度为 550℃、610℃、650℃电炉内，在不同温度分别保温 50h、100h、150h、200h、250h、300h、350h 和 400h，出炉后水冷并观察组织形貌。

4. 1 SA508Gr. 4N 钢升温过程中的奥氏体化

奥氏体化过程是热处理过程的第一个步骤，是过冷奥氏体状态的决定因素，热处理后锻件的组织、性能都与奥氏体化过程有着密切关系。研究奥氏体的形成在钢材热处理的理论和实践中都占有重要地位[2]。在大锻件的实际生产中，大部分情况下奥氏体化过程属于连续加热转变，并且加热速率对奥氏体化过程有一定影响。目前对于钢铁材料的研究大多数内容集中在奥氏体化温度、保温时间以及奥氏体晶粒尺寸的问题，而很少提及加热速率对奥氏体化过程的影响。本节系统研究了升温过程中不同加热速率对 SA508Gr. 4N 钢奥氏体化过程的影响，根据热膨胀试验结果，采用杠杆原理分析获得了动力学相关信息。

4.1.1　连续加热奥氏体化相变曲线

图 4-1 为通过 Formast 试验机测定的 SA508Gr. 4N 钢以不同升温速率（0. 01℃/s，0. 1℃/s，1℃/s，10℃/s）连续奥氏体化过程的膨胀曲线。在试验过程中，由于试样奥氏体化相变引起的密度变化体现在膨胀曲线上，从而改变了膨胀量与温度间的线性关系，在曲线上具体表现为出现拐点。此时析出相的变化对试样体积变化影响很小，奥氏体化相变所产生的体积改变是使试样膨胀的主要因素。

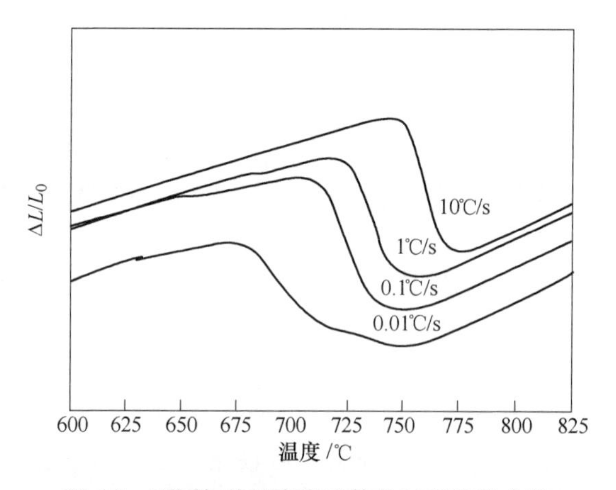

图 4-1　不同加热速率奥氏体化过程膨胀曲线

由图 4-1 可知升温速率较低时，试样相变过程开始温度较低，且相变温度区间较大。图 4-1 中曲线在温度较低或较高时呈平行曲线，随着温度的升高，曲线斜率发生较大变化，中间过渡段即对应奥氏体化过程。奥氏体化过程中，由于母相和新相比热容不同，随着新相逐渐增多，膨胀曲线斜率发生改变。为方便观察，将图中不同加热速率对应膨胀曲线进行 y 轴方向分离，不影响测量结果。由于试验设备原因，所测数值需额外增加 20℃ 补充温度。

图 4-2 是杠杆原理示意图，用于计算升温或冷却过程中不同温度（时间）对应的相变程度，升温过程相转变量 $f_{转变量}=x/(x+y)$；冷却过程相转变量 $f_{转变量}=y/(x+y)$。

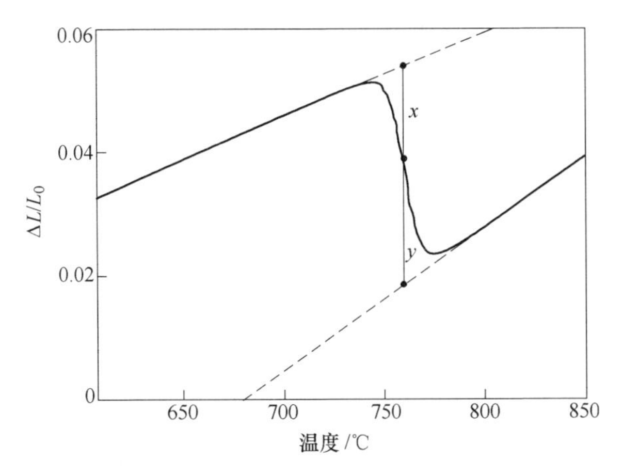

图 4-2 计算相变量杠杆原理示意图

根据图 4-1 中试验所得膨胀曲线以及计算相变量杠杆原理，可以得出在不同加热速率时，连续奥氏体化过程中奥氏体转变量与温度的关系曲线，如图 4-3 所示。图 4-3 给出了在不同加热速率下，连续奥氏体化相变发生的温度区间。随加热速率的升高与奥氏体化温度越低，参照此图可以为 SA508Gr.4N 钢的工业上热处理制度的制定提供参考依据。

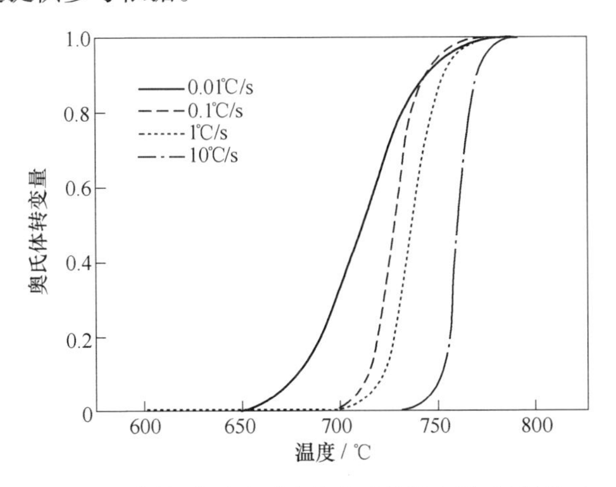

图 4-3 不同加热速率对应的奥氏体转变量-温度关系

4.1.2 奥氏体化相变的 J-M-A 动力学方程

固态相变的等温过程可用 Johnson-Mehl-Avrami（J-M-A）方程进行描述[3]：

$$f = 1 - \exp(-\beta^n) \tag{4-1}$$

$$\beta = k_0 \cdot \exp(-Q/RT) \cdot t \tag{4-2}$$

式中，Q 为相变激活能；R 为气体常数；T 为热力学温度（K）；t 为相变时间；n 为 J-M-A 方程指数；k_0为指前因子。

对于固态相变的非等温过程，式（4-2）中可通过积分求得[3]：

$$\beta = \int_0^t k_0 \cdot \exp(-Q/RT) \cdot \mathrm{d}t \tag{4-3}$$

4.1.3　动力学方程参数的确定

奥氏体化相变激活能 Q 可以通过下式求得[4]：

$$\ln(\dot{T}/T_m^2) = -Q/RT + C \tag{4-4}$$

式中，$\dot{T}$ 为奥氏体化过程加热速率；T_m为相变速率最大时的温度；C 为常数。有国外学者研究发现，使用固定相变量对应的温度 T_f代替 T_m可以简化运算过程并且可以得到更为精准的结果。因此本文采用奥氏体转变量为 50%时所对应的温度 $T_{50\%}$来计算相变激活能。根据图 4-3 所示曲线，可得不同加热速率时的 $T_{50\%}$，如表 4-2 所示。

表 4-2　奥氏体转变量为 50%时的温度

$\dot{T}$/℃ · s^{-1}	0. 01	0. 1	1	10
$T_{50\%}$/K	984	1001	1010	1035

由式（4-4）可知，$\ln(\dot{T}/T_{50\%}^2)$ 与 $1/T_{50\%}$ 成线性关系，其斜率为$-Q/R$。将表 4-1 中数据代入式（4-4）拟合可得直线斜率为-138419. 6，拟合曲线如图 4-4 所示。因此可以得到 SA508Gr. 4N 钢的奥氏体化相变激活能 Q 约为 1.151×10^6 J/mol。

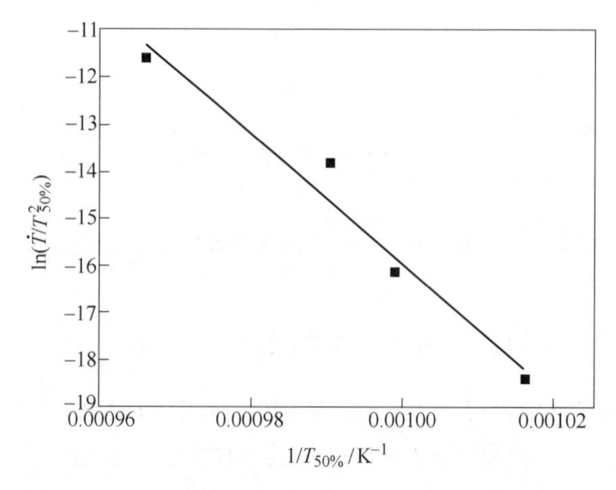

图 4-4　$\ln(\dot{T}/T_{50\%}^2)$ 与 $1/T_{50\%}$ 线性关系图

对式（4-1）取对数可得：

$$\ln[\ln(1/(1-f))] = n\ln(\beta/k_0) + n\ln k_0 \tag{4-5}$$

为求动力学参数 n 和 k_0 的值，式（4-5）中 $\ln[\ln(1/(1-f))]$ 可以作为函数，$\ln(\beta/k_0)$ 可作为自变量，此时 n 即为斜率，而 $n\ln k_0$ 为截距。温度对应的奥氏体转变量 f 可由图 4-3 直接读出，因此 $\ln[\ln(1/(1-f))]$ 的值也可通过计算所得。$\ln(\beta/k_0)$ 则需要通过积分方法计算[5]，此时由于式（4-3）无法表示为简单的代数算式，因此通常采用近似方法忽略高阶无穷小项，即可得：

$$\beta/k_0 \doteq RT^2/QT \cdot \exp(-Q/RT) \cdot (1-2RT/Q) \tag{4-6}$$

将式（4-6）代入式（4-1）可以得到非等温时的 J-M-A 方程表达式为：

$$f = 1-\exp\{-[k_0RT^2/QT \cdot \exp(-Q/RT) \cdot (1-2RT/Q)]^n\} \tag{4-7}$$

根据已得激活能 Q 值，可算出不同加热速率在不同温度所对应的 $\ln(\beta/k_0)$ 值，表 4-3 所示为加热速率 0.01℃/s 时，不同温度下的 $\ln(\beta/k_0)$ 值。

表 4-3 速率为 0.01℃/s 时 $\ln(\beta/k_0)$ 的值

速率/℃·s⁻¹ \ 温度/℃	675	687.5	700	712.5	725	737.5	750
0.01	-139.5	-137.6	-135.7	-133.9	-132.1	-130.4	-128.7

根据式（4-5）对不同加热速率下 $\ln[\ln(1/(1-f))]$ 和 $\ln(\beta/k_0)$ 的值进行线性拟合，其线性关系如图 4-5 所示。不同加热速率下拟合所得的 J-M-A 方程参数如表 4-4 所示。最终可得 SA508Gr. 4N 钢奥氏体化相变的 J-M-A 方程参数 $n=0.67$，$\ln k_0=129.6$。

表 4-4 不同加热速率下的 J-M-A 方程参数

速率/℃·s⁻¹	0.01	0.1	1	10
n	0.357	0.566	0.603	1.167
$\ln k_0$	132.409	130.172	129.496	126.494

根据式（4-7）以及所求激活能 Q、相变动力学参数 n 和 k_0，可求出不同加热速率对应的连续奥氏体化 J-M-A 方程。将不同速率下 J-M-A 动力学方程所得相变量与通过热膨胀试验机所获得的相变量进行对比，如图 4-6 所示。图中实线表示不同时间由热膨胀试验机所测数据，符号表示不同时间由 J-M-A 动力学方程计算所得数据，由图可知数据匹配效果较好，说明通过上述方法所求 J-M-A 动力学方程可较为准确的描述连续加热奥氏体化相变过程。

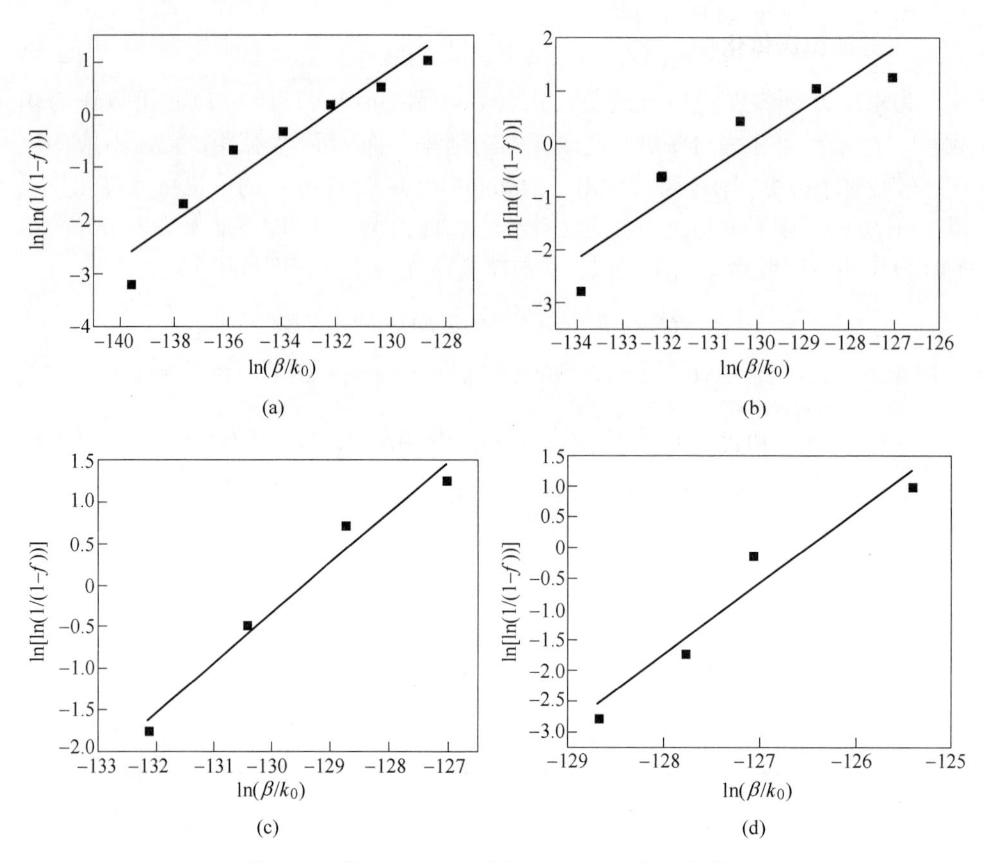

图 4-5　ln[ln(1/(1-f))]与 ln(β/k_0) 线性关系图

(a) 0.01℃/s; (b) 0.1℃/s; (c) 1℃/s; (d) 10℃/s

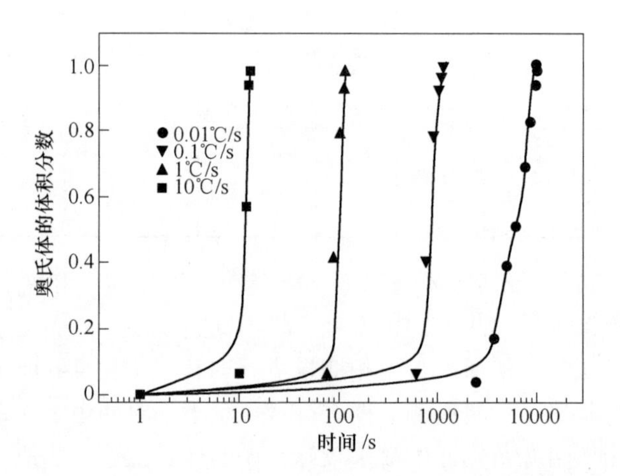

图 4-6　热膨胀试验结果与 J-M-A 动力学方程结果对比图

4.1.4 等温奥氏体化相变曲线

根据非等温 J-M-A 动力学公式可以推导出不同温度下等温奥氏体相变动力学曲线，如图 4-7 所示。由图可知随着保温温度的升高，奥氏体化进程加快，奥氏体化相变速率增大，这与奥氏体相变机理有关：

$$N = f_N \cdot \exp(-Q_N/R\Delta T) \tag{4-8}$$

$$G = f_G \cdot \exp(-Q_G/R\Delta T) \tag{4-9}$$

式（4-8）和式（4-9）中奥氏体 N 为形核率，奥氏体 G 为长大速率，Q_N 与 Q_G 为形核激活能和长大激活能，f_N 和 f_G 为影响因子，ΔT 为过热度。

由式（4-8）和式（4-9）可知加热速率增大，导致过热度增加，从而提高奥氏体化的形核率和长大速率，增大奥氏体相变速率[6]。所以随着加热速率的增加，奥氏体化相变速率增大，奥氏体形成所需时间减少，相变温度区间减小，与热膨胀试验结果相符。

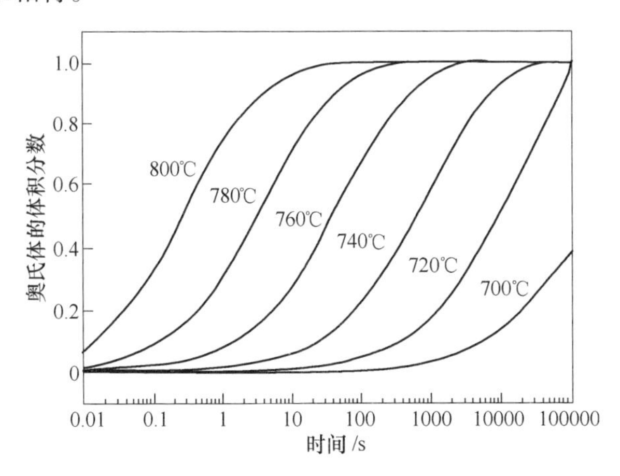

图 4-7 SA508Gr. 4N 钢等温奥氏体化相变动力学曲线

由图 4-7 可以获得 SA508Gr. 4N 钢的温度-时间-转变量曲线，如图 4-8 所示。可由图 4-8 得出达到不同奥氏体相变量时所需等温温度和等温时间。通过上述动力学分析方法，可从非等温连续相变试验数据中提取有用信息，有效地构造出等温相变曲线，为进行相关热处理数值模拟提供必需的输入数据，同时为奥氏体孕育期极短（小于 1s）或快速加热工艺等特殊情况下测定等温转变曲线提供了有效的途径。

4.2 SA508Gr. 4N 钢连续冷却中的组织转变

调质热处理是保证大锻件力学性能的重要热处理工艺，而对 SA508Gr. 4N 钢

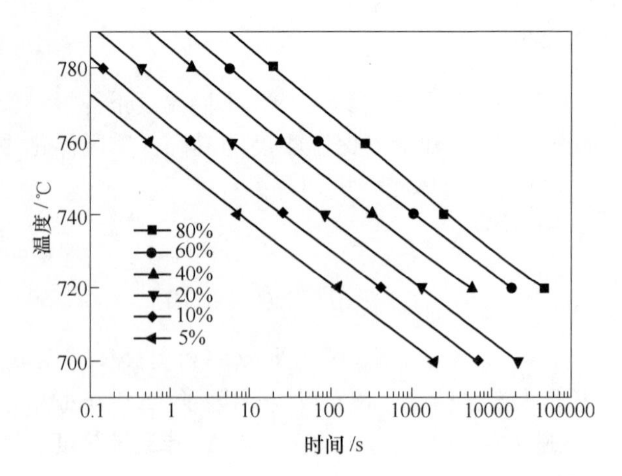

图 4-8　SA508Gr. 4N 钢等温奥氏体温度-时间-转变量曲线

大锻件而言，淬火冷却过程中大锻件不同位置冷却速率差异较大，过冷奥氏体的转变对大锻件的组织形态和力学性能有较大影响。合金钢的过冷奥氏体连续冷却转变曲线（CCT 曲线）可以系统地表示出不同的冷却速率对相变开始与结束温度、相变进行程度和相变后组织的影响情况[7]。

本节通过对 SA508Gr. 4N 钢不同冷速下冷却过程中试样热膨胀量进行测量，读取相变动力学信息，分析微观组织变化，系统的研究了 SA508Gr. 4N 钢连续冷却过程中冷却速率对过冷奥氏体相变过程及相变产物的影响，确定了关于马氏体转变的 K-M 方程，制定了 SA508Gr. 4N 钢过冷奥氏体连续冷却转变曲线，即 CCT 曲线。

4.2.1　SA508Gr. 4N 钢的膨胀曲线与 CCT 曲线

在获得相变膨胀曲线后，通常采用切线法来确定临界相变温度[8]，即膨胀曲线上最先与相变前后膨胀直线偏离的点（拐点）对应的温度来标定相转变点，如图 4-9 所示。试验结果中大多数冷速对应的膨胀曲线比较平直，可以采用切线法确定临界相变温度。

不同冷速下的膨胀曲线如图 4-10 所示。根据图 4-9 中所示切线法，可测定试验钢过冷奥氏体转变的开始和结束温度，如表 4-5 所示。连续冷却过程中，析出相对体积变化影响较小，试验体积变化主要由于相变所引起，因此可用试样体积变化来表征奥氏体连续冷却相变过程。取不同冷速下膨胀曲线相变点的平均值作为临界相变温度，得到 SA508Gr. 4N 钢过冷奥氏体连续转变 CCT 曲线，如图 4-11 所示。在现有试验条件下 SA508Gr. 4N 钢的 CCT 曲线中只出现贝氏体和马氏体转变，随着冷却速率的降低，试样在 5kg 载荷下 HV 硬度值逐渐降低。

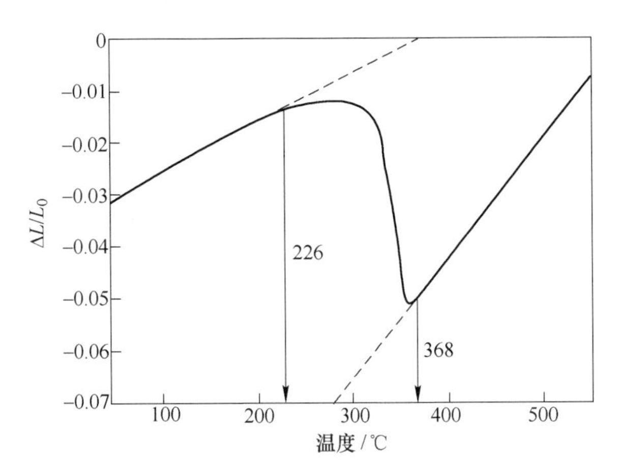

图 4-9 确定临界相变温度方法示意图

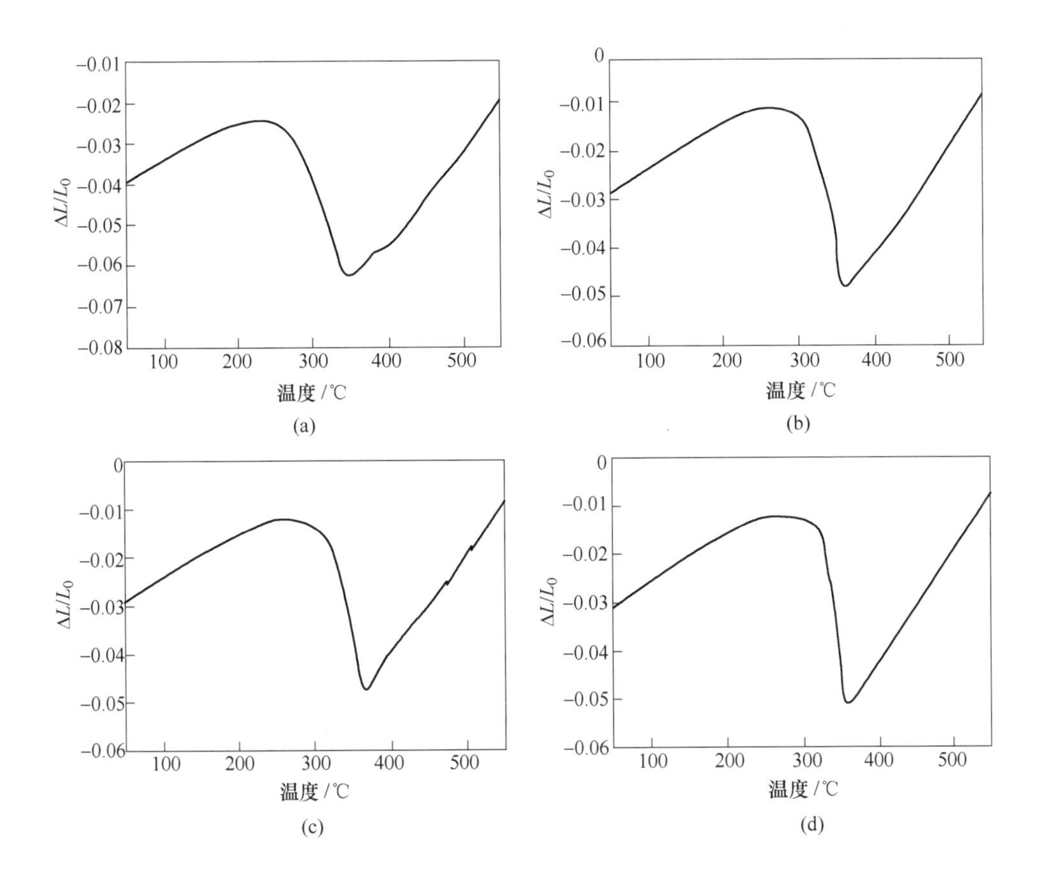

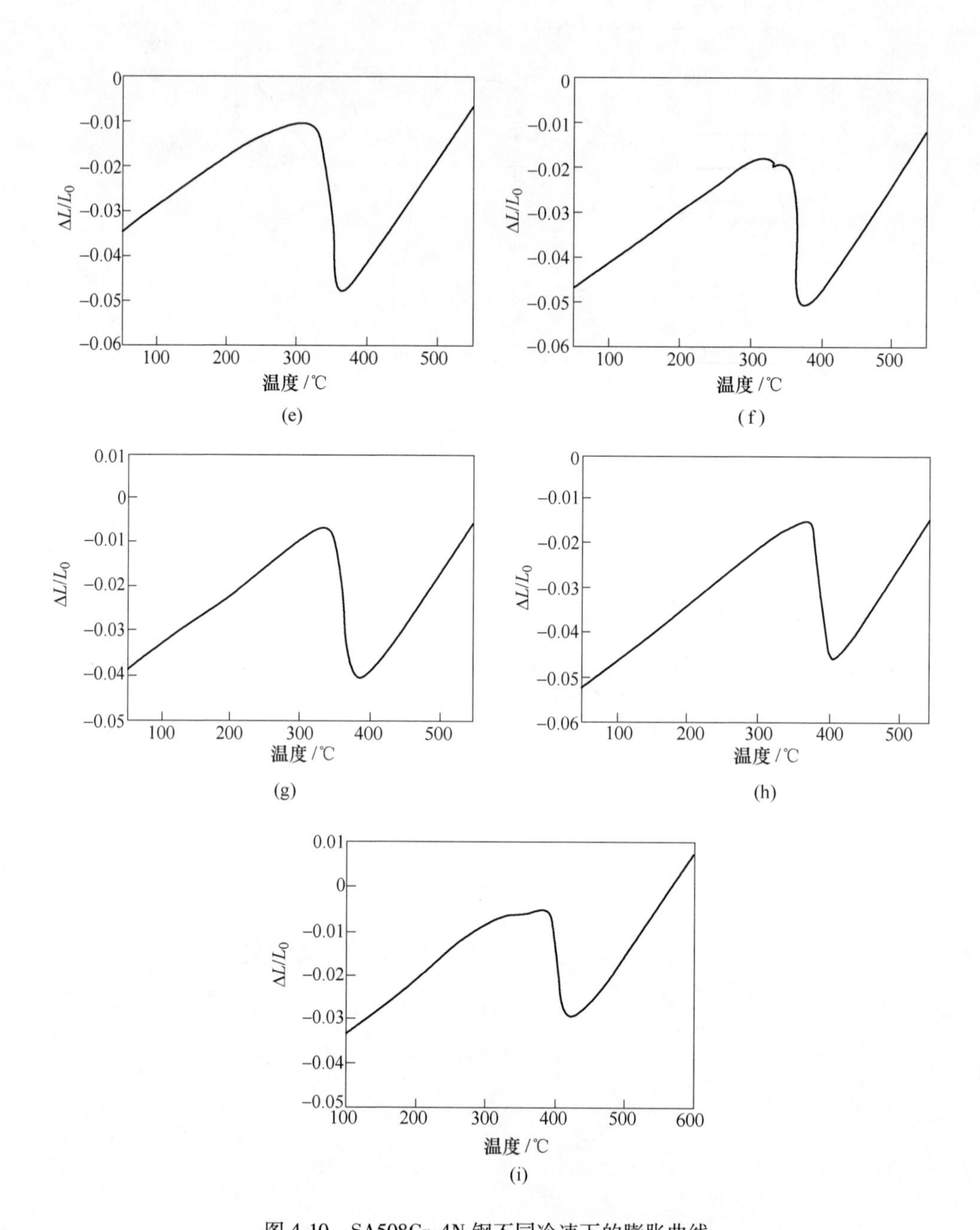

图 4-10　SA508Gr. 4N 钢不同冷速下的膨胀曲线

(a) 15.4℃/s; (b) 7.7℃/s; (c) 3.85℃/s; (d) 1.54℃/s; (e) 0.77℃/s; (f) 0.287℃/s; (g) 0.139℃/s; (h) 0.056℃/s; (i) 0.028℃/s

表 4-5 SA508Gr. 4N 钢不同冷速下的 B_s、B_f、M_s 和 M_f温度

速率/℃ · s^{-1}	15.4	7.7	3.85	1.54	0.77	0.278	0.139	0.056	0.028	平均值
M_s/℃	360	366	368	368	379					368
M_f/℃	192	230	233	229	245					226
B_s/℃						402	403	415	443	416
B_f/℃						300	317	345	380	336

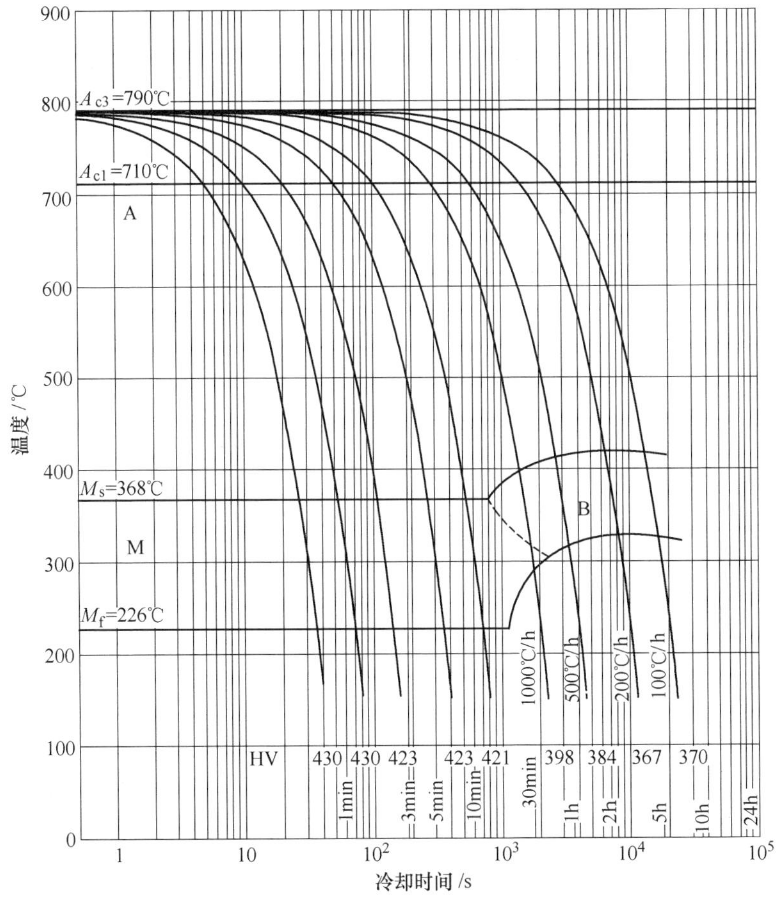

图 4-11 SA508Gr. 4N 钢的 CCT 曲线

化学成分对相变临界点（包括 M_s和 B_s等）有较大影响。除 Co 和 Al 外，很多合金元素都使 M_s点向低温方向移动。一些研究者根据 M_s点与钢中所加合金元素之间的关系，提出 M_s点的经验计算公式如下[9]：

$$M_s = 561-474C-33Mn-17Ni-17Cr-21Mo \quad (4\text{-}10)$$

式中，C、Mn、Ni、Cr 和 Mo 分别表示合金元素的重量百分数。据此经验公式估算的 M_s值为 376℃，与试验测量平均值仅差 8℃，可见用该经验公式计算 M_s点的

精确度较高。

一些学者提出有计算 B_s 点的经验公式如下[9]：

$$B_s = 830 - 270C - 90Mn - 37Ni - 70Cr - 83Mo \tag{4-11}$$

式中，C、Mn、Ni、Cr 和 Mo 分别表示合金元素的重量百分数。据此经验公式估算的 B_s 值为 461℃，与试验测量平均值差 45℃。估算值与实测值相差较大，这可能是由于此计算 B_s 点的经验公式主要是针对等温过程中的贝氏体相变，而连续冷却过程中的贝氏体转变会比等温过程的贝氏体相变相对滞后，因此计算 B_s 值高于实测 B_s 值。并且在连续冷却条件下，贝氏体相变临界温度受冷却速率的影响较大，随冷速加快而显著下降。

4.2.2 SA508Gr. 4N 钢的 K-M 方程

马氏体相变是合金钢连续冷却过程中的重要相变，马氏体相的转变量与温度变化关系，通常采用 Koistinen-Marburger 方程[10]进行表示：

$$f_M = 1 - \exp[-\alpha(M_s - T)] \tag{4-12}$$

式中，M_s 为马氏体相变开始温度；T 为温度；α 是与钢种相关常数。计算 SA508Gr. 4N 钢 K-M 公式参数时，以奥氏体完全转变作为前提，即马氏体的转变量由 0% 至 100%，且部分贝氏体转变可延伸值 M_s 点以下，用 K-M 公式进行相变量的计算时，f 应理解为马氏体与部分贝氏体的转变量之和。

为保证该方程准确性，需通过试验来确定参数值。M_s 值已经在上节中测得，而 α 则需要通过拟合确定，将式（4-12）变形可得：

$$\alpha = -(1 - f)/(M_s - T) \tag{4-13}$$

式中不同温度对应的 f 值可通过杠杆原理计算得出，以上式中 α 为纵坐标，温度 T 为横坐标，则可得 α-T 关系曲线，如图 4-12 所示。由图可知 α 值在温度较高

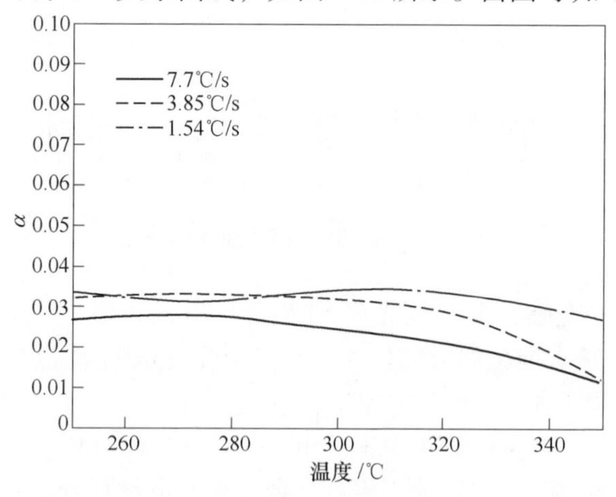

图 4-12 不同冷速下 α 值与温度的关系

时有一定波动，但随着温度降低，α 值逐渐平稳，不同冷速下各组 α 值较为接近。根据拟合结果得出不同冷速下 α 取值为 0.0348、0.0319 和 0.0253，因此取得 α 平均值为 0.031。由以上结论可得 SA508Gr. 4N 钢 K-M 方程为：

$$f_M = 1 - \exp[-0.031(368 - T)] \tag{4-14}$$

4.2.3 SA508Gr. 4N 钢不同冷速下的微观组织

使用控速降温炉将 ϕ10mm×10mm 金相试样快速升温至 850℃，保温两小时后出炉水冷，图 4-13（a）为水冷后光学（OM）照片，隐约可见基体呈平行条束状，其立体形态是长条群集在一起，形成典型的板条形貌马氏体组织。快速冷却下生成马氏体表面产生浮凸，这说明转变过程中发生了切变，如图 4-13（b）、（c）、（d）所示。由图可知一个原奥氏体晶粒包含几个板条束（Packet），每个 Packet 由若干平行的板条块（Block）组成，在板条间有少量残余奥氏体出现。SA508Gr. 4N 钢含碳量较低，形成具有高密度位错板条状马氏体。

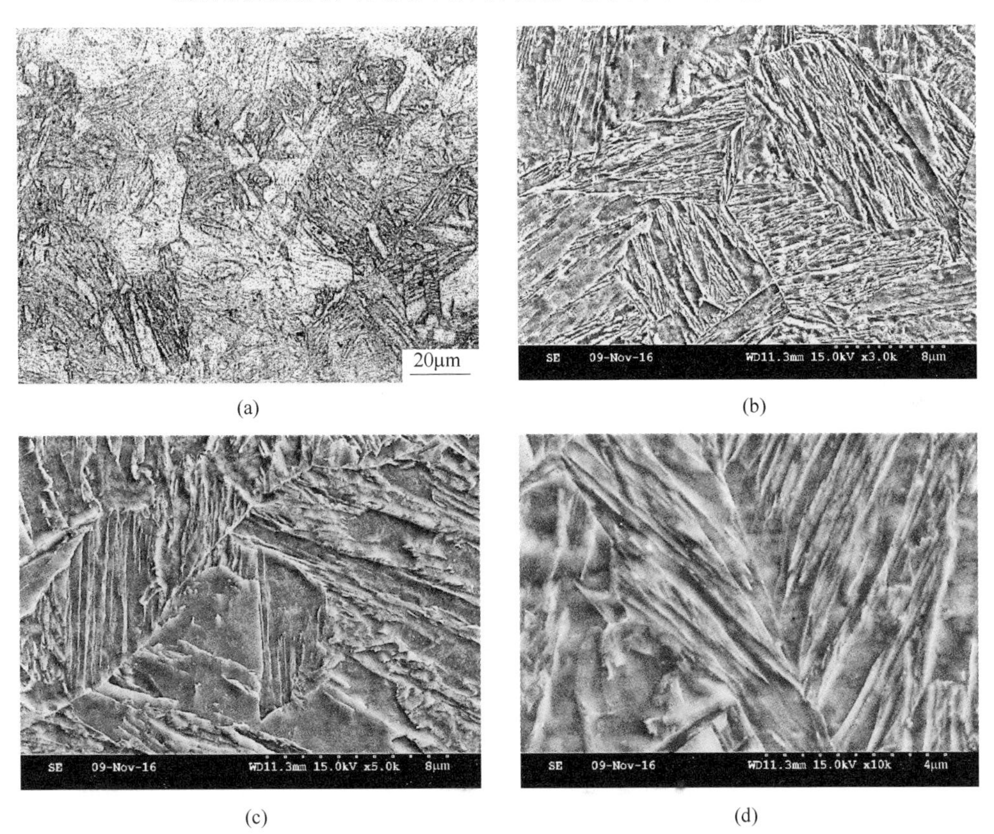

(a) (b) (c) (d)

图 4-13 试样水冷后的显微组织

（a）500×；（b）3000×；（c）5000×；（b）10000×

试样以 0.1112℃/s（6.67℃/min，400℃/h）速率冷却后微观组织如图 4-14 所示，其特征是狭长的板条状组织，部分板条长度较长，可贯穿整个奥氏体晶粒，大量细小碳化物均匀分布在基体上，一些形状不规则的 M/A 岛组织，如图 4-14（b）、（c）所示。这种细长的板条组织是由细条状的上、下贝氏体和马氏体（少量残余奥氏体）组成的混合组织。当过冷奥氏体冷却至 B_s 温度时，过冷奥氏体分解获得到细长板条状的下贝氏体组织，细长的贝氏体铁素体在原奥氏体晶粒内沿一定方向并排生长，其长度方向生长速率远远大于宽度方向生长速率；在条状贝氏体铁素体内碳化物定向析出，为下贝氏体组织，如图 4-14（c）、（d）和（e）所示。图 4-14（d）中出现少量较窄（<0.5μm）贝氏体铁素体，多片贝氏体铁素体并排在一起，呈现羽毛状形貌，且碳化物出现在贝氏体铁素体束之间，形成上贝氏体组织。在该冷速下，过冷奥氏体在贝氏体区间进行部分分解，存在于众多细长贝氏体铁素体间隙中的过冷奥氏体冷却至 M_s 点以下时，将发生马氏体转变，生成马氏体组织。

连续冷却转变的组织其贝氏体组织有一定特点，例如：在贝氏体铁素体两侧既存在未分解的过冷奥氏体，又在板条内出现定向分布的碳化物，兼具上贝氏体和下贝氏体的特征。

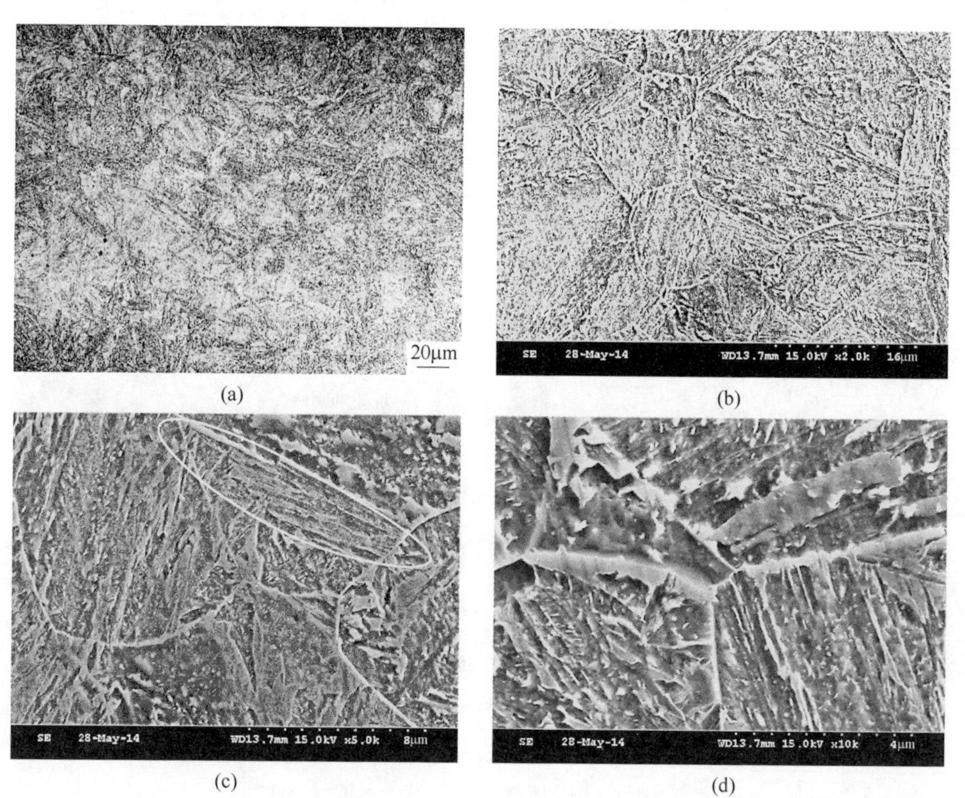

(a)　(b)

(c)　(d)

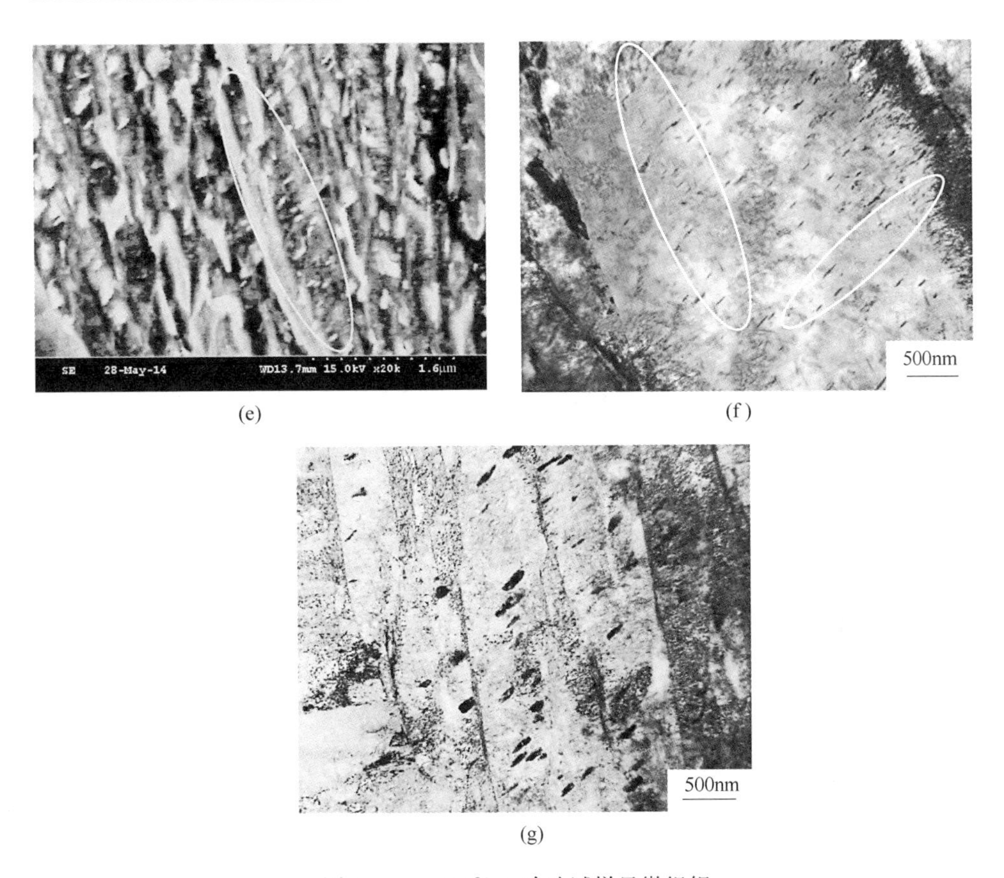

(e) (f)

(g)

图 4-14 0.111℃/s 冷速试样显微组织

(a) 500×；(b) 2000×；(c) 5000×；(d) 10000×；(e) 20000×；(f) 20000×；(g) 10000×

在该冷却速率下，混合组织中马氏体的形成温度（M_s：368℃-M_f：226℃）处于低温回火温度范围之内，因此随着马氏体的生成，会有“自回火”现象出现，即在马氏体内部出现大量自回火碳化物如图 4-14（f）所示，马氏体自回火碳化物沿两个方向排列。而混合组织中贝氏体板条中碳化物沿单一方向排列如图 4-14（g）所示。

试验钢以 0.0139℃/s（50℃/h）冷却时其微观组织如图 4-15 所示，形成以块状贝氏体铁素体为主的混合贝氏体组织，基体上分布着细小碳化物以及一些长度大于 1μm 的 M/A 岛组织。图 4-15（b）、（c）和（d）中部分区域块状贝氏体铁素体上分布着形状不规则的 M/A 岛组织，形成粗大的粒状贝氏体组织；少量条状铁素体以及两侧的细小碳化物形成上贝氏体组织。由图可知块状贝氏体铁素体与未分解的奥氏体界面呈平直以及“锯齿”两种形态。当块状贝氏体铁素体在原奥氏体晶界处形核并不断向奥氏体长大，过冷奥氏体被分割成形状、大小不一的孤岛状，过冷奥氏体逐步分解为低碳贝氏体铁素体和高碳的过冷奥氏体，贝氏体铁素体生长到一定程度后，剩余奥氏体因碳含量升高而趋于稳定，不再进行分解，所以界面保持平直形貌。另一些界面呈“锯齿”状，可能是因为块状贝氏体铁素体长大到一定程度时，剩余的奥氏体稳定性提高，贝氏体铁素体停止生长，直至过冷奥氏体冷却至更低温度方才在贝氏体铁素体边界形成新的分解产物，形成“锯齿”状边界。

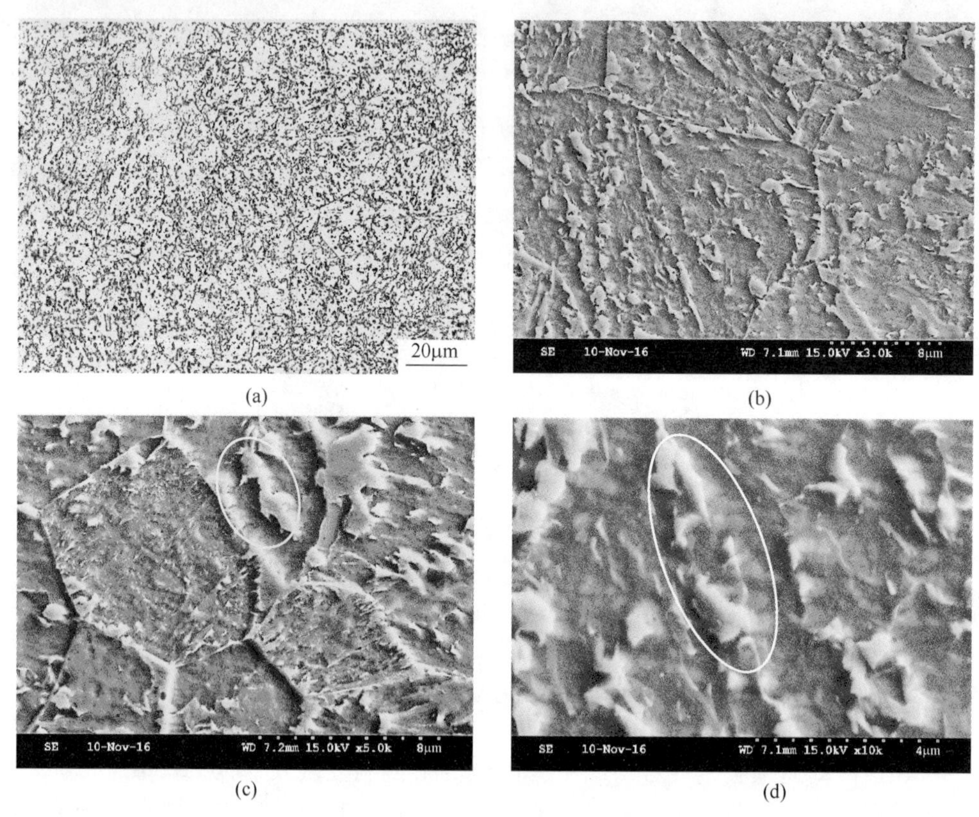

图 4-15　0.0139℃/s 冷速试样显微组织

(a) 500×；(b) 2000×；(c) 5000×；(d) 10000×

试验钢以 0.0027℃/s(10℃/h) 冷却时其微观组织如图 4-16 所示，试样中观察到大量先共析铁素体和粒状贝氏体的混合组织。在缓慢冷却过程中，当温度较高时先共析铁素体由过冷奥氏体转变生成，先共析铁素体数量较多且分布不均，相互连接布满原奥氏体晶粒。在温度持续降低的过程中，未转变的过冷奥氏体分解为混合贝氏体组织，随着冷速的降低，试样在高温区域停留时间增加，试样中开始出现先共析铁素体，并逐渐增多。

冷速为 0.0027℃/s 试样不同组织显微硬度测量如图 4-17 所示，其显微硬度测量平均值如表 4-6 所示，在 10g 载荷下试样不同组织显微硬度平均值为 158.6HV 和 358.2HV，测量值分别符合铁素体和贝氏体显微硬度范围。

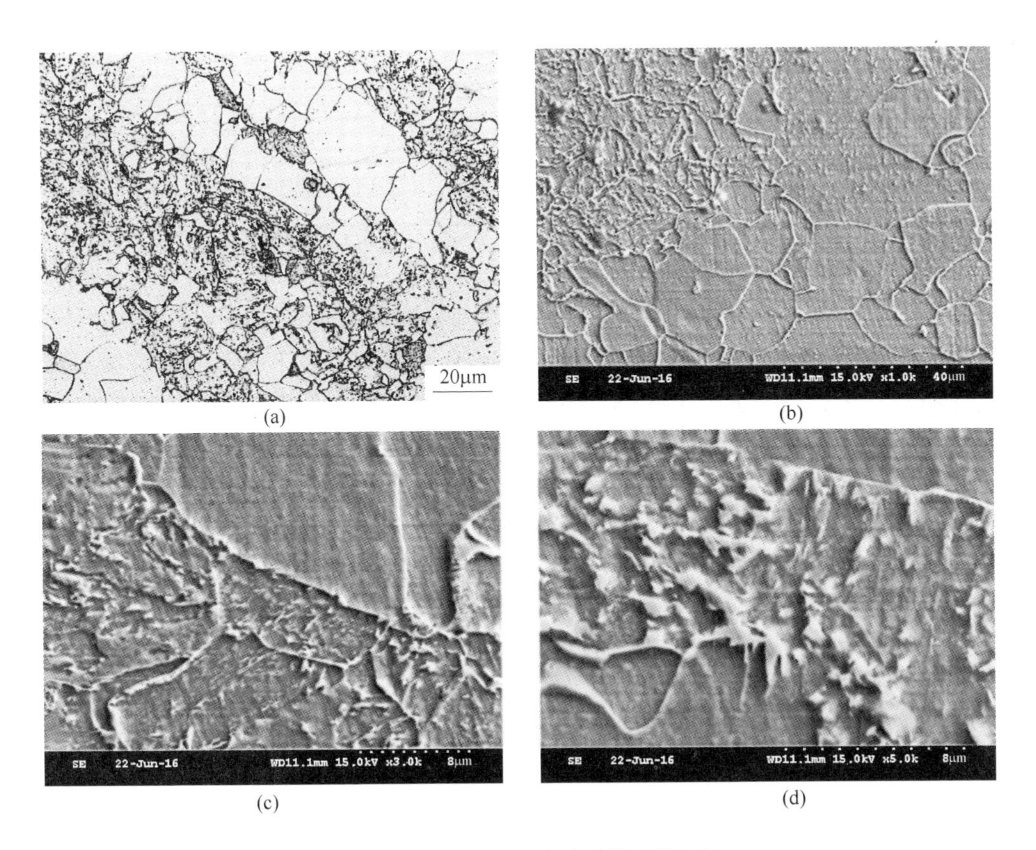

(a)　(b)　(c)　(d)

图 4-16　0.0027℃/s 冷速试样显微组织

(a) 500×; (b) 1000×; (c) 3000×; (d) 5000×

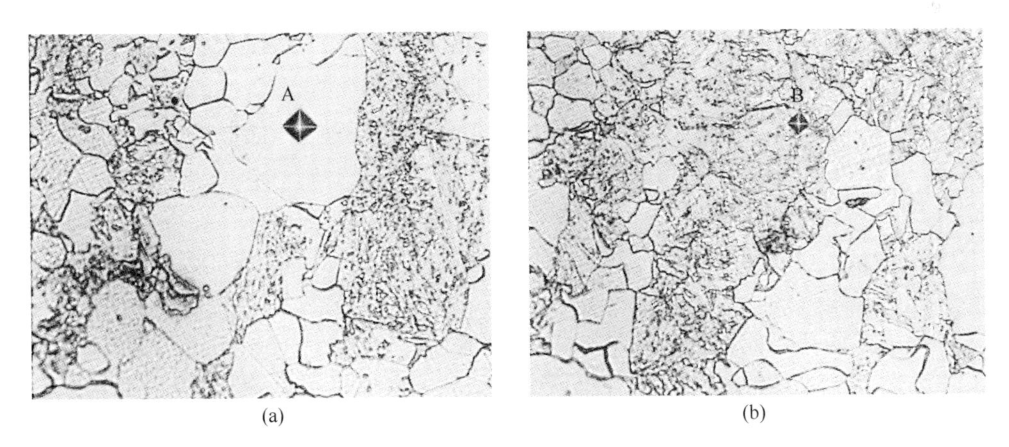

(a)　(b)

图 4-17　0.0027℃/s 冷速试样显微硬度测量图

(a) A 区; (b) B 区

表 4-6　0. 0027℃/s 冷速试样显微硬度

位置	1	2	3	4	5	平均值
A 区	159	166	156	159	153	158. 6
B 区	362	351	340	363	375	358. 2

淬火过程中随着冷却速率逐渐降低，SA508Gr. 4N 钢连续冷却组织变化顺序大致为：马氏体→贝氏体、马氏体混合组织→混合贝氏体组织→先共析铁素体+混合贝氏体组织。SA508Gr. 4N 钢连续冷却组织具有多样性和复杂性，实际生产大锻件过程中，只有近表层冷速较快可获得马氏体组织。随着离表面距离增大，冷却速率急剧下降，锻件内部以贝氏体组织为主。

4. 2. 4　CCT 曲线的完善

由于试验条件限制，通过 Formast 试验机所得 SA508Gr. 4N 钢 CCT 曲线最低冷速只能达到 100℃/h，而通过控速降温炉冷却试验所得不同冷速下试样金相组织可知（根据上节内容），当冷却速率小于 0. 0139℃/s（50℃/h）时，试样金相组织中可以观察到先共析铁素体组织，因此对已经得到的 CCT 曲线（图 4-11）进行优化，如图 4-18 所示。图中虚线部分即为根据控速降温炉冷却试验结果所添加的相变曲线，铁素体形成温度无法精准确定。

4. 2. 5　SA508Gr. 4N 钢的淬透极限

核压力容器用钢的淬透性极限是指淬火后大锻件冷却速度最慢位置的金相组织为单一的贝氏体组织（不出现珠光体+铁素体组织）时的锻件壁厚。本节研究了 SA508Gr. 4N 钢的淬透极限，以确定 SA508Gr. 4N 钢的优势。

不同冷却速度下，试验钢的金相组织见图 4-19。试验钢在 15. 94℃/s 的冷却速度下得到马氏体组织，在 0. 79℃/s 的冷却速度下得到马氏体、贝氏体混合组织，在 0. 28℃/s（1000℃/h）冷却速度下得到贝氏体组织，在 0. 028℃/s（100℃/h）的冷却速度下试验钢得到单一贝氏体组织，SA508Gr. 4N 钢获得贝氏体组织的能力较强。

根据不同直径低合金棒料在水中冷却时的冷却曲线[11]（图 4-20），可以推算 SA508Gr. 4N 钢的双面淬透性极限约为 1200mm。但必须指出的是以上数据只是根据试验钢 CCT 曲线测定结果的一种近似推算，在工程实践上这两种钢锻件的双面淬透性极限应低于上述数据，其具体数值与锻件的成分、几何形状和冷却条件有关。

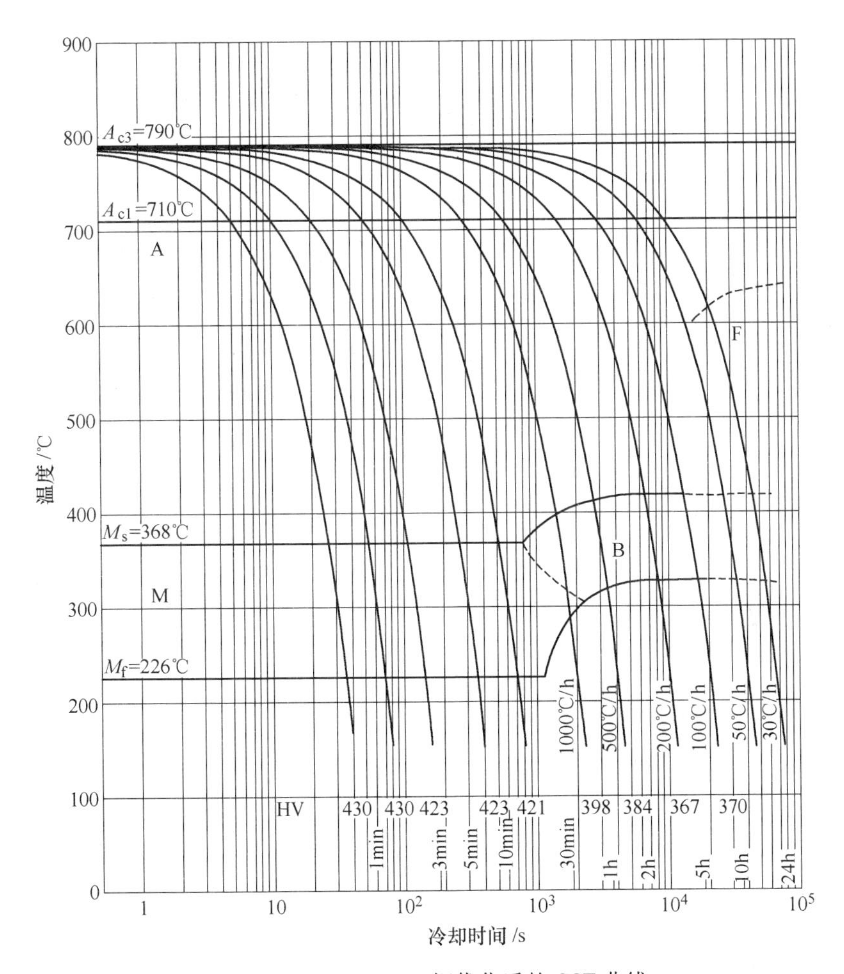

图 4-18 SA508Gr. 4N 钢优化后的 CCT 曲线

核反应堆压力容器由上、下球形封头、中间筒体、接管段、法兰、过渡段等锻件连接构成，各部分锻件形状、厚度差别很大，其淬透性很难用统一的尺寸来描述，这就需要引入等效直径的概念。所谓等效直径，是指一定直径的钢棒中心冷却速度与零件中心冷却速度相同。这个直径就是该零件的等效直径。有关的资料、手册和规范中已经给出了不同形状零件的等效直径[12]。英国标准 BS5046—1976 中对圆柱、圆盘、矩形断面、板、管、环及具有对称形状的异形断面，都规定了在空冷、油冷和水冷时的等效直径。不仅对零件中心部位，而且对零件的任何部位，如钢棒半径处或表面处，也可以利用等效直径的概念来推知冷却时组织的转变。

根据不同直径低合金棒料在水中冷却时的冷却曲线（图 4-20）和利用 Formastor-FⅡ全自动相变测量装置测定的 SA508Gr4N 试验钢的 CCT 曲线（图 4-18），

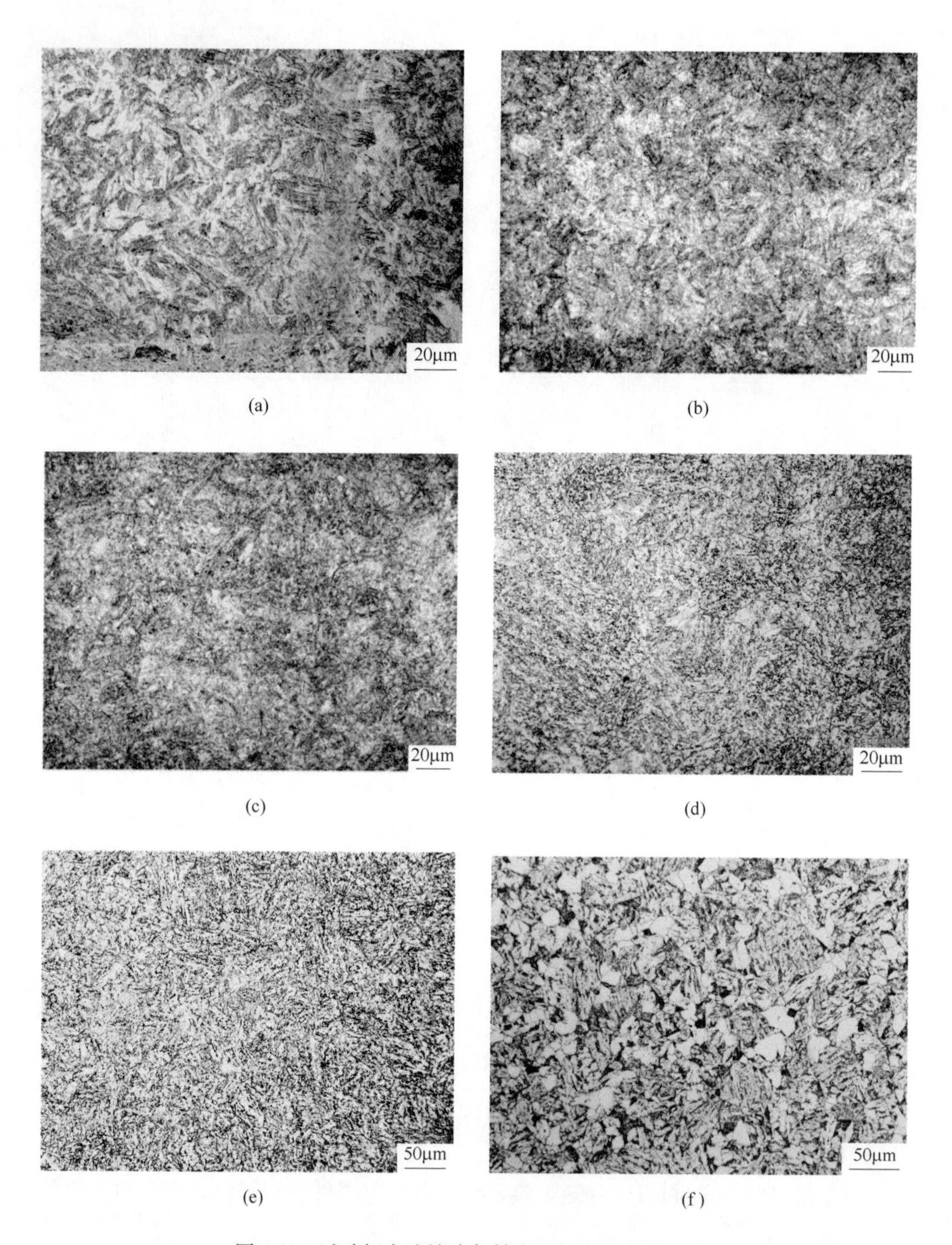

图 4-19　试验钢在连续冷却转变过程中的微观组织

（a）冷速 15.94℃/s；（b）冷速 0.79℃/s；（c）冷速 1000℃/h；（d）冷速 100℃/h；（e）冷速 70℃/h；（f）冷速 50℃/h

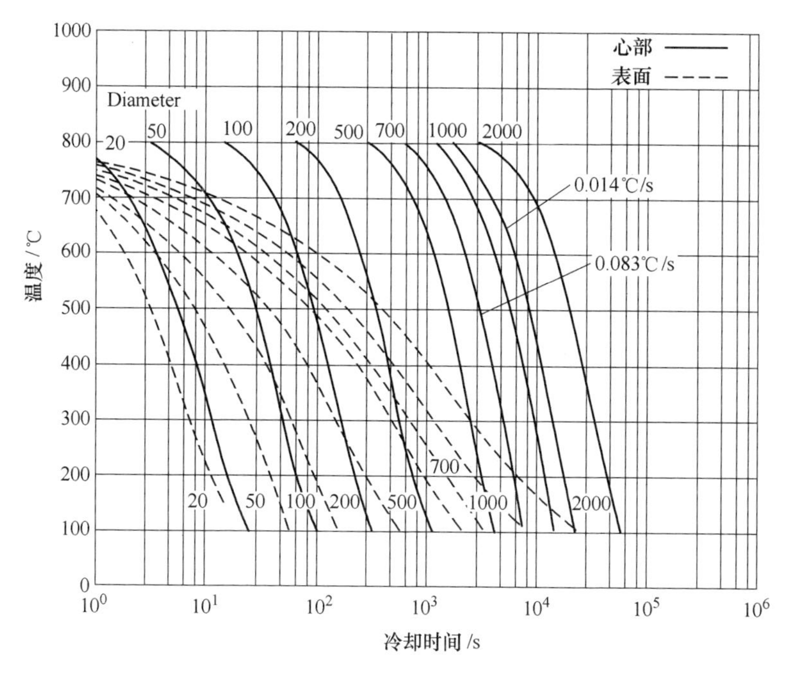

图 4-20 不同直径的低合金棒料在水中冷却时的冷却曲线

将其合成后，可以推测出不同等效直径 SA508Gr. 4N 钢水淬时心部的冷却速度，见表 4-7。

表 4-7 SA508Gr. 4N 钢淬火冷却速度

等效直径/mm	心部淬火冷却速度/℃ · s^{-1}
20	2.4
300	0.53
500	0.21
700	0.103
900	0.056
1200	0.036

4.3 SA508Gr. 4N 钢的过冷奥氏体等温转变

SA508Gr. 4N 钢 CCT 图中包含有贝氏体转变和马氏体转变，并发现高温区常见的先共析铁素体，但未发现珠光体转变。经过分析，其原因主要是 Mo、Mn、Ni 等合金元素的共同作用对延长珠光体转变孕育期的效果十分显著；同时，珠光体转变需要碳与合金元素的扩散和再分配，合金元素的扩散系数远小于碳的扩散系数，也使珠光体转变速率下降；而且，非碳化物形成元素 Ni 又降低了 γ 相向 α 相的转变速率，增大了 α-Fe 的形核功，同样也起到了减缓珠光体转变的作用。因此，在 SA508Gr. 4N 钢的连续冷却转变中，珠光体转变被严重推移，以至于不出现在常规的 CCT 图中。对于目前使用最广泛的 SA508Gr. 3 钢而言，其组织中同样难以出现珠光体，但贝氏体组织却很常见。为进一步了解 SA508Gr. 4N 钢的相变行为，对过冷奥氏体在 550~650℃的等温转变进行研究。

4. 3. 1　贝氏体转变动力学

合金钢的过冷奥氏体在贝氏体形成温度区间进行等温时，生成贝氏体具有不完全转变现象[13]，部分研究人员将贝氏体不完全转变现象作为其特征之一[14]。有学者提出贝氏体不完全转变概念[15]：合金元素可以使钢的 TTT 曲线中的完整 C 曲线分离为上（珠光体和铁素体转变）和下（贝氏体转变）两个 C 曲线，其中下（贝氏体转变）C 曲线具有不完全转变特性，随着等温温度的降低，贝氏体转变量逐渐增大。

过冷奥氏体在贝氏体形成区的等温转变后的产物为贝氏体与残余奥氏体，转变产物的膨胀系数可以通过单相组织膨胀系数的加权平均值来表示：

$$\alpha_{A+B} = \alpha_A \cdot x_A + \alpha_B \cdot x_B \tag{4-15}$$

式中，x_A代表奥氏体所占比例，x_B为贝氏体所占分数，且 $x_A+x_B=1$；α_A代表奥氏体膨胀系数；α_B为贝氏体膨胀系数；α_{A+B}为转变后混合产物膨胀系数。图 4-21 为试验钢在 0. 056℃/s 冷速下对应的膨胀曲线，由 4. 2. 3 节可知该冷却速率下所获得贝氏体和残余奥氏体混合组织，奥氏体膨胀系数 α_A和转变后混合产物膨胀系数 α_{A+B}可通过相变前后曲线斜率确定，$\alpha_{A+B}=2.32\times10^{-4}$，$\alpha_A=1.24\times10^{-4}$。图 4-22 为试验钢在 0. 056℃/s 冷速下转变产物的 X 射线衍射图，根据能谱图谱分析结果得到 $x_A=7\%$，$x_B=93\%$。根据式（4-15）和图 4-21 与图 4-22 所得数据，$\alpha_B=(\alpha_{A+B}-\alpha_A \cdot x_A)/x_B=1.163\times10^{-4}$。

将式（4-15）进行移项整理后，可以计算出不同温度下等温贝氏体转变最大转变量：

$$x_{B_{max}} = \alpha_A - \alpha_{(B+A)}/(\alpha_A - \alpha_B) \tag{4-16}$$

图 4-23 为试验钢过冷奥氏体在 400℃等温时的膨胀曲线，由图可以得到此时的 $\alpha_{A+B}=2.26\times10^{-4}$，$\alpha_A=2.38\times10^{-4}$，根据式（4-16）可以求出此时的 $x_{B_{max}}=10\%$，根据该方法统计的 425~300℃过冷奥氏体等温后贝氏体的最大转变量如表 4-8 所示。由表可知，等温温度对贝氏体最大转变量有较大影响，在 425~350℃之间，随着保温温度的降低，贝氏体最大转变量增加。当温度低于 350℃以后，随着温度的降低，贝氏体最大转变量增多，这是由于试样冷却到该温度区间保温前，已经发生了一部分马氏体相变，因此此时贝氏体最大转变量为 $1-x_M$。

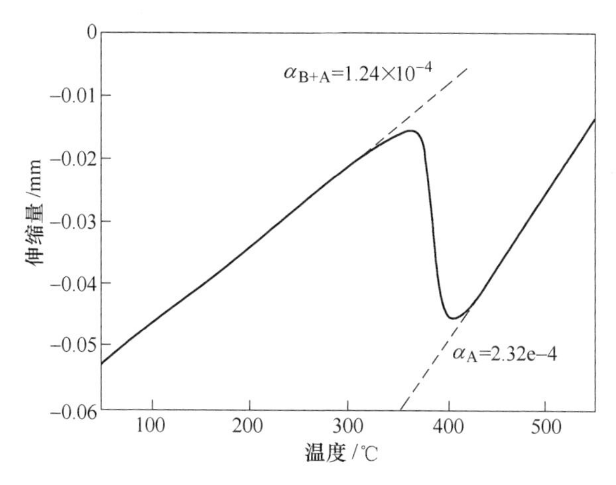

图 4-21 SA508Gr.4N 钢在 0.056℃/s 冷速下的膨胀曲线

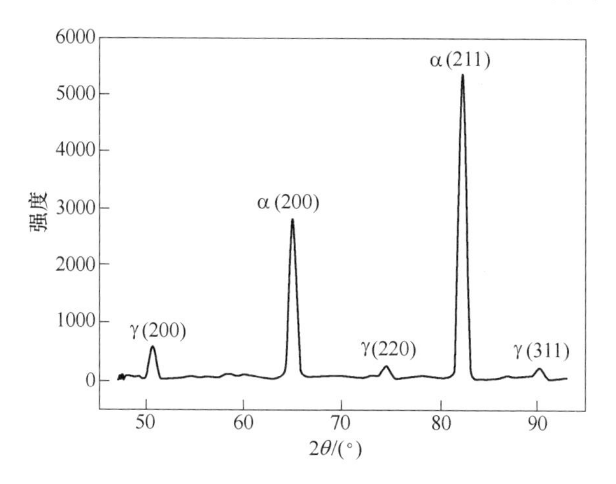

图 4-22 SA508Gr.4N 钢在 0.056℃/s 冷速下相变产物的 X 射线衍射图

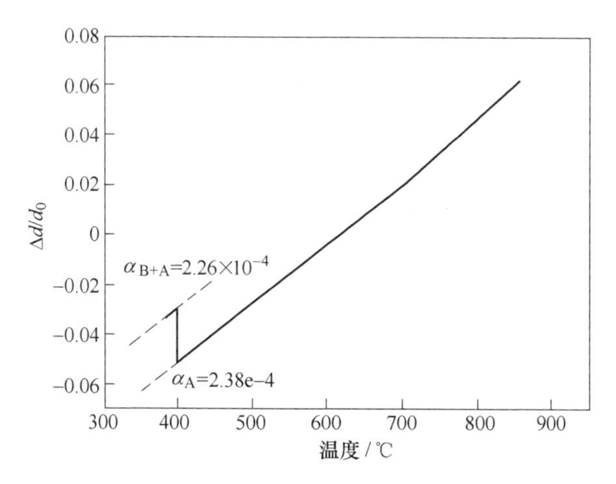

图 4-23 SA508Gr.4N 钢在 400℃时的膨胀曲线

表 4-8　等温转变贝氏体最大转变量

温度/℃	425	400	375	350	325	300
转变量/%	5.2	10	49.6	64	58.3	55.6

图 4-24 为试验钢等温转变膨胀量与时间的关系，由图可知在不同温度等温时，膨胀量差别较大。在大部分温度保温时，当等温时间小于 3000s 时，膨胀量值趋于稳定，说明贝氏体转变达到了该温度下的最高值。根据图 4-24 可以得到不同等温温度时，贝氏体转变量随时间的变化关系，如图 4-25 所示。根据图 4-25 可读出当贝氏体转变达到某特定量时所需的时间，对其进行统计所得结果如表 4-9 所示。

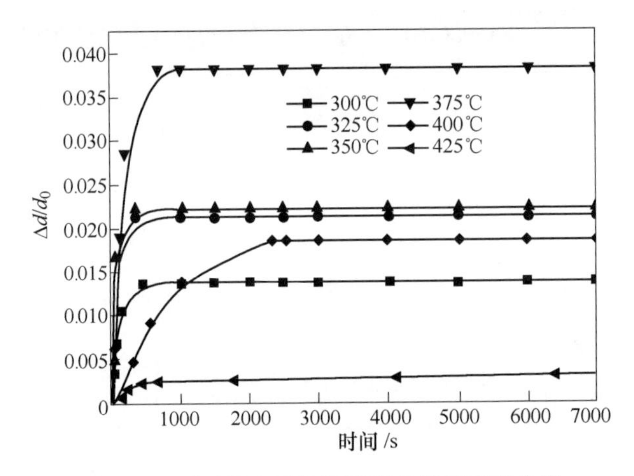

图 4-24　试验钢在不同温度下的等温膨胀曲线

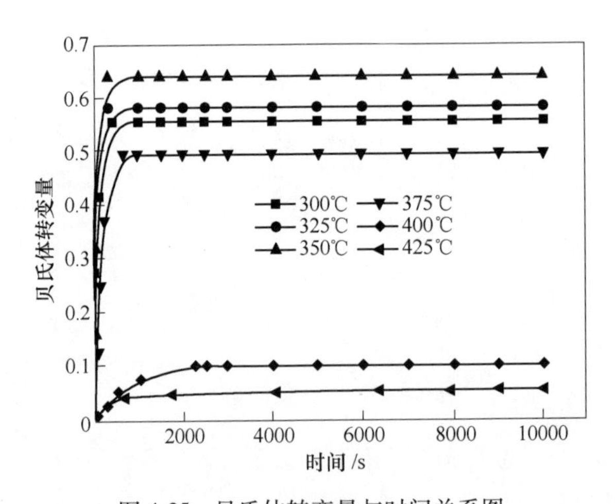

图 4-25　贝氏体转变量与时间关系图

表 4-9 不同温度下达到指定贝氏体转变量所需保温时间 (s)

温度/℃	1%	5%	10%	20%	30%	40%	45%	50%	55%
300	0.8	4	7.9	20.6	42.7	86.3	176.4	306	433
325	0.4	2.2	4.2	9.7	17.8	35.7	73.1	177.8	283.4
350	0.3	1.6	3.1	7.2	13	24.3	29.9	72.2	167.2
375	6	29.9	59.7	105.2	151.7	298.1	493.4	—	—
400	124.4	558	2314	—	—	—	—	—	—
425	110.7	6493.5	—	—	—	—	—	—	—

4.3.2 SA508Gr. 4N 钢的 TTT 曲线

根据上一章节对贝氏体等温转变的动力学的归纳和总结，可得到过冷奥氏体在贝氏体转变区的转变规律和对应时间，进而绘制出 SA508Gr. 4N 钢过冷奥氏体转变 TTT 曲线如图 4-26 所示。由图可知在 425～300℃ 范围内有明显的等温贝氏体转变，其转变可延伸至 M_s 点以下，在 M_s 点以下温度等温组织中由一定量马氏体生成。等温转变曲线鼻尖温度约为 375℃，转变曲线形成简单的“C”曲线形状。

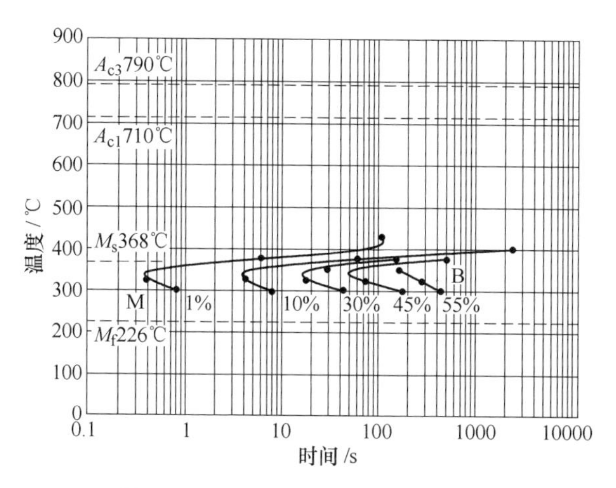

图 4-26 SA508Gr. 4N 钢的 TTT 曲线

在实际生产中，由于大锻件难免出现的化学成分偏析、热变形参数不一致以及晶粒尺寸等方面的差异，均会导致所测 TTT 曲线产生一定差异。并且在热膨胀试验中，试验机状态、试样加工水平以及试验人员操作等问题均会对试验结果产生一定影响，从而影响试验钢 TTT 曲线的绘制。因此在参考本文中所绘制 TTT 曲线时，应考虑以上因素从而制定可靠的热处理工艺。

4.3.3　过冷奥氏体不同等温时间对应的微观组织

将试样快速升温至 850℃保温 3h，然后转炉至等温退火在 550℃等温 50h 后，观察试样组织为铁素体+粒状贝氏体，如图 4-27（a）、（c）所示。亚共析钢在等温过程中，由于碳的扩散，有先析出铁素体沿奥氏体界面形核，并逐渐向奥氏体晶内长大。铁素体析出长大过程中，碳逐步扩散到奥氏体，使奥氏体碳含量增加。这些富碳的过冷奥氏体在等温过程中不会发生转变，但在出炉冷却过程中可以发生转变，转变成形状不规则的 M-A 岛组织分布在块状铁素体基体上，形成了粒状贝氏体组织。图 4-27（b）、（d）为试样等温 400h 后的微观组织，经长时间等温停留后，尚有大量过冷奥氏体未分解，形成尺寸较大块状组织。部分过冷奥氏体分解为尺寸相对较小且不连续的 M-A 岛组织，形成粒状贝氏体组织，先共析铁素体以及未分解的过冷奥氏体的混合组织。

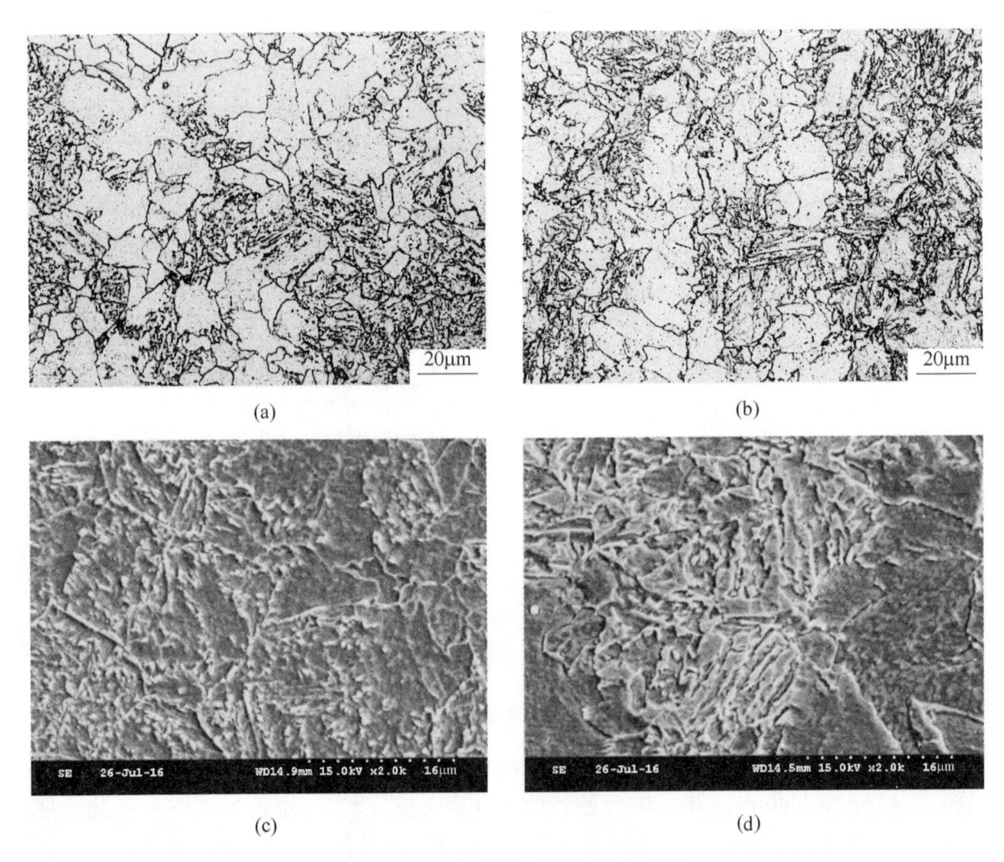

图 4-27　550℃保温后试样微观组织

（a），（c）50h；（b），（d）400h

4.3.4 晶粒尺寸对等温组织的影响

将原始组织为细晶和粗晶的试样快速升温至850℃保温3h，转炉至610℃等温180h后其微观组织如图4-28所示。由图4-28（a）、（c）可知原始组织为细晶的试样，在等温退火后组织为铁素体+粒状贝氏体组织，晶粒尺寸较小。由图4-28（b）、（d）可知原始组织为粗晶的试样，在等温退火后组织为混合贝氏体组织，大量碳化物沿一定方向析出，晶粒尺寸较大。

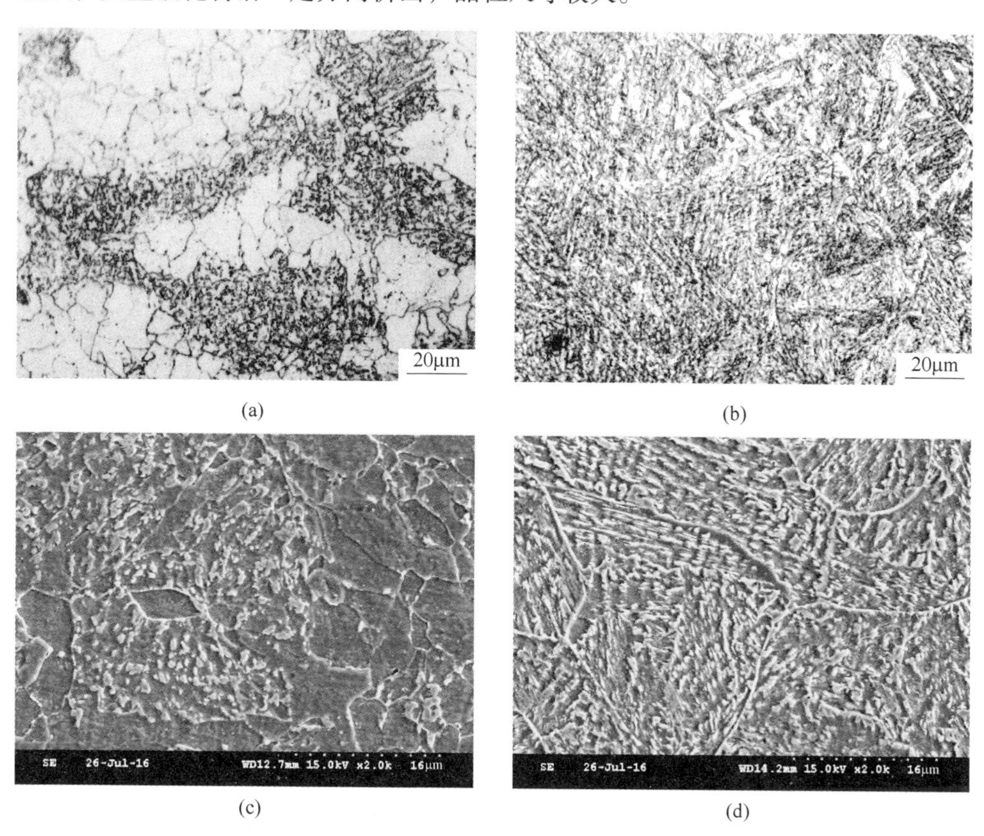

(a) (b) (c) (d)

图4-28 610℃等温180h后微观组织
（a），（c）细晶+等温退火；（b），（d）粗晶+等温退火

由以上分析可知原始晶粒尺寸对试验钢等温退火后所得组织有较大影响，这是由于奥氏体晶粒细小时，单位体积内界面积增大，有利于铁素体形核，加快奥氏体等温转变，使C曲线左移，降低淬透性。而当奥氏体晶粒粗大时，界面面积较少，减少铁素体形核点；同时粗大晶粒奥氏体均匀化较好，系统较为稳定，推迟铁素体形成，使C曲线右移，提高淬透性，晶粒尺寸对C曲线影响如图4-29所示。

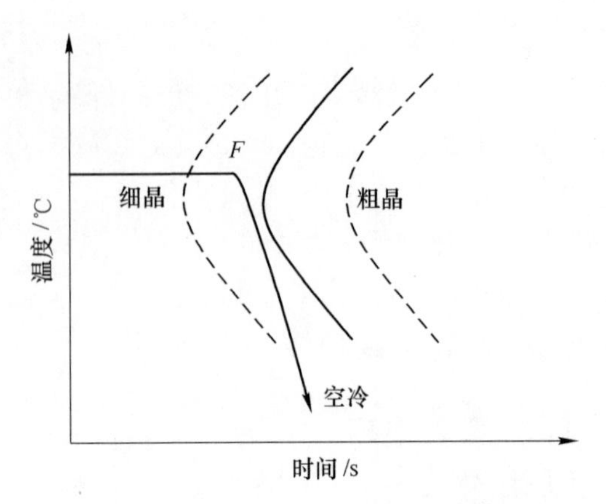

图 4-29　晶粒尺寸对 C 曲线影响示意图

参 考 文 献

[1] 刘宁．核电压力容器用 SA508Gr. 4N 钢热变形与热处理工艺研究［D］．昆明理工大学，2017.

[2] Mittemeijer E J. Analysis of the kinetics of phase transformations［J］. Metal Science，1992，27（15）：3977～3987.

[3] Zhang W，Elmer J W，Roy T D. Kinetics of ferrite to austenite transformation during welding of 1005 steel［J］. Scripta Mater，2002，46（10）：753～757.

[4] Waterschoot T，Verbeken K，Cooman B C D. Tempering kinetics of the martensitic phase in DP steel［J］. ISIJ International，2006，46（1）：138～146.

[5] 陈睿恺．30Cr2Ni4MoV 钢低压转子热处理工艺的研究［D］，上海：上海交通大学，2012.

[6] Caballero F G，Capdevila C. Modelling of kinetics and dilatometric behaviour of austenite formation in a low-carbon steel with a ferrite plus pearlite initial microstructure［J］. Metal Science，2002，37：3533～3540.

[7] 乔志霞．连续冷却 30CrNi3MoV 超高强钢固态相变行为［D］．天津：天津大学，2010.

[8] 林慧国，傅代直．钢的奥氏体转变曲线-原理、测试与应用［M］．北京：机械工业出版社，1988：258～270.

[9] Andrews KW. Empirical formulae for the calculation of some transformation temperatures［J］. Journal of The Iron and Steel Institute，1965；721～727.

[10] Koistinen D P，Marburger R E. A general equation prescribing he extent of the austenite-martensite transformation in pure iron-carbon alloys and plain carbon steels［J］. Acta Metallurgica Sinica，1959，7（1）：59～60.

[11] Atkins M. Atlas of continuous cooling transformation diagrams for engineering steels［M］. U K，Market Promotion Department，Bristol Steel Corporation，1977.

[12] 大和久重雄．熱処理技術［M］．東京都，アグネ株式会社，1982.

[13] Davenport E S, Bain E C. Transformation of austenite at constant subcritical temperatures［J］. Metallurgical and Materials Transactions B, 1970, 1 (12): 3503~3530.

[14] Hehemann R F, Kinsman K R, Aaronson H I. A debate on the bainite reaction［J］. Metallurgical and Materials Transactions B, 1972, 3 (5): 1077~1094.

[15] Hehemann R F, Troiano A R. The Bainite transformation［J］. Metal Progr, 1956, 70.

5 SA508Gr. 4N 钢的热加工问题研究

SA508Gr. 4N 钢被用来制造核压力容器大锻件，在钢锭浇筑完成后需要经过多火次、多道次的锻造。锻造过程中材料发生热变形，以达到改形和改性的目的，改形是指将钢锭锻造成所需的锻件形状，改性则是通过变形改变坯料的微观组织使成形后锻件的力学性能达到所规定要求。

核压力容器大锻件由于尺寸过大，在锻造中由于锻件截面尺寸大，加热、冷却过程中温度的变化和分布不均匀性大，锻造变形时，金属塑性流动差别大，再加上大钢锭内部冶金缺陷多，存在严重的偏析和疏松，密集性夹杂物等问题，若锻造工艺选择不合理将会造成组织不均匀，晶粒遗传性与回火脆性等问题。因此大锻件在实际锻造前需要详细研究材料的热变形特性，为大锻件锻造工艺的制定提供基础数据支持。

本章详细研究 SA508Gr. 4N 钢热变形行为，所用试验材料如表 5-1 所示。以确定热变形本构方程、热加工图、动态再结晶和亚动态再结晶等，为大锻件的控形和控性工艺的制定提供参考。

表 5-1 试验材料的化学成分 （质量分数,%）

钢号	C	Si	Mn	Ni	Cr	Mo	P	S	Al	Fe
2号	0.16	0.23	0.36	3.57	1.60	0.56	0.0050	0.0026	0.025	余
Si-1	0.17	0.02	0.36	3.55	1.75	0.55	0.0036	0.0032	0.015	余

试验设备为 Gleeble-3800 热模拟试验机。热变形行为的具体实验方案如表 5-2 所示，热变形试验前试样以 10℃/s 的加热速率加热到 1250℃ 然后保温 5min，再以 3℃/s 的速率降至设定的热变形温度保温 30s 而后进行预设变形。

表 5-2 热变形工艺方案

工艺类型	变形温度 /℃	应变速率 /s^{-1}	变形量 /%	道次间隔时间 /s
单道次变形	800，850，900，950，1000，1050，1100，1150，1200	0.001，0.01，0.1，1，10	5，10，20，30，50，70	
双道次变形	1050，1150，1250	0.001，0.01，0.1	第 1 道次 5，2 道次 8	120，300
多道次变形	1050，1150，1250	0.001，0.01，0.1	3 道次（5，8，12）；4 及 5 道次（5，5，5，5）	120，300

5.1　变形参数对热变形行为的影响

5.1.1　变形温度及速率对热变形行为的影响[1,2]

5.1.1.1　真应力-应变曲线

图 5-1 为实验钢在不同的变形温度和应变速率下的流变曲线，由图 5-1 可以看出，流变曲线中的峰值应力和稳态流变应力随变形温度的升高而减小，随应变速率的增加而增大。在应变速率相同时，变形温度越高，动态软化速率越快，因而动态软化程度越大，峰值应力和稳态流变应力逐渐降低，峰值应变也随着变形温度的升高而逐渐减小；在相同的变形温度下，随着应变速率增加，加工硬化率提高，峰值应力和稳态流变应力也随之升高。

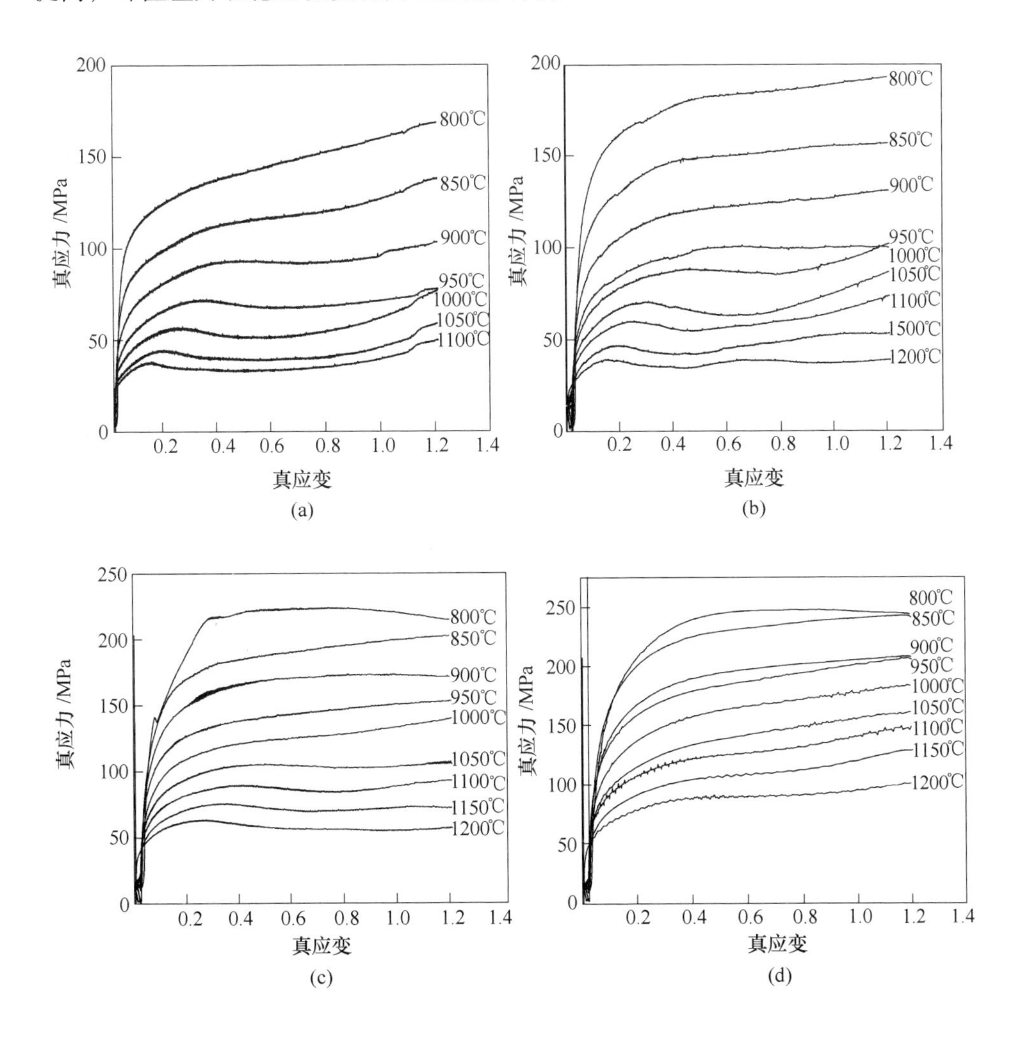

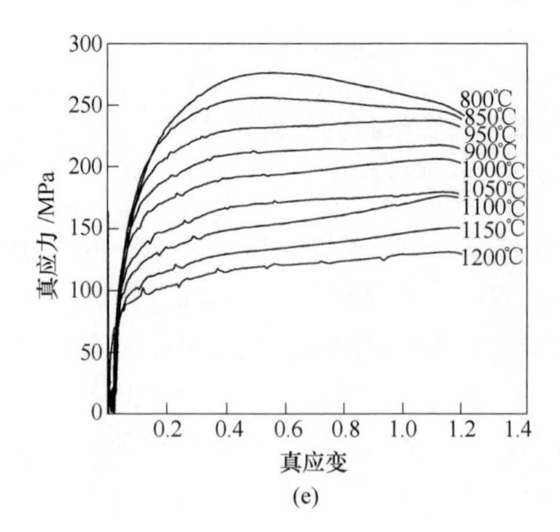

图 5-1　SA508Gr. 4N 钢的热变形曲线

(a) $10^{-3}s^{-1}$; (b) $10^{-2}s^{-1}$; (c) $10^{-1}s^{-1}$; (d) $1s^{-1}$; (e) $10s^{-1}$

当应变速率为 $10s^{-1}$ 时（图 5-1（e）），800℃和 850℃曲线出峰值，而 900℃以上曲线却无明显峰值出现。当应变速率为 $1s^{-1}$ 时（图 5-1（d）），所有温度曲线均无明显峰值出现。应变速率为 $10^{-1}s^{-1}$ 时（图 5-1（c）），在 1050℃变形温度下，流变曲线开始出现峰值，表明在该温度下发生了动态再结晶。温度小于 1000℃时，无峰值出现，说明只发生动态回复。应变速率为 $10^{-2}s^{-1}$ 时（图 5-1（b）），在 1000~1200℃变形温度发生了动态再结晶。应变速率为 $10^{-3}s^{-1}$ 时（图 5-1（a）），仅在 800℃和 850℃温度下发生动态回复，其余温度均发生动态再结晶。这也表明，发生动态再结晶的温度范围会随应变速率的降低而变宽。

当变形温度一定时，随变形速率的提高，加工硬化率也相应增大，流变应力曲线也升高。当变形速率相同时，随温度升高，动态软化程度不断加大，发生动态再结晶的临界应变逐渐减小，峰值应力和峰值应变都有所降低。当变形温度较低或变形速率较高时，动态再结晶驱动力较小，曲线无明显峰值。

5. 1. 1. 2　微观组织

图 5-2 为应变速率为 $10^{-3}s^{-1}$ 时，在不同温度下实验钢的微观组织照片。在变形温度 800~850℃时呈现晶粒被拉长的变形组织，沿着拉长的晶界出现细小的再结晶晶粒，发生了部分动态再结晶，并且随着温度的逐渐升高，再结晶晶粒不断增加并且长大（图 5-2（a）、（b））；在变形温度 900~1100℃时，显微组织均呈现等轴的再结晶晶粒，发生了完全动态再结晶（图 5-2（c）），随着变形温度不断升高，其等轴的再结晶晶粒逐渐长大（图 5-2（d）、（e）、（f）、（g））。在该应变速率下，900℃时晶粒细化达到最佳，晶粒平均尺寸为 18μm，晶粒度达到 8. 5 级。其晶粒尺寸变化规律如表 5-3 所示。

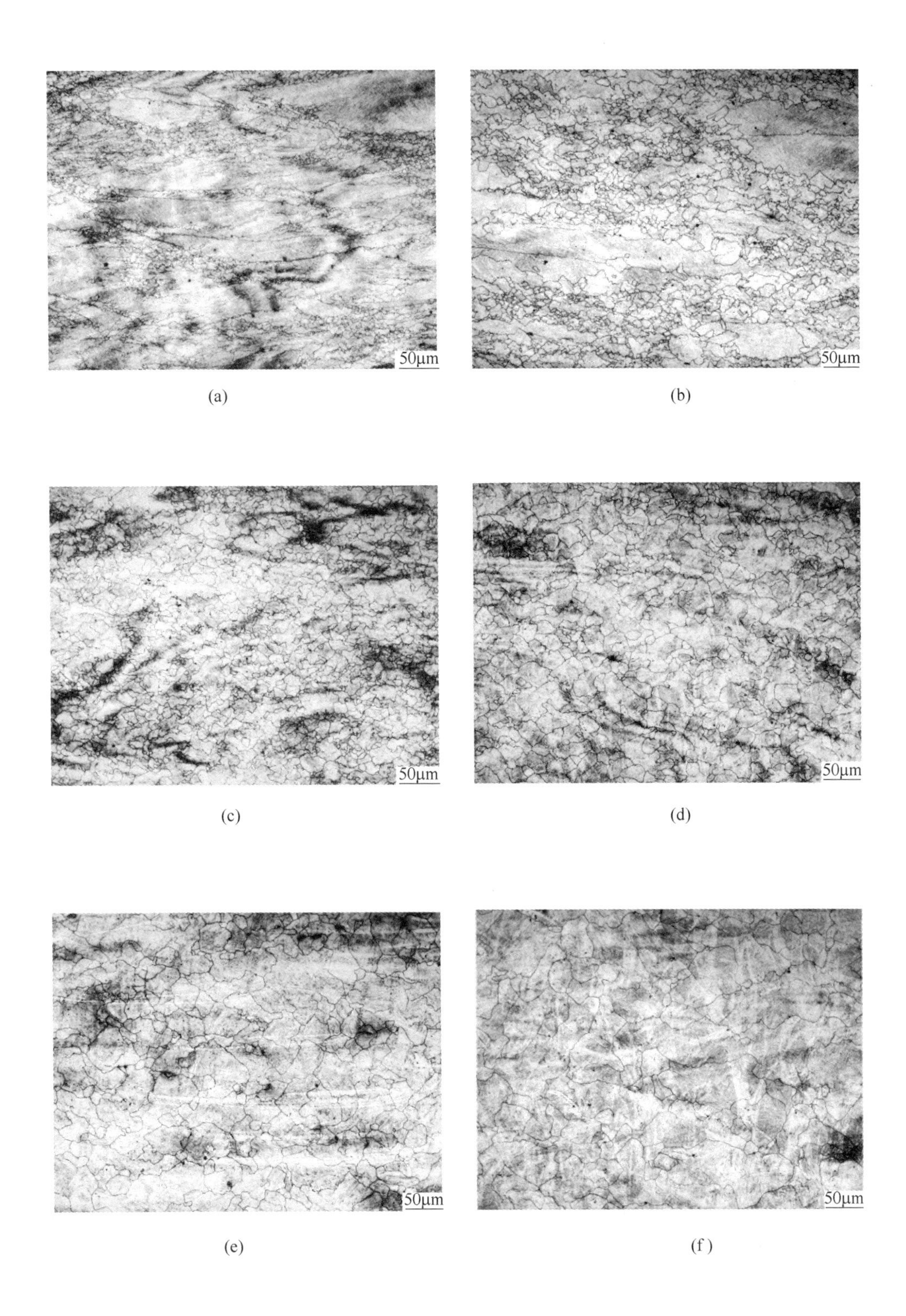

(a) (b)
(c) (d)
(e) (f)

(g)

图 5-2　SA508Gr. 4N 钢在变形速率为 $10^{-3}s^{-1}$下典型的显微组织

（a）800℃（部分动态再结晶）；（b）850℃（部分动态再结晶）；
（c）900℃（完全动态再结晶）；（d）950℃（完全动态再结晶）；
（e）1000℃（完全动态再结晶）；（f）1050℃（完全动态再结晶）；
（g）1100℃（完全动态再结晶）

表 5-3　SA508Gr. 4N 钢在变形速率为 $10^{-3}s^{-1}$时粒尺寸变化规律

变形温度/℃	变形量/%	再结晶状态	平均晶粒尺寸/μm	晶粒等级/级
800	70	部分动态再结晶	—	—
850	70	部分动态再结晶	—	—
900	70	完全动态再结晶	18	8. 5
950	70	完全动态再结晶	25. 9	7. 5
1000	70	完全动态再结晶	34. 9	6. 5
1050	70	完全动态再结晶	54. 8	5. 5
1100	70	完全动态再结晶	55. 6	5. 5

图 5-3 为应变速率为 $10^{-2}s^{-1}$时，在不同温度下实验钢的微观组织照片。在变形温度 800~950℃时，沿着拉长的晶界出现细小的再结晶晶粒（图 5-3（a）），发生了部分动态再结晶，并且随着温度的逐渐升高，再结晶晶粒不断增加并且长大（图 5-3（b）、（c）、（d））。在变形温度 1000~1200℃时，显微组织均呈现等轴的再结晶晶粒，发生了完全动态再结晶（图 5-3（e）），随着变形温度不断升高，其等轴的再结晶晶粒逐渐长大（图 5-3（f）、（g）、（h）、（i））。在该应变速率下，1000℃时晶粒细化达到最佳，晶粒平均尺寸为 17. 7μm，晶粒度达到 8. 5 级。其晶粒尺寸变化规律如表 5-4 所示。

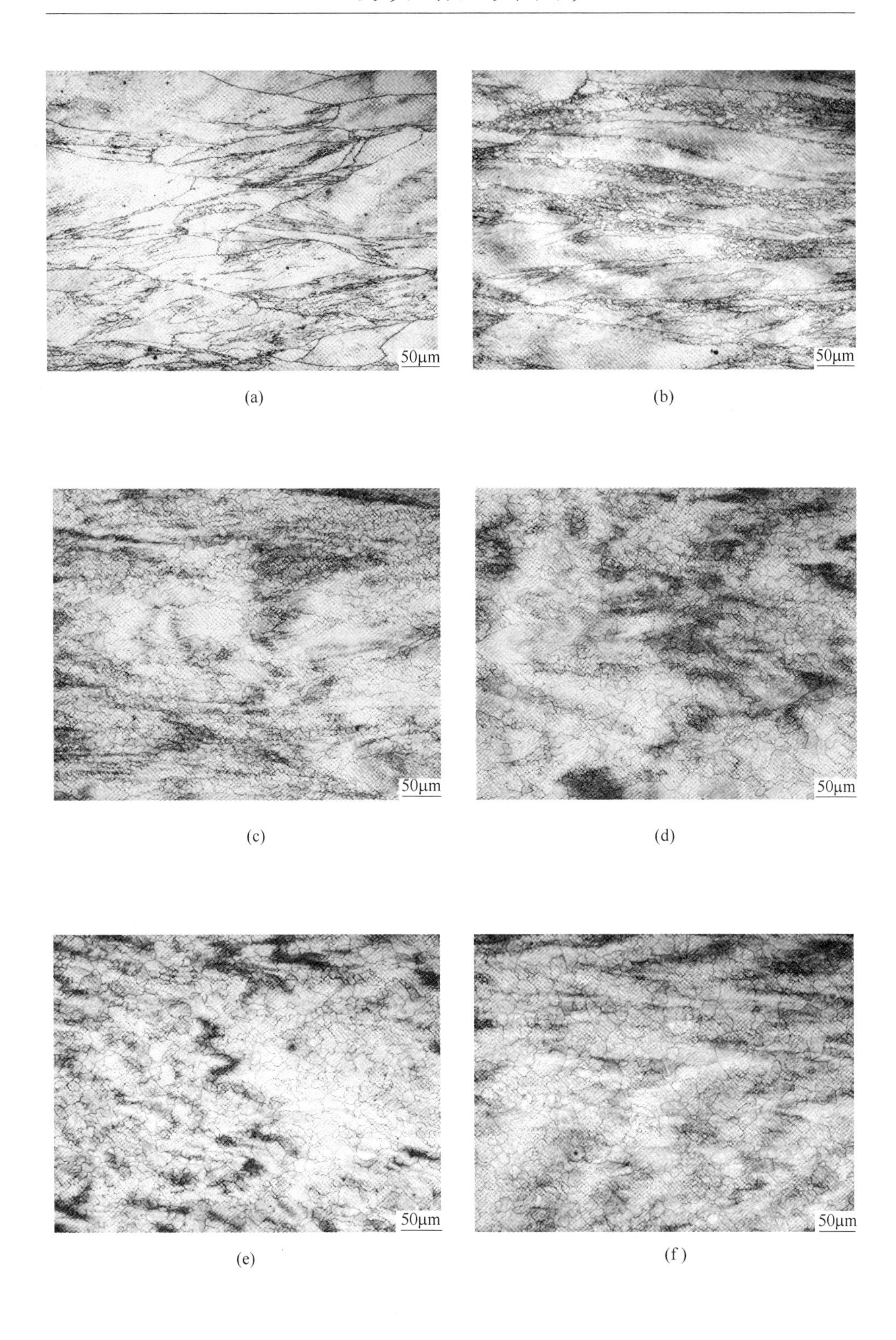

(a) (b)

(c) (d)

(e) (f)

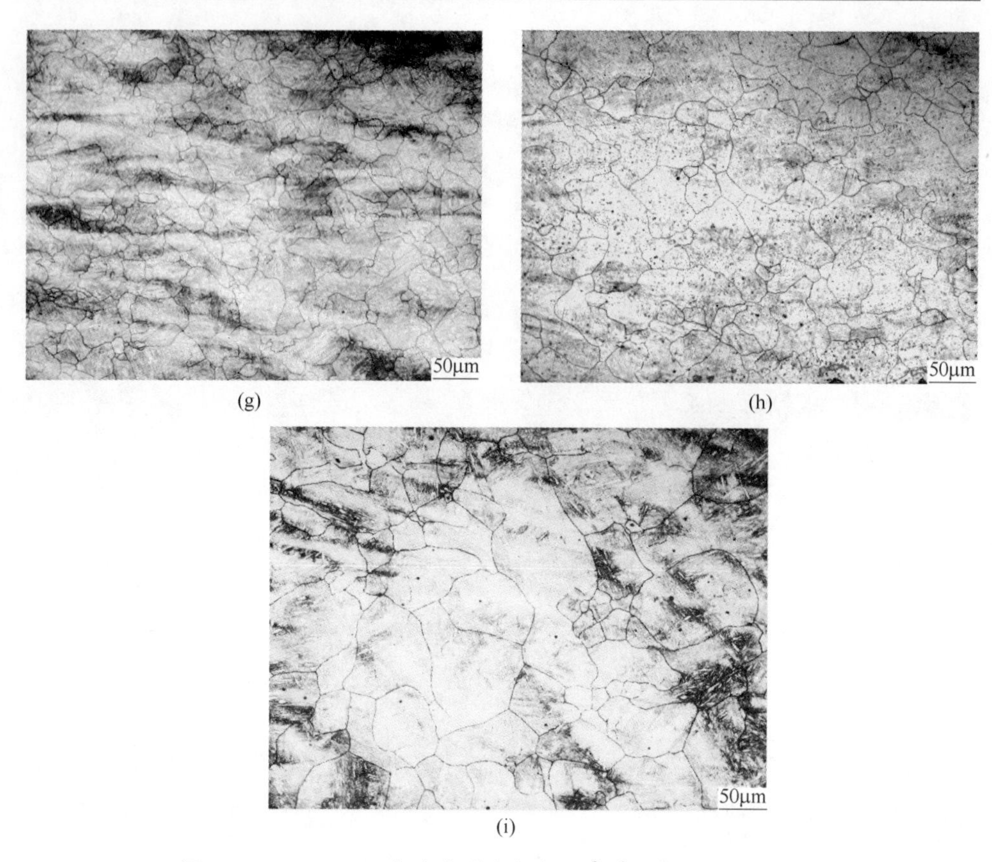

图 5-3　SA508Gr. 4N 钢在变形速率为 $10^{-2}s^{-1}$ 下典型的显微组织

(a) 800℃（部分动态再结晶）；(b) 850℃（部分动态再结晶）；(c) 900℃（部分动态再结晶）；(d) 950℃（部分动态再结晶）；(e) 1000℃（完全动态再结晶）；(f) 1050℃（完全动态再结晶）；(g) 1100℃（完全动态再结晶）；(h) 1150℃（完全动态再结晶）；(i) 1200℃（完全动态再结晶）

表 5-4　SA508Gr. 4N 钢在变形速率为 $10^{-2}s^{-1}$ 时粒尺寸变化规律

变形温度/℃	变形量/%	再结晶状态	平均晶粒尺寸/μm	晶粒等级/级
800	70	部分动态再结晶	—	—
850	70	部分动态再结晶	—	—
900	70	部分动态再结晶	—	—
950	70	部分动态再结晶	—	—
1000	70	完全动态再结晶	17. 7	8. 5
1050	70	完全动态再结晶	27. 6	7. 5
1100	70	完全动态再结晶	35. 7	6. 5
1150	70	完全动态再结晶	52. 8	5. 5
1200	70	完全动态再结晶	69. 7	4. 5

图 5-4 为应变速率为 $10^{-1}s^{-1}$ 时，在不同温度下实验钢的微观组织照片。在变

形温度 800~1000℃时，沿着拉长的晶界出现细小的再结晶晶粒（图 5-4（a）），发生了部分动态再结晶，并且随着温度的逐渐升高，再结晶晶粒不断增加并且长大（图 5-4（b）、（c）、（d）、（e））。在变形温度 1050~1200℃时，显微组织均呈现等轴的再结晶晶粒，发生了完全动态再结晶（图 5-4（f）），随着变形温度不断升高，其等轴的再结晶晶粒逐渐长大（图 5-4（g）、（h）、（i））。在该应变速率下，1050℃时晶粒细化达到最佳，晶粒平均尺寸为 19.1μm，晶粒度达到 8.5 级。其晶粒尺寸变化规律如表 5-5 所示。

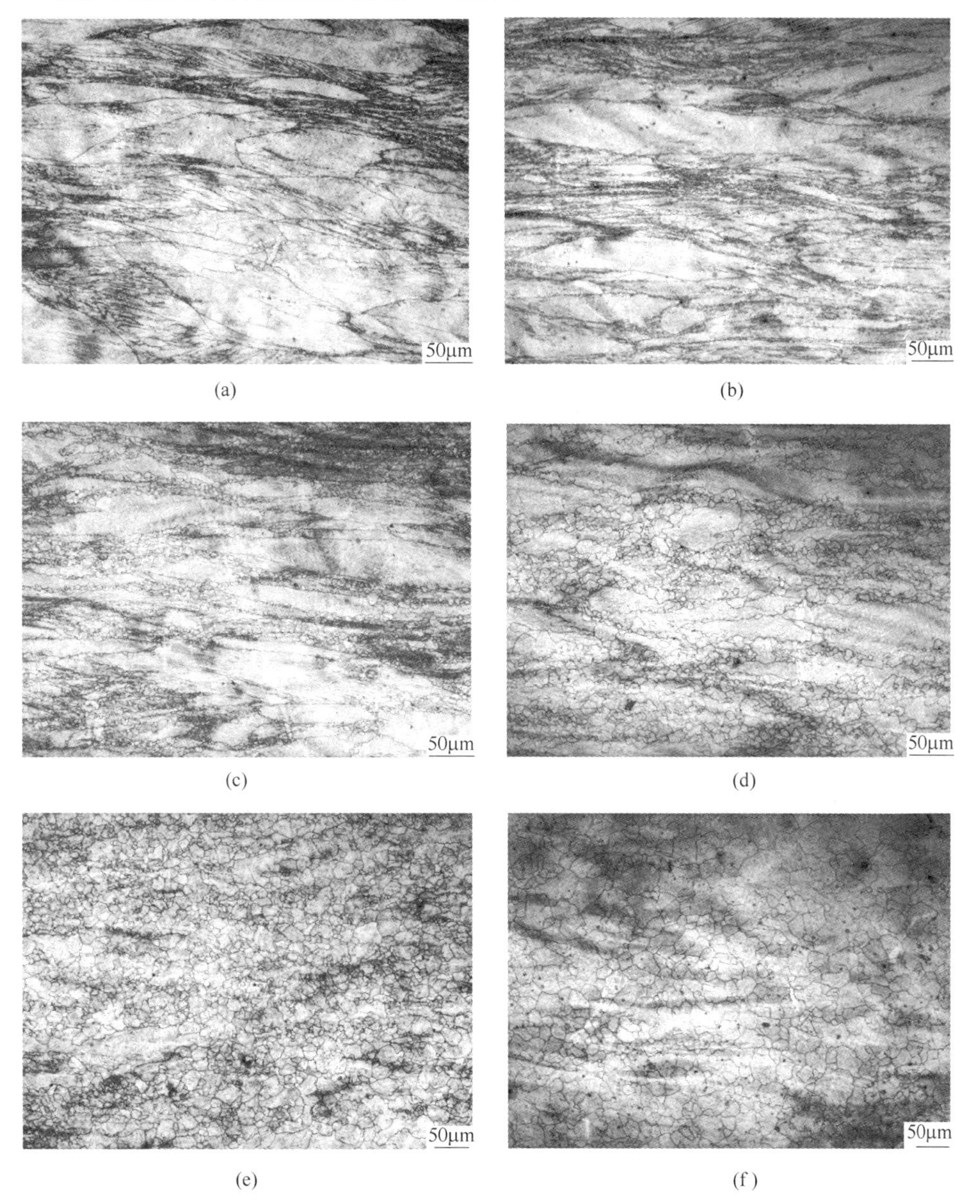

(a) (b) (c) (d) (e) (f)

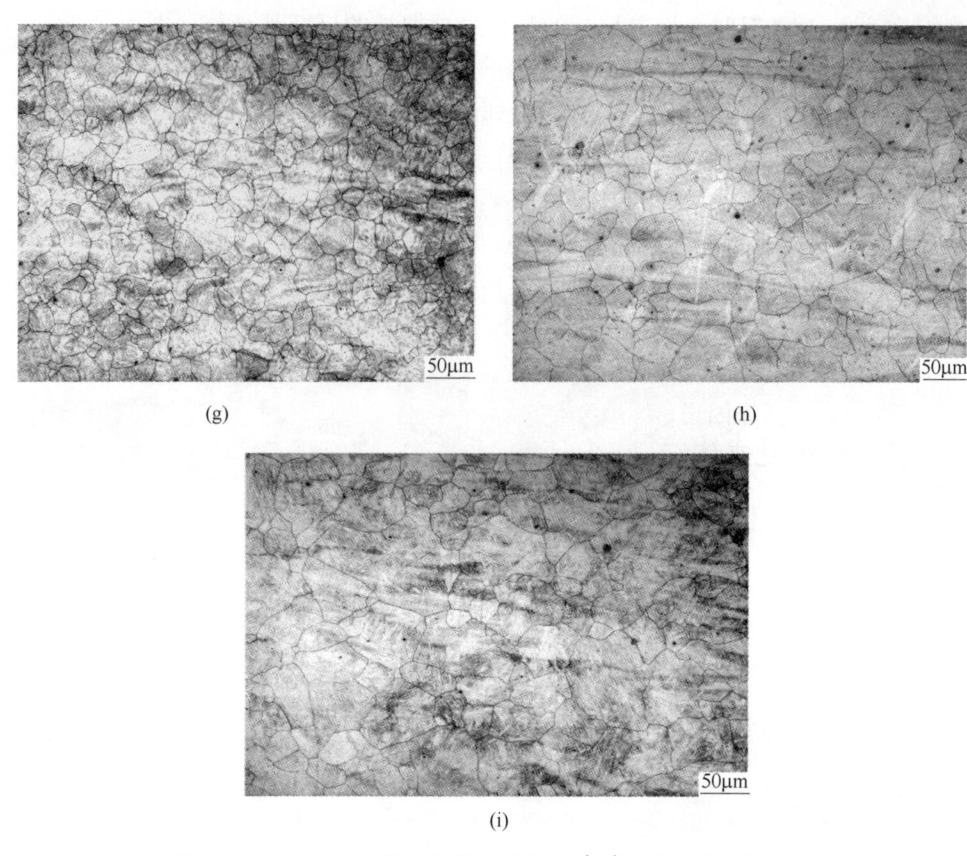

(g)　(h)　(i)

图 5-4　SA508Gr. 4N 钢在变形速率为 $10^{-1}s^{-1}$ 下典型的显微组织

(a) 800℃（部分动态再结晶）；(b) 850℃（部分动态再结晶）；(c) 900℃（部分动态再结晶）；(d) 950℃（部分动态再结晶）；(e) 1000℃（部分动态再结晶）；(f) 1050℃（完全动态再结晶）；(g) 1100℃（完全动态再结晶）；(h) 1150℃（完全动态再结晶）；(i) 1200℃（完全动态再结晶）

表 5-5　SA508Gr. 4N 钢在变形速率为 $10^{-1}s^{-1}$ 下晶粒尺寸变化规律

变形温度/℃	变形量/%	再结晶状态	平均晶粒尺寸/μm	晶粒等级/级
800	70	部分动态再结晶	—	—
850	70	部分动态再结晶	—	—
900	70	部分动态再结晶	—	—
950	70	部分动态再结晶	—	—
1000	70	部分动态再结晶	—	—
1050	70	完全动态再结晶	19. 1	8. 5
1100	70	完全动态再结晶	33. 6	7. 0
1150	70	完全动态再结晶	51. 7	5. 5
1200	70	完全动态再结晶	58. 2	5. 5

图 5-5 为应变速率为 $1s^{-1}$时，在不同温度下实验钢的微观组织照片。在变形温度 800℃时呈现晶粒被拉长的变形组织（图 5-5（a）），在变形过程中主要发生动态回复；在变形温度 850~1000℃时，沿着拉长的晶界出现细小的再结晶晶粒（图 5-5（b）），发生了部分动态再结晶，并且随着温度的逐渐升高，再结晶晶粒不断增加并且长大（图 5-5（c）、（d）、（e））。在变形温度 1050~1200℃时，显微组织均呈现等轴的再结晶晶粒，发生了完全动态再结晶（图 5-5（f）），随着变形温度不断升高，其等轴的再结晶晶粒逐渐长大（图 5-5（g）、（h）、（i））。在对应的真应力-应变曲线中可知，当应变速率为 $1s^{-1}$时，各个温度下曲线均无明显峰值出现（见图 5-1（d））。而观察组织图可知实验钢在 1050~1200℃已经发生了动态再结晶。其原因可能是实验钢具有较高的加工硬化率，随着应变的增加，动态再结晶的软化速率不足以抵消加工硬化率。并且由于式样与压头之间存在摩擦力，实验变形后期会有腰鼓现象出现，使得应力不均匀，改变了单向压应力状态，致使应力-应变曲线表现不出部分再结晶的发生。在该应变速率下，1050℃时晶粒细化达到最佳，晶粒平均尺寸为 15μm，晶粒度达到 9 级。其晶粒尺寸变化规律如表 5-6 所示。

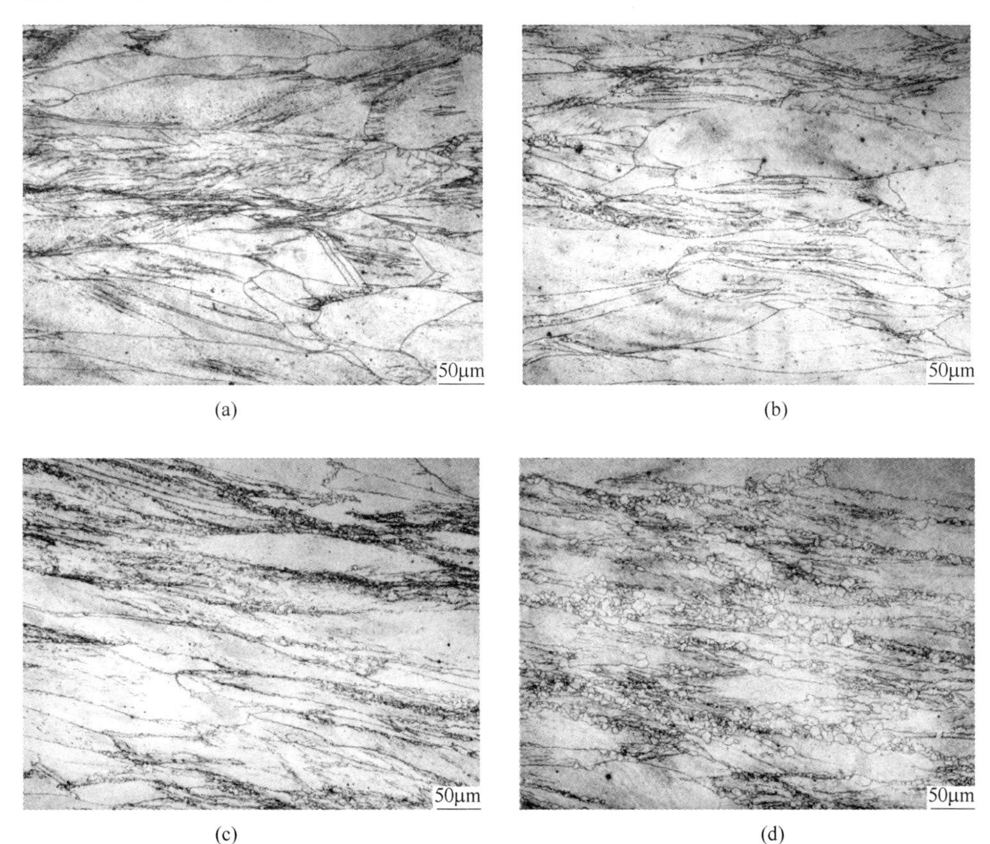

(a) (b)

(c) (d)

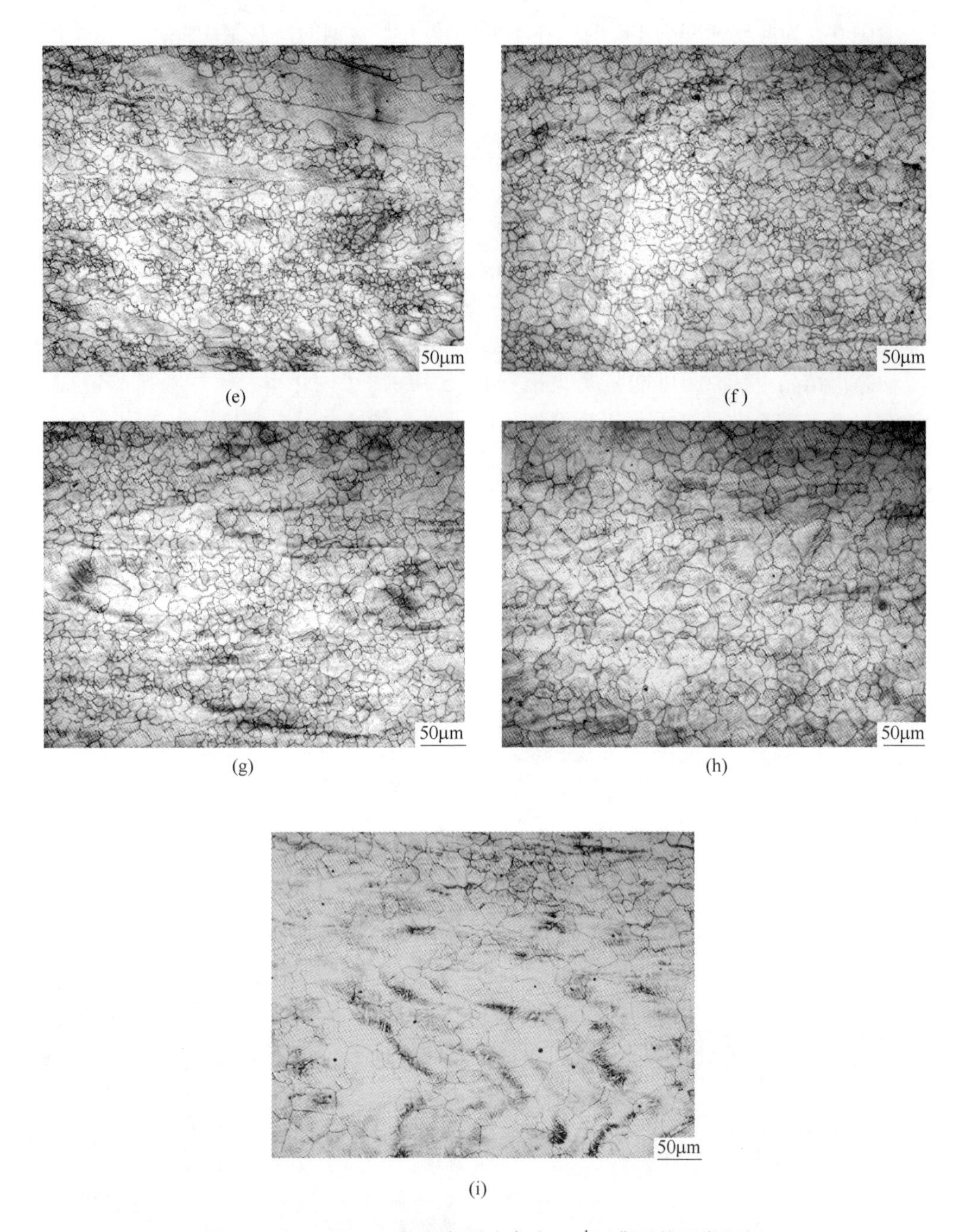

图 5-5　SA508Gr. 4N 钢在变形速率为 $1s^{-1}$ 下典型的显微组织

(a) 800℃（动态回复）；(b) 850℃（部分动态再结晶）；(c) 900℃（部分动态再结晶）；(d) 950℃（部分动态再结晶）；(e) 1000℃（部分动态再结晶）；(f) 1050℃（完全动态再结晶）；(g) 1100℃（完全动态再结晶）；(h) 1150℃（完全动态再结晶）；(i) 1200℃（完全动态再结晶）

表 5-6 SA508Gr. 4N 钢在变形速率为 $1s^{-1}$ 时晶粒尺寸变化规律

变形温度/℃	变形量/%	再结晶状态	平均晶粒尺寸/μm	晶粒等级/级
800	70	动态回复	—	—
850	70	部分动态再结晶	—	—
900	70	部分动态再结晶	—	—
950	70	部分动态再结晶	—	—
1000	70	部分动态再结晶	—	—
1050	70	完全动态再结晶	15	9.0
1100	70	完全动态再结晶	23.4	8.0
1150	70	完全动态再结晶	30.1	7.0
1200	70	完全动态再结晶	36.5	6.5

图 5-6 为应变速率为 $10s^{-1}$ 时，在不同温度下实验钢的微观组织照片。在变形温度 800~850℃时呈现晶粒被拉长的变形组织（图 5-6（a）、（b）），在变形过程中主要发生动态回复；在变形温度 900~1000℃时，沿着拉长的晶界出现细小的再结晶晶粒，发生了部分动态再结晶，并且随着温度的逐渐升高，再结晶晶粒不断增加并且长大（图 5-6（c）、（d）、（e））。在变形温度 1050~1200℃时，显微组织均呈现等轴的再结晶晶粒，发生了完全动态再结晶（图 5-6（f）），随着变形温度不断升高，其等轴的再结晶晶粒逐渐长大（图 5-6（g）、（h）、（i））。在该应变速率下，1050℃时晶粒细化达到最佳，晶粒平均尺寸为 14.3μm，晶粒度达到 9.5 级。其晶粒尺寸变化规律如表 5-7 所示。

(a)

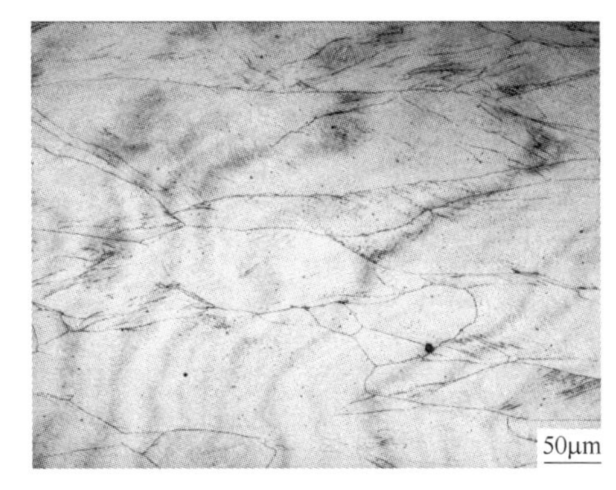

(b)

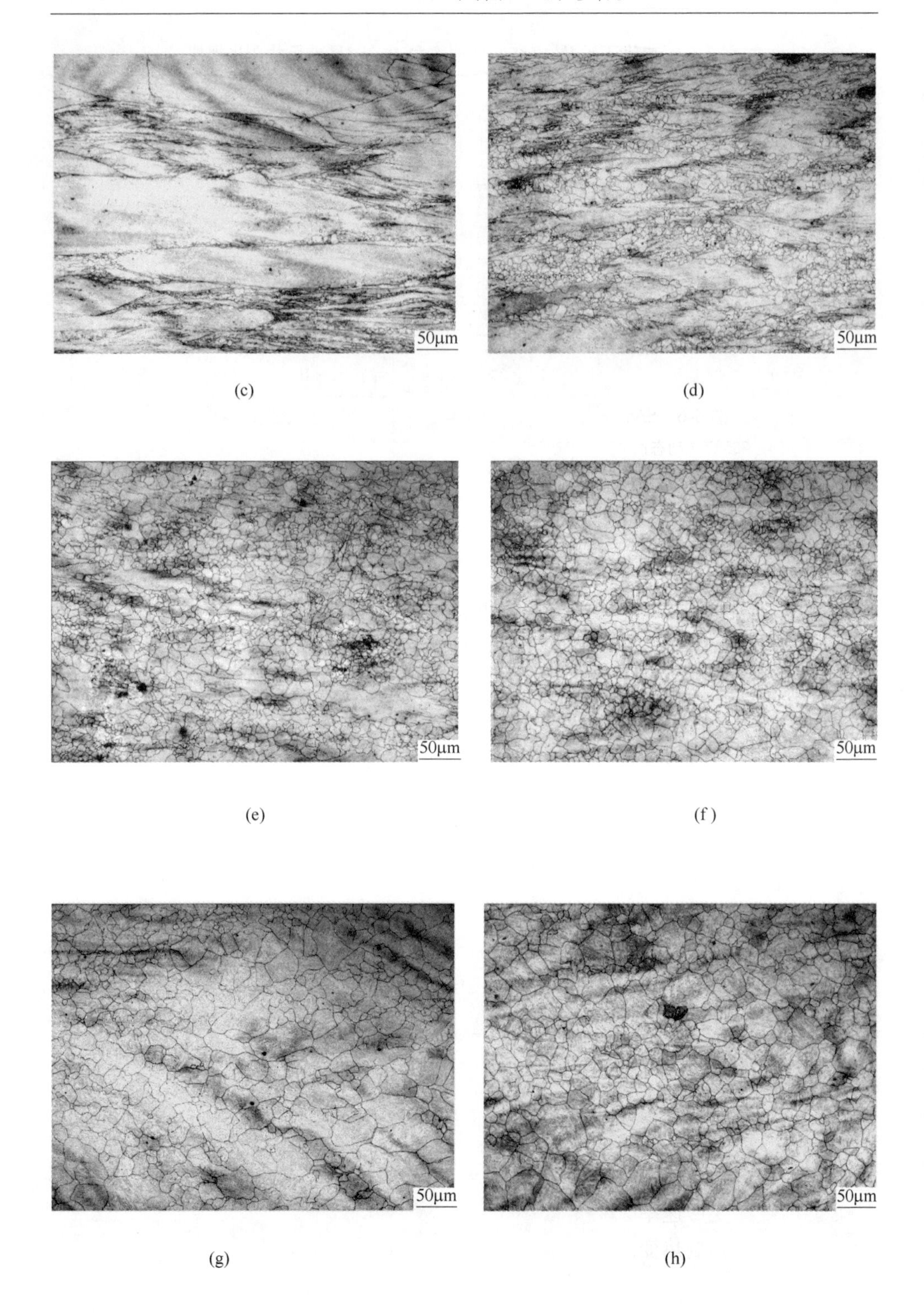

(c)　　(d)

(e)　　(f)

(g)　　(h)

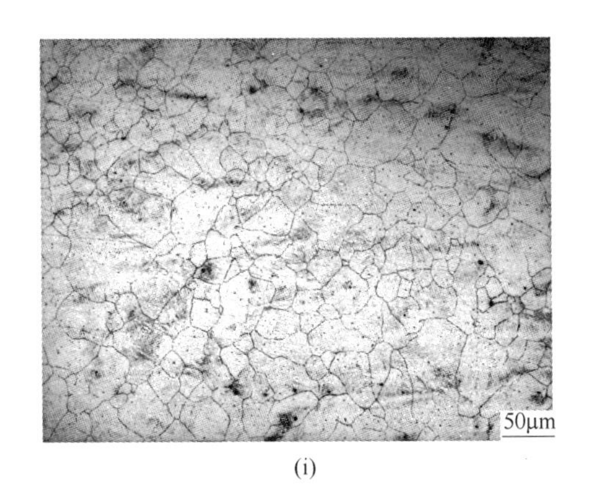

(i)

图 5-6 SA508Gr. 4N 钢在变形速率为 $10s^{-1}$ 下典型的显微组织

(a) 800℃（动态回复）；(b) 850℃（动态回复）；(c) 900℃（部分动态再结晶）；
(d) 950℃（部分动态再结晶）；(e) 1000℃（部分动态再结晶）；(f) 1050℃（完全动态再结晶）；
(g) 1100℃（完全动态再结晶）；(h) 1150℃（完全动态再结晶）；(i)（完全动态再结晶）

表 5-7 SA508Gr. 4N 钢在变形速率为 $10s^{-1}$ 下晶粒尺寸变化规律

变形温度/℃	变形量/%	再结晶状态	平均晶粒尺寸/μm	晶粒等级/级
800	70	动态回复	—	—
850	70	动态回复	—	—
900	70	部分动态再结晶	—	—
950	70	部分动态再结晶	—	—
1000	70	部分动态再结晶	—	—
1050	70	完全动态再结晶	14.3	9.5
1100	70	完全动态再结晶	20	8.5
1150	70	完全动态再结晶	28.2	7.5
1200	70	完全动态再结晶	38.2	6.5

5.1.2 变形量对热变形行为的影响

图 5-7 为 SA508Gr. 4N 钢不同变形量时的真应力-应变曲线。由图可知，在相同变形温度和变形速率时，变形量较小的曲线只是变形量较大曲线的一部分。因此变形量主要影响热变形中的微观组织，故本节对不同变形量时的微观组织做详细讨论。

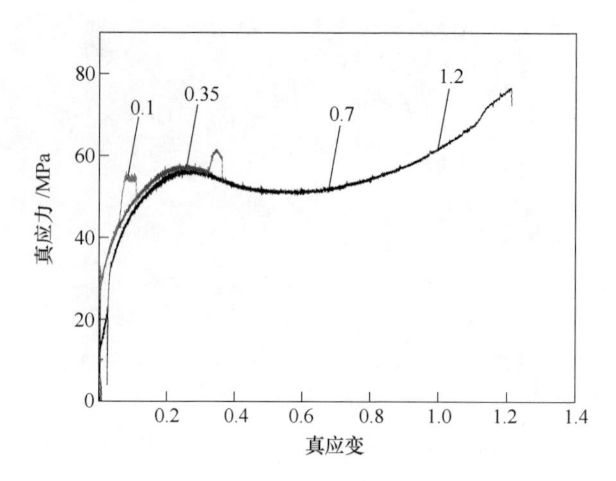

图 5-7　SA508Gr. 4N 钢在 1000℃、$10^{-3}s^{-1}$不同变形量时的真应力-应变曲线

变形量对试验钢动态再结晶行为有非常显著的影响，变形量只有超过临界应变量 ε_c时，才会发生动态再结晶。图 5-8 是变形速率为 $10^{-3}s^{-1}$，变形温度分别为 800℃和 1000℃时不同变形量下试样的典型微观组织。不同变形温度下随着变形量的增加，试样的典型微观组织演变过程差异较大，当变形温度为 800℃时，随着变形量的增加，再结晶晶粒逐渐增多，动态再结晶百分比增加，原奥氏体晶粒被逐渐压扁，如图 5-8（a）、（b）和（c）所示。当 $\varepsilon=0.35$ 时原奥氏体晶粒有被压扁的趋势，在晶界处有少量再结晶晶粒形核，此时由于变形量较小，试验钢内部形变储存较小，再结晶百分比较小。当 $\varepsilon=0.7$ 时原奥氏体晶粒已经被压扁成条状，由于变形量的增加，动态再结晶驱动力增大，在原奥氏体晶界处出现大量动态再结晶晶粒。当 $\varepsilon=1.2$ 时原奥氏体面积进一步减小，动态再结晶百分比增加，动态再结晶百分比可达 40%左右。

当变形温度为 1000℃时，如图 5-8（d）、（e）和（f）可知发生了完全动态再结晶，随着变形量的增大晶粒尺寸逐渐减小。当 $\varepsilon=0.35$ 时已经发生了动态再结晶，且再结晶晶粒已经长大，组织中依稀可见粗大原奥氏体晶界，出现混晶现象。当变形量处于 0.7~1.2 时组织为尺寸较为均匀的等轴晶，变形量为 0.7 时的晶粒尺寸要略大于变形量为 1.2 时的晶粒尺寸，其晶粒度等级分别为 5.5 级和 6.5 级。变形量增大时，组织中细小晶粒数量增加。这是由于大的变形量使试验钢内部缺陷增多，内部储存的畸变能增大，晶粒形核位置增加，发生动态再结晶趋势增大。再者，再结晶晶核如要形核并长大必须满足临界晶核条件，而临界晶核的尺寸 r_c（$r_c=2\delta/\Delta G_v$，其中 δ 为表面能，G_v为体能差）又与变形量有关，变形量越大，临界晶核尺寸 r_c越小。随着变形量的增加再结晶晶核更容易形成，且再结晶晶粒尺寸减小[3,4]。

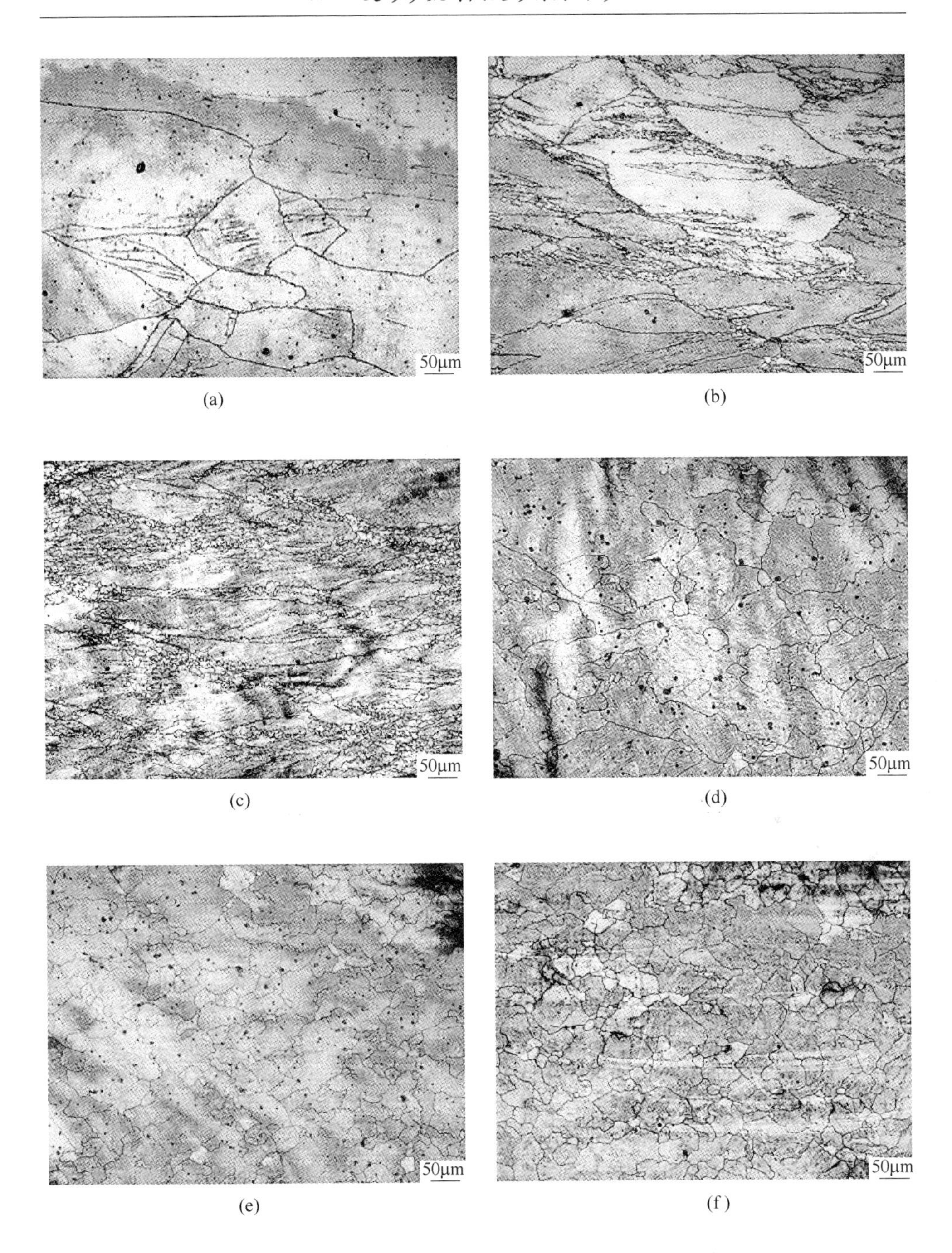

图 5-8　不同真应变下 SA508Gr. 4N 钢的典型微观组织

(a) T = 800℃，ε = 0.35；(b) T = 800℃，ε = 0.7；(c) T = 800℃，ε = 1.2；
(d) T = 1000℃，ε = 0.35；(e) T = 1000℃，ε = 0.7；(f) T = 1000℃，ε = 1.2

5.1.3　变形道次对热变形行为的影响

大锻件在锻造过程中，由于锻件的体积庞大，及锻压机的锻压力不足造成锻件不能一次锻压成形。因此大锻件往往需要进行多个道次的锻造，本节研究了达到相同变形量不同变形道次对真应力-应变及微观组织的影响。图 5-9 为试验钢不同变形道次时的真应力-应变曲线。由图 5-9 可知，单次变形量 20%与 4 道次变形量 20%时的真应力-真应变曲线具有吻合性，特别是在变形温度为 1050℃，4 道次变形的前两道次近乎完全重合。可见道次间较小的道次间隔并不能是真应力降低。图 5-10 为不同变形道次的微观组织。

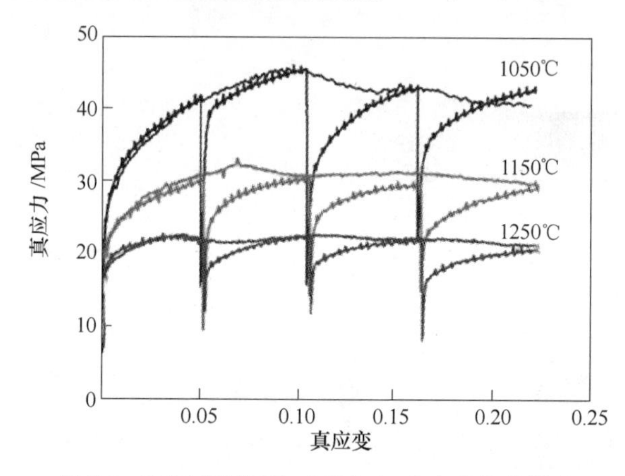

图 5-9　不同变形道次对真应力-应变曲线的影响

对比图 5-10 中不同组织可知，单道次变形后的晶粒尺寸明显小于四道次变形后的晶粒，这样由于单道次变形达到 20%后材料发生了动态再结晶，使晶粒细化。而 4 道次变形，每次均变形 5%，材料不能完全发生动态再结晶，另外经过道次间隔，高温使晶粒长大。

因此，大锻件在锻造中，每一道次变形量均相同均匀分配时不能发生动态再结晶，大锻件在锻造中应增加道次变形量使材料发生动态再结晶以使晶粒细化。

5.1.4　道次间隔及保温时间对热变形行为的影响

图 5-11 为 SA508Gr. 4N 钢不同道次间隔时间后的真应力-应变曲线。增加道次间隔时间将使材料的软化程度增加，使材料在后一道次变形过程的应力减小。因此，增加道次间隔将能够减小锻造力减，从而降低对设备的要求。图 5-12 为道次间隔 300s 时的微观组织，对比图 5-12 与道次间隔 120s（图 5-10）可知，增加道次间隔时间将使晶粒尺寸增加。因为大锻件在锻造过程中既要控制形状又要控制性能，因此大锻件要在锻造过程中要合理选择道次间隔时间和压下量。

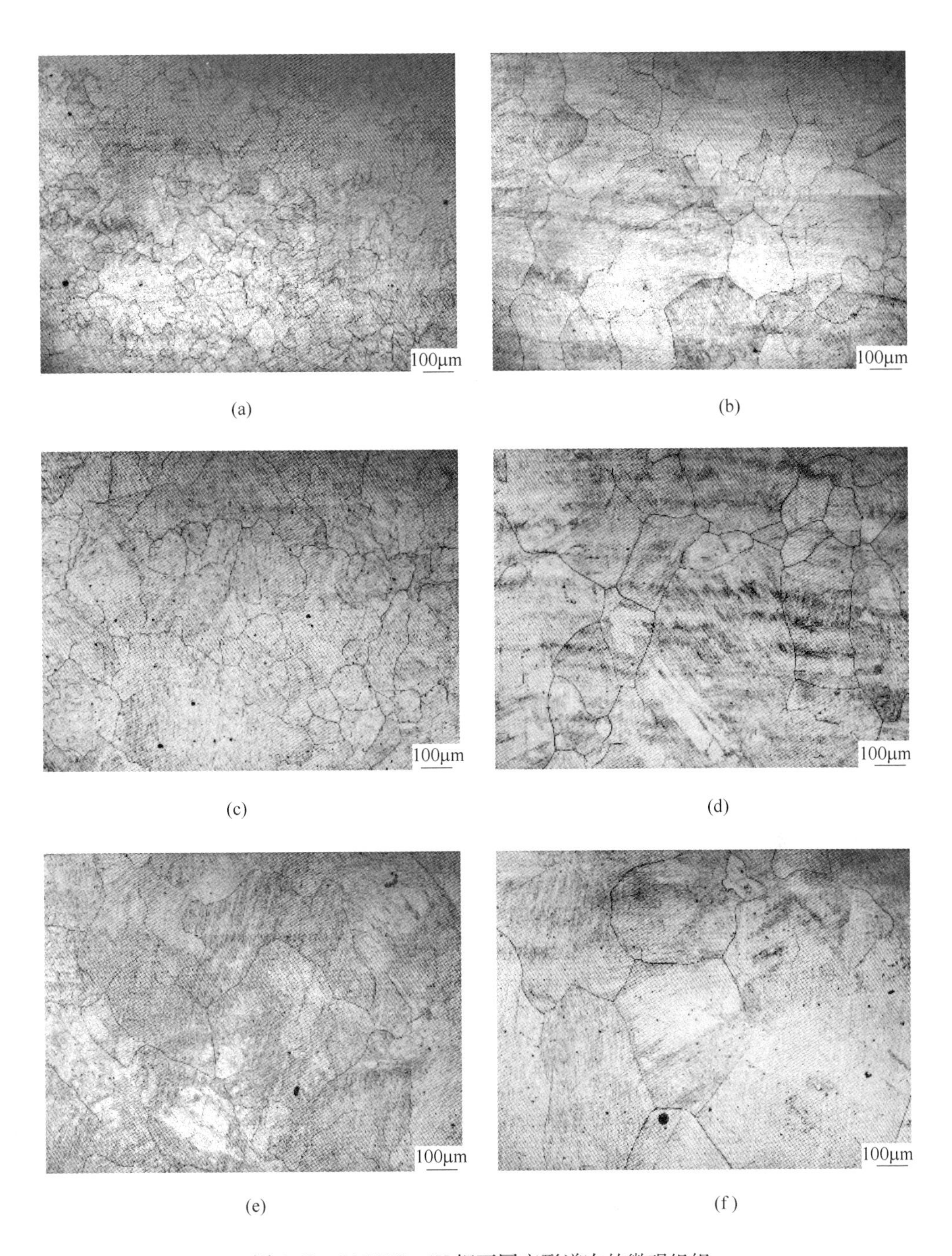

(a) (b) (c) (d) (e) (f)

图 5-10 SA508Gr. 4N 钢不同变形道次的微观组织

(a) 单道次，1050℃；(b) 四道次，1050℃；(c) 单道次，1150℃；
(d) 四道次，1150℃；(e) 单道次，1250℃；(f) 四道次，1250℃

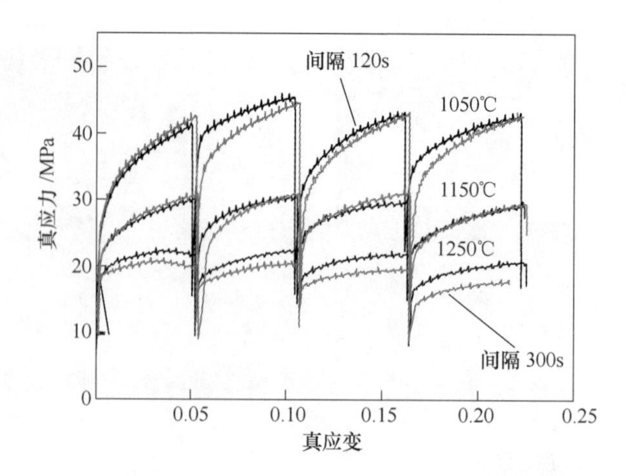

图 5-11　道次间隔对 SA508Gr. 4N 钢真应力-应变的影响

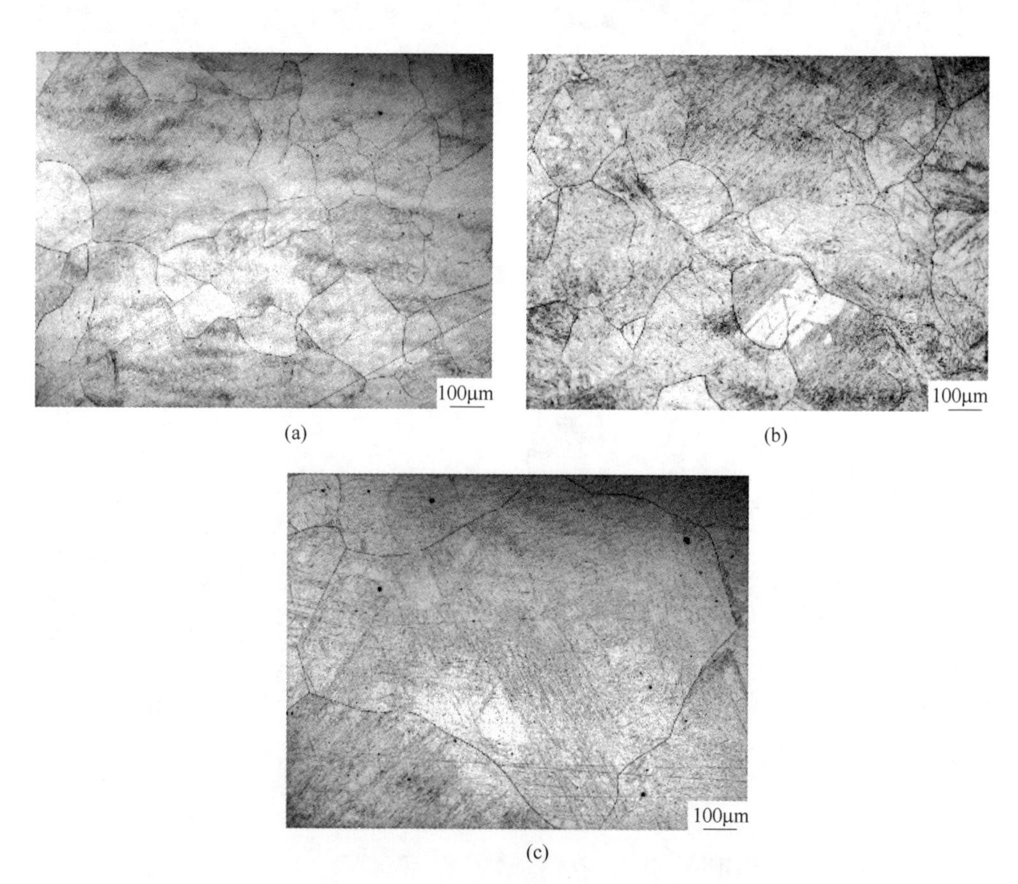

图 5-12　SA508Gr. 4N 钢在道次间隔 300s 后的微观组织

（a）1050℃；（b）1150℃；（c）1250℃

图 5-13 为不同保温时间后的微观组织，随保温时间的延长，变形后的晶界尺寸增加。这样由于晶粒发生动态再结晶后，而后经过保温晶粒尺寸将长大，因此大锻件在高温锻造后应该及时降温以防止晶粒长大。

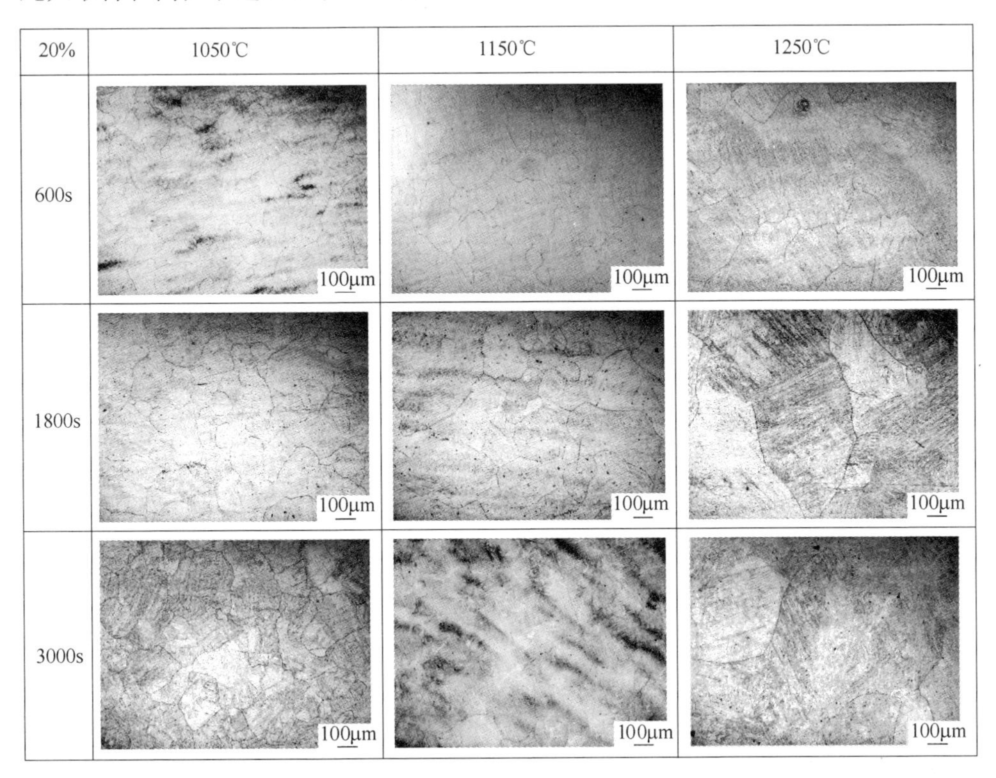

图 5-13 应变速率 0.001s^{-1}变形量 20%时不同保温时间的晶粒形貌

5.1.5 初始晶粒尺寸对热变形行为的影响

在进行热压缩过程中，保温温度分别为 1150℃和 1250℃时的试验钢原始晶粒如图 5-14 所示。如图所示，保温温度为 1150℃的试验钢原始晶粒尺寸要小于 1250℃时保温的晶粒尺寸，通过截点法测得其原始晶粒尺寸分别为 69.9μm（4.5 级）与 154.8μm（2.5 级）。

试验钢不同初始晶粒尺寸的真应力-应变曲线如图 5-15 所示，图中曲线变形温度为 1150℃，变形速率为 $10^{-3}s^{-1}$。由图 5-15 可知，初始奥氏体晶粒尺寸 d_0 越小时，真应力-应变曲线峰值应力越大，而临界应变量越小。这主要是因为晶界对位错滑移起阻碍作用，晶粒越细小则晶界面积越大，对于位错的阻碍作用越大，产生更大的变形抗力，加工硬化效果较强。因此，原始晶粒细小时，其真应力值较大。原始奥氏体晶粒越细小，真应力-应变曲线上峰值应力出现的位置越

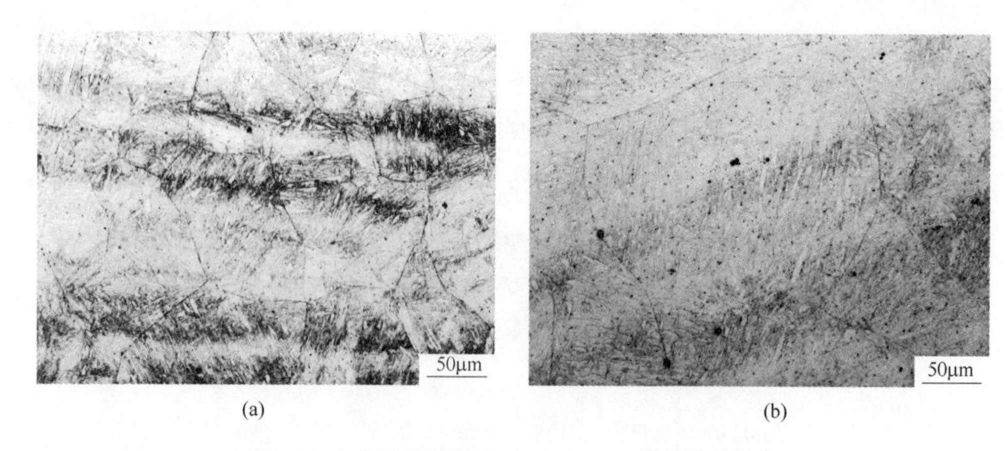

图 5-14　不同保温温度下 SA508Gr. 4N 钢的原始晶粒
（a）1150℃；（b）1250℃

靠左，即临界应变量减小，说明动态再结晶越容易发生。动态再结晶的新晶核一般在晶界和亚晶处形成，当原始奥氏体晶粒越细小时，晶界面积越大，提供的形核空间越多，因此动态再结晶越容易发生。并且晶界较多时位错更容易堆积，发生动态回复和再结晶。

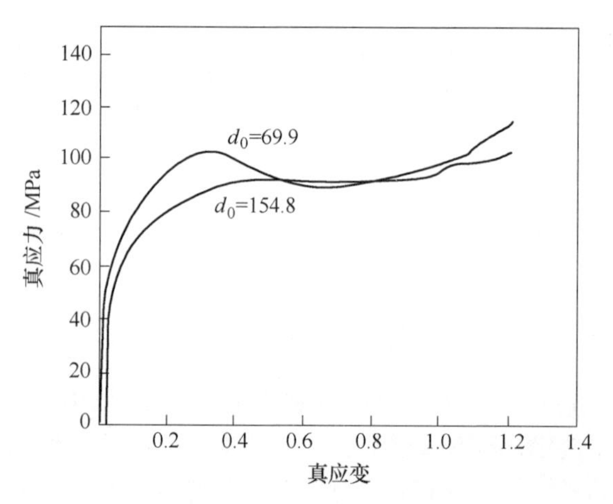

图 5-15　不同初始晶粒尺寸时的真应力-应变曲线
（T = 1150℃；$\dot{\varepsilon}$ = 10^{-3}）

图 5-16 为不同初始晶粒尺寸的试样钢在变形速率为 10^{-3} s^{-1}，变形温度为 800~1000℃下的典型微观组织。可以看出在相同变形温度下，初始晶粒尺寸越小，试验钢越容易发生动态再结晶，且再结晶晶粒尺寸越小[5]。其微观组织与真应力-应变曲线匹配良好，动态再结晶状态及晶粒尺寸统计如表 5-8 所示。

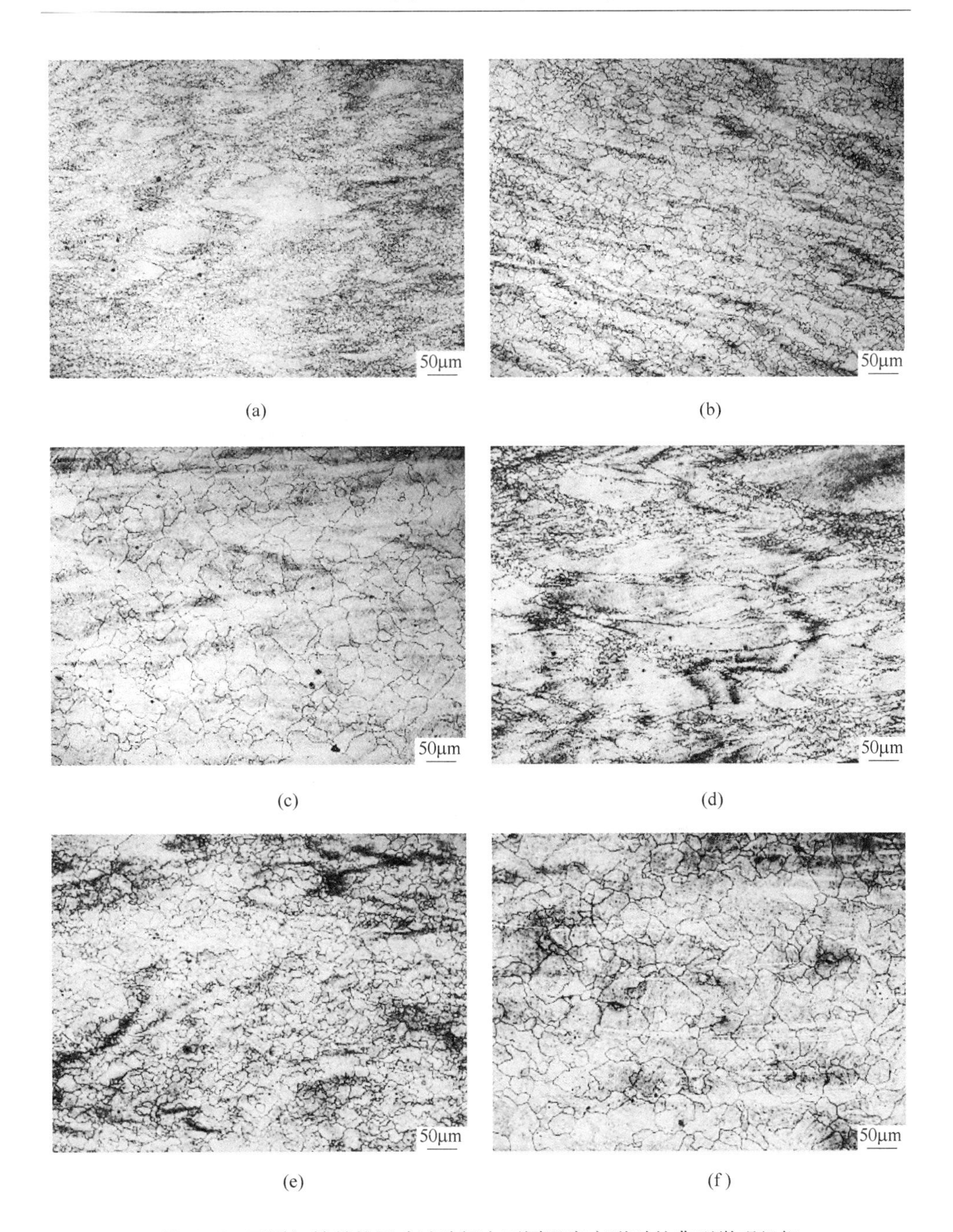

图 5-16　不同初始晶粒尺寸试验钢在不同温度变形时的典型微观组织

(a) d_0 = 69.9，T = 800℃；(b) d_0 = 69.9，T = 900℃；

(c) d_0 = 69.9，T = 1000℃；(d) d_0 = 154.8，T = 800℃；

(e) d_0 = 154.8，T = 900℃；(f) d_0 = 154.8，T = 1000℃

表 5-8　保温温度及原始晶粒不同时试验钢再结晶百分比及晶粒尺寸统计表

再结晶百分比 \ 晶粒尺寸 / 变形温度/℃	d_0 = 154. 8		d_0 = 69. 9	
800	40%		86%	
900	100%	18/8. 5	100%	14. 2/9. 5
1000	100%	34. 9/6. 5	100%	32. 3/7

5. 2　SA508Gr. 4N 钢的热变形方程

5. 2. 1　热变形方程的建立

金属材料发生高温变形时的流变应力，不仅与材料的化学成分有关，而且与变形温度 T、变形速率以及变形量 ε 也有很大关系。在材料组成和初始结构不变时，流变应力与变形温度、变形速率的关系可用经典的双曲正弦函数描述[6,7]：

$$\dot{\varepsilon} = A\,[\sinh(\alpha\sigma)]^{n}\exp\left(-\frac{Q}{RT}\right) \tag{5-1}$$

式中，Q 为热变形激活能；R 为气体常数；T 为绝对温度；σ 为曲线的稳态流变应力、峰值应力或相应于某指定应变量之流变应力。

在较低应力水平时（$\alpha\sigma$ <0. 8），式（5-1）可进行简化为：

$$\dot{\varepsilon} = A_1\sigma^{n'}\exp\left(-\frac{Q}{RT}\right) \tag{5-2}$$

在较高应力水平时（$\alpha\sigma$ >1. 2），式（5-1）可进行如下简化：

$$\dot{\varepsilon} = A_3^{-n'}\exp(n'\alpha\sigma)\,\exp\left(-\frac{Q}{RT}\right) \tag{5-3}$$

进而可简化为：

$$\dot{\varepsilon} = A_3\exp(\beta\sigma)\,\exp\left(-\frac{Q}{RT}\right) \tag{5-4}$$

其中，A，α，n 为常数。α，β 和n'之间满足 $\alpha=\beta/n'$。当温度一定时，对式（5-3）和式（5-4）两边分别取对数并求偏导，可得：

$$n' = \left[\frac{\partial\ln\dot{\varepsilon}}{\partial\ln\sigma}\right]_T \tag{5-5}$$

$$\beta = \left[\frac{\partial\ln\dot{\varepsilon}}{\partial\sigma}\right]_T \tag{5-6}$$

将试验所得各变形条件下的流变曲线中的峰值应力数值如表 5-9 所示，代入式（5-5）和式（5-6），得到图 5-17 所示的峰值应力和应变速率之间的关系曲线。

表 5-9 不同变形条件下的峰值应力 σ_p (MPa)

应变速率/s^{-1}	800℃	850℃	900℃	950℃	1000℃	1050℃	1100℃	1150℃	1200℃
10^{-3}	152	120	93.2	71.7	56.7	44.5	37.4		
10^{-2}	184	151	123	100.7	88	70.5	59.8	46.5	39.4
10^{-1}	223.3	195	173	143	123	105	89.4	75.2	62.8
1	246.4	232.1	196.9	186.6	165.8	142	126.5	107.9	89.5
10	275	254.8	232.5	212.2	193.7	171.3	153.9	134.1	120.2

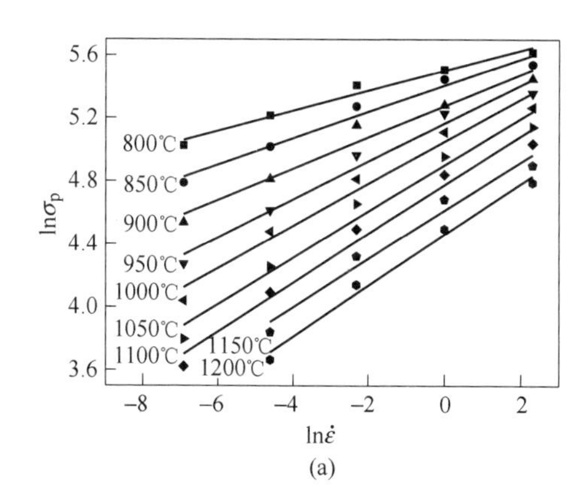

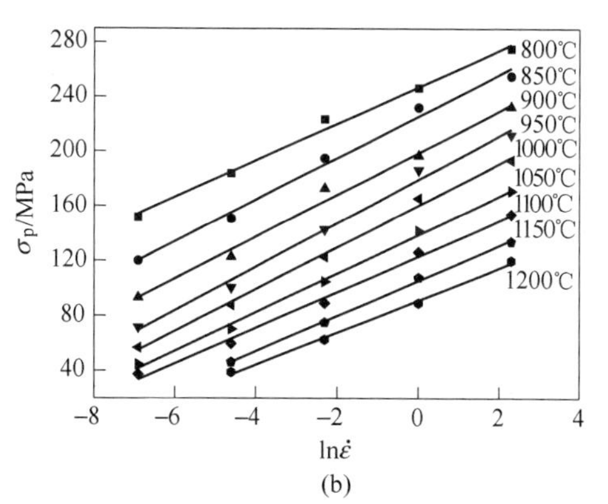

图 5-17 峰值应力与应变速率的关系图

(a) $\ln\dot{\varepsilon}$-$\ln\sigma_p$；(b) $\ln\dot{\varepsilon}$-σ_p

图 5-17 表明，$\ln\dot{\varepsilon}$-$\ln\sigma_p$ 和 $\ln\dot{\varepsilon}$-σ_p 都近似呈线性关系，n'，β 分别是 $\ln\dot{\varepsilon}$-$\ln\sigma_p$ 和 $\ln\dot{\varepsilon}$-σ_p 直线斜率的倒数，通过线性回归分析可得，$n' = 8.7882$ 和 $\beta = 0.0716\text{MPa}^{-1}$，进而计算得 $\alpha=\beta/n'\approx0.008$。

对式（5-1）两边取自然对数得：

$$\ln\sinh(\alpha\sigma_p) = \frac{1}{n}\ln\dot{\varepsilon} + \frac{1}{n}\cdot\frac{Q}{RT} - \frac{1}{n}\ln A \tag{5-7}$$

由式（5-7）可以看出，当变形温度或者变形速率恒定时，$\ln\sinh(\alpha\sigma_p)$ 分别与 $\ln\dot{\varepsilon}$ 或者变形温度的倒数 $1/T$ 存在线性关系，绘制出的 $\ln\sinh(\alpha\sigma_p)$-$\ln\dot{\varepsilon}$、$\ln\sinh(\alpha\sigma_p)$-$10000/T$ 关系图如图 5-18 所示。

当变形温度恒定时，对式（5-7）两边求变形速率 $\dot{\varepsilon}$ 的偏导，得到：

$$\frac{1}{n} = \left[\frac{\partial\ln\sinh(\alpha\sigma_p)}{\partial\ln\dot{\varepsilon}}\right]_T \tag{5-8}$$

当变形速率恒定时，对式（5-7）两边求 $1/T$ 的求偏导，得到：

$$Q = nR\left[\frac{\partial \ln\sinh(\alpha\sigma_p)}{\partial(1/T)}\right]_{\dot{\varepsilon}} \tag{5-9}$$

根据式（5-8）和式（5-9），结合图 5-18 线性回归分析结果，获得 SA508Gr. 4N 钢的热变形激活能 $Q = 354.5\text{kJ/mol}$，$n = 6.379$，$A = 8.21\times10^{15}$。因此，在温度 800~1200℃范围内进行热变形，建立了变形速率 $\dot{\varepsilon}$ 与峰值应力 σ_p 之间的关系，确立了 SA508Gr. 4N 钢的热变形方程：

$$\dot{\varepsilon} = 8.21 \times 10^{15}\ [\sinh(0.008\,\sigma_p)]^{6.379}\exp\left(-\frac{354477}{RT}\right) \tag{5-10}$$

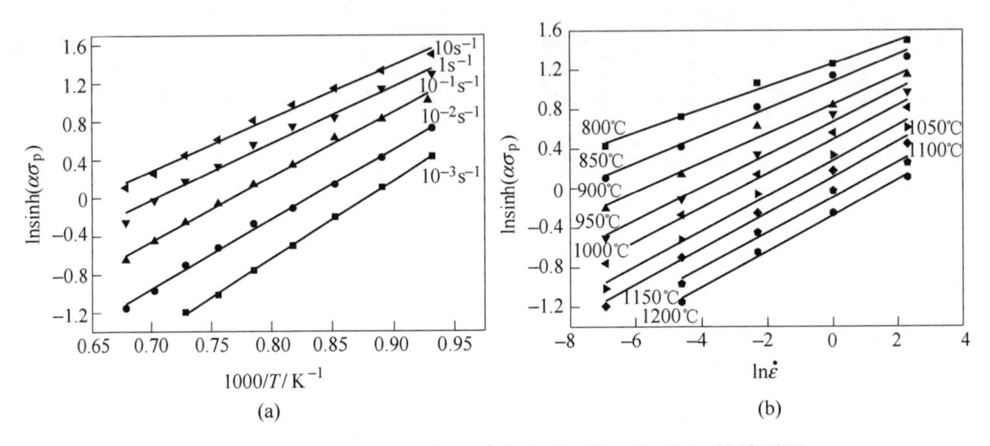

图 5-18　lnsinh($\alpha\sigma_p$) 与 ln $\dot{\varepsilon}$（a）和 1000/T（b）的关系图

5.2.2　SA508Gr. 4N 钢的应变敏感性判定

应变敏感性系数 m 表示钢的加工性能，其公式如下[8]：

$$m = \left[\frac{\partial \ln\sigma}{\partial \ln\dot{\varepsilon}}\right]_T \tag{5-11}$$

在图 5-17（a）中可以看到 $\ln\sigma_p$ 与 $\ln\dot{\varepsilon}$ 的线性关系，并且 m 值为曲线的斜率。从 800℃到 1200℃，m 的值分别为 0.064，0.099，0.134，0.155 和 0.162。图 5-19 中为应变敏感系数随温度的变化，拟合度达到 0.93。并且随着温度的升高，敏感系数 m 呈线性增加，这说明试验钢的在高温时加工性能较好。

5.3　SA508Gr. 4N 钢的热加工图

5.3.1　能量耗散及流变失稳判据

根据 Prasad 对于热加工图建立的理论和方法[9,10]，对于热变形过程中，由组

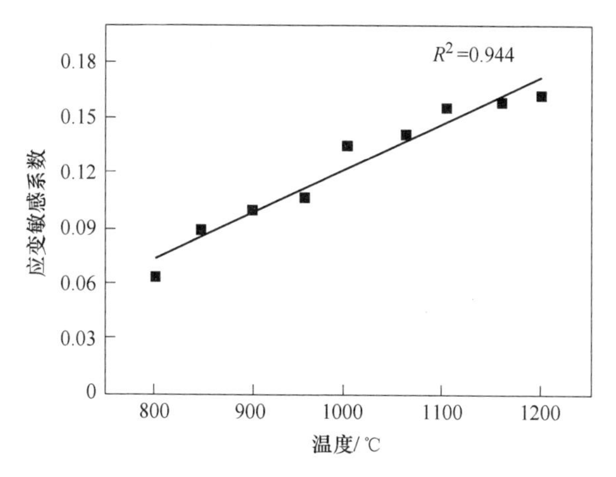

图 5-19　应变敏感性随温度的变化

织变化引起的能量耗散率可表示为：

$$\eta = J/J_{\max} = 2m/(m+1) \tag{5-12}$$

式中，m 表征材料热变形中的软化程度，为无量纲参数，反映了材料由于显微组织变化而消耗的能量与热变形过程中消耗总能量的关系；η 值越大表示热变形过程中用于微观组织转变的能量越多，说明材料热加工性能越好。不同变形条件下的 η 值构成热消耗图。

流变失稳判据[11]则采用下式：

$$\xi(\dot{\varepsilon}) = \frac{\partial \log \dfrac{m}{m+1}}{\partial \log \dot{\varepsilon}} + m < 0 \tag{5-13}$$

当材料流变失稳参数 $\xi(\dot{\varepsilon})$ 小于 0 时，不利于塑性成形，容易出现起皱和弯曲等现象，因此应尽量避免在该区域内进行热加工。

5.3.2　热加工图的建立方法

式（5-13）中，$\xi(\dot{\varepsilon})$ 为变形温度和变形速率的函数。根据此函数计算得出各变形温度和变形速率下对应的 $\xi(\dot{\varepsilon})$，在变形速率和温度构成的二维平面上绘制出 $\xi(\dot{\varepsilon})$ 的等值线图，在图上用阴影表示出满足式（5-13）的区域，该图即为流变失稳图。将能量耗散图和流变失稳图进行叠加，就绘制出了材料的热加工图。根据以上理论，在真应变为 0.8 时建立了 SA508Gr. 4N 钢的热加工图，如图 5-20 所示。

由图 5-20 可知，等值线为能量消耗率 η，阴影部分代表流变失稳区。适宜加工区主要分布在温度约为 1000~1200℃，变形速率为 0.001~0.3s^{-1}的区域，该区域内能量消耗率 η 大于 0.22。

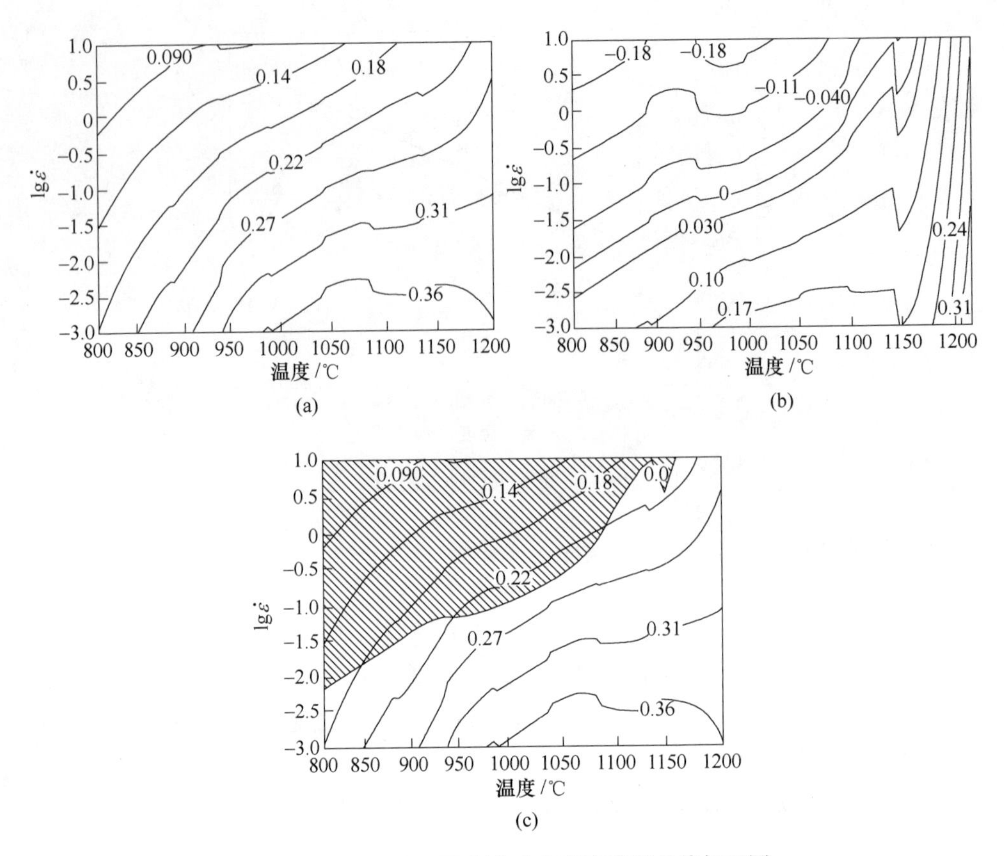

图 5-20 SA508Gr. 4N 钢在 0.8 真应变时的热加工图

(a) 耗散图；(b) 失稳图；(c) 热加工图

5.4 SA508Gr. 4N 钢发生动态再结晶的条件

5.4.1 Z 参数及其与峰值应力的关系

Zener-Hollomon 参数（Z 参数），又名温度补偿的变形速率因子，被广泛用以表征变形温度与变形速率对变形过程特别是形变抗力的综合作用。根据式（5-1）可得在热变形过程中，变形温度 T、变形速率 $\dot{\varepsilon}$ 与 Z 参数的关系式如下[12,13]：

$$Z = \dot{\varepsilon}\exp\left(\frac{Q}{RT}\right) \tag{5-14}$$

$$Z = f(\sigma) \tag{5-15}$$

由于式（5-1）所示的热变形方程是双曲正弦函数，在实际应用中较为繁琐，为了方便工业生产应用，可建立峰值应力与 Z 参数的关系。结合式（5-4）、式（5-14）与式（5-15），在较高应力条件下，应力函数可表示为

$$f(\sigma) = A_2{}'\exp(\beta\sigma_p) \tag{5-16}$$

式（5-14）两边取自然对数，可得：

$$\ln Z = \ln A_2' + \beta\sigma_p \tag{5-17}$$

通过已求得的热变形激活能 Q，根据变形条件并结合式（5-14），可以确定 Z 参数值。不同变形条件下的峰值应力 σ_p 与 $\ln Z$ 关系见图 5-21。

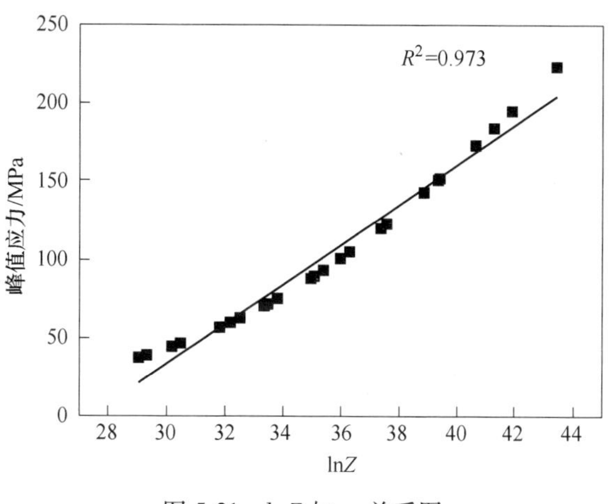

图 5-21 $\ln Z$ 与 σ_p 关系图

由图 5-21 可以看出 σ_p 与 $\ln Z$ 呈线性关系，通过线性回归可知其相关系数为 0.97，并得到如下关系式：

$$\sigma_p = 12.71\ln Z - 347.8 \tag{5-18}$$

结合式（5-13）和式（5-17），可知峰值应力、变形速率和变形温度存在如下关系：

$$\sigma_p = 12.71\ln\dot{\varepsilon} + 541905/T - 347.8 \tag{5-19}$$

5.4.2 动态再结晶的条件

在热变形过程中能否发生动态再结晶的关键因素取决于 Z 参数和应变量 ε。Z 值越小，位错和晶界的迁移性就越高，变形过程中动态再结晶倾向也越大，相应的组织发展越充分[14,15]；反之，Z 值越大，动态再结晶驱动力越小，达到一定值时则完全不发生动态再结晶。当 Z 值一定时，随着变形量 ε 的增加，材料发生动态再结晶的可能性也随之增大。

表 5-10 试验钢在不同变形温度和变形速率下的 Z 参数值，当 Z 参数超过某一临界值 Z_c 时，材料将不会有动态再结晶发生；ε_c 和 ε_s 分别是动态再结晶开始和达到稳定状态的临界点。动态再结晶开始的临界应变 ε_c 和 ε_p 之间存在一个经验关系 $\varepsilon_c = 0.8\varepsilon_p$；当变形量达到稳态应变最小值 ε_s 时，则意味着发生完全动态再结晶。在表 5-10 中存在 3 个部分，分别代表变形过程中的 3 种状态。灰色背景区

域表示部分动态再结晶；灰色右边区域表示完全动态再结晶发生；灰色左下区域表示无动态再结晶但动态回复发生。从表 5-10 可以看出，SA508Gr. 4N 钢动态再结晶的临界 $\ln Z_c$ 为 37. 44。当 $\ln Z$ 小于 37. 44 时，试验钢发生完全动态再结晶。

表 5-10　不同变形温度和变形速率下的 lnZ 值

应变速率/s^{-1}	800℃	900℃	1000℃	1100℃	1200℃
0. 001	40. 58	35. 5	31. 83	30. 31	
0. 01	42. 45	37. 62	34. 29	32. 07	30. 43
0. 1	44. 93	40. 98	38. 32	34. 40	32. 31
1	46. 83	43. 69	41. 76	37. 20	35. 26
10	49. 06	46. 01	43. 49	37. 44	35. 63

通过结合 $\ln Z$，应力-应变曲线以及微观组织，可以得到不同变形条件下的 SA508Gr. 4N 钢的动态再结晶状态图如图 5-22 所示，图中 A，B 和 C 区分别代表加工硬化区，部分动态再结晶区，完全动态再结晶区。

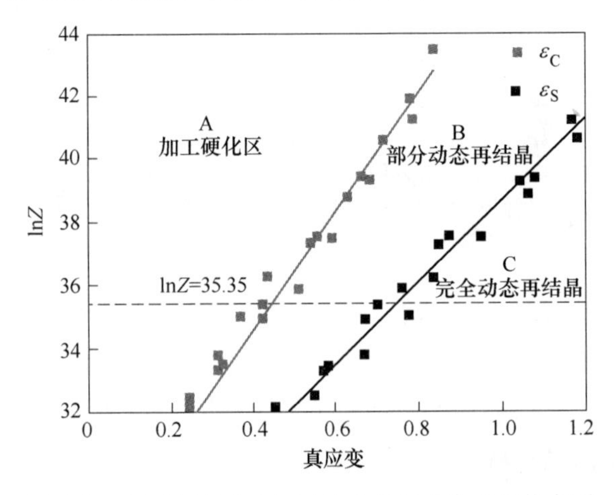

图 5-22　试验用钢在不同变形条件下动态组织状态图

当 $\ln Z=35.5$ 时，真应变为 0. 1、0. 7、1. 2 下的微观组织照片见图 5-23。真应变为 0. 1 时，只发生了加工硬化，没有发生动态再结晶；真应变为 0. 7 时发生了部分动态再结晶；真应变为 1. 2 完全动态再结晶区出现。即图 5-22 所示动态组织状态图与图 5-23 微观组织较好地符合。

5. 5　SA508Gr. 4N 钢的亚动态再结晶行为[16]

金属材料在实际锻造或多道次热变形中。需经过诸多道次间隔及多次变形，金属材料将会发生静态再结晶或亚动态再结晶。静态与亚动态再结晶的差别在于前一道次的变形量。当前一道次的变形量较小，未达到材料发生动态再结晶所需

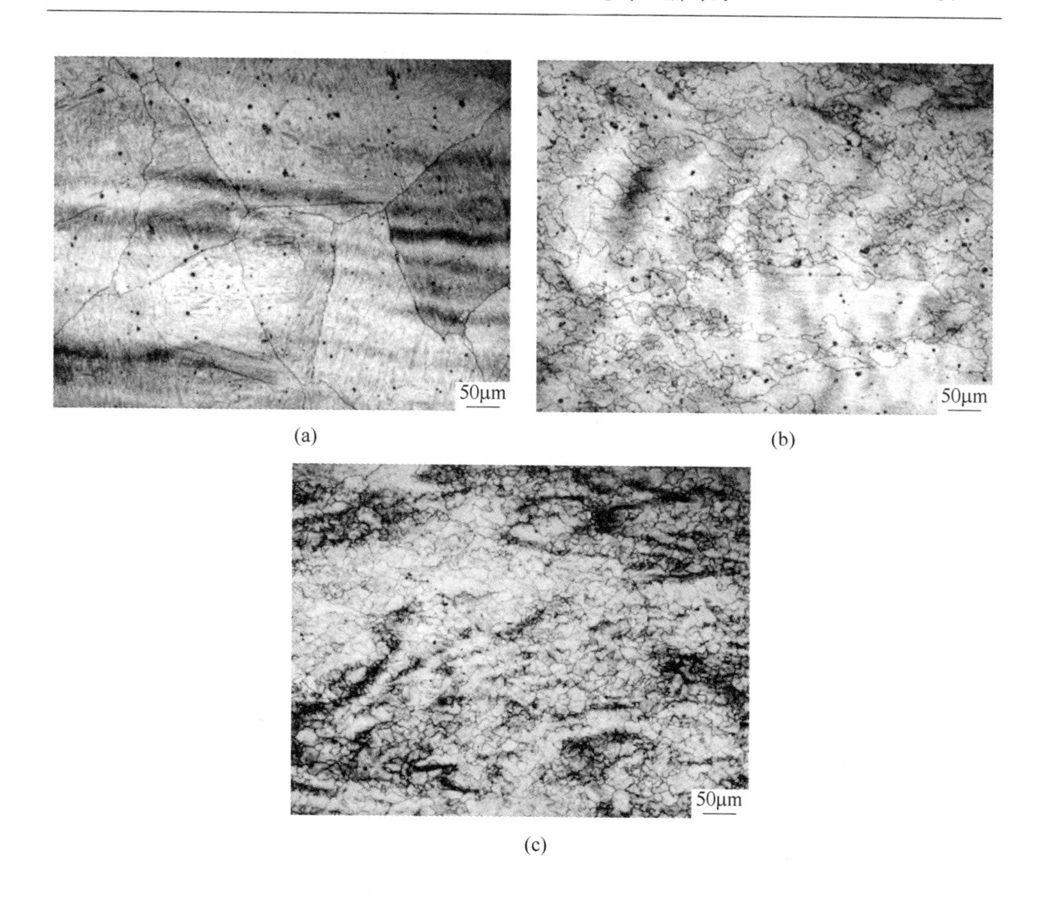

(a)　(b)　(c)

图 5-23　ln$Z$ 为 35.5 时 SA508Gr. 4N 钢在不同应变量下的微观组织
（a）0.1（加工硬化）；（b）0.7（部分动态再结晶）；（c）1.2（完全动态再结晶）

的临界应变，则经道次间隔保温后将发生静态再结晶。只有当前一道次变形量大于动态再结晶所需的临界应变，后续道次的热变形才能发生亚动态再结晶[17,18]。由于亚动态再结晶的发生受变形速率的影响较大，变形温度影响略小，在高的变形温度和应变速率时，亚动态再结晶分数迅速达到 100%[19,20]。大型锻件在锻造中需要经历多个火次和多个道次的变形，这将发生动态再结晶以及亚动态再结晶。因此，研究材料的亚动态再结晶对大锻件锻造中控制最终微观组织、得到理想力学性能至关重要。

本节详细研究了 SA508Gr. 4N 钢的亚动态再结晶行为，所选试验钢成分如表 5-11 所示。钢坯经浇铸后进行锻造，始锻温度及终锻温度分别为 1150℃ 和 900℃，最终锻件为 ϕ16mm×650mm 的圆棒。锻后采用 650℃×2h 退火，空冷。锻棒经 1200℃，分别保温 1h 和 4h 后制备成两种尺寸的晶粒，分别为 75.5μm 和 135.3μm，如图 5-24 所示。

表 5-11　SA508Gr. 4N 钢化学成分　（质量分数,%）

钢号	C	Ni	Cr	Mo	Si	Mn	Fe
Si-1	0. 17	3. 55	1. 75	0. 55	0. 02	0. 36	Bal

(a) 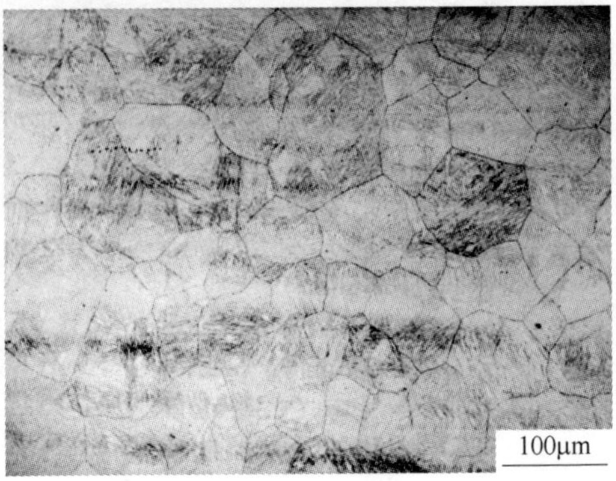　(b)

图 5-24　热变形前 SA508Gr. 4N 钢的晶粒形貌
（a）$d_1 = 135.3\mu m$；（b）$d_2 = 75.5\mu m$

热模拟试样尺寸为 ϕ8mm×15mm，由 ϕ16mm 锻棒线切割而成。热模拟试验在 Gleeble-1500D 试验机上完成。试验开始前在热模拟试样两端均匀涂敷润滑剂（70%石墨+25%机油+5%硝酸三甲酯），以期减小其与压头之间的摩擦。试样采用 20℃/s 的升温速率升温到 1250℃，保温 300s，采取 5℃/s 的降温速率降至变形温度，保温 60s 后开始压缩。变形温度分别是 1050℃、1150℃和 1250℃，应变速率为 $0.001s^{-1}$、$0.01s^{-1}$和 $0.1s^{-1}$第一道次变形量为 5%，间隔一定时间（120s 和 300s）后进行第二道次变形，变形量为 8%。热变形结束后立刻用水冷却，保留双道次热变形后的微观组织。

5.5.1　双道次真应力-应变曲线

图 5-25 为 SA508Gr. 4N 钢不同初始奥氏体晶粒尺寸的双道次真应力-应变曲线。由图 5-25 可知，在双道次的热变形中，当晶粒尺寸较小时（75μm），其真应力均高于晶粒尺寸较大时（135. 3μm）的应力。这是由于在初始奥氏体晶粒较小时，晶界数量较多。在相同体积下，由于小晶粒的晶界面积大于大晶粒的晶界面积，则导致小晶粒对位错滑移及攀移的阻碍作用较大。在经历第一道次变形时，两种不同尺寸的初始奥氏体晶粒对应的真应力相差约为 4MPa。经道次间 120s 保温后，在第二道次变形中，两种初始晶粒尺寸所对应的真应力差值减小。这是由于经第一道次高温变形后，SA508Gr. 4N 钢发生了动态再结晶。再结晶晶粒经 120s 保温时发生了回复和长大，使两种晶粒尺寸趋于一致，从而使第二次

道次真应力越趋近。对比图 5-25（a）与（b）可知，在两道次压缩变形中，当压缩变形温度较高时（1250℃），其真应力显著低于变形温度较低时的真应力，约低 20MPa。

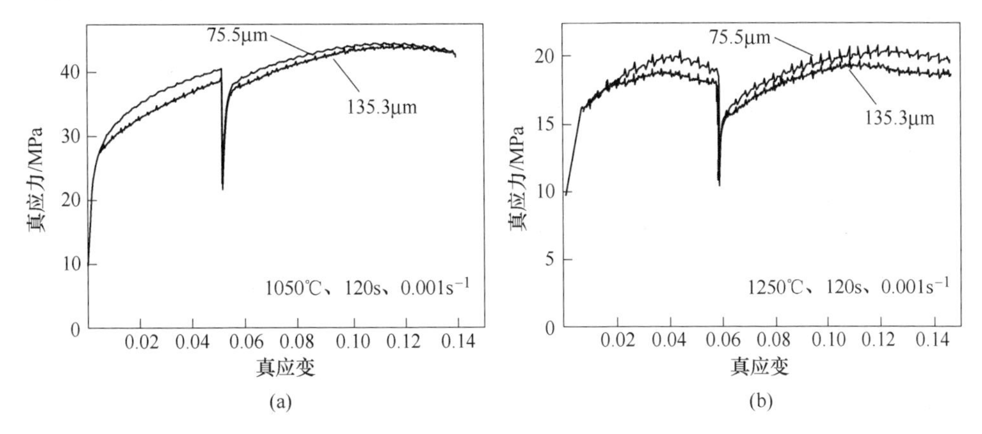

图 5-25 不同初始晶粒尺寸下 SA508Gr. 4N 钢的双道次真应力-应变曲线
（a）$T = 1050$℃；（b）$T = 1250$℃

图 5-26 为 SA508Gr. 4N 钢不同道次间隔下的双道次真应力-应变曲线。由图 5-26 可知，变形具有以下规律，第二道次的真应力随道次间隔时间的增加而降低。初始奥氏体晶粒尺寸越小越易受到道次间隔时间的影响，第二道次真应力相差越大，约 10MPa。材料发生动态再结晶后，由于道次间隔时间由 120s 增至 300s，导致 SA508Gr. 4N 钢发生亚动态再结晶的时间充足。而亚动态再结晶能够将 SA508Gr. 4N 钢软化。初始晶粒较小时，不同时间的道次间隔将导致材料的软化程度差距增大，故真应力差距增加。

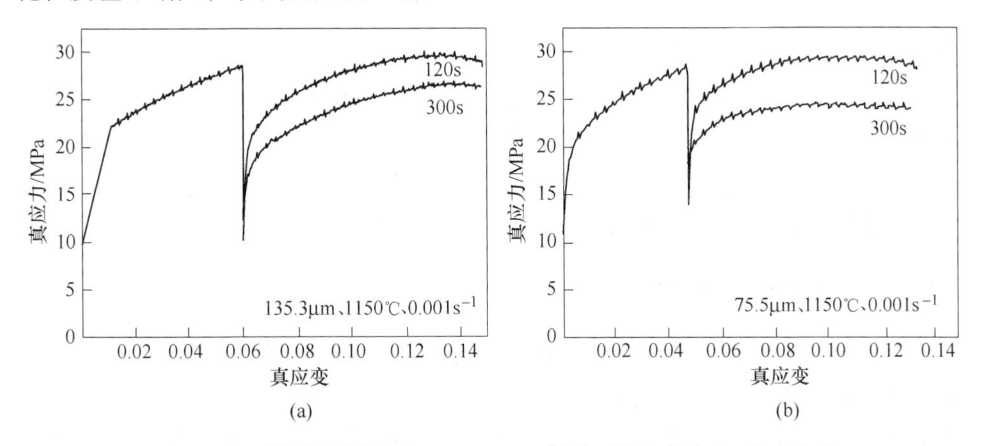

图 5-26 不同道次间隔下 SA508Gr. 4N 钢的双道次真应力-应变曲线
（a）$d_1 = 135.3$μm；（b）$d_2 = 75.5$μm

5.5.2　亚动态再结晶判据

金属材料在热变形中是否发生亚动态再结晶，需判定变形的前一道次是否发生动态再结晶。因而需判定材料在何种变形条件下发生动态再结晶。有学者的研究表明材料发生动态再结晶的临界应变量（ε_c）为峰值应变（ε_p）的 0.6~0.8[21]。但若变形量较小，材料的真应力-应变曲线上尚未出现峰值，则上述方法无法使用。Pollak 和 Jonas[22] 的研究表明，材料发生动态再结晶所需要的临界变形量可结合加工硬化率来确定。材料发生动态再结晶时，材料的加工硬化率（θ）与真应力存在拐点，即$\partial^2\theta/\partial\sigma = 0$。利用偏导数的关系可以推导出 $-\partial(\ln\theta)/\partial\sigma = \partial\theta/\partial\sigma$，则发生动态再结晶的临界应变出现在 $(-\partial(\ln\theta)/\partial\varepsilon) - \varepsilon$ 曲线的拐点处。因此，根据 SA508Gr. 4N 钢的第一道次真应力-应变曲线，经过非线性数据处理求解出材料的加工硬化率并绘制 $\ln\theta - \varepsilon$ 及 $(-\partial(\ln\theta)/\partial\varepsilon) - \varepsilon$ 曲线，确定材料的临界应变。图 5-27 为两种晶粒尺寸下的 $\ln\theta$-ε 图和 $(-\partial(\ln\theta)/\partial\varepsilon)$-$\varepsilon$ 图。表 5-12 为 SA508Gr. 4N 钢的临界应变。

表 5-12　不同变形条件下 SA508Gr. 4N 钢的临界应变

初始晶粒/μm	变形温度/℃	变形速率/s^{-1}		
		0. 001	0. 01	0. 1
135. 3	1050	0. 0379	0. 0399	0. 0425
	1150	0. 0356	0. 0382	0. 0418
	1250	0. 0267	0. 0298	0. 0324
75. 5	1050	0. 0312	0. 0343	0. 0397
	1150	0. 0280	0. 0326	0. 0354
	1250	0. 0173	0. 0218	0. 0253

SA508Gr. 4N 钢发生动态再结晶所需的临界应变具有以下规律：（1）临界应变随变形温度的增大而减小；（2）临界应变随应变速率的降低而减小；（3）临界应变随晶粒尺寸的增加而增大；（4）临界应变均小于 0. 05，即在试验条件下第一道次变形后 SA508Gr. 4N 钢发生亚动态再结晶。

5.5.3　亚动态再结晶分数

目前，常用于确定亚动态再结晶分数的方法有两种，一种是组织观察法，即单道次压缩后保温一段时间而后淬火，观察再结晶分数。但是受观察视野的影响及压缩后试样变形不均匀，易产生人为误差，不能精准确定亚动态再结晶分数。第二种方法是采用双道次真应力–应变曲线的 0. 2%屈服强度判定亚动态再结晶分数[23]。真应力–应变法避免了组织观察法误差大的不足，被科研工作者广泛应

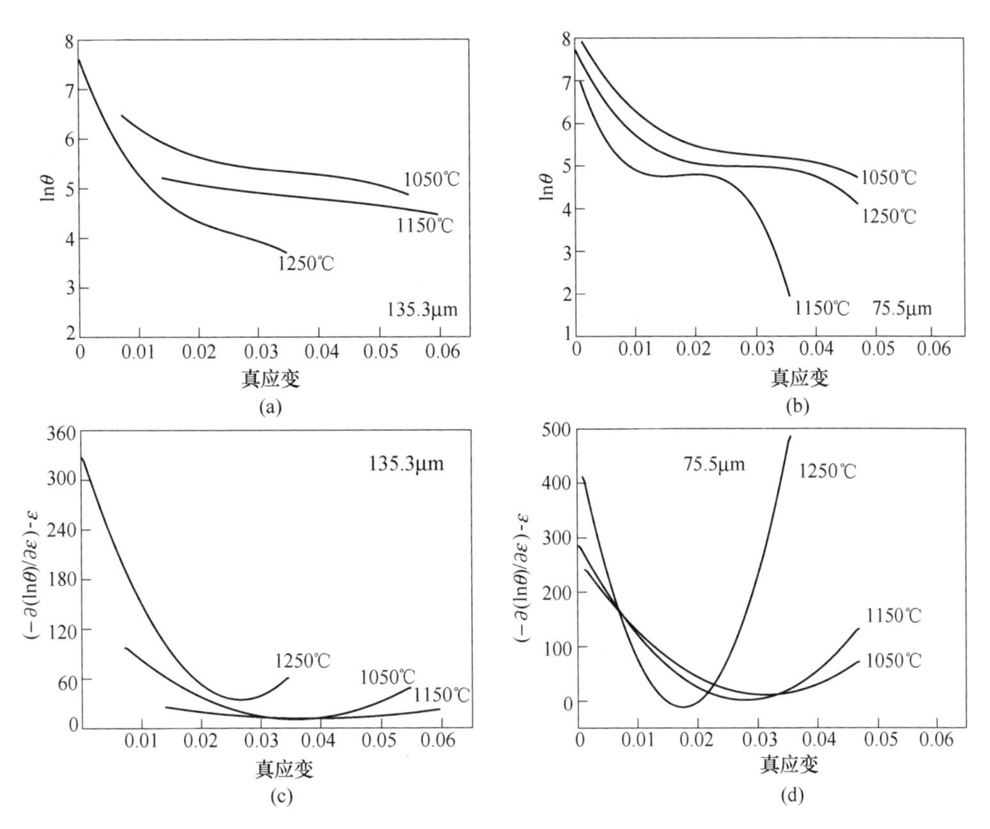

图 5-27 不同初始晶粒下 SA508Gr. 4N 钢的 lnθ-ε 和 (−∂(lnθ)/∂ε) -ε 曲线

(a),(c) d_1 = 135.3μm;(b),(d) d_2 = 75.5μm

用。由双道次真应力–应变确定亚动态再结晶的公式为:

$$X_{mdr} = (\sigma_m - \sigma_2)/(\sigma_m - \sigma_1) \tag{5-20}$$

式中,X_{mdr} 为亚动态再结晶分数;σ_m 为第一道次卸载时的真应力;σ_1、σ_2 分别为第一、第二道次压缩时的屈服应力。具体求解过程如图 5-28 所示。

图 5-29 为应变速率为 0.001s^{-1}时,不同初始奥氏体晶粒尺寸、不同道次间隔时间,亚动态再结晶体积分数随变形温度的变形情况。由图 5-29 可知,亚动态再结晶分数均随压缩变形温度及保温时间的降低而减小。如初始奥氏体晶粒尺寸是 75.5μm 在 1050℃压缩变形,保温时间由 300s 降低至 120s,亚动态再结晶分数由 0.89 减小至 0.64。这是由于道次间隔时间越长,发生亚动态再结晶的时间也就越长,能够有足够的时间发生亚动态再结晶,故使亚动态再结晶分数增加。另外亚动态再结晶的形核是一个热激活的过程,压缩变形温度升高形核的概率就增大。同时亚动态再结晶的晶界移动速率也将增加,这均将促进亚动态再结晶的发生。

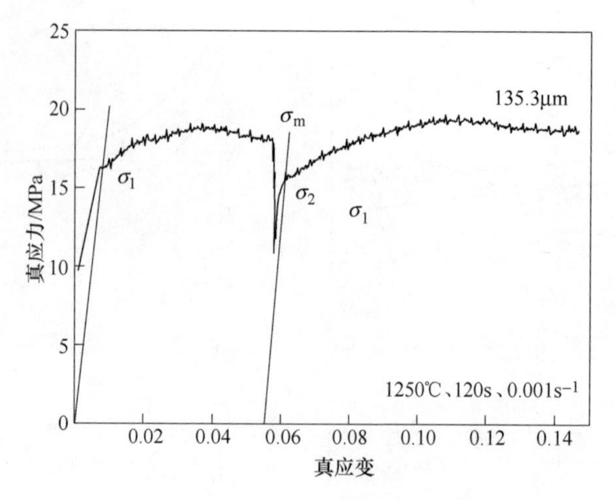

图 5-28　亚动态再结晶求解示意图

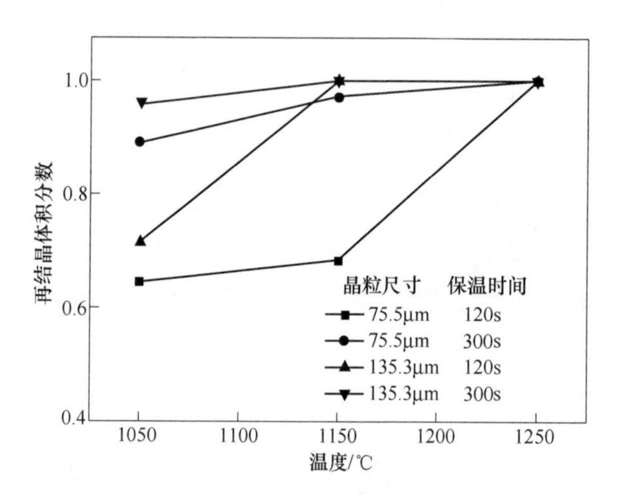

图 5-29　变形速率 $0.001s^{-1}$时，不同条件下 SA508Gr. 4N 钢的亚动态再结晶分数

亚动态再结晶分数随初始晶粒尺寸的增加而增大。这是由于初始晶粒较大时，在变形过程中真应力较小，软化作用较强，在第一道次变形结束后经过一定时间的保温，使晶粒的形核，长大更易发生，故亚动态再结晶分数增大。

5.5.4　亚动态再结晶组织

图 5-30 为变形速率 $0.001s^{-1}$、不同初始晶粒，不同温度时 SA508Gr. 4N 钢的亚动态再结晶晶粒组织。图 5-30（a），（b），（c）的初始晶粒 135.3μm，图 5-30（d），（e），（f）的初始晶粒 75.5μm。由图 5-30 可知，亚动态再结晶晶粒随变形温度的增加而长大。当变形温度为 1250℃（图 5-30（c））时，晶粒尺寸较大为

254.2μm，已经大于变形前晶粒尺寸。因为压缩变形温度较高，变形的晶粒发生亚动态再结晶后急剧长大。对比图 5-30 各图可知，当初始晶粒尺寸较小时，双道次热变形后的晶粒尺寸相对细小。

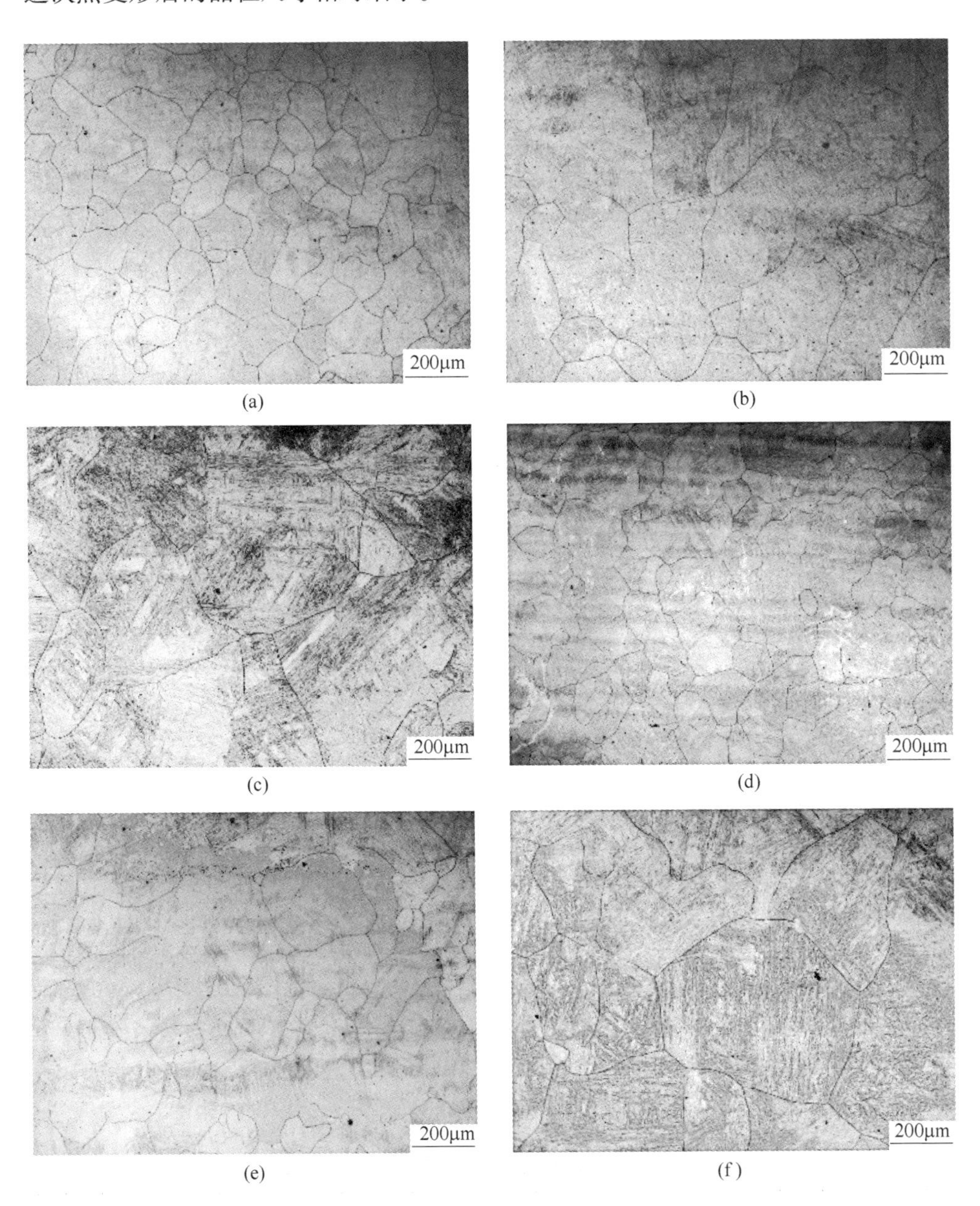

图 5-30　变形速率 0.001s^{-1}，不同变形温度时 SA508Gr. 4N 钢的变形组织

(a)，(d) 1050℃；(b)，(e) 1150℃；(c)，(f) 1250℃

5.6 SA508Gr. 4N 钢的流变应力本构模型

5.6.1 流变应力模型

试验钢在不同变形条件下的流变应力可以用本构方程来预测，该方程可用来描述应力与变形温度和变形速率的函数关系[24]。式（5-1）可以建立试验钢热变形过程中的本构关系：

$$Z = \dot{\varepsilon}\exp[Q_1(\varepsilon)/(RT)] = A_2[\sinh(\alpha_2\sigma)]^{n_2} \tag{5-21}$$

式中　Z——Znener-Hollomon 参数；

Q_1——激活能；

R——气体常数；

A_2，n_2，α_2——材料参数。

根据双曲正弦的定义，可以将公式（5-21）变形如下：

$$\sinh(\alpha_2\sigma) = (Z/A_2)^{1/n_2} = [\exp(\alpha_2\sigma) - \exp(-\alpha_2\sigma)]/2 \tag{5-22}$$

对式（5-22）进行反函数运算可得：

$$\sigma = \frac{1}{\alpha_2}\ln\{(Z/A_2)^{1/n_2} + [(Z/A_2)^{2/n_2} + 1]^{1/2}\} \tag{5-23}$$

对真应力-应变曲线而言，除了变形速率和变形温度以外，应变量对流变应力也有较大影响。然而式（5-21）和式（5-23）中并未体现应变量对于流变应力的影响，因此为了加强本构关系的准确性，公式应考虑热变形过程中的应变补偿。在进行材料热变形本构模型建立时，普遍认为式（5-21）、式（5-22）和式（5-23）中的参数 A_2、n_2、Q_1 和 α_2 是受应变量影响的[25]。将公式（5-21）变形可得：

$$\dot{\varepsilon} = A_2[\sinh(\alpha_2\sigma)]^{n_2}\exp[-Q_1/(RT)] \tag{5-24}$$

5.6.2 模型中参数的确定

对本试验结果所得真应力-应变曲线进行流变应力取值，所取流变应力值对应的应变分别为 0.1、0.2、0.3、…、1。通过公式（5-24）对所取流变应力值进行系列回归分析，可以得到应变量为 0.1、0.2、0.3、…、1 时所对应的本构模型中的材料参数 A_2、n_2、Q_1 和 α_2[26~28]。表 5-13 为不同应变量下计算出的 SA508Gr. 4N 钢的材料常数值。

表 5-13　SA508Gr. 4N 钢不同应变量下的材料常数值

应变量	α_2	n_2	Q_1/kJ · mol^{-1}	$\ln A_2$
0.1	0.01064	6.66	350.34	29.26
0.2	0.00959	6.21	345.56	29.41

续表 5-13

应变量	α_2	n_2	Q_1/kJ · mol^{-1}	$\ln A_2$
0.3	0.00899	5.92	346.27	29.64
0.4	0.00829	5.80	345.42	30.04
0.5	0.00857	5.77	344.65	30.02
0.6	0.00815	5.65	347.40	30.52
0.7	0.00814	5.88	345.20	30.40
0.8	0.00800	5.74	342.04	29.59
0.9	0.00800	5.73	333.75	29.10
1	0.00755	5.74	324.50	28.08

这些与应变量有关的材料参数 A_2、n_2、Q_1 和 α_2 可用以应变为自变量的多项式表达，经多次尝试后得出 6 次多项式中各参数与应变量的拟合值较高，其函数关系如式（5-25）所示。式（5-25）中 A_2、n_2、Q_1 和 α_2 为函数变量，代入表 5-13 中数据进行多项式拟合，可得其多项式系数，如表 5-14 所示。图 5-31 为各常

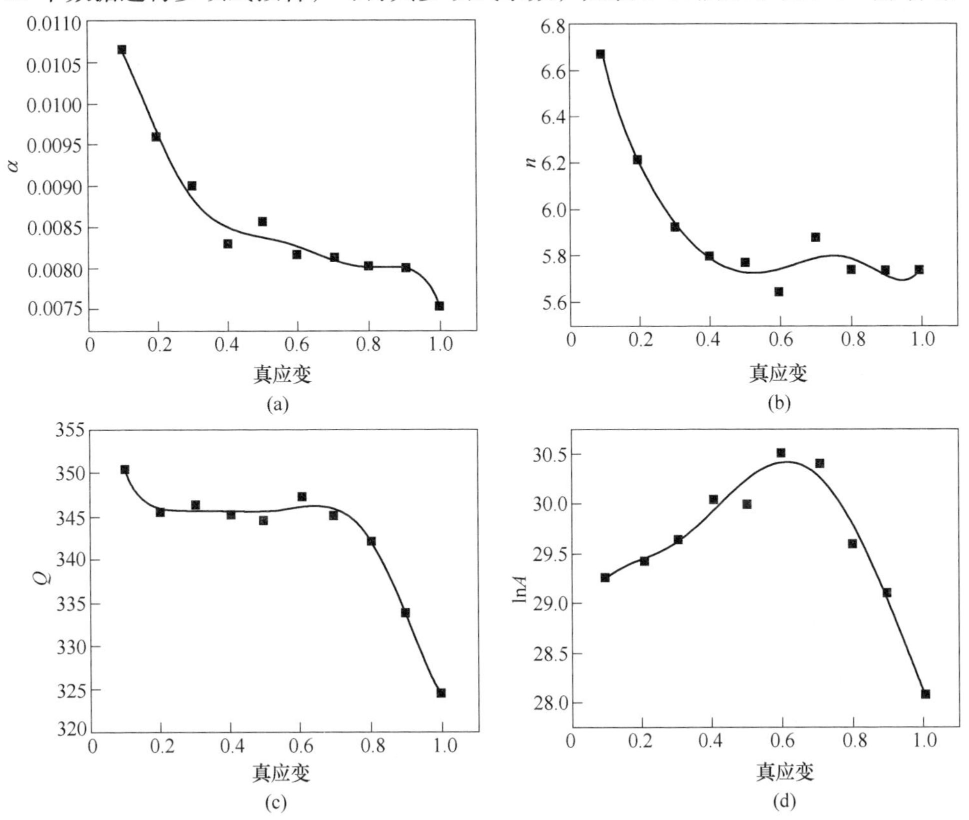

图 5-31 不同材料常数与应变的拟合曲线

（a）α_2-ε；（b）n_2-ε；（c）Q_1-ε；（d）$\ln A_2$-ε

表 5-14　各参数与应变多项式系数值

α_2	n_2	Q_1/kJ · mol^{-1}	$\ln A_2$
$B_0=0.01$	$C_0=7.7$	$D_0=373.123$	$E_0=28.46$
$B_1=0.013$	$C_1=-15.533$	$D_1=-409.76$	$E_1=14.47$
$B_2=-0.19$	$C_2=67.704$	$D_2=2441.5$	$E_2=-90.33$
$B_3=0.705$	$C_3=-190.18$	$D_3=-7377.2$	$E_3=286$
$B_4=-1.184$	$C_4=309.39$	$D_4=11831.54$	$E_4=-418.9$
$B_5=0.944$	$C_5=-255.28$	$D_5=-9488.12$	$E_5=275.7$
$B_6=-0.29$	$C_6=81.944$	$D_6=2953.472$	$E_6=-67.36$

数与应变的拟合曲线，其中 A_2、n_2、Q_1 和 α 与应变的线性相关系数分别为 0.95，0.92，0.98 和 0.91，均在 0.9 以上，拟合效果较好。可以看出材料参数 A_2、n_2、Q_1 和 α 与应变 ε 关系较为复杂。

$$\left.\begin{aligned}\alpha &= B_0 + B_1\varepsilon + B_2\varepsilon^2 + B_3\varepsilon^3 + B_4\varepsilon^4 + B_5\varepsilon^5 + B_6\varepsilon^6 \\ n &= C_0 + C_1\varepsilon + C_2\varepsilon^2 + C_3\varepsilon^3 + C_4\varepsilon^4 + C_5\varepsilon^5 + C_6\varepsilon^6 \\ Q &= D_0 + D_1\varepsilon + D_2\varepsilon^2 + D_3\varepsilon^3 + D_4\varepsilon^4 + D_5\varepsilon^5 + D_6\varepsilon^6 \\ \ln A &= E_0 + E_1\varepsilon + E_2\varepsilon^2 + E_3\varepsilon^3 + E_4\varepsilon^4 + E_5\varepsilon^5 + E_6\varepsilon^6\end{aligned}\right\} \tag{5-25}$$

将多项表达式（5-25）代入式（5-23）即可得 SA508Gr. 4N 钢的在热变形过程中的用于预测流变应力的本构模型。该模型不仅考虑了变形温度与变形速率对流变应力的影响，还考虑了应变量对流变应力的影响。其式如下[29,30]：

$$\sigma = \frac{1}{\alpha_2(\varepsilon)}\ln\{[Z'/A_2(\varepsilon)]^{1/n_2(\varepsilon)} + [Z'/A_2(\varepsilon)^{2/n_2(\varepsilon)} + 1]^{1/2}\} \tag{5-26}$$

式（5-26）中 Z' 为：

$$Z' = \dot{\varepsilon}\exp[Q_1(\varepsilon)/(RT)] \tag{5-27}$$

5.6.3　模型计算应力与实测应力比较

利用表 5-14 中的系数代入式（5-26）可得典型的 Arrhenius 本构模型，其中流变应力 σ 为变量，变形温度 T、变形速率 $\dot{\varepsilon}$ 、应变量 ε 为自变量。代入不同的变形参数（变形温度 T、变形速率 $\dot{\varepsilon}$ 、应变量 ε ），即可求出该条件下的计算流变应力。为了确保本构模型的准确性，对本构模型计算所得的流变应力与试验所得的流变应力进行比较，如图 5-32 所示。由图可知计算应力值与试验应力值变化趋势基本保持一致，且偏差较小。计算流变应力值随变形温度的增加或变形速率的减小而减小，其规律与试验流变应力相符。计算应力值与试验应力值的良好匹配说明本文所建立的本构模型可以准确的描述 SA508Gr.4N 钢的热变形行为。

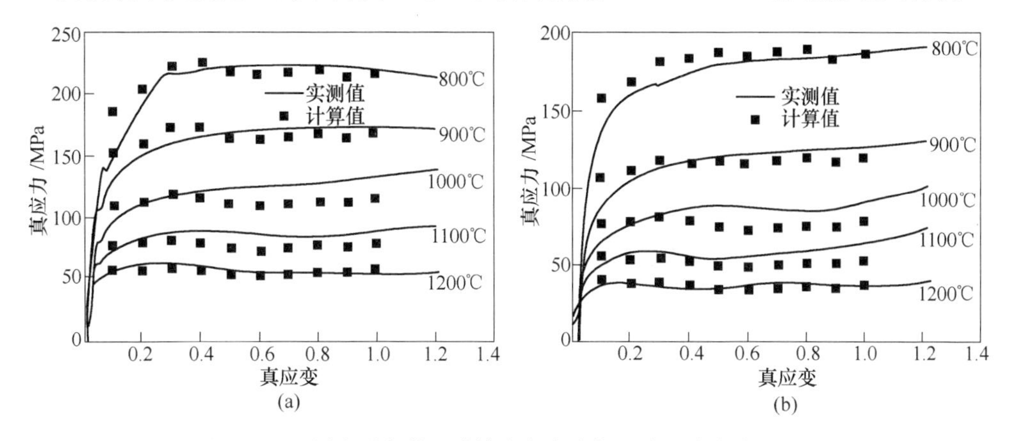

图 5-32 不同变形条件下计算流变应力与试验流变应力对比图

(a) $\dot{\varepsilon}=0.1$；(b) $\dot{\varepsilon}=0.01$

5.6.4 模型计算结果的准确性

为保证 SA508Gr.4N 本构模型计算结果的准确性，引入相关系数 R 以及绝对平均相关误差 $AARE$ 对本构模型进行评估，其表达式如下所示[31~33]：

$$R=\frac{\sum_{i=1}^{N}(E_i-\overline{E})(P_i-\overline{P})}{\sqrt{\sum_{i=1}^{N}(E_i-\overline{E})^2\sum_{i=1}^{N}(P_i-\overline{P})^2}} \tag{5-28}$$

$$AARE(\%)=\frac{1}{N}\sum_{i=1}^{N}\left|\frac{E_i-P_i}{E_i}\right|\times 100 \tag{5-29}$$

式中，E 为热变形试验所得流变应力；P 为通过本构模型计算所得流变应力；$\overline{E}$ 和 $\overline{P}$ 分别为 E 和 P 的平均值。相关系数 R 可以体现实测应力值与计算应力值的线性相关性，而绝对平均相关误差 $AARE$ 则可代表所建立模型的误差程度，因此 R 值越大且 $AARE$ 越小时模型计算结果越准确。如图 5-33 所示，大部分数据点分布在最佳回归线周围，拟合后线性相关性 R 可达到 0.977，这说明试验所得流变应力值与计算所得流变应力值匹配度较好。通过式（5-29）计算可得绝对平均相关误差 $AARE$ 值为 8.7%，说明模型结算结果误差较小。通过该模型，可以较为准确的预测 SA508Gr.4N 钢热变形时的流变抗力，为制定该钢大锻件变形参数提供参考。

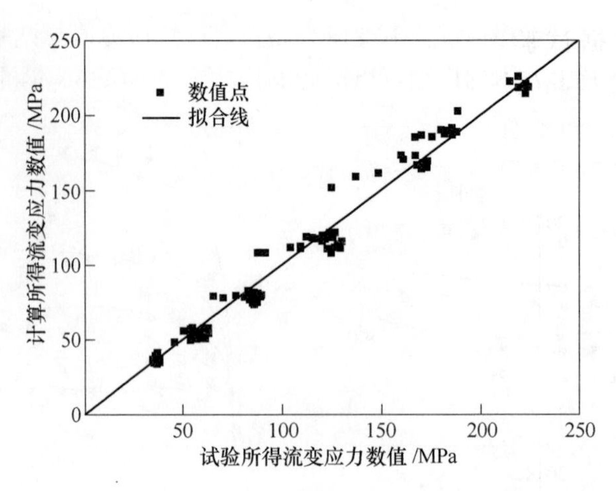

图 5-33　试验所得与计算所得流变应力数值关系图

5.7　SA508Gr. 4N 钢的再结晶模型

5.7.1　动态再结晶晶粒尺寸预测模型

动态再结晶晶粒尺寸 d_d 的大小主要由变形速率和变形温度决定，其计算方程为[5]：

$$d_d = H \cdot Z - u \tag{5-30}$$

对上式两边同时取对数得到：

$$\ln d_d = \ln H - u\ln Z \tag{5-31}$$

用金相显微镜分别对不同变形条件下的试样进行观察，测量动态再结晶后试样的晶粒尺寸，根据式（5-31）对测量结果进行最小二乘法回归分析得到系数 $u=0.12$，$H=2440.6$。因此 SA508Gr. 4N 钢动态再结晶晶粒尺寸模型为：

$$d_d = 2.44 \times 10^3 Z^{-0.12} \tag{5-32}$$

将不同变形条件下的 Z 值代入上式，得到各变形条件下的计算晶粒尺寸 d_d，将计算晶粒尺寸与实测晶粒尺寸进行对比，其结果如图 5-34 所示，其相关系数为 0.89，可知计算晶粒尺寸与实测晶粒尺寸匹配度较好。

5.7.2　动态再结晶百分比预测模型

根据 JMAK 动力学理论，动态再结晶的百分比与应变之间的关系可以表示为[34,35]：

$$X_d = 1 - \exp[-\beta_d(\varepsilon - \varepsilon_c/\varepsilon_p)]^{k_d} \tag{5-33}$$

式中，β_d 与 k_d 均为与材料相关的系数。式（5-33）可推导：

$$\ln[-\ln(1 - X_d)] = k_d\ln(\varepsilon - \varepsilon_c/\varepsilon_p) + \ln\beta_d \tag{5-34}$$

式中，X_d 为根据试验结果实测动态再结晶百分比，用最小二乘法对 $\ln[-\ln(1-X_d)]$–$\ln(\varepsilon-\varepsilon_c/\varepsilon_p)$ 进行拟合，如图 5-35 所示。回归结果得出$\beta_d=0.0407$，$k_d=6.775$，因此可得 SA508Gr. 4N 钢动态再结晶百分比模型为：

$$X_d = 1 - \exp\left[-0.0407(\varepsilon - \varepsilon_c/\varepsilon_p)\right]^{6.775} \tag{5-35}$$

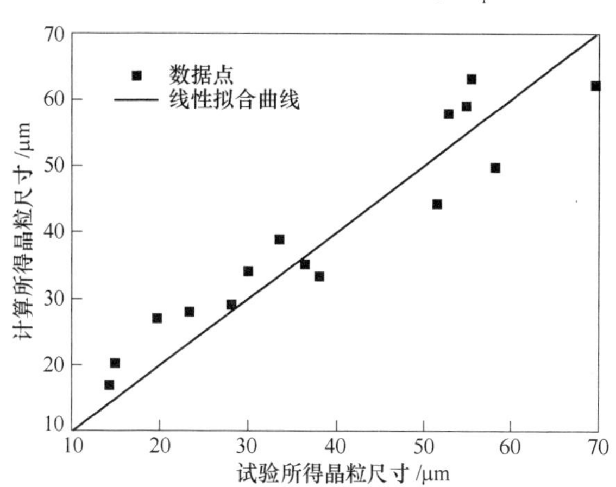

图 5-34 试验所得与计算所得晶粒尺寸关系图

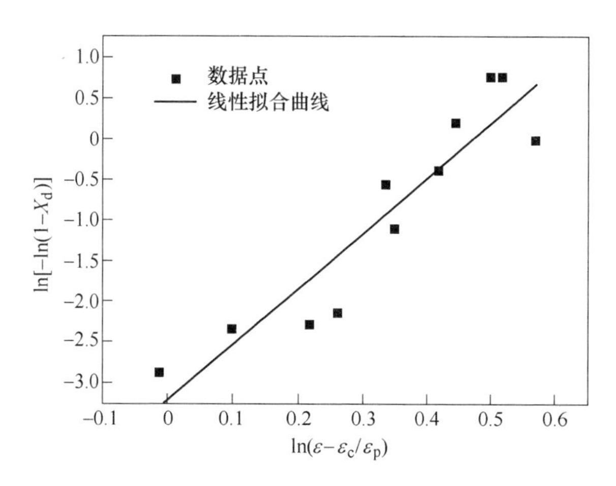

图 5-35 $\ln[-\ln(1-X_d)]$–$\ln(\varepsilon-\varepsilon_c/\varepsilon_p)$ 关系图

将实测动态再结晶百分比与计算动态再结晶百分比值进行比较，其结果如图 5-36 所示，相关系数为 0.94，可知计算与实测动态再结晶百分比拟合度较高。

通过再结晶模型的建立，可以较为准确的预测 SA508Gr. 4N 钢热变形过程中再结晶百分比和再结晶晶粒尺寸，为该钢锻造过程的变形工艺提供了理论依据。

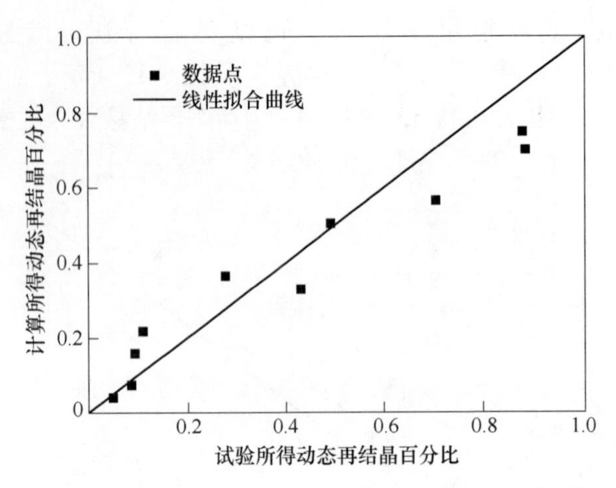

图 5-36　试验所得与计算所得动态再结晶百分比关系图

参 考 文 献

[1] 刘宁，何西扣，刘正东，等．钢铁研究总院内部技术报告［R］．2014. 7.

[2] 刘宁．核电压力容器用 SA508Gr. 4N 钢热变形与热处理工艺研究［D］．昆明：昆明理工大学，2017.

[3] 马飞良．国外核反应堆压力容器用 SA508Cl. 3 钢及其制造［J］．大型铸锻件，1990，4：35～46.

[4] 张鸿冰，张斌，柳建韬．钢中动态再结晶力学测试及其数学模型［J］．上海交通大学学报，2003，37（7）：1053～1056.

[5] 魏洁，唐广波，刘正东．碳锰钢热变形行为及动态再结晶模型［J］．钢铁研究学报，2008，20（3）：31～35.

[6] Sellars C M，Tegart W J M. On the mechanism of hot defermation［J］. Acta Metallurgica Sinica，1966，14（9）：1136.

[7] Jonas J J，Sellars C M，Tegart W J M. Strength and structure under hot-working conditions［J］. Metal Reviews，1969，130（14）：1～24.

[8] Srinivasan N，Prasad Y V R K. Microstructural control in hot working of IN-718 superalloy using processing map［J］. Metallurgical and Materials Transactions A，1994，25（10）：2275～2284.

[9] Prasad Y V R K，Seshacharyulu T. Processing maps for hot working of titanium alloys［J］. Materials Science and Engineering，1998，243：82～88.

[10] Prasad Y V R K，Rao K P. Processing maps for hot deformation of rolled AZ31 magnesium alloy plate：Anisotropy of hot workability［J］. Materials Science and Engineering A，2008，487（1）：316～327.

[11] Robi P S，Dixit U S. Application of neural networks in generating processing map for hot working［J］. Materials Processing Technology，2003，142：289～294.

[12] 陈雷，王龙妹，杜晓建，等 .2205 双相不锈钢的高温变形行为 [J]. 金属学报，2010，46 (01)：52~56.

[13] 孙朝阳，栾京东，刘赓，等 .AZ31 镁合金热变形流动应力预测模型 [J]. 金属学报，2012，48 (07)：853~860.

[14] Huang Y C，Wang S X，Xiao Z B，Liu H. Critical Condition of Dynamic Recrystallization in 35CrMo Steel [J]. Metals，2017，7：161~174.

[15] Fang B，Ji Z，Liu M，Tian G F，Jia C C，Zeng T T，Hu B F，Chang Y H. Critical strain and models of dynamic recrystallization for FGH96 superalloy during two-pass hot deformation [J]. Mater. Sci. Eng. : A. 2014，593：8~15.

[16] 杨志强，刘正东，何西扣，等. SA508Gr. 4N 钢的亚动态再结晶行为 [J]. 金属热处理，2018，43 (1)：6~11.

[17] 蔺永诚，陈明松，钟掘，等. 42CrMo 钢亚动态再结晶行为研究 [J]. 材料热处理学报，2009，30 (2)：71~75.

[18] 陈明明，何文武，刘艳光，等. 316LN 奥氏体不锈钢亚动态再结晶行为的研究 [J]. 锻压装备与制造技术，2010，45 (4)：83~86.

[19] Elwazri A M，Wanjara P，Yue S. Metadynamic and static recrystallization of hypereutectoid steel [J]. ISIJ International，2003，43 (7)：1080~1088.

[20] 张艳姝，孙燕，杜敬霞，等. 300M 高强钢亚动态再结晶行为 [J]. 材料热处理学报，2014，35 (8)：141~146.

[21] Wan Z，Sun Y，Hu L，et al. Dynamic softening behavior and microstructural characterization of TiAl-based alloy during hot deformation [J]. Materials Characterization，2017，130：25~32.

[22] Poliak E I，Jonas J J. Initiation of dynamic recrystallization in constant strain rate hot deformation [J]. ISIJ International，2003，43：684~691.

[23] Cheng Y，Du H，Wei Y，et al. Metadynamic recrystallization behavior and workability characteristics of HR3C austenitic heat-resistant stainless steel with processing map [J]. Journal of Materials Processing Technology，2016，235：134~142.

[24] Xu W J，Zou M P，Zhang L. Constitutive analysis to pred ict the hot de formation behavior of 34CrMo4 steel with an optimum solution method for stress multiplier [J]. Pressure Vessels and Piping，2014，s123-124：70~76.

[25] Dehghan H，Abbasi S M，Momeni A. On the constitutive modeling and microstructural evolution of hot compressed A286iron-base superalloy [J]. Alloys and Compounds，2013，564：13~19.

[26] Chen M S，Lin Y C，Li K K，Zhou Y. A new method to establish dynamic recrystallization kinetics model of a typical solution-treated Ni-based superalloy [J]. Comp. Mater. Sci.，2016，122：150~158.

[27] Lin Y C，Li K K，Li H B，Chen J，Chen X M，Wen D X. New constitutive model for high-temperature deformation behavior of inconel 718 superalloy [J]. Mater. Design. 2015 (74)：108~118.

[28] Pu E X, Feng H, Liu M, Zhang W J, Dong H. Constitutive modeling for flow behaviors of superaustenitic stainless steel S32654 during hot deformation [J]. J Iron Steel Res Int. 23 (2016), No. 2, 178~184.

[29] 覃银江，潘清林，何运斌，等. ZK60 镁合金热压缩变形流变应力行为与预测 [J]. 金属学报，2009，45 (07)：887~891.

[30] Ning Liu, Zhengdong Liu, Xikou He, Zhiqiang Yang, Longteng Ma. Hot deformation behavior of SA508Gr. 4N steel for nuclear reactor pressure vessels [J]. Journal of Iron and Steel Research, International, 2016, 23 (12): 1342~1348.

[31] Zhang J Q, Di H S, Wang X Y. Constitutive analysis of the hot deformation behavior of Fe-23Mn-2Al-0. 2C twinning induced plasticity steel in consideration of strain [J]. Mater Des, 2013, 44: 354~364.

[32] Li H Y, Wei D D, Hu J D. Constitutive modeling for hot deformation behavior of T24 ferritic steel [J]. Comp Mater Sci, 2012, 52: 425~430.

[33] Chai RX, Su WB, Guo C. Constitutive relationship and microstructure for 20CrMnTiH steel during warm deformation [J]. Mater. Sci. Eng. : A. 2012, 556: 473~478.

[34] Hodgson P D, Gibbs R K. A mathematical model to predict the mechanical properties of hot rolled C-Mn and microalloyed steels [J]. ISIJ International, 1992, 32: 1329~1338.

[35] Manohar P A, Kyuhwan L, Rollett A D. Computational exploration of microstructural evolution in a medium C-Mn and applications to rod mill [J]. ISIJ International, 2003, 43: 1421~1430.

6 SA508Gr. 4N 钢的组织遗传性问题研究

锻件在锻造后组织为非平衡态的马氏体或贝氏体组织。这种非平衡态组织的合金钢，在一定加热条件下奥氏体晶粒继承了原奥氏体粗大晶粒，包括晶粒尺寸、形状以及位向，这种现象称为钢的组织遗传[1,2]。核压力容器用钢大型锻件锻造工艺复杂，高温持续时间长，终锻温度高，极易过热产生粗大晶粒，锻造后冷速缓慢易形成贝氏体组织。因此核电大锻件由于锻后较易形成粗大晶粒及贝氏体组织，因此具有较显著的组织遗传现象。对于出现了组织遗传现象的大型锻件，在进行超声波探伤时容易出现干扰，影响超声波探伤准确性，甚至无法判定，这将严重干扰后续热处理，对大锻件的性能造成不可挽回的影响。

在近年来，研究人员已对组织遗传形成机理进行了研究。当慢速加热到 A_{c1} 以上时，奥氏体优先在马氏体或贝氏体板条间形核，晶核长大过程受板条边界影响而形成条状奥氏体或针形奥氏体，该奥氏体与基体之间存在 K-S 位向关系。同一束马氏体板条间生成的条状奥氏体具有相同的位向，且互相合并、长大的所需自由能要少于位向不同再结晶奥氏体，因此容易形成原始粗大晶粒[3~5]。因此为了消除组织遗传现象可在锻后进行一系列的热处理，从而打破原有的位向关系，避免晶界的急剧长大。

消除合金钢组织遗传的方法可分为以下 3 类[6]：

（1）消除组织遗传比较彻底的方法是使合金钢获得平衡组织，从而打乱原有的位向关系，即可切断组织遗传。若室温组织为平衡态组织，则相变过程中将产生大量球状奥氏体，打乱再结晶奥氏体与原始组织的位向关系，即可消除组织遗传现象。但是具有组织遗传的钢，例如一些转子钢，往往具有很好的淬透性，过冷奥氏体相当稳定，对于大型锻件特别是心部，难以实现完全的平衡组织转变。

（2）采用热处理的方法消除组织遗传，这也是最普遍的消除组织遗传的方法。该方法主要是使合金钢在热处理过程中发生奥氏体自发再结晶。对于发生在 A_{c1} 以上的奥氏体再结晶，再结晶晶粒会在原奥氏体晶界或晶内形核并长大，新晶粒与原奥氏体没有固定的位向关系，这一过程称为奥氏体自发再结晶，奥氏体自发再结晶可以有效消除组织遗传。对于多步消除组织遗传热处理，在下一次加热前一定要使合金钢快冷至室温，保证相变充足，以产生足够驱动力推动再结晶[7]。根据萨多夫斯基的理论认为：在钢中存在一个“B”点，当保温温度低于 B 点时，无论何种冷却方式，钢中晶粒都不会发生细化；只有当保温温度高于

“B”点，利用奥氏体化重结晶效应细化晶粒。

对于非平衡的马氏体或贝氏体钢，存在多种热处理方法消除其组织遗传。例如采用多次正火处理，在粗大奥氏体晶界产生一部分球状奥氏体，有利于消除组织遗传。又如，通过长时高温回火，可以使马氏体回复，生成无序组织的铁素体与碳化物混合组织，由于低碳钢中碳化物含量较低，在升温过程中奥氏体晶粒主要在铁素体边界形核。奥氏体晶粒长大主要通过原子的单向扩散机制，新晶粒在形核并长大过程中，通过大角度晶界与铁素体基体分离，并围绕残余铁素体形成骨架结构。随着温度在临界区内增加，奥氏体数量增加，当温度达到 A_{c3} 时奥氏体化过程结束，并形成被细化的奥氏体晶粒[8,9]。

（3）合金钢晶粒大小并不完全取决于加热温度，加热速率对其也有一定影响，尤其是在两相区中的加热速率。当加热速率较慢时，碳和部分合金元素充分扩散到板条间，巩固板条位向，最终导致组织遗传现象的发生。因此有研究人员提出，以中速加热到正火温度进行保温，使组织加速穿过条状奥氏体形成的温度范围，可以阻止条状奥氏体生成，削弱组织遗传现象。但对大型锻件的实际生产而言，提高加热速率是非常困难的，较为常见的大锻件加热速率为 50℃/h 左右。

SA508Gr. 4N 钢属于 Ni-Cr-Mo 系低碳钢，具有组织遗传现象。SA508Gr. 4N 钢用于制造核压力容器大锻件的壁厚极限超过 1000mm，超厚锻件在锻造中易形成粗大晶粒，锻造后冷速较慢又易形成贝氏体非平衡组织，从而加剧组织遗传程度。本章以 2 号和 3 号试验钢为试验对象成分如表 6-1 所示，研究了 SA508Gr. 4N 钢的奥氏体化行为和组织遗传行为，探讨了消除组织遗传的方法，以期制定出可工业应用的消除该钢大锻件组织遗传的工艺。

表 6-1　SA508Gr. 4N 试验钢的化学成分　　（质量分数，%）

钢号	C	Si	Mn	Ni	Cr	Mo	P	S	Al	Fe
2 号	0. 16	0. 23	0. 36	3. 57	1. 60	0. 56	0. 0050	0. 0026	0. 025	余
3 号	0. 17	0. 016	0. 34	3. 57	1. 74	0. 55	0. 0037	0. 0024	0. 003	余

6.1　奥氏体化温度及时间对晶粒尺寸的影响

当钢被加热到一定温度以上时，材料内奥氏体发生再结晶，新生成的细小晶粒具有较高界面能，当提高保温温度或延长保温时间时，钢中组织会自发性地向减少晶界面积方向发展，因此奥氏体晶粒合并长大是能量降低的自发过程。奥氏体晶界迁移驱动力与晶界能成正比，与晶界曲率半径成反比。当提高保温温度时金属原子迁移能力增加，促使晶粒长大，当奥氏体晶粒长大到一定程度时，界面能相对减小而晶界曲率半径增大，此时系统趋于稳定状态，即奥氏体晶粒长大最终导致晶界趋于平直且面积减少，晶界夹角取向 120°。晶界迁移是驱动力（内因）和加热温度（外因）的共同作用结果[10]。

近年来许多国内外学者在奥氏体晶粒长大规律方面做了大量研究工作。苏德达[11,12]运用高温金相显微镜研究了不同原始组织（珠光体、贝氏体和马氏体）对T10A钢奥氏体晶粒长大的影响并观察了奥氏体晶界迁移现象。郑磊等人[13,14]研究了热影响区中奥氏体晶粒长大过程并建立了晶粒长大模型。但对于SA508Gr. 4N钢还未见到关于奥氏体晶粒长大的相关研究。

6.1.1 奥氏体化温度对晶粒尺寸的影响

奥氏体化温度是影响晶粒尺寸主要的因素之一。奥氏体化温度对SA508Gr. 4N钢晶粒尺寸有较大影响，系统研究奥氏体化温度对SA508Gr. 4N钢晶粒尺寸变化规律的影响，对了解和控制该钢大锻件内部奥氏体晶粒尺寸具有重要意义。两炉试验钢锻态微观组织如图6-1所示，由图6-1可知两炉试验钢锻态晶粒尺寸相近，在锻造过程中沿部分原奥氏体晶界出现尺寸较小再结晶晶粒，出现混晶现象。在3号试验钢中有局部晶粒沿一定方向形变。

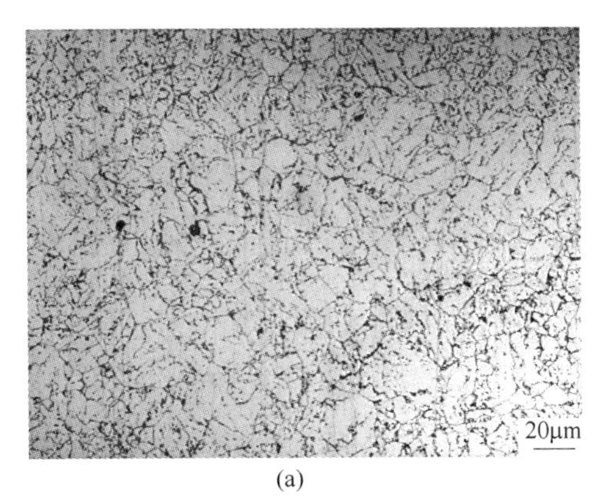

(a)

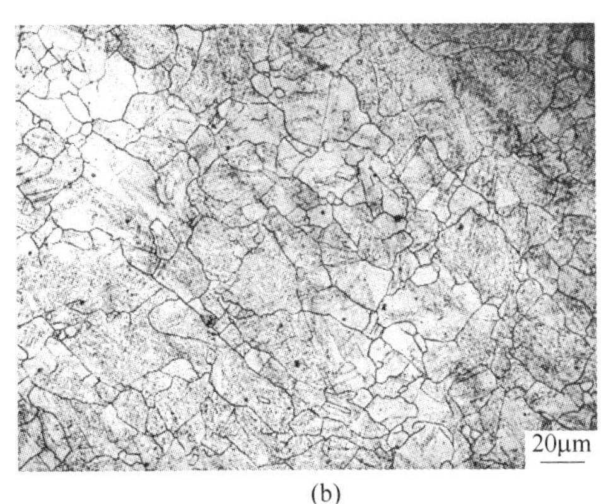

(b)

图6-1 试验钢锻态微观组织
(a) 2号；(b) 3号

将锻态2号与3号试验钢经过900~1200℃正火保温2h后，两炉试验钢部分微观组织如图6-2所示，由图6-2可知试验钢在锻后保温过程中发生了再结晶且晶粒长大。奥氏体平均晶粒尺寸与保温温度关系如图6-3所示，由图6-3可知当保温温度为900℃时，2号试验钢晶粒尺寸要明显小于3号试验钢，随着保温温度升高两炉试验钢奥氏体晶粒均逐渐长大。这是由于随着保温温度的增加，晶粒长大的驱动力增加，增强晶界的迁移能力，晶粒合并长大。当保温温度相同时，奥氏体晶粒长大速率公式可表示为[12]：

$$v = (k\sigma/d) \times \exp[-Q/(RT)] \tag{6-1}$$

式中，k 为常数；Q 为晶界迁移的激活能或原子扩散越过晶界的激活能（J/mol）；R 为气体常数（8.31J/(mol · K)）；T 为温度（K）；d 为奥氏体平均晶粒尺寸（μm）；σ 为界面能（J/mol）。由式（6-1）可知，当保温温度升高时，晶粒长大速率增大，因此奥氏体平均晶粒尺寸随温度的升高而呈指数关系增加。

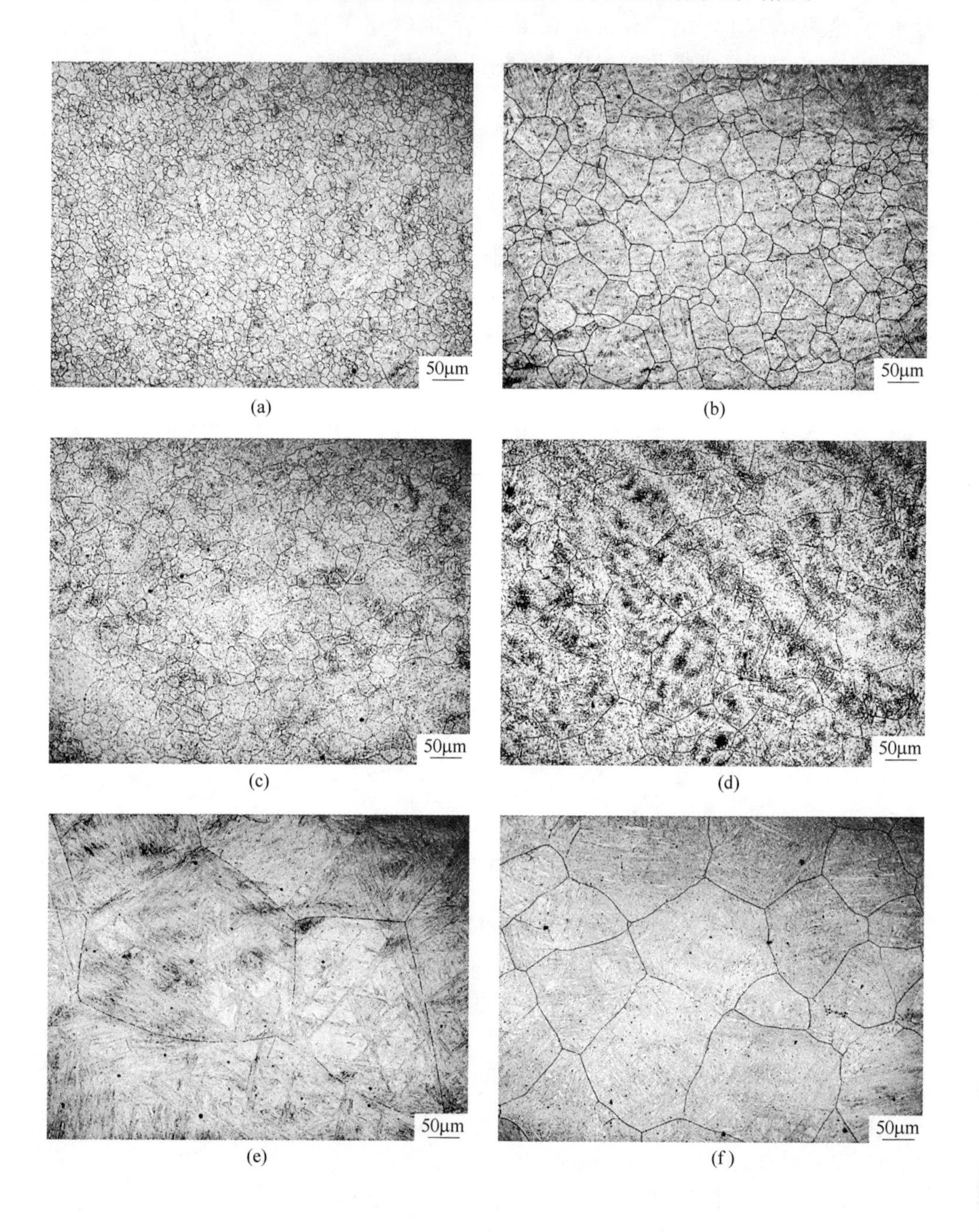

(a)　(b)　(c)　(d)　(e)　(f)

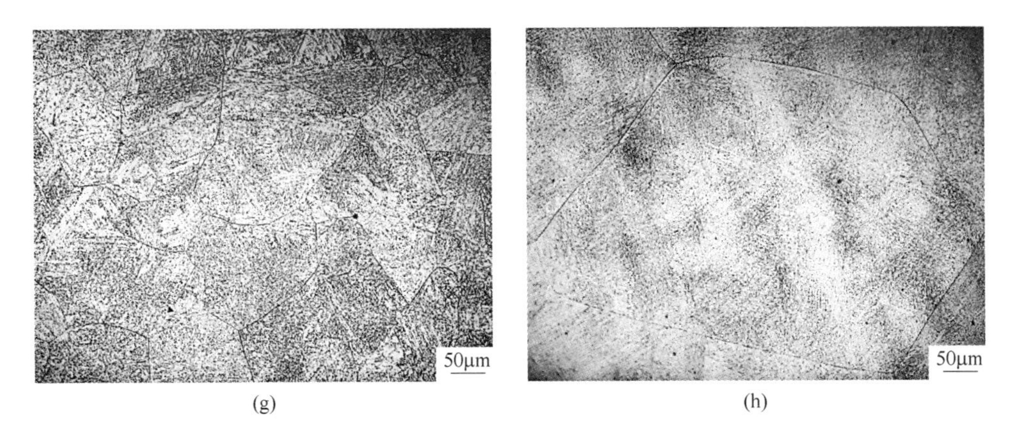

图 6-2 试验钢经不同正火温度后显微组织

(a) 2 号 900℃；(b) 3 号 900℃；(c) 2 号 1000℃；(d) 3 号 1000℃；(e) 2 号 1100℃；(f) 3 号 1100℃；(g) 2 号 1200℃；(h) 3 号 1200℃

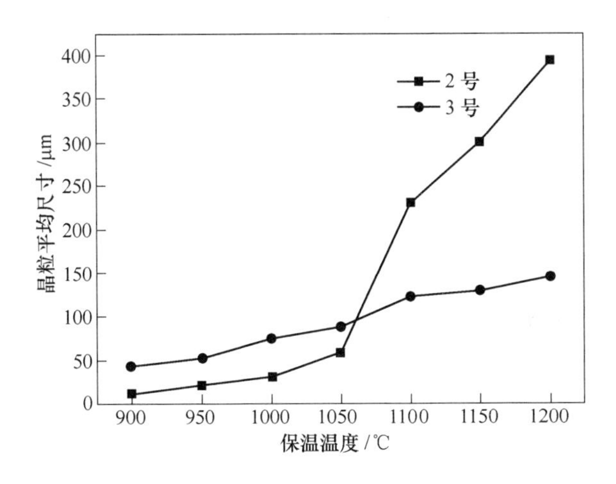

图 6-3 奥氏体平均晶粒尺寸与保温温度关系

由图 6-3 可知 3 号试验钢晶粒尺寸随着保温温度的升高平缓增加，而对于 2 号试验钢而言，在 900~1050℃范围内保温时，晶粒尺寸随着保温温度的升高平缓增加；当保温温度大于等于 1050℃时，晶粒尺寸急速增加，晶粒快速长大。这可能是由于当保温温度高于 1050℃时，晶界上析出相（碳或氮化物）迅速溶解直至完全固溶，从而导致 Zener 阻力逐渐减小甚至消失，因此当温度高于 1050℃时晶粒快速长大。析出相质点对奥氏体晶粒长大的阻力（G_m）大小与比界面能、析出相半径（r）以及质点数关系为[15,16]：

$$G_m = 3f\sigma/2r \tag{6-2}$$

由式（6-2）可知，析出相质点体积越小，数量越多，比界面能越高，其阻力越大。当保温温度较低时，晶界上析出相对晶界迁移阻碍作用较大，奥氏体晶粒尺寸较小；随着保温温度升高，原子扩散能力增强，晶界上析出相尺寸减小并逐渐固溶，晶粒尺寸迅速增加。

6.1.2　保温时间对晶粒尺寸的影响

将 2 号试验钢加热至 900℃、950℃、1000℃和 1050℃并保温 2h、4h 和 8h 后，其部分微观组织如图 6-4 所示，用截点法对不同热处理后试验钢奥氏体晶粒尺寸进行测量，测量晶粒数量为 200~300，图 6-5 为不同温度下晶粒尺寸与保温时间的关系曲线。由图 6-5 可知在相同温度下，奥氏体晶粒尺寸随保温时间的延长而长大；当保温时间相同时，随着保温温度的增加，奥氏体晶粒逐渐长大。由图6-4（a）~（c）可知当保温温度为 900℃时，随着保温时间的延长，部分区域奥氏体晶粒吞并周围晶粒而迅速长大，微观组织晶粒不均，有一定混晶现象；当保温温度升高时，晶粒长大趋势更加明显，晶粒尺寸较为均匀。

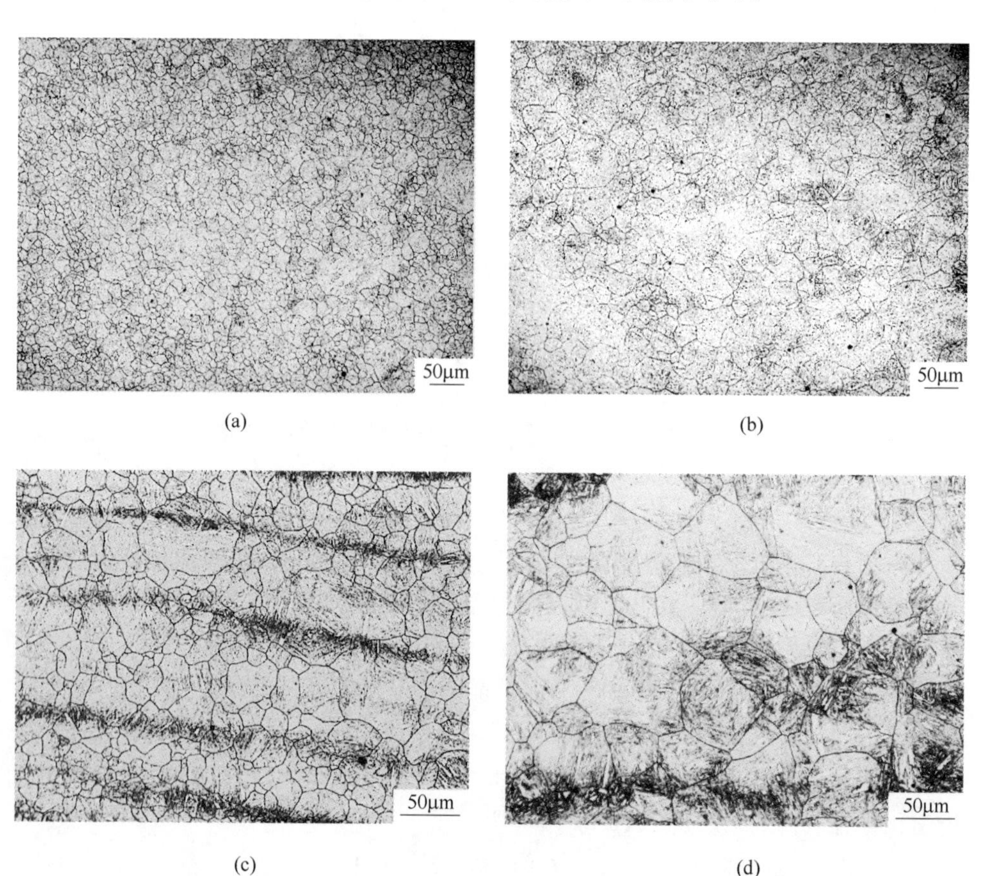

(a)　(b)

(c)　(d)

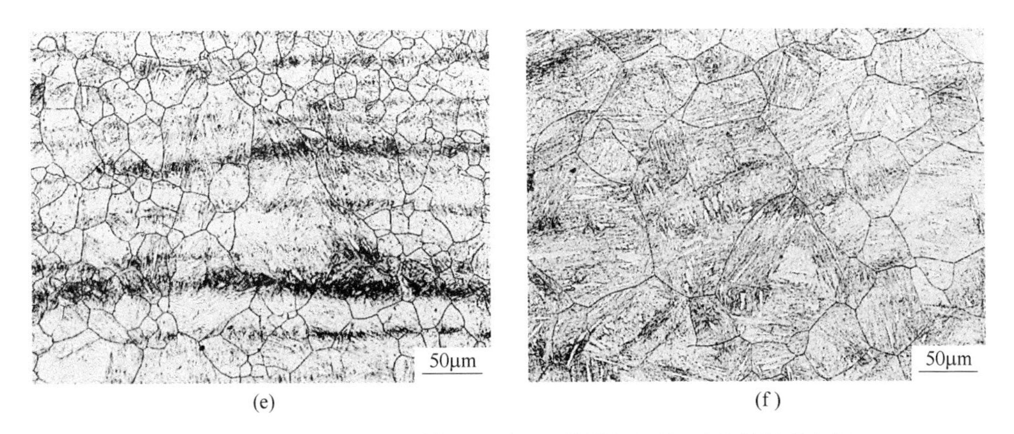

图 6-4 2 号试验钢在不同保温温度和不同保温时间对应的微观组织
(a) 900℃×2h; (b) 900℃×4h; (c) 900℃×8h; (d) 1000℃×2h;
(e) 1000℃×4h; (f) 1000℃×8h

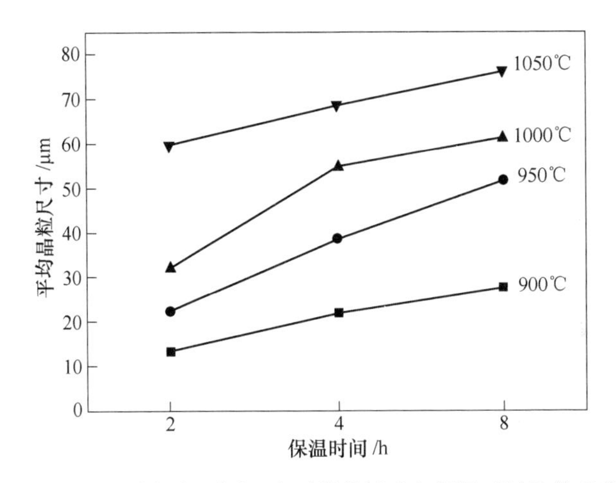

图 6-5 2 号试验钢在不同温度下晶粒尺寸与保温时间的关系曲线

通常奥氏体晶粒尺寸与保温时间的关系可以用 Beck 方程表述[17,18]:

$$d - d_0 = kt^{n_1} \tag{6-3}$$

式中, d 为保温后奥氏体晶粒尺寸 (μm); d_0 为原始晶粒尺寸 (μm); t 为保温时间 (s); n_1 为晶粒长大指数; k 为常数。将式 (6-3) 两端取对数得:

$$\ln(d - d_0) = \ln k + n_1 \ln t \tag{6-4}$$

式中, $\ln(d - d_0)$ 与 $\ln t$ 成线性关系, 如图 6-6 所示, 其比例因子为 n_1, 根据实测数据进行拟合可以得出 $n_1 = 0.81$, $k = 2.63$。因此 SA508Gr. 4N 钢的 Beck 方程为:

$$d - d_0 = 2.63\, t^{0.81} \tag{6-5}$$

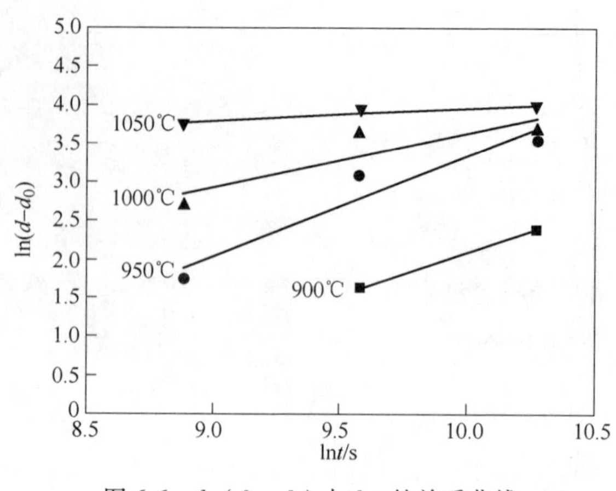

图 6-6　$\ln(d - d_0)$ 与 $\ln t$ 的关系曲线

6.2　核压力容器用钢中的氮化铝

6.2.1　SA508Gr. 4N 钢平衡相图中的氮化铝

在 6. 1. 1 节中，当 2 号试验钢保温温度高于 1050℃时，晶粒迅速长大，这可能是由于晶界析出相快速固溶引起的。图 6-7 为由 Thermo-calc 软件所计算的加入 Al 元素后 SA508Gr. 4N 钢平衡态相图，图 6-7（b）为图 6-7（a）的局部放大图。由图 6-7 可知 2 号试验钢碳化物在 750℃左右均已完全固溶，唯有 AlN 在 800℃开始固溶，在 1060℃完全固溶，AlN 的固溶温度与 6. 1. 1 节中 2 号钢晶粒急速长大温度完全吻合。当保温温度较低时，晶界处细小的 AlN 析出相对晶界有钉扎作用，即为 Zener 阻力，该作用将阻碍晶粒的持续长大，此时晶粒尺寸相对较小；随着保温温度升高，AlN 逐渐溶解，对晶界的钉扎作用逐渐减小，晶粒逐渐长大；当温度达到 1060℃时，AlN 完全溶解，试验钢晶粒尺寸急速增加。由此可说明 SA508Gr. 4N 钢 AlN 析出相对晶粒细化起重要作用。此外由于在锻造过程中保温温度较高，Al 和 N 原子固溶量较大，快速冷却时 AlN 相不易沉淀，增大室温组织中 Al 和 N 的过饱和程度，因此再加热过程更易产生大量弥散的 AlN 析出相。

H. Pous Romero 等[133]采用高能 X-Ray 可以观察 SA508Gr. 3 钢的衍射峰值，并通过 STEM 观察到的 SA508Gr. 3 钢中晶界处的六边柱形析出相，与六方晶的 AlN 结构相符。本节采用萃取复型手段对 SA508Gr. 4N 钢中 AlN 进行观察，其结果如图 6-8 所示。图 6-8（a）中面积较小多边形析出相能谱如 6-8（b）所示，通过分析可知，该细小多边形析出相中含较多 Al 元素，但受到旁边大块碳化物影

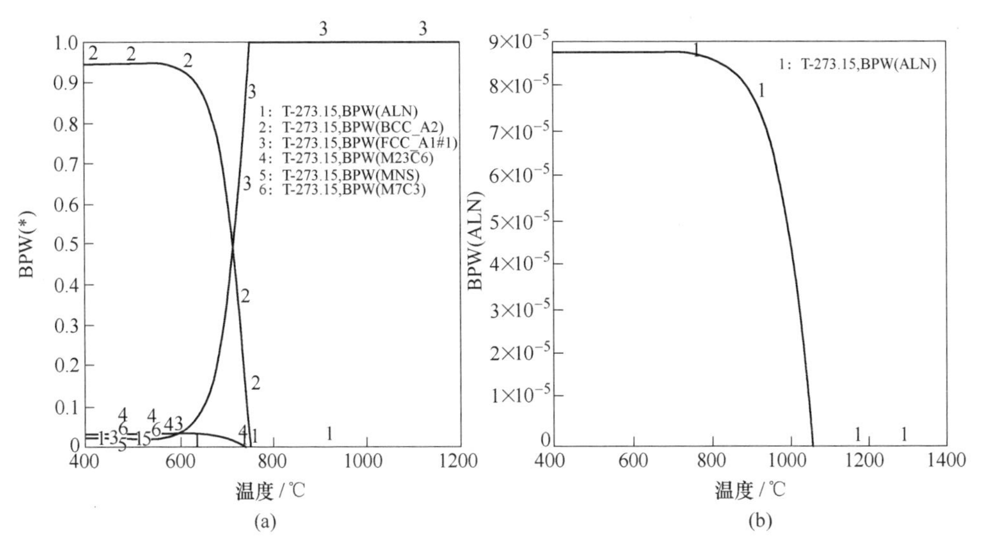

图 6-7 2 号试验钢的平衡态相图

响，能谱中出现 Cr 等其他元素峰。析出相周围浅灰色薄膜为萃取复型过程中使用的碳膜，对析出相能谱有一定影响。SA508Gr. 4N 钢中六边柱形 AlN 析出相如图 6-8（c）、（d）所示，由图 6-8 可知 AlN 析出相尺寸较小（100nm 左右），可观察到六边形形貌。

对于含 Al 低合金钢在相对较低的温度时，晶粒长大受到 AlN 的 Zener 阻力影响，随着保温温度的提高，AlN 开始部分甚至全部溶解，导致晶粒迅速长大[20,21]。含 Al 低合金钢在高于一定温度内晶粒尺寸随着温度的提升迅速长大的

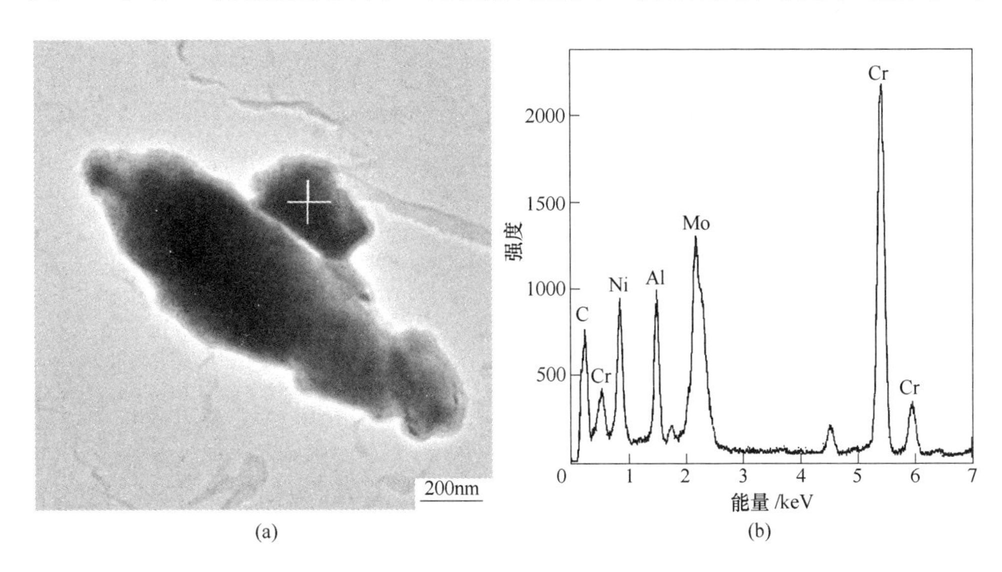

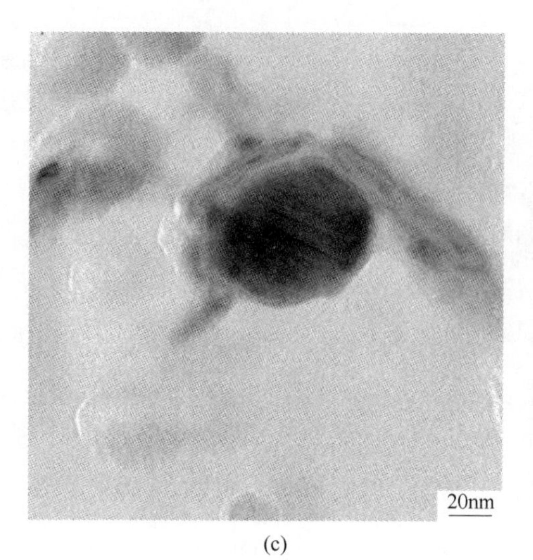

(c)

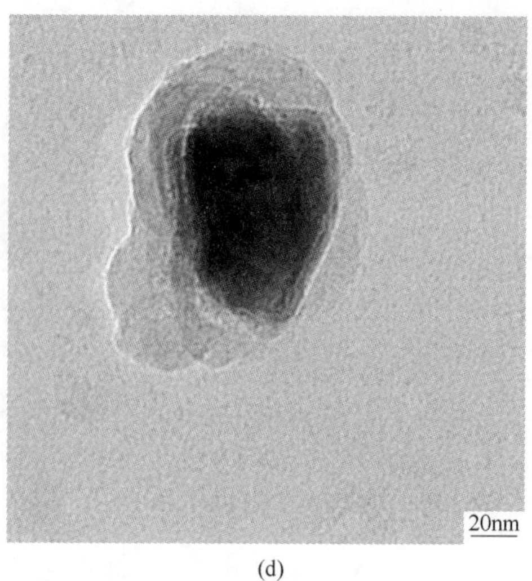

(d)

图 6-8　SA508Gr. 4N 钢中 AlN 形貌及能谱

（a）形貌；（b）能谱；（c），（d）高分辨相

现象，与不含 Al 钢中晶粒尺寸随着温度提升平缓长大的现象形成鲜明对比，含 Al 钢中晶粒平缓长大与迅速长大之间的过渡区域被称为“粗化温度”。AlN 对 SA508Gr. 4N 钢晶粒尺寸的影响同样符合以上结论，即在奥氏体温度区间，唯有 AlN 含量的变化与晶粒尺寸的变化较为相符，即当 AlN 含量减小时，晶粒尺寸迅速增大。

6.2.2　SA508Gr. 4N 钢中氮化铝的溶度积

钢中氮化铝的溶解度可以用常规的溶度积方程表示[22,23]：

$$\ln K = \ln[\mathrm{Al}][\mathrm{N}] = -Q_1/(RT) + C \tag{6-6}$$

式中　K——溶度积常数，是平衡常数的一种，其数值等于生成物浓度幂次方后的乘积；

[Al]，[N]——钢中 Al 和 N 元素的含量；

Q_1——激活能；

R——气体常数；

T——绝对温度；

C——常数。

在平衡状态下，当 K 值达到临界值时 AlN 析出。在一些研究中，K 值又可以改进为以下形式：

$$K = (\mathrm{Al_{Tot}} - 1.923 \times \mathrm{N_{AlN}})(\mathrm{N_{Tot}} - \mathrm{N_{AlN}}) \tag{6-7}$$

式中 Al_{Tot}，N_{Tot}——钢中 Al、N 的总含量；

N_{AlN}——以 AlN 形式存在的 N 含量。

然而在后续的研究中 Bower 和 Gladman 又对式（6-7）进行了改进[24]：

$$K = (Al_{Tot} - Al_{Al_2O_3} - 1.923 N_{AlN})(N_{Tot} - N_{AlN}) \tag{6-8}$$

式中 $Al_{Al_2O_3}$——以 Al_2O_3 形式存在的 Al 含量。

本章中依据化学检测所得 Al 和 N 元素的含量以及平衡态相图（图 6-7），可得平衡态下 SA508.4N 钢的 AlN 溶度积公式为：

$$\lg K_{[Al][N]} = -28155/T + 6.3 \tag{6-9}$$

钢中氮化铝的溶度积的对数与温度的倒数成直线关系。溶度积可以用来表示物质的溶解能力，温度较高时 K 值较大，AlN 固溶能力强，无析出行为，随着温度的降低，K 值逐渐降低，AlN 开始析出。

6.3 SA508Gr. 4N 钢奥氏体晶粒长大模型

核压力容器用 SA508Gr. 4N 钢大锻件在锻造及预备热处理过程中，由于保温温度较高且时间较长，锻件内部部分晶粒容易异常长大，从而影响使用性能。因此建立预测 SA508Gr. 4N 钢在不同奥氏体化温度及保温时间下晶粒尺寸的数学模型具有重要意义。通常预测奥氏体晶粒长大采用 Sellars-Whiteman 和 Anelli 模型[25,26]：

$$d^n = d_0^n + At\exp[-Q/(RT)] \tag{6-10}$$

$$d = Bt^m\exp[-Q/(RT)] \tag{6-11}$$

式中 d——保温后奥氏体晶粒尺寸，μm；

d_0——原始晶粒尺寸，μm；

t——保温时间，s；

T——保温温度，K；

R——气体常数，8.31J/(m · K)；

Q——晶粒长大激活能；

A，B，n，m——常数。

式（6-10）中未引入时间常数，而式（6-11）中未考虑原始晶粒尺寸 d_0 的影响，且当 $t=0$ 时，d 应等于 d_0。因此一些研究中将式（6-10）和式（6-11）进行互补[27]，建立了一个更加完善的综合模型：

$$d^n = d_0^n + At^m\exp[-Q/(RT)] \tag{6-12}$$

为确定式（6-12）中参数，将式（6-12）两边取对数：

$$\ln(d^n - d_0^n) = \ln A + m\ln t - Q/(RT) \tag{6-13}$$

由于式（6-13）中有 4 个未知参数（m、n、A 和 Q），不能直接通过线性回归确定，因此我们先给 n 赋值，通过试验数据拟合确定不同 n 值时所对应的其他三个参数（m、A 和 Q）。此时可得出每个 n 值所对应的式（6-12），求各组参数对应的式（6-12）在不同试验条件下所得的计算晶粒尺寸与实测晶粒尺寸的误差值，将误差平方和 Y 作为 n 的函数，n 赋值为 1、2、3、4、…、10。

对于给定的 n，当时间一定时，式（6-13）两端对 $1/T$ 求偏导可得：

$$\frac{-Q}{R} = \left[\frac{\partial \ln(d^n - d_0^n)}{\partial 1/T}\right]_T \tag{6-14}$$

根据测得数据，运用最小二乘法对上式进行回归可以求得 Q 值。当温度一定时，对（6-13）两端对求偏导可得：

$$m = \left[\frac{\partial \ln(d^n - d_0^n)}{\partial \ln t}\right]_T \tag{6-15}$$

m 同样可通过实测数据以及线性回归求得。n 值可由求出的 m 和 Q 值根据式（6-13）求出。

每个 n 值所得参数如表 6-2 所示。以回归误差平方和 Y 最小为优化目标，误差平方和 Y 随 n 的变化如图 6-9 所示。采用多项式拟合得出 6 次多项式能较好的反应出误差平方和 Y 随 n 值变化的规律，相关系数 $R=0.99$。

$$Y(n) = 3173.54 - 1723n + 538n^2 - 91.66n^3 + 8.91n^4 - 0.46n^5 + 0.01n^6 \tag{6-16}$$

表 6-2　不同 n 值时所对应的 m、A 和 Q 值

n 值	A	m	Q	n 值	A	m	Q
$n=1$	1693843	0.81	198682.1	$n=6$	1.70E+26	2.3	624391.24
$n=2$	7.6E+09	1.06	269252.3	$n=7$	3.54E+30	2.64	721363.4
$n=3$	6E+13	1.37	349806.68	$n=8$	7.45E+34	2.98	819634.69
$n=4$	6.964E+17	1.64	437303.6	$n=9$	1.65E+39	3.33	918786.84
$n=5$	9.42E+21	1.97	529363.62	$n=10$	3.76E+43	3.69	1018556.7

根据图 6-9 及式（6-16）可求出当误差平方和最小时 $n=5.72$，将该值代入式（6-12），可得出 $m=2.2$，$A=1.15\times10^{25}$，$Q=597553\text{J/mol}$。因此核压力容器用 SA508Gr. 4N 钢等温条件下晶粒长大模型为：

$$d^{5.72} = d_0^{5.72} + 1.15\times10^{25}\, t^{2.2}\exp\left(\frac{-597553}{RT}\right) \tag{6-17}$$

不同试验条件下实测晶粒尺寸与计算晶粒尺寸对比如图 6-10 所示，由图 6-10 可知除在 1050℃保温 8h 时差值达到 18μm，其余各点相差在 8μm 以内。故此模型对预测奥氏体晶粒长大过程的规律具有较高的准确性。能够为 SA508Gr. 4N 钢大锻件的热处理工艺的制定提供理论指导。

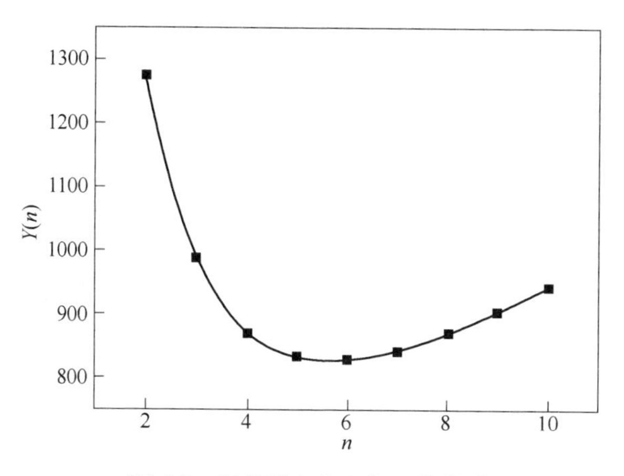

图 6-9 误差平方和 Y 与 n 的关系

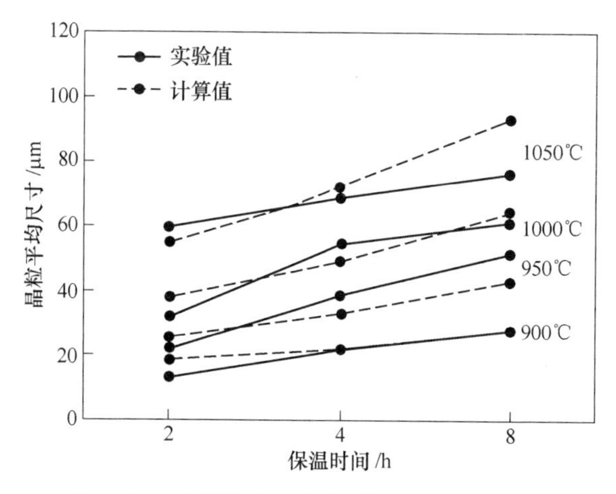

图 6-10 实测晶粒尺寸与计算晶粒尺寸对比

6.4 消除 SA508Gr.4N 钢组织遗传性的传统方法

SA508Gr.4N 钢作为新一代核压力容器用钢，延续了 SA508Gr.3 钢大锻件生产的工艺流程。常在调质前采用两次正火+回火的工艺以消除组织遗传性。两次正火的目的在于消除锻造过程中产生的粗大晶粒，使锻件内部晶粒细化及均匀化；回火的目的在于消除锻件内应力。晶粒尺寸对锻件整体性能有较大影响，因此预备热处理是细化晶粒及保证锻件质量的重要步骤。

2 号与 3 号两炉试验钢粗化以及各次正火后微观组织如图 6-11 所示。由图 6-11（a）和（b）可知，经粗化处理后 2 号试验钢晶粒尺寸明显大于 3 号试验钢，用截点法对试验钢奥氏体晶粒尺寸进行测量，测量晶粒数量为 200~300，根据 ASTM：E112-96（测量平均晶粒尺寸标准方法）可判定两炉钢粗化处理后 2 号与 3 号试验钢晶粒度分别为 0 级和 2. 5 级。

经第一次正火处理后两炉试验钢晶粒明显细化，2 号试验钢晶粒细化效果更为明显，如图 6-11（c）和（d）所示。一次正火后两炉试验钢局部区域仍出现

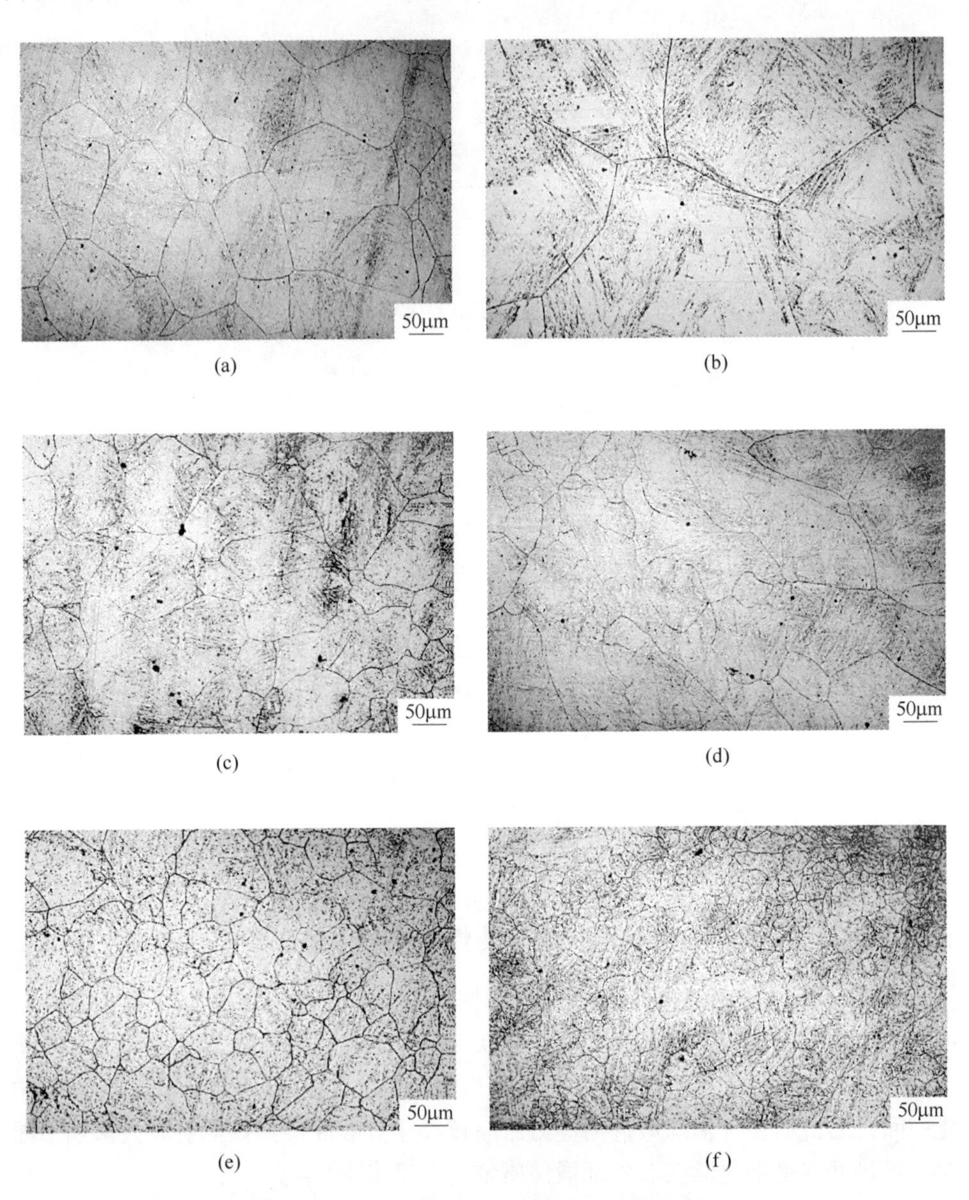

图 6-11　2 号与 3 号钢经不同热处理后微观组织

（a）3 号 1200℃粗化处理；（b）2 号 1200℃粗化处理；（c）3 号一次正火处理；（d）2 号一次正火处理；（e）3 号二次正火处理；（f）2 号二次正火处理

粗化原奥氏体晶粒，表明该钢有组织遗传现象发生，同时由于正火过程产生一定数量细小再结晶晶粒，出现混晶现象。经二正火处理后，两炉试验钢晶粒逐渐细化，组织遗传现象得到抑制，混晶组织明显得到改善。两炉试验钢经不同步骤热处理后晶粒尺寸如图6-12所示。由图6-12可知，含Al元素较高的2号试验钢在经1200℃粗化处理后，晶粒尺寸明显大于3号试验钢，而在经过2次正火处理后，2号试验钢晶粒尺寸反而小于3号试验钢，这可能是由于含Al元素较多的2号试验钢中晶界上形成了AlN，对晶界起到了钉扎作用，阻碍晶粒长大，从而使其晶粒得到细化。

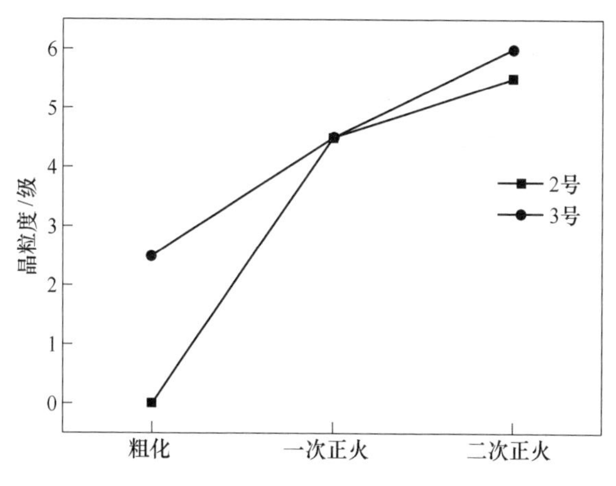

图6-12　不同热处理后试验钢的晶粒尺寸

对于大锻件而言，锻造后锻件内部不同位置晶粒尺寸差异较大，传统预备热处理皆采用多次高温正火工艺，主要目的为细化晶粒和消除混晶组织。其理论基础为：（1）针状α相在转变成针状γ相时引起体积变化（组织应力）和热应力，可以导致奥氏体的高温再结晶，从而产生一定的细化作用；（2）针状α相在加热穿过临界区时沿粗大奥氏体晶界生成部分球形奥氏体，破坏原晶粒内部板条组织，多次反复加热可以达到细化晶粒效果[28]。从试验结果可以看出传统的两次正火工艺能够一定程度上减弱组织遗传性，但是并不能完全消除组织遗传性，因此需要研究消除组织遗传性的新工艺。

6.5　消除组织遗传新工艺的探索

SA508Gr. 4N钢大锻件在经热加工后，由于热变形温度高，持续时间长，大锻件内不同部位变形量不同，导致锻件内部极易出现粗大晶粒以及混晶的现象，从而影响锻件力学性能。在6.4节中所讲的消除组织遗传的传统工艺已经不能完全消除SA508Gr. 4N钢的组织遗传性。因此需要研究能够消除SA508Gr. 4N钢组织遗传性的新工艺，以使细化晶粒并使晶粒均匀化。本节探讨了五种消除

SA508Gr. 4N 钢组织遗传现象的试验方案，以获得理想的可工业应用的新工艺。

6. 5. 1 预粗化处理

对试验钢进行 900～1200℃预粗化处理，以制备出不同晶粒尺寸的微观组织从而模拟 SA508Gr. 4N 钢大锻件锻后不同部位的组织形态，如图 6-13 所示。由图 6-13 可知试验钢经不同温度保温后，晶粒尺寸相差较大，随着保温温度的升高晶粒尺寸逐渐增大，其晶粒尺寸及等级如表 6-3 所示。

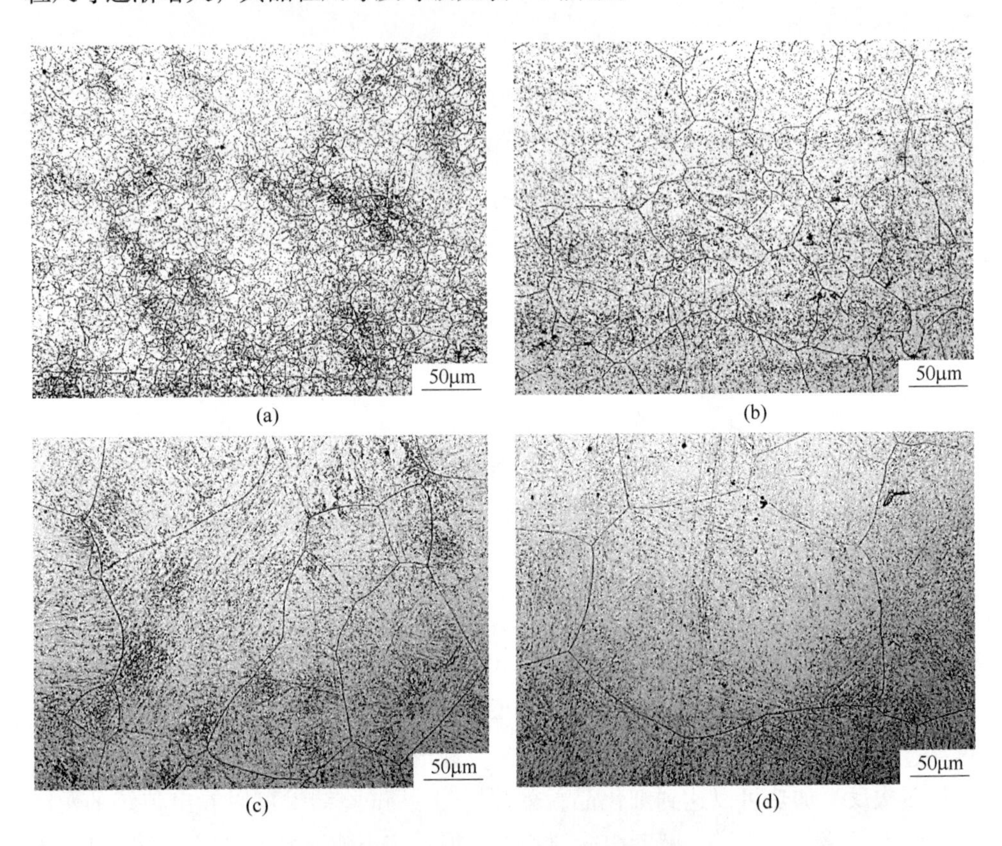

图 6-13 2 号试验钢预粗化后微观组织

(a) 900℃；(b) 1000℃；(c) 1100℃；(d) 1200℃

表 6-3 2 号试验钢粗化后晶粒尺寸

温度/℃	900	1000	1100	1200
晶粒尺寸/μm	17. 2	53. 8	89. 1	174. 1
晶粒等级/级	9	5. 5	4	2

试验钢经过 1200℃预粗化后 OM，SEM 以及 TEM 照片如图 6-14 所示。试验

钢 1200℃预粗化后，试验钢内部晶粒较为粗大，可达到 2 级。在紧密有序排列的板条状铁素体基体上析出一定量碳化物，板条间留有残余奥氏体。该组织在后续热处理过程中，当试验钢温度达到 A_{c1} 以上时，条状奥氏体优先在铁素体板条间形核，同一束板条间生成的条状奥氏体更容易合并长大，生成原始的粗大晶粒，即产生组织遗传。

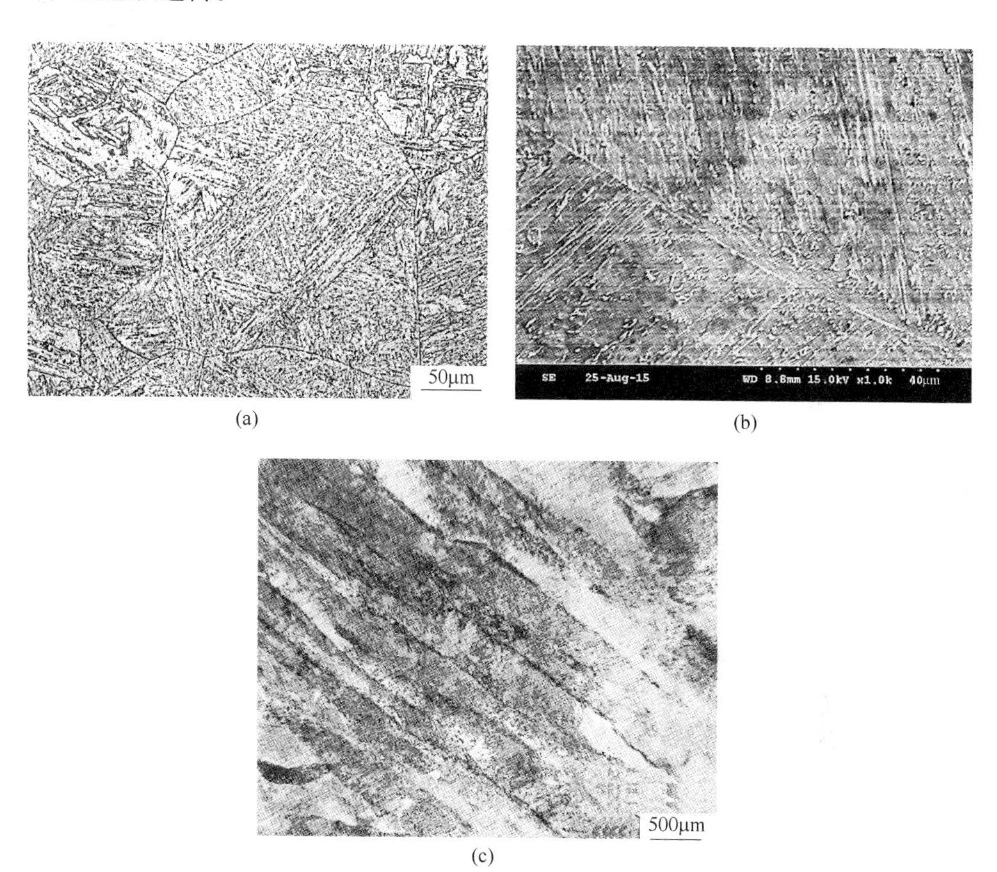

(a) (b) (c)

图 6-14 2 号试验钢过 1200℃粗化后微观组织
(a) OM；(b) SEM；(c) TEM

6.5.2 等温退火+两步正火热处理工艺

本工艺（工艺 A）采用的具体流程为：首先，600℃装炉以 50℃/h 加热至 840℃保温 3h，转炉至 610℃保温 180h 空冷到室温。其次，600℃装炉以 50℃/h 加热至 920℃保温 2h 空冷至室温。最后，600℃装炉以 50℃/h 加热至 900℃保温 2h 空冷至室温。前期不同粗化工艺后的晶粒经过工艺 A 后的微观组织如图 6-15 所示。表 6-4 为不同试验结果晶粒尺寸与等级对比。

表 6-4　SA508Gr. 4N 钢经工艺 A 后晶粒尺寸统计

工艺	钢号	2 号				3 号			
	温度/℃	900	1000	1100	1200	900	1000	1100	1200
粗化	尺寸/μm	17. 2	53. 8	89. 1	174. 1	36. 5	69. 8	98. 3	117
	等级	9	5. 5	4	2	6. 5	4. 5	3. 5	3
工艺 A	尺寸/μm	26. 3	24. 9	22. 6	33. 2	33	33. 3	33. 9	33. 7
	等级	7. 5	7. 5	7. 5	7	7	7	7	7

由上述结果可知，试验钢经 900~1200℃粗化后，采用工艺 A 处理后，得到尺寸较小且较均匀的晶粒，晶粒度达到 7~7. 5 级，所得结果较好。消除组织遗传比较彻底的方法是使合金钢获得平衡组织，从而打乱新形成的 α 相与母相位向关系，即可切断组织遗传。但是具有组织遗传的钢，例如一些转子钢，往往具有很好的淬透性，过冷奥氏体相当稳定，对于大型锻件特别是心部，需要转变时间较长，且难以实现完全的平衡组织转变。

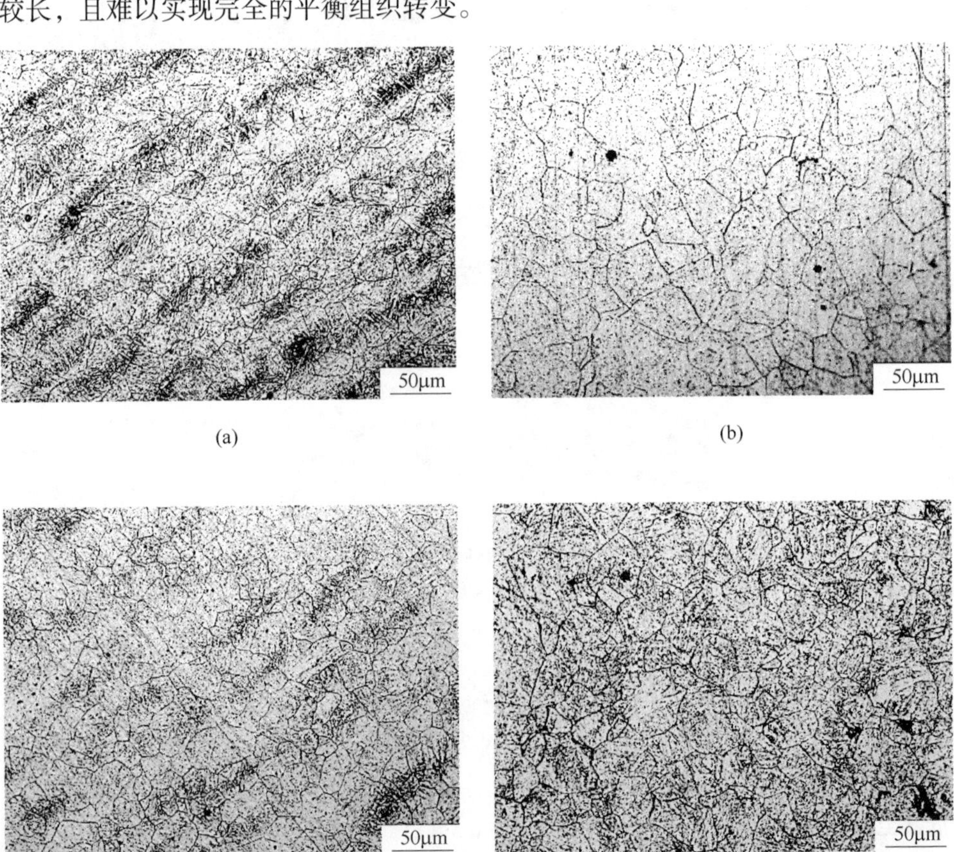

(a)　(b)　(c)　(d)

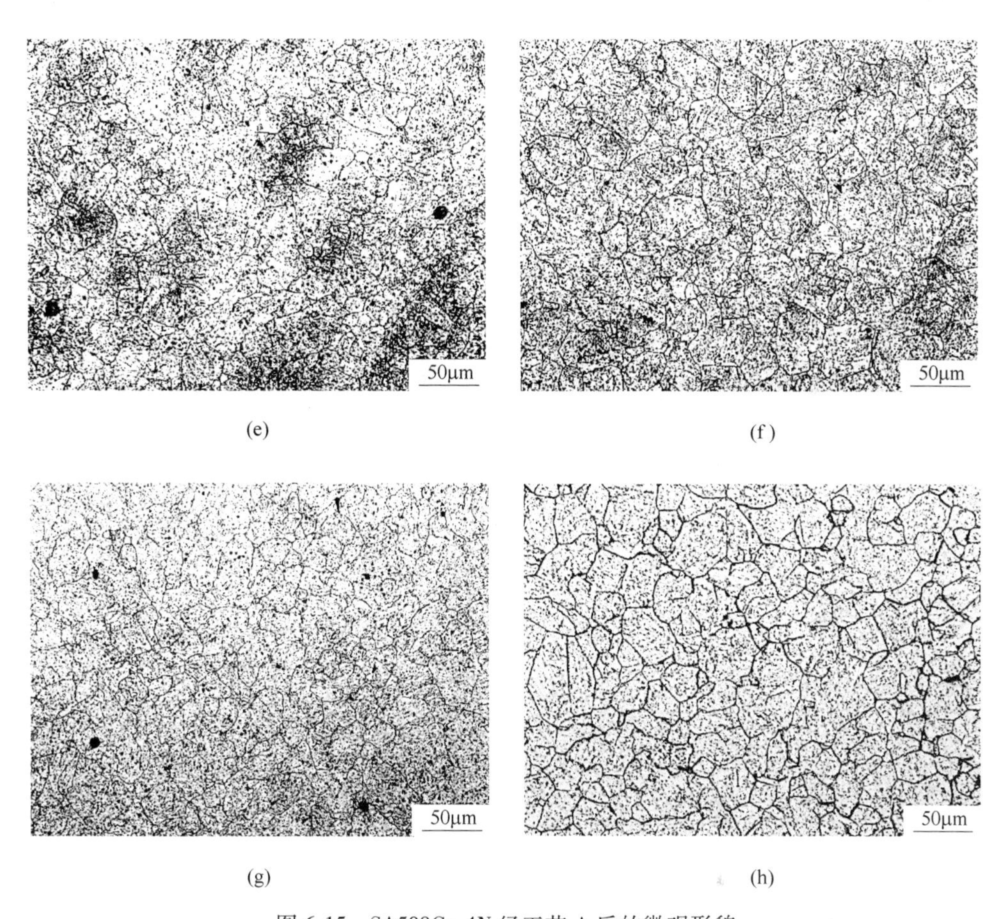

图 6-15 SA508Gr. 4N 经工艺 A 后的微观形貌

（a）2 号 900℃粗化+A；（b）3 号 900℃粗化+A；（c）2 号 1000℃粗化+A；（d）3 号 1000℃粗化+A；（e）2 号 1100℃粗化+A；（f）3 号 1100℃粗化+A；（g）2 号 1200℃粗化+A；（h）3 号 1200℃粗化+A

等温退火在 A_{c3}+30～50℃保温后，快速冷却至 P 形成鼻尖温度保温，使组织生成平衡 P 组织，打乱原奥氏体晶内位向，从根本上消除组织遗传性[29]。在经过等温退火后，再次进行两次正火处理，可以在消除组织遗传性的基础上消除混晶现象，并进一步细化晶粒。以 2 号实验钢 1200℃粗化后试样为例进行分析，如图 6-16 所示。

由图 6-16 可知，等温退火后基体上出现块状组织和大量板条组织，并未出现明显珠光体组织。与 30Cr2Ni4MoV 钢珠光体转变对比发现，30Cr2Ni4MoV 钢在保温 193h 后可生成约 60%珠光体组织。这可能是由于 SA508Gr. 4N 钢含碳量较低，碳原子扩散相变较慢，等温退火保温时间未满足珠光体生成条件。等温退火+正火后组织类似粒状贝氏体，基体上存在大量岛状组织。通过观察实验钢等温

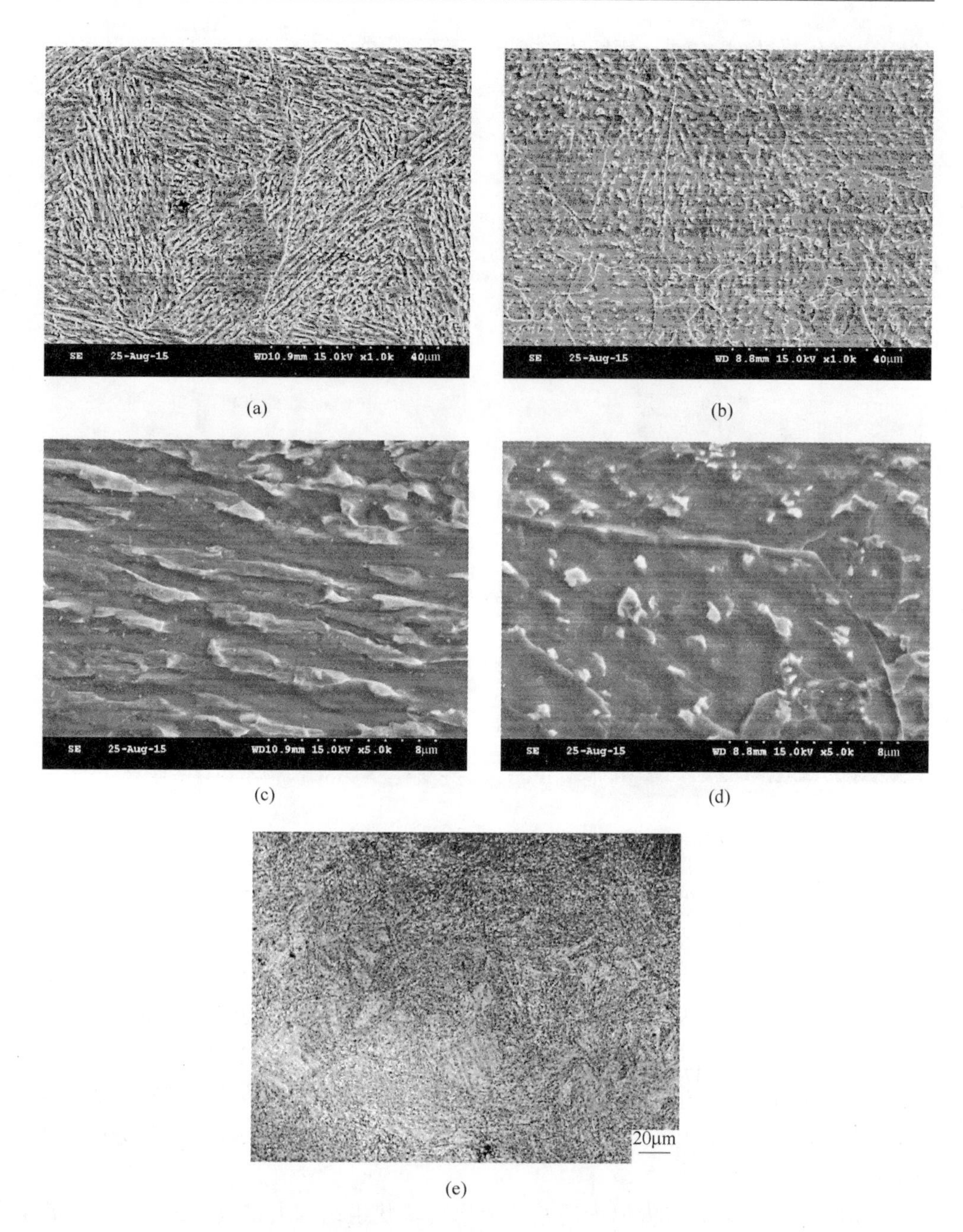

图 6-16　2 号钢 1200℃粗化+A 热处理过程中组织变化

（a），（c），（e）1200℃粗化+等温退火；（b），（d）1200℃粗化+等温退火+正火

退火后 TEM 照片后可知（图 6-17），组织中仍让存在大量板条结构，但部分区域板条结构逐步退化，如图 6-17（a）、（b）所示，部分区域板条断开，呈不连续

状；在图6-17（c）、（d）中可以看出，该板条束形貌只残留1~2块板条组织，原本排列在其两侧的板条已经消失。通过该方案所得结果良好，虽然未见发现珠光体组织，但由于等温退火破坏了原有的板条结构，打破了新形成的α相与母相位向关系，从根本上切断组织遗传。

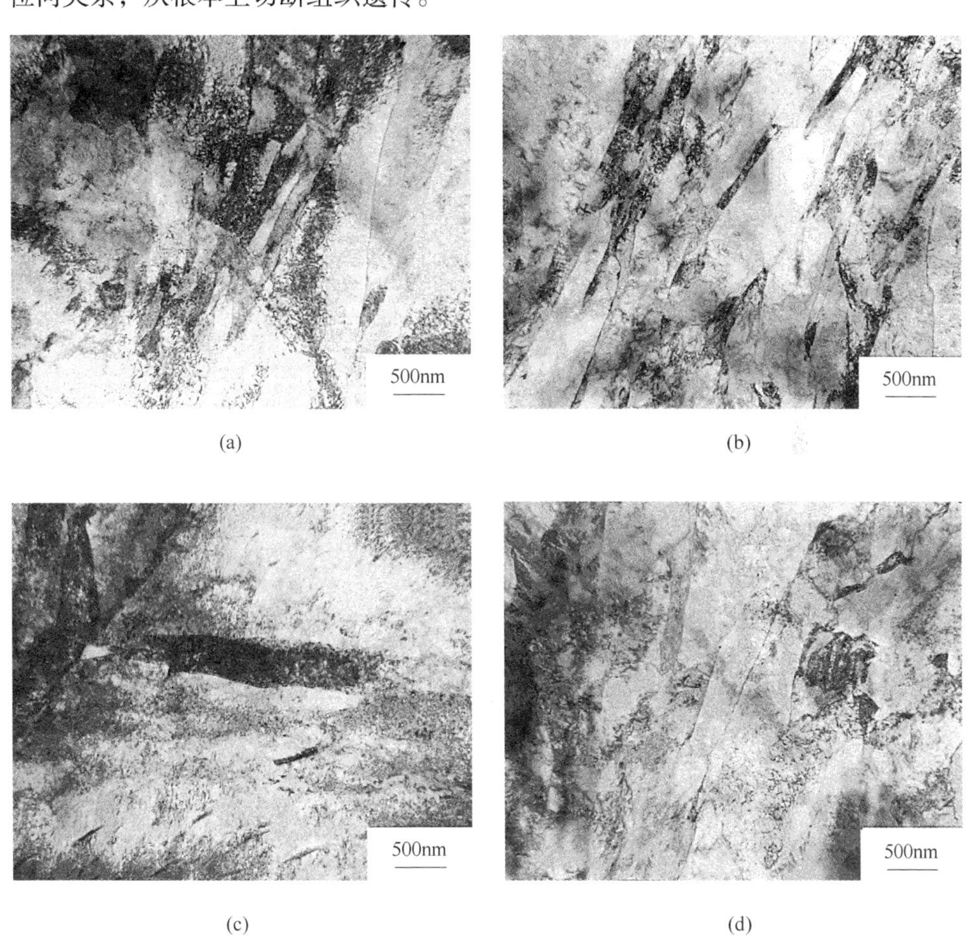

图6-17　2号试验钢经1200℃粗化+等温退火的TEM组织

6.5.3　高温回火+两步正火热处理工艺

本工艺（工艺B）的试验过程为600℃装炉以50℃/h加热至650℃保温2h后空冷到室温，然后600℃装炉以50℃/h加热至920℃保温2h空冷至室温，最后是600℃装炉以50℃/h加热至900℃保温2h空冷至室温。试验钢先经过粗化处理后，再采用工艺B后的微观形貌如图6-18所示。表6-5为不同试验结果晶粒尺寸与等级对比。

表 6-5　SA508Gr. 4N 钢经工艺 B 后晶粒尺寸统计

工艺	钢号	2 号				3 号			
	温度/℃	900	1000	1100	1200	900	1000	1100	1200
粗化	尺寸/μm	17. 2	53. 8	89. 1	174. 1	36. 5	69. 8	98. 3	117
	等级	9	5. 5	4	2	6. 5	4. 5	3. 5	3
工艺 B	尺寸/μm	25. 5	29. 6	37	50. 2	33	37. 6	37. 4	42. 5
	等级	7. 5	7	6. 5	5. 5	7	6. 5	6. 5	6

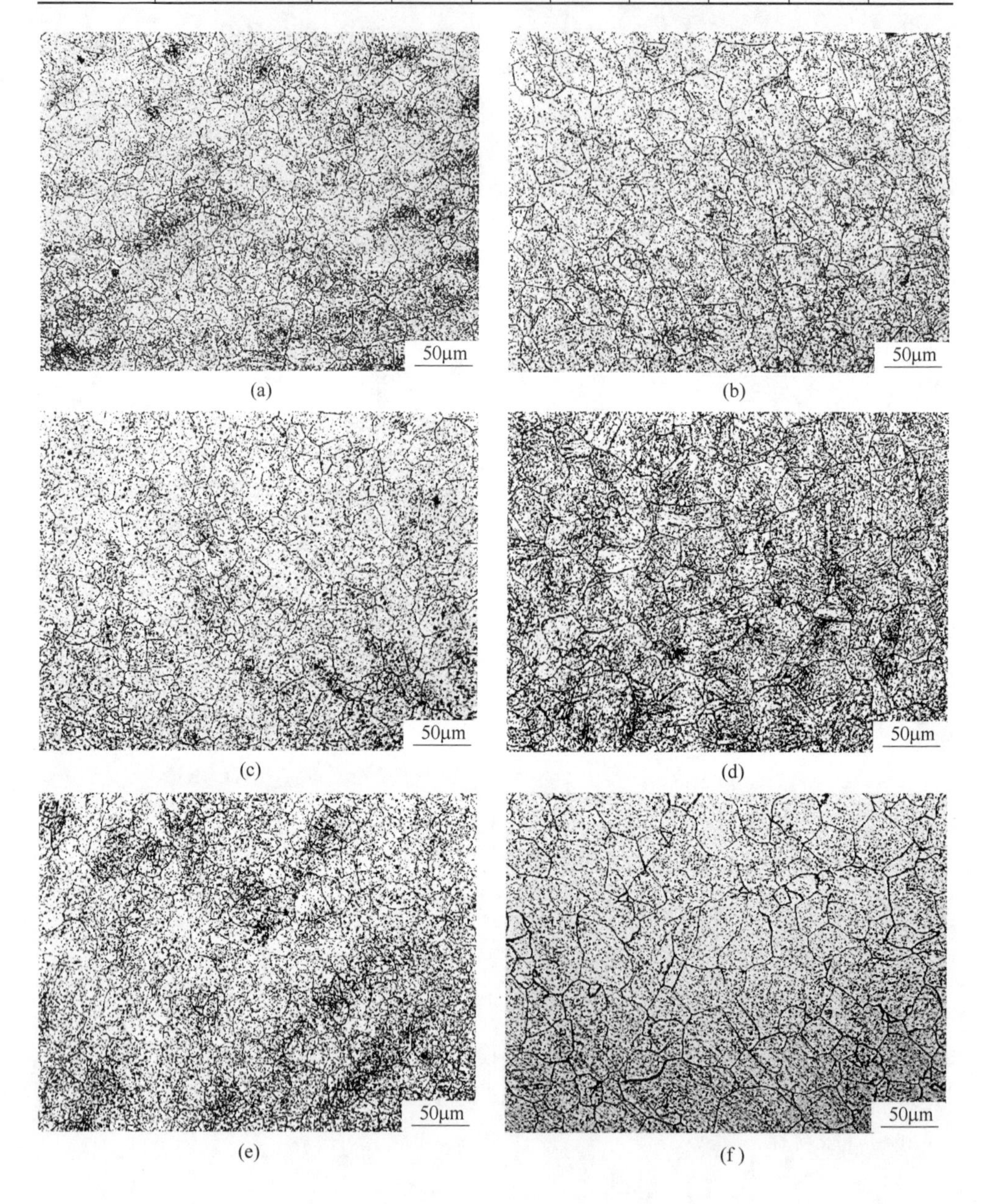

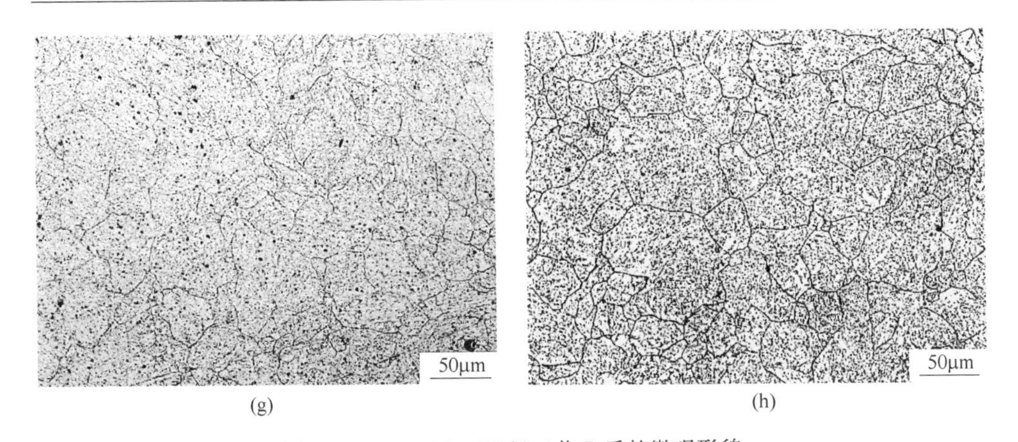

(g) (h)

图 6-18 SA508Gr. 4N 经工艺 B 后的微观形貌
(a) 2 号 900℃粗化+B；(b) 3 号 900℃粗化+B；(c) 2 号 1000℃粗化+B；
(d) 3 号 1000℃粗化+B；(e) 2 号 1100℃粗化+B；(f) 3 号 1100℃粗化+B；
(g) 2 号 1200℃粗化+B；(h) 3 号 1200℃粗化+B

由图 6-18 可知，对于 2 号试验钢在 900~1100℃粗化后，经方案 B 热处理后，得到尺寸较小且较均匀的晶粒；但在 1200℃粗化的试样经工艺 B 处理后仍出现较大晶粒，有一定混晶现象，未完全消除组织遗传现象。3 号试验钢晶粒较为均匀，1200℃出现粗大晶粒出现，有混晶现象。因此工艺 B 能够将晶粒细化，在一定程度上消除组织遗传现象，但对于晶粒尺寸过大的晶粒无法使其进一步细化。

回火处理能促使铁素体发生回复再结晶，将打乱原来粗晶内部的有序排列，即可切断晶粒遗传。析出的碳化物可以提供大量的相界面，有利于再结晶形核。高温回火可以减少残余奥氏体，避免残余带状奥氏体在加热时长大后合并，形成粗大奥氏体[30]。微观分析可知（见图 6-19），马氏体经 650℃高温回火后，将得到回火索氏体组织（轴状铁素体+粒状碳化物），其铁素体基体为条状。高温回火+900℃正火后实验钢基体仍为条状铁素体，这是由于马氏体板条界面上回火时析出大量碳化物，而板条间与界面上有大量位错，碳化物可以钉扎位错，使位错难以继续移动，从而深度巩固了条状铁素体的轮廓，使铁素体难以再结晶[31]。高温回火后其基体条状铁素体结构未发生变化，且保温过程中析出的碳化物强化了条状铁素体形貌，因此该方案消除组织遗传性的效果较差。

6.5.4 高温回火+亚温正火+正火热处理工艺

本方案（方案 C）采用三步热处理，首先进行高温回火在 600℃装炉以 50℃/h 加热至 650℃保温 20h 后空冷到室温。然后进行亚温正火在 600℃装炉以 50℃/h 加热至 780℃保温 3h 空冷至室温。最后进行正火在 600℃装炉以 50℃/h

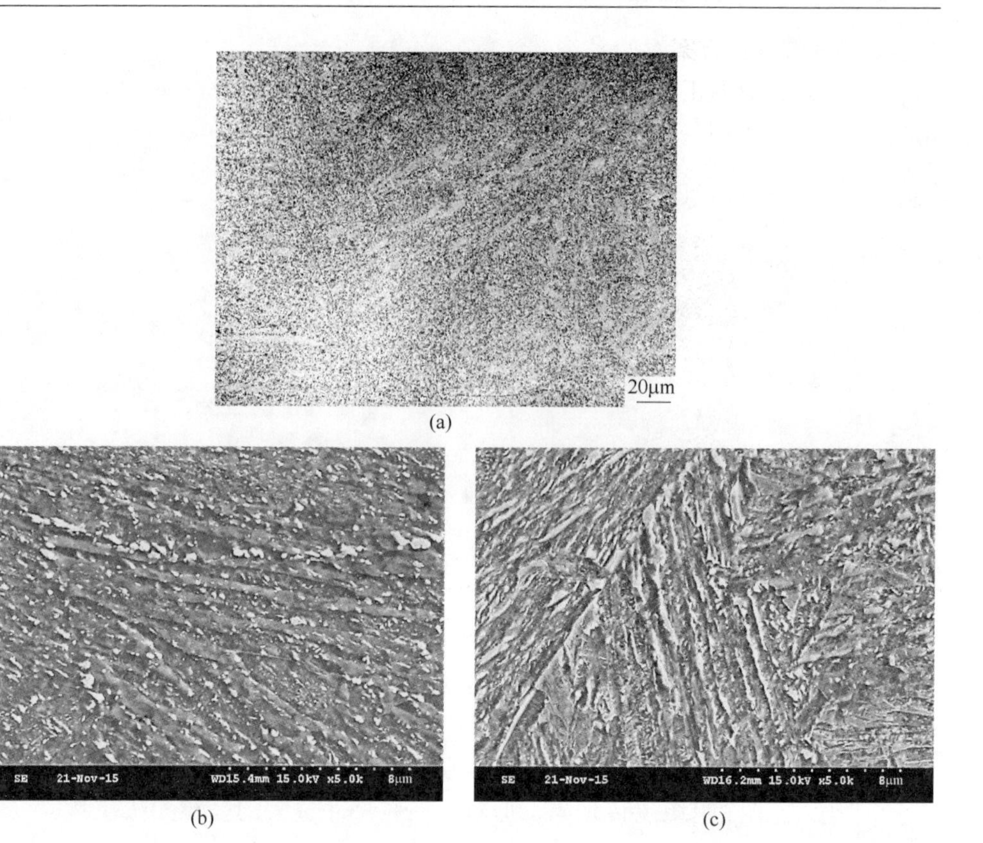

图 6-19　2 号钢 1200℃粗化+B 热处理过程中组织变化

（a），（b）1200℃粗化+高温回火；（c）1200℃粗化+高温回火+正火

加热至 900℃保温 2h 空冷至室温。经过一系列热处理后，所得到的微观组织如图 6-20 所示，不同工艺处理后的晶粒尺寸统计如表 6-6 所示。

表 6-6　SA508Gr. 4N 钢经工艺 C 后晶粒尺寸统计

工艺	钢号	2 号				3 号			
	温度/℃	900	1000	1100	1200	900	1000	1100	1200
粗化	尺寸/μm	17. 2	53. 8	89. 1	174. 1	36. 5	69. 8	98. 3	117
	等级	9	5. 5	4	2	6. 5	4. 5	3. 5	3
工艺 C	尺寸/μm	23. 3	29. 6	43. 2	70. 2	37. 1	38. 8	43. 5	50. 1
	等级	8	7	6	4. 5	6. 5	6. 5	6	5. 5

由图 6-20 可知，对于 2 号试验钢 900～1000℃粗化的试样，经方案 C 处理后晶粒尺寸能够细化，得到尺寸较小且较均匀的晶粒；而 1100～1200℃粗化的试样晶粒尺寸较大，细化效果不明显。3 号试验钢晶粒较为均匀，但有粗大晶粒出

现，有混晶现象。方案 C 晶粒细化及均匀化效果较差。微观分析（图 6-21）表明，高温回火+亚温正火后基体组织为粗大的条状铁素体，晶粒内出现较大面积的板条束，这种位向相同的板条束容易引发组织遗传现象，出现粗大晶粒。因此，方案 C 晶粒细化及均匀化程度较差。

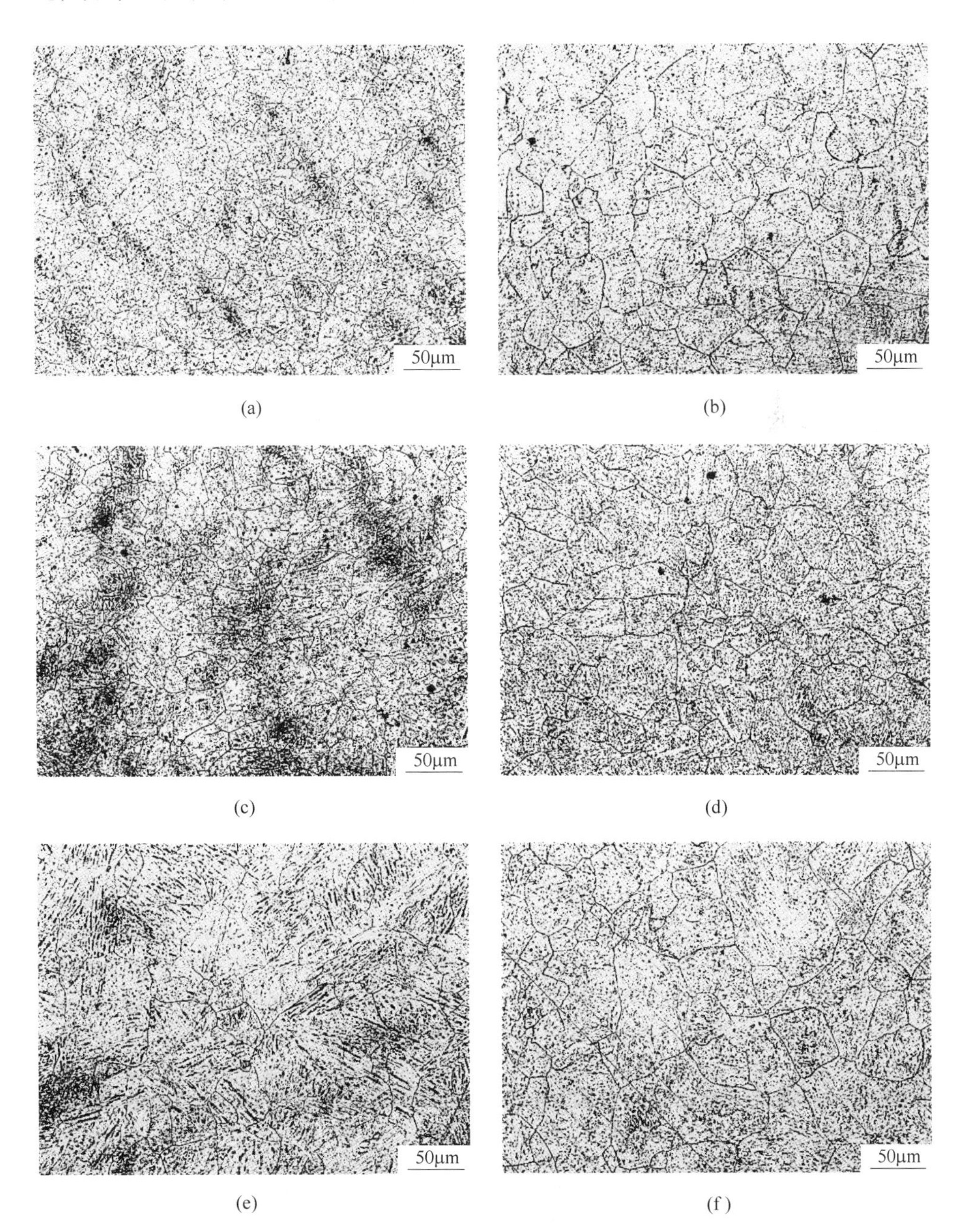

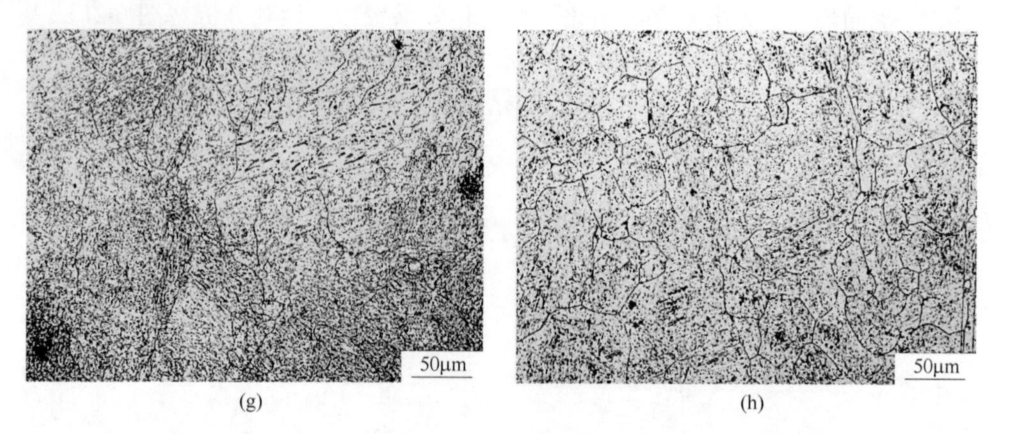

图 6-20　SA508Gr. 4N 经工艺 C 后的微观形貌

（a）2 号 900℃粗化+C；（b）3 号 900℃粗化+C；（c）2 号 1000℃粗化+C；（d）3 号 1000℃粗化+C；（e）2 号 1100℃粗化+C；（f）3 号 1100℃粗化+C；（g）2 号 1200℃粗化+C；（h）3 号 1200℃粗化+C

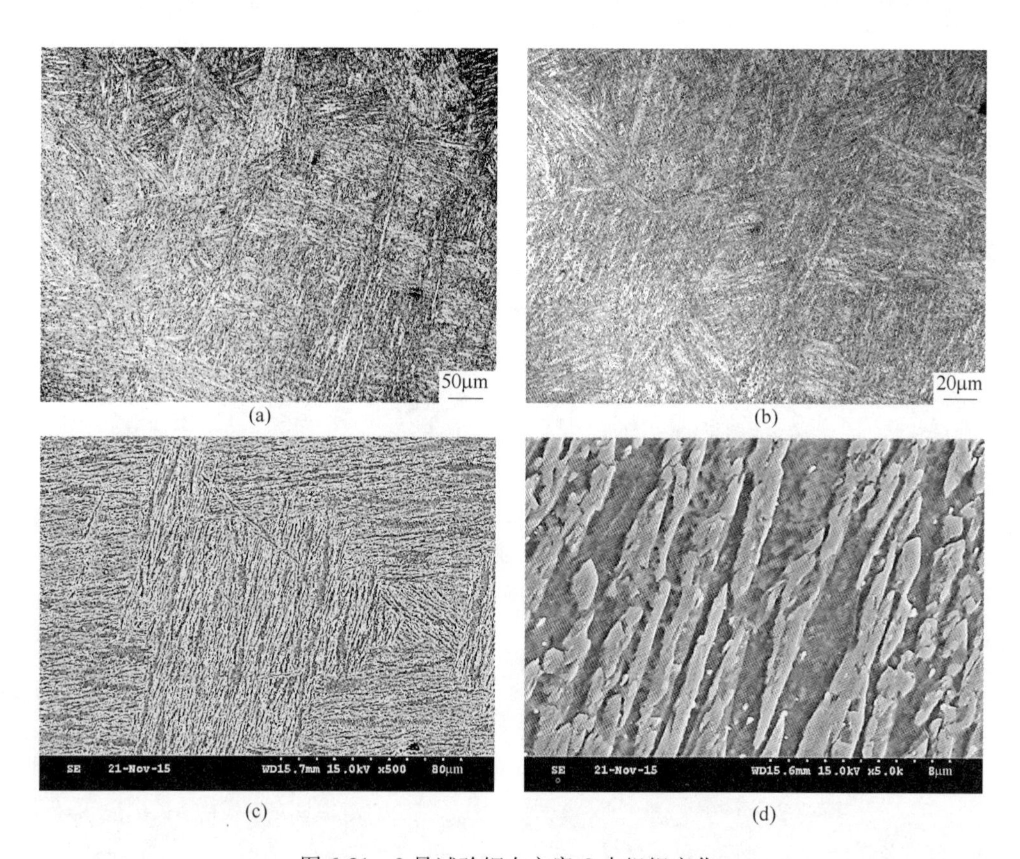

图 6-21　2 号试验钢在方案 C 中组织变化

（a）~（d）1200℃粗化+高温回火+亚温正火

6.5.5 等温退火+亚温正火+正火热处理工艺

本工艺（工艺 D）采用三个步骤：等温退火在 600℃装炉以 50℃/h 加热至 840℃保温 3h，之后转炉至 610℃保温 180h 空冷到室温；亚温正火在 600℃装炉以 50℃/h 加热至 780℃保温 3h 空冷至室温；正火在 600℃装炉以 50℃/h 加热至 900℃保温 2h 空冷至室温。经方案 D 处理后，其微观组织如图 6-22 所示。由图 6-22 可知经过不同温度粗化后的试样在经过本方案热处理后，得到尺寸较小且较均匀的晶粒，不同温度预粗化处理后试样晶粒尺寸较为接近。表 6-7 为使用截点法所得不同试验结果晶粒尺寸与等级。由表 6-7 可知经该方案热处理后，晶粒等级由 2~9 级细化为 7.5~8 级，不同原始尺寸晶粒得到不同程度的细化和均匀化，试验效果较好。

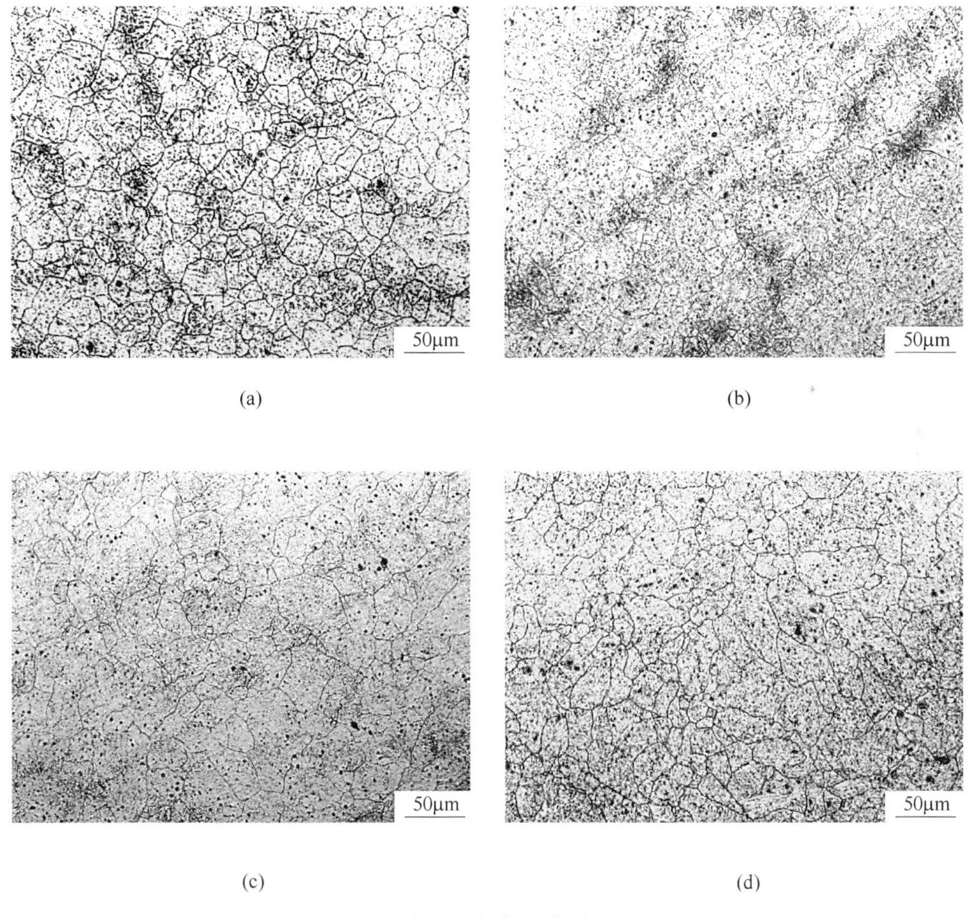

图 6-22 2 号试验钢经方案 D 热处理后微观组织

（a）900℃粗化+D；（b）1000℃粗化+D；（c）1100℃粗化+D；（d）1200℃粗化+D

表 6-7　SA508Gr. 4N 钢经工艺 D 后晶粒尺寸统计

工艺	钢号	2 号			
	温度/℃	900	1000	1100	1200
粗化	尺寸/μm	17. 2	53. 8	89. 1	174. 1
	等级	9	5. 5	4	2
工艺 B	尺寸/μm	22. 1	22. 4	27. 3	28. 9
	等级	8	8	7. 5	7. 5

6. 5. 5. 1　等温退火结果分析

消除组织遗传比较彻底的方法是使合金钢获得平衡组织，从而打乱新形成的 α 相与母相位向关系，即可从根本上消除组织遗传。但是具有组织遗传的钢，例如一些转子钢，往往具有很好的淬透性，过冷奥氏体相当稳定，对于大型锻件特别是心部，需要转变时间较长，且难以实现完全的平衡组织转变。等温退火在 A_{c3}+30～50℃保温后［保温时间 t=3～4+0. 2～0. 5 装炉量（吨）］，快速冷却至 P 形成鼻尖温度并进行保温，查阅资料可得与 SA508Gr. 4N 钢成分相似转子钢 TTT 曲线中 P 鼻尖温度及生产 100%P 保温时间[29]，设定 SA508Gr. 4N 钢等温退火保温温度为 610℃，保温时间约 180h。经 900℃和 1200℃预粗化处理后，再进行等温退火处理试样的微观组织如图 6-23 所示。由图 6-23（a）、（c）可知 900℃预粗化+等温退火处理后组织为铁素体+粒状贝氏体组织（显微硬度结果：F-200MPa，B-380MPa），且晶粒尺寸较小。由图 6-23（b）、（d）可知 1200℃预粗化+等温退火处理后组织为混合贝氏体组织，大量碳化物沿一定方向排列，晶粒尺寸较大。

900℃预粗化+等温退火后，试样组织为铁素体+粒状贝氏体。亚共析钢在珠光体转变之前，由于碳的扩散，有先析出铁素体析出，铁素体析出后由于碳扩散到奥氏体中，使奥氏体富碳。这些富碳的奥氏体在保温过程中较为稳定，并在冷却过程中发生转变，形成不规则形状的 M-A 岛分布在铁素体基体上，形成了粒状贝氏体组织。此时组织内出现大量块状铁素体，没有延续板条形貌，从根本上破坏了组织遗传。

1200℃预粗化+等温退火后，试样组织为贝氏体组织，在基体上分布大量碳化物。在等温退火过冷保温过程中，过冷粗大奥氏体均匀化，由于淬透性较好，碳原子扩散较慢，很难发生珠光体转变，在保温后冷却过程中生成板条状贝氏体组织。在等温退火过程中，当温度升高至 A_{c3} 以上时，相当于进行了一次正火处理，针状 α 相在加热穿过临界区时沿粗大奥氏体晶界生成部分球形奥氏体，破坏原晶粒内部板条组织，起到一定晶粒细化作用。从图 6-22 和表 6-7 可知，虽然 1200℃预粗化+等温退火后仍生成板条组织，但试验最终结果较为优秀，采用 TEM 和 EBSD 对该组织等温退火后变化进行分析研究。

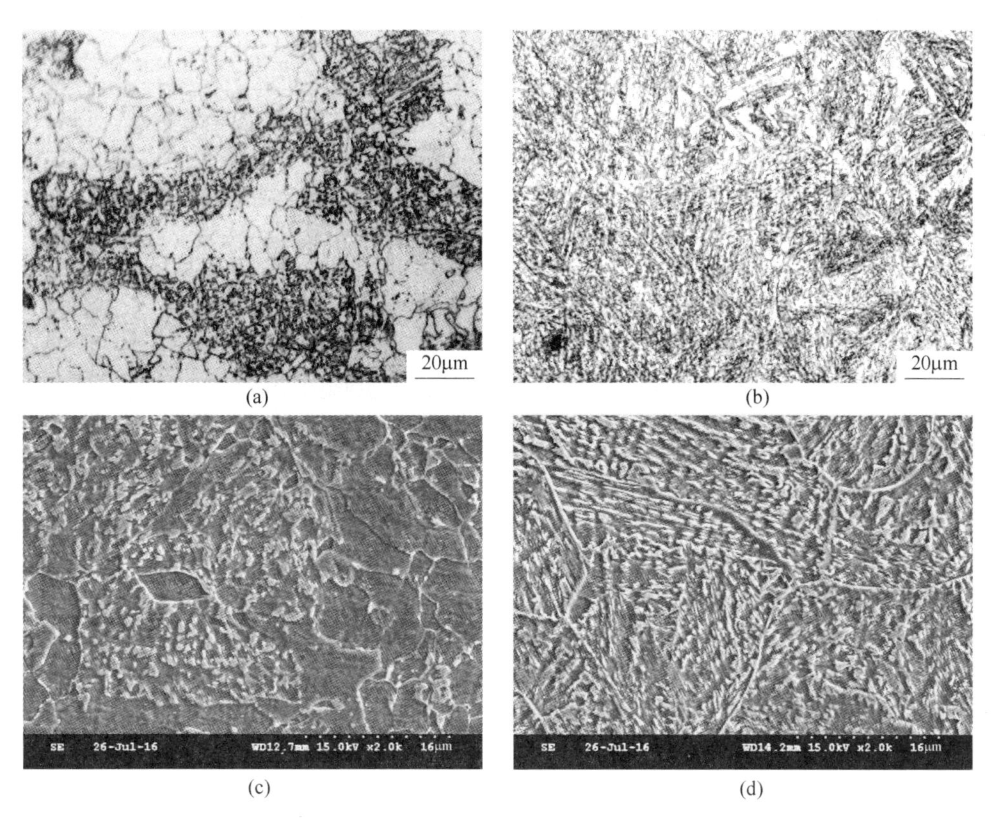

(a) (b) (c) (d)

图 6-23 SA508Gr. 4N 钢经 610℃×180h 等温后的微观组织
(a)，(c) 900℃粗化+等温退火；(b)，(d) 1200℃粗化+等温退火

图 6-24 为 1200℃预粗化+等温退火后 TEM 照片，由图 6-24 可知，组织中仍存在大量板条结构，但部分区域板条结构逐步退化，如图 6-24（a）、(b）所示，部分区域板条断开，呈不连续状；在图 6-24（c）、(d）图中可以看出，相同位向的板条组织只残留 1～2 块板条组织，原本紧密有序排列在其两侧的板条已经消失。等温退火影响了原有的板条结构，改变了原本有序排列的板条形貌（与图 6-22 对比），新生成奥氏体晶粒将不受板条形貌约束，形成球状奥氏体，打破与母相位向关系。等温退火对板条形貌影响模型示意图如图 6-25 所示。图 6-25 表示退火前后部分区域板条形貌发生了改变，这种组织形貌改变有益于消除 SA508Gr. 4N 钢的组织遗传现象。

图 6-26 为 1200℃预粗化+等温退火后的 EBSD 结果，等温退火后组织内部板条束数量增加，板条束位向增多，一个奥氏体晶粒内由板条束所组成的板条晶区数量增加，板条束尺寸细化，如图 6-26（a）、(d）所示。经统计得出大角度界面相对频率由 29%增加至 34%，板条束或板条晶区界面增加，为球状奥氏体形核提供更多位置，如图 6-26（e）、(f）所示。等温退火保温过程中奥氏体成分均匀

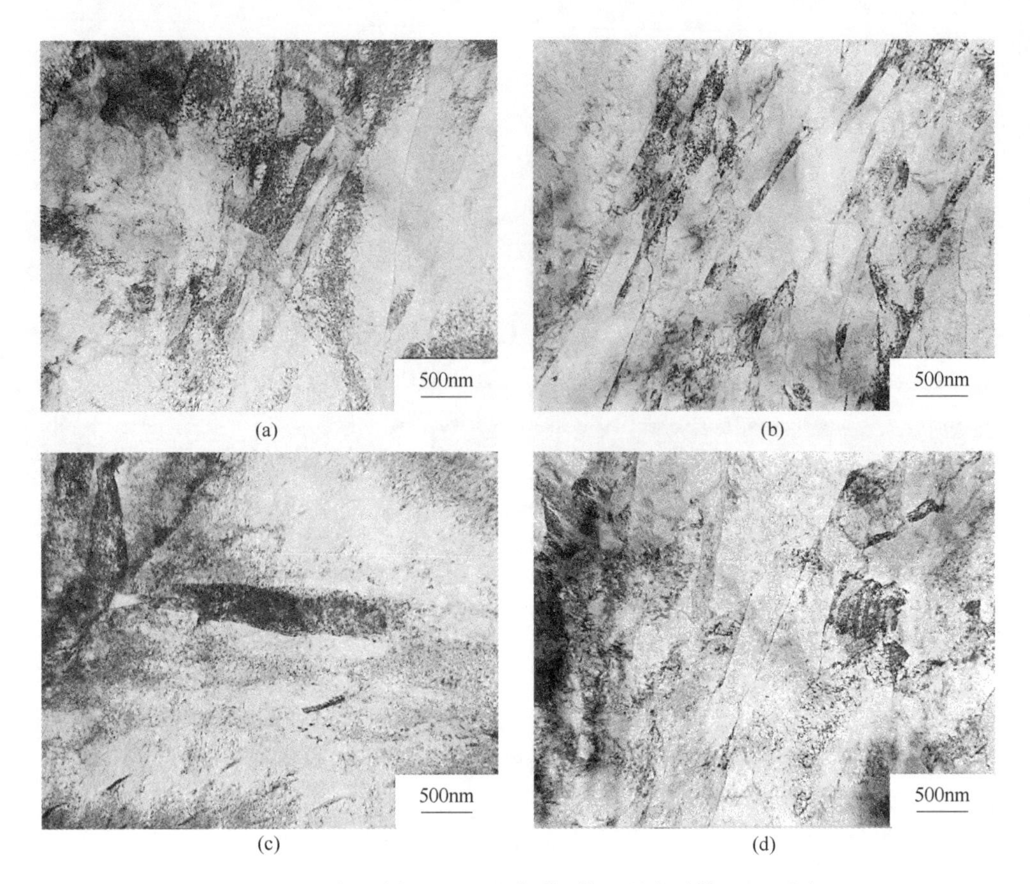

图 6-24　2 号试验钢经 1200℃粗化+等温退火后的 TEM 照片

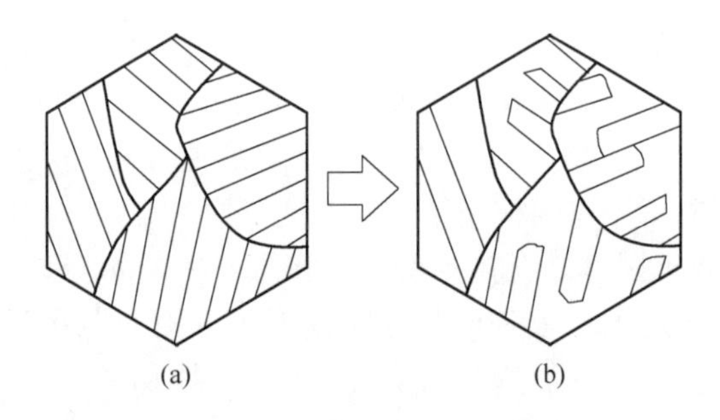

图 6-25　等温退火对板条形貌影响模型示意图
（a）退火前；（b）退火后

化，而贝氏体相变涉及到形核—长大的过程，成分均匀的奥氏体在冷却过程中贝氏体铁素体均匀形核长大，形核点分布均匀，板条状贝氏体铁素体在快速生长相变过程中遇到晶界或其他板条时停止生长，不同位向的板条贝氏体铁素体互相阻碍生长，将一个晶区内原本位向相同的板条贝氏体“分割”成更多束位向不同的板条贝氏体。此时贝氏体板条组织得到细化，这种组织转变有利于组织遗传现象的削弱。图 6-27 为退火对板条束和晶区影响模型示意图。

贝氏体板条束细化以及板条束数量增加，使得后续热处理过程中即便出现组织遗传现象，形貌细小的板条贝氏体中产生的片状奥氏体合并长大后的晶粒尺寸要小于粗大贝氏体中形成的晶粒。其次在后续热处理过程中，由于板条束或板条块界面等大角度晶界数量增加，提供更多球状奥氏体形核位置，有利于通过扩散机制进行的球状奥氏体的形核和长大。综上所述等温退火对试验钢组织遗传具有削弱的作用。

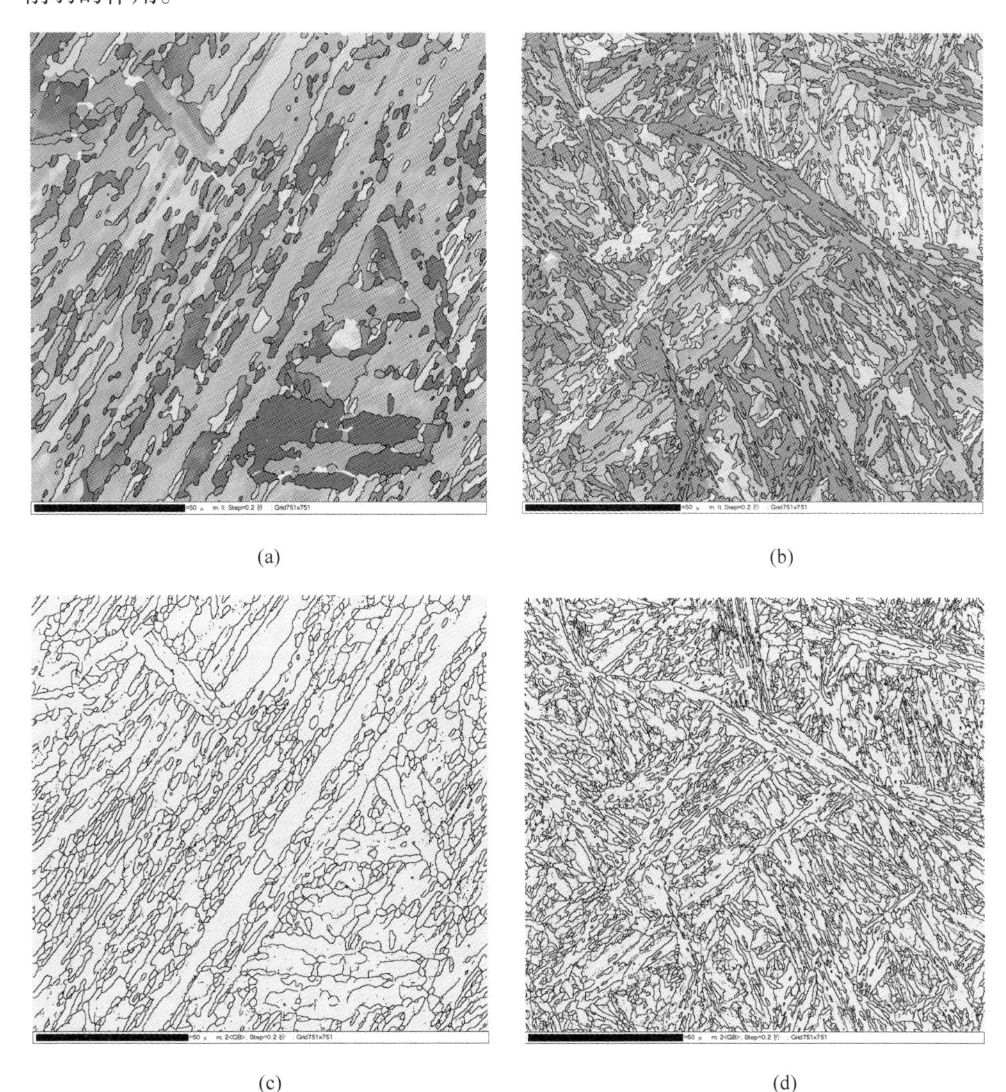

(a)　(b)

(c)　(d)

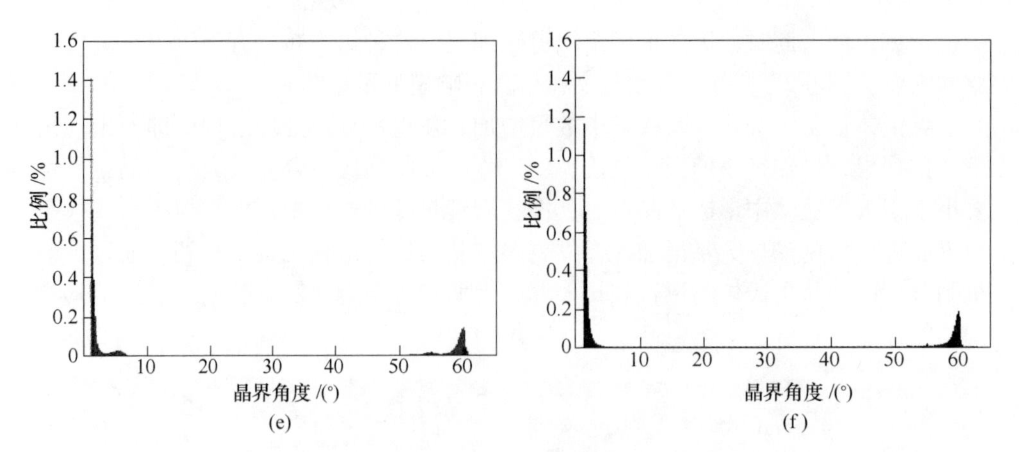

图 6-26　2 号试验钢经 1200℃粗化+等温退火后的 EBSD 分析

(a)，(c)，(e) 退火前；(b)，(d)，(f) 退火后

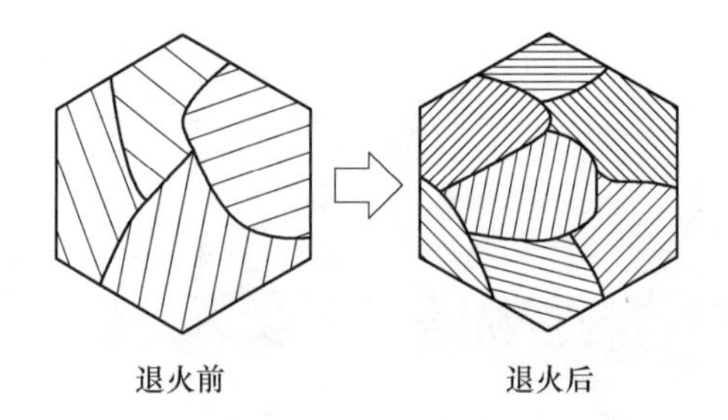

图 6-27　等温退火对板条束和晶区影响模型示意图

6.5.5.2　亚温正火结果分析

在临界区高温侧进行亚温正火，可以增加再结晶晶核数量，提高再结晶率，从而达到细化晶粒的作用[32,33]。等温退火后的组织遗传组织得到改善，之后进行临界区高温侧亚温正火可增加再结晶晶粒数量，一步细化晶粒并消除混晶现象。

试验钢经 1200℃预粗化+等温退火+亚温正火后经 TEM 分析组织如图 6-28 所示。经过临界区高温侧亚温正火后，在板条界和晶界附近出现大量细小的再结晶亚晶粒，且晶粒内部存在大量位错亚结构如图 6-28（a）、（b）所示。从图 6-28（c）、（d）中可清晰观察到亚晶粒形成过程，在临界区高温侧保温时，低碳贝氏体板条中大量位错亚结构在板条界周围形成位错缠结和胞状结构，在升温和保温过程中胞内的位错重新排列和对消，使得胞壁位错密度高于内部位错密度并且胞壁锋锐化，逐渐形成亚晶粒[30,34]。位错的迁移和转换有助于破坏原有组织形态，消除组织遗传现象。

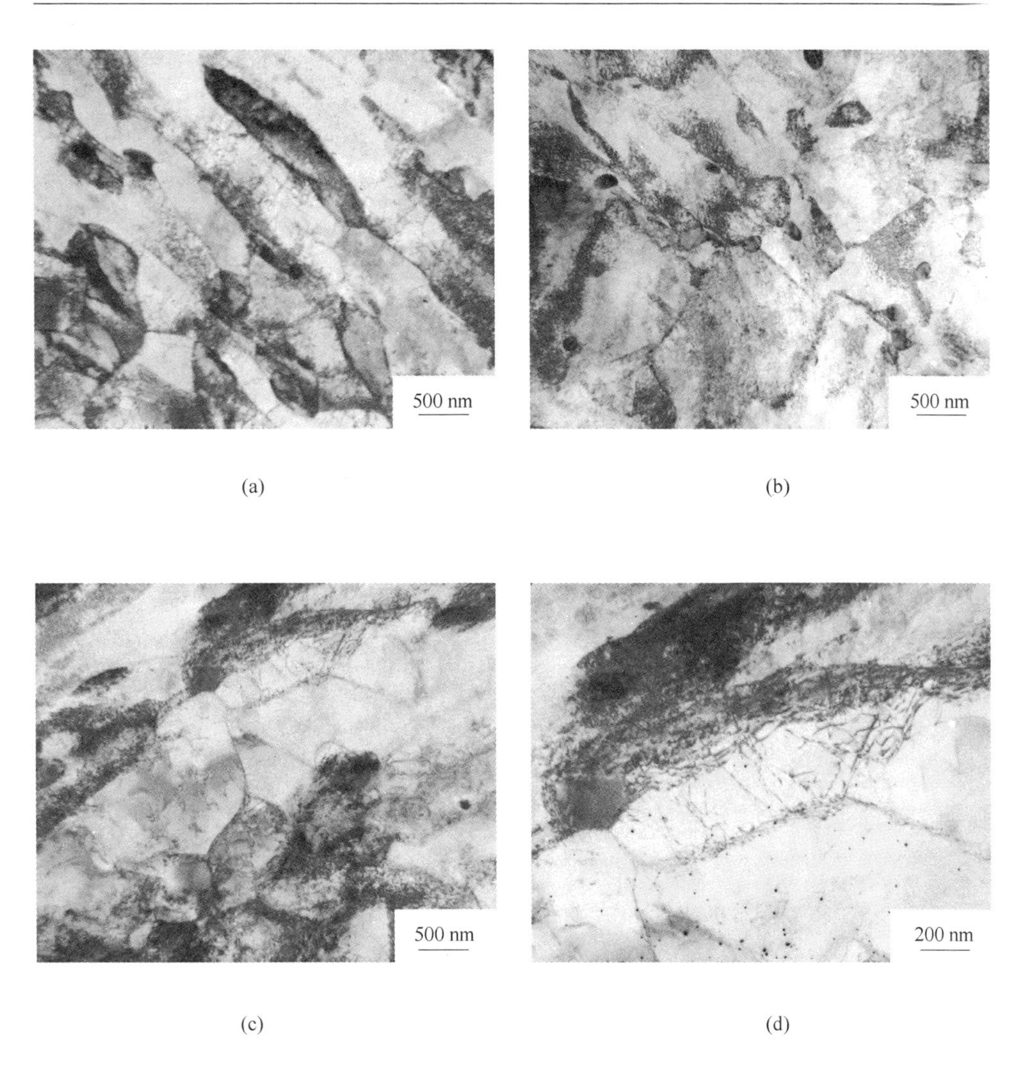

(a) (b) (c) (d)

图 6-28 2 号试验钢经 1200℃粗化+等温退火+亚温正火后的 TEM 分析

6.5.6 高温回火+亚温正火+正火热处理工艺

2 号试验钢经 900~1200℃预粗化处理后经工艺 E 处理后其微观如图 6-29 所示。对于 2 号试验钢 900~1100℃预粗化的试样，经方案 E 细化处理后，晶粒尺寸一定程度上细化；1200℃预粗化的试样晶粒尺寸较大，细化效果不明显。表 6-8 为使用截点法所得不同试验结果晶粒尺寸与等级。由表 6-8 可知经该方案热处理后，晶粒等级由 2~9 级细化为 4.5~8 级，经该方案热处理后晶粒细化效果有限，粗大晶粒细化效果不佳，试验结果晶粒尺寸均匀程度较差，试验效果不明显。

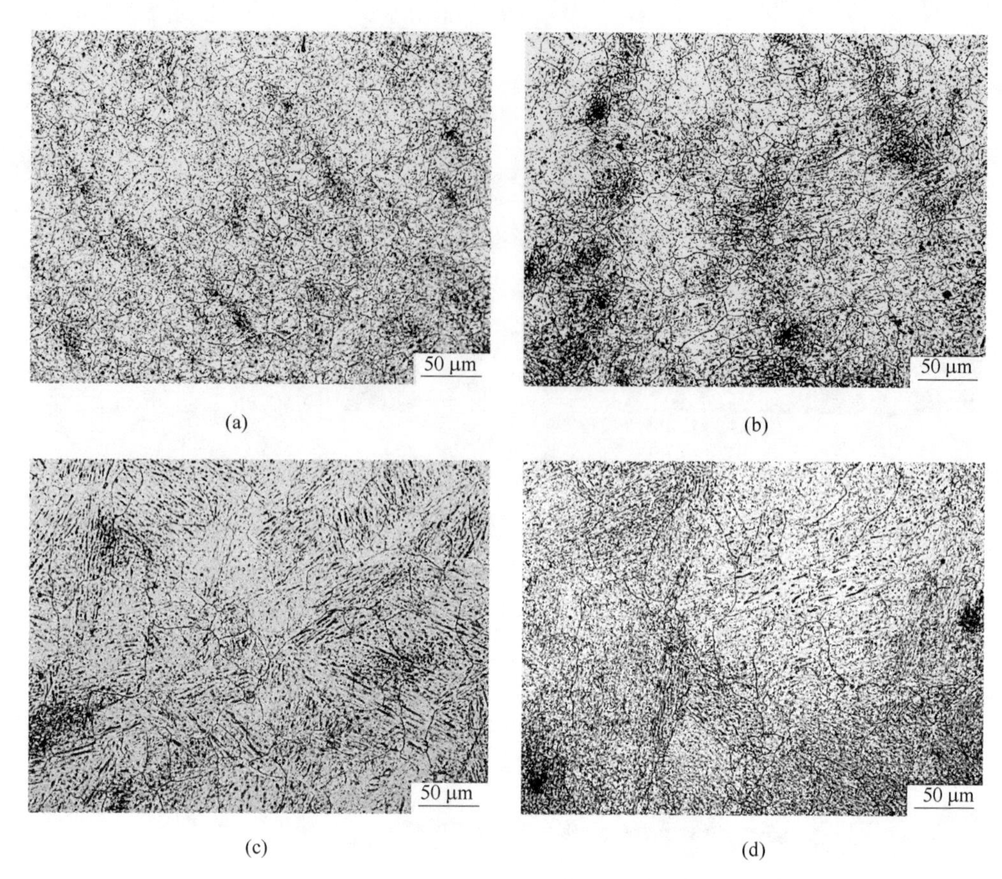

(a)　(b)　(c)　(d)

图 6-29　2 号试验钢经方案 E 热处理后微观组织
(a) 900℃粗化+E；(b) 1000℃粗化+E；(c) 1100℃粗化+E；(d) 1200℃粗化+E

表 6-8　SA508Gr. 4N 钢经工艺 E 后晶粒尺寸统计

工艺	钢号	2 号			
	温度/℃	900	1000	1100	1200
粗化	尺寸/μm	17. 2	53. 8	89. 1	174. 1
	等级	9	5. 5	4	2
工艺 E	尺寸/μm	23. 3	29. 6	43. 2	70. 2
	等级	8	7	6	4. 5

高温回火处理能促使铁素体发生回复再结晶，将打乱原粗晶内部的有序排列，即可切断组织遗传。析出的碳化物可以提供大量的相界面，有利于再结晶形核。高温回火可以减少残余奥氏体，避免残余带状奥氏体在加热时长大后合并形成粗大奥氏体。因此在很多文献中曾经提到高温回火可有效消除组织遗传，但在

本次试验中，高温回火处理并没有很好的消除组织遗传。

图 6-30 为 1200℃ 预粗化+高温回火后试样的微观组织。由图 6-30 可知，板条贝氏体经 650℃ 高温回火后，基体仍为板条状铁素体，在板条界及晶界上分布大量弥散粒状碳化物，且部分碳化物在保温过程中长大。SA508Gr. 4N 钢中含有较高的合金元素，Ni 全部固溶在铁素体基体中，提高了铁素体再结晶温度；并且 Ni 可以降低临界温度，致使奥氏体化前铁素体不易发生再结晶[35]。Cr、Mo 与 C 形成的碳化物大量分布在板条界上，而板条界上存在大量位错，析出的碳化物可以起到钉扎位错的作用，使位错难以滑移或攀移，从而深度巩固了条状铁素体的轮廓，使铁素体难以再结晶[31]。高温回火后试验钢基体仍为粗大连续的板条状组织，且保温过程中析出的碳化物强化了条状铁素体形貌，这不利于消除试验钢的组织遗传现象，因此该方案不能较好地消除组织遗传现象。

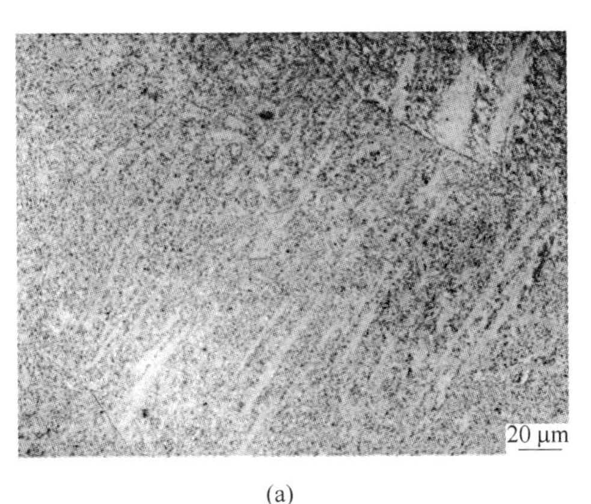

(a)

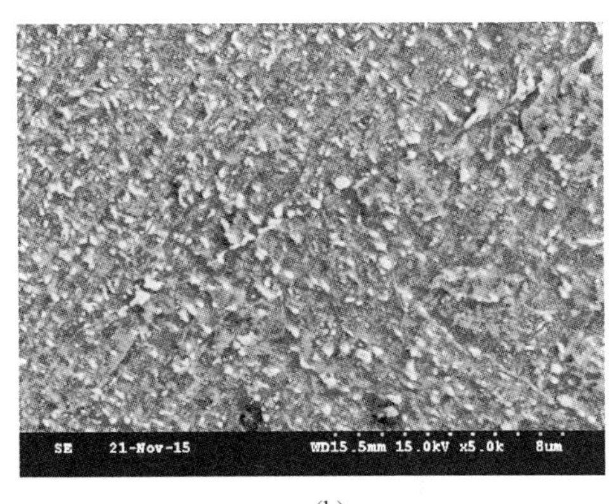

(b)

图 6-30　1200℃ 预粗化处理+高温回火微观组织
(a) 预粗化处理；(b) 高温回火

6.5.7　消除组织遗传试验结果分析

试验钢经 900~1200℃ 预粗化处理后，再经方案 A~E 热处理后其晶粒尺寸变化如图 6-31 所示，由图 6-31 可知对于 2 号钢（含 Al）采用工艺方案 A、D 可以有效地消除 SA508Gr. 4N 钢的组织遗传，所得晶粒细小且均匀，平均晶粒等级为 7.5~8 级。对于 3 号试验钢（无 Al）采用工艺 A、D 和 E 均能够使组织遗传现象消除，晶粒度 7.5 级左右。因此，针对 SA508Gr. 4N 钢采用等温退火辅助其他工艺能够有效地消除组织遗传现象。综合分析工艺 A 和 D 能够在工业上应用消除 SA508Gr. 4N 钢的组织遗传现象。

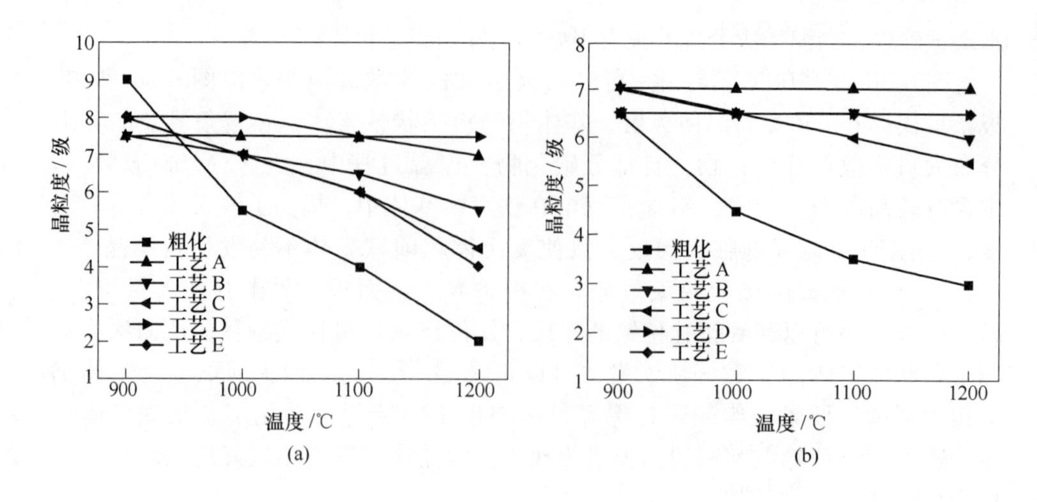

图 6-31　SA508Gr. 4N 钢消除组织遗传性不同工艺对比

（a）2 号试验钢；（b）3 号试验钢

参 考 文 献

[1] 萨多夫斯基．钢的组织遗传 [M]. 北京：机械工业出版社，1980.

[2] 崔占全．26Cr2Ni4MoV 转子钢的奥氏体再结晶及其消除组织遗传 [J]. 钢铁，1999，34 (4)：39~41.

[3] Zel' dovich V I, Khomskaya I V, Rinkevich O S. Formation of austenite in low-carbon iron-nickel alloys [J]. Fizika Metallov i Metallovedenie, 1992, 3: 5~26.

[4] Rinkevich O S, Zel' dovich V I. Crystallography of formation of austenite in iron-nickel alloys with lath martensite [J]. Fizika Metallov i Metallovedenie, 1988, 66 (4): 745~749.

[5] Bernshtein M L, Zaimovskii V A, Kozlova A G, Kolupaeva T L. Inheritance of lattice defects in γ→α→γ transformation in steels experiencing no 'reverse' (martensitic) transfer in the process of austenization [J]. Fizika Metallov i Metallovedenie, 1979, 49 (2): 349~356.

[6] 刘宁．核电压力容器用 SA508Gr. 4N 钢热变形与热处理工艺研究 [D]. 昆明：昆明理工大学，2017.

[7] 吴景之，张信．26Cr2Ni4MoV 钢的晶粒遗传 [J]. 金属热处理，1984，4：29~39.

[8] Goldshtein M I, Grachev S V, Veksler Y G. Special steels and alloys [M]. Russian: Metallurgiya, Moscow, 1985.

[9] Pecherkina N L, Sagaradze V V, Vasechkina T P. Inheritance of dislocation structure in b. c. c. -f. c. c. transformation during heating [J]. Fizika Metallov i Metallovedenie, 1988, 66 (4): 750~757.

[10] 刘云旭．金属热处理原理 [M]. 北京：机械工业出版社，1981.

[11] 苏德达．原始组织对 T10A 钢奥氏体晶粒长大的影响 [J]. 金属制品，2004，30 (4)：45~50.

[12] 苏德达. 奥氏体晶粒长大与晶界迁移 [J]. 金属制品, 2004, 30 (5): 51~54.

[13] Zheng L, Yuan Z X, Song S H. Austenite grain growth in heat affected zone of Zr-Ti bearing microalloyed Steel [J]. Iron and Steel Research, 2012, 19 (2): 73~78.

[14] Zheng L, Thomas K. Austenite grain growth and microstructure control in simulated heat affected zones of microalloyed HSLA steel [J]. Materials Science and Engineering A, 2014, 613: 326~335.

[15] 郦定强, 胡德林, 贾东升. 20Cr2Ni4A 钢奥体晶粒长大倾向的研究 [J]. 金属热处理, 1993, 6: 16~21.

[16] 刘宗昌. 材料组织结构转变原理 [M]. 北京: 冶金工业出版社, 2006.

[17] 毛卫民, 赵新兵. 金属的再结晶与晶粒长大 [M]. 北京: 冶金工业出版社, 1994.

[18] 刘建涛, 刘国权, 张义文. FGH96 合金晶粒长大规律的研究 [J]. 材料热处理学报, 2004, 2 (6): 25~29.

[19] Pous-Romero H, Lonardelli I, Cogswell D. Austenite grain growth in a nuclear pressure vessel steel [J]. Materials Science and Engineering A, 2013, 567, 72~79.

[20] Militzer M, Gumelli A, Hawbolt E B, Meadowcroft T R. Austenitegrain growth kinetics in akilled plain carbon steels [J]. Metallurgical and Materials Transactions A, 1996, 27A: 3399~3496.

[21] Gladman T, Pickering F B. Grain coarsening of austenite [J]. Iron and Steel Institute, 1967, 205: 653~664.

[22] Wilson F G, Gladman T. Alumin-ium nitride in steel [J]. International Materials Reviews, 1988, 33 (5): 221~286.

[23] 申令生. 钢中氮化铝的研究 [J]. 冶金物理测试, 1985, 5: 11~13.

[24] Bowerand E N, Glandman T. in Proc. of 34th Chemists Conf [C]. United Kingdom: Teesside Research Laboratories, 1981.

[25] Sellars C M, Whiteman J A. Recrystallization and grain growth in hot rolling [J]. Metal Science, 1979, 13 (3): 187~194.

[26] Anelli E. Application of mathematical modelling to hot rolling and controlled cooling of wire rods and bars [J]. ISIJ International, 1992, 32 (3): 440.

[27] Devadas C. The thermal and metallurgical state of steel strip during hot rolling: Part Ⅲ. microstructural evolution [J]. Metallurgical Transactions A, 1991, 22 (A): 335~349.

[28] 景勤, 牟军, 康大韬. 26Cr2Ni4MoV 钢组织遗传与晶粒细化工艺的研究 [J]. 金属热处理, 1997, 5: 13~14.

[29] 王建. 大型锻件汽轮机低压转子用 30Cr2Ni4MoV 钢组织遗传研究 [D]. 青岛: 山东科技大学, 2011.

[30] 李用兵, 王健, 金嘉瑜. 一种大型汽轮机低压转子锻件的锻后预备热处理工艺 [P]. 中国专利, CN201010575276. 4.

[31] Yugai S S, Kleiner L M, Shatsov A A. Structural heredity in low-carbon martensitic steels [J]. Metal Science and Heat Treatment, 2004, 46 (11): 539~544.

[32] 庄和铃. 亚温正火对 25Cr2MoV 钢的组织和性能的影响 [J]. 热加工工艺, 1997, 5:

19~21.
[33] 由宏新，邢献军，金巨年．亚温正火提高 34Mn2V 钢低温韧性 [J]. 金属热处理，2000，12：11~13.
[34] 余永宁．金属学原理 [M]. 北京：冶金工业出版社，2001.
[35] 崔占全，徐长萱，吕英怀．加热制度对奥氏体再结晶消除组织遗传的影响 [J]. 东北重型机械学院学报，1994，18 (1)：17~22.

7　SA508Gr. 4N 钢的超纯净冶炼

SA508Gr. 4N 钢作为核压力容器大锻件用钢，往往需要数百吨的钢锭锻造而成。大型钢锭多采用真空浇注进行生产，由于大型钢锭吨位大、凝固时间长、易偏析、性能要求高，从而对钢水的洁净度有极高的要求，故国内外均对大型钢锭的钢水洁净度都极为重视。

SA508Gr. 4N 钢作为新一代核压力容器用钢，对强度、塑性、韧性都提出了很高的性能要求。由于 SA508Gr. 4N 钢中 Ni、Cr 含量较高，这造成该钢的回火脆性较敏感，为了减低回火脆性提高韧性，科研工作者开始关注了 SA508Gr. 4N 钢的超纯净钢冶炼，以期通过提高钢水质量来提高钢的韧性。本章对大型锻件用钢的纯净及超纯净冶炼技术进行了总结；并将核压力容器用 SA508Gr. 4N 钢的超纯净冶炼控制与传统超纯净冶炼进行了对比分析；明确了 SA508Gr. 4N 钢超纯净冶炼的成分控制关键因素[1]。

7.1　纯净及超纯净钢

纯净钢是英国钢铁协会于 1962 年首先提出，包括两个方面[2~4]：“纯”指钢中杂质元素硫、磷、氮、氢、氧（有时包括碳）含量很低，Kiessling 将钢中不易去除的微量元素铅、砷、锑、铋、铜、锡也归为杂质元素。“净”是指钢中的非金属夹杂物数量极少，且尺寸小。通常认为钢中 S+P+N+H+T. O≤100ppm 时称为纯净钢。随着时代的发展，钢中的 S、P、N、H、O 的含量控制的越来越低，钢水纯净度的发展情况如表 7-1 所示[5]。

表 7-1　钢水纯净度的发展情况[5]　　($\times 10^{-6}$)

元素	1960 年	1980 年	2000 年	未来
C	250	150	20	4
P	300	150	100(50)	10
S	300	30	10	2
N	150	70	30	6
O	30	30	15	2
H	6	6	1	0. 5
总计	1036	435	176(126)	24. 5

超纯净钢是在纯净钢的基础上发展而来，部分冶金学家将其界定为 S+P+N+H+T. O≤40ppm。

近些年来，加拿大的 A. Mitchell 和新日铁的 S. Fukumoto 提出“零夹杂钢”的概念[6,7]。所谓“零夹杂钢”，并非钢中无夹杂物，而是夹杂物尺寸小于 1μm，无法用光学显微镜观察到，夹杂物尺寸较小时，将发挥有益的作用，使钢的疲劳强度提高。

7.2　超纯净钢的优越性

实践证明，钢的纯净度越高，其性能越好，使用寿命也越长。钢中主要非金属杂质元素对钢性能的影响如表 7-2 所示[8]。减少钢中的杂质含量，可以显著地改善钢材的延展性、韧性、加工、焊接、抗腐蚀等性能。但对于不同钢种，纯净度所要求的控制因素也不同。

表 7-2　钢中主要非金属杂质元素对钢性能的影响

元素	钢中存在形式及分布	有害影响	有利影响
S	（1）形成（Mn、Fe)S； （2）偏析	（1）热裂； （2）降低钢的塑韧性； （3）增加钢材力学性能的方向性； （4）降低钢的热加工性能； （5）降低抗氢致（HIC）裂纹的能力	提高钢材的切削性能
P	（1）固溶于铁素体； （2）形成 P 共晶偏析于晶界	（1）降低钢的塑韧性； （2）提高钢脆性转变温度，增加低温脆性； （3）晶界偏析加剧回火脆性； （4）钢材热轧出现带状组织	（1）改善切削性能； （2）提高高温抗腐蚀能力； （3）提高电工钢的磁性； （4）降低钢材表面高温摩擦系数，减小热轧板的粘结
N	（1）形成碳氮化合物； （2）随温度降低，固溶度急剧降低； （3）偏析分布于晶界	（1）加重钢材时效，提高钢的强度、硬度，降低塑韧性； （2）造成焊接区脆化； （3）降低电工钢的磁性； （4）降低钢材冷加工性能	与 Al、V、Nb 在钢中形成氮化物使铁素体强化，细化晶粒，抑制铁素体晶粒长大，提高强韧性
H	间隙固溶	（1）降低钢的塑韧性； （2）易使钢中析出引起微小内裂纹，形成氢脆	
O	（1）氧化物夹杂； （2）固态钢中溶解度很小	（1）引起应力集中，导致产生微裂纹，降低韧性； （2）降低疲劳强度、耐腐蚀性； （3）使冲压、锻造、切削性能降低； （4）引起热脆； （5）造成钢材性能各向异性； （6）引起表面质量问题	

超纯净钢在性能上的优越性体现在力学性能和加工性能，分别为：

（1）力学性能。管线钢（C-Mn-Nb）中硫含量由 0.025%降低至 0.0015%，使冲击韧性由 20J 提高至 180J，抗酸性气体腐蚀能力也显著提高。Ni-Cr-Mo 钢中硫含量从 0.016%降至 0.004%时，-62℃平均冲击性能提高一倍[9]。轴承钢中氧含量由 0.003%降低至 0.0005%，轴承寿命可提高 30 倍。热轧宽带钢中的硫含量从 0.02%降低至 0.001%时，钢的横向冲击值可提高 12~15 倍。硅钢中降低硫和总氧量，可使无取向硅钢片铁芯损失降到 2.3W/kg 以下[10]。

（2）加工性能。降低钢的碳含量或碳当量，有利于改善钢的焊接性能。汽车板、DI 罐用钢等钢材降低钢中碳、氮含量能明显改善钢的深冲性能。降低氧化物夹杂数量，能够降低热轧薄板表面裂纹，提高表面质量。钢中硫含量低于 60×10^{-6}时，可避免热加工时产生热裂纹。铁素体不锈钢中使硫低于 20×10^{-6}时，可保证钢材良好的热加工性能[10]。

7.3 超纯净钢的冶炼

超纯净钢通常需采用炉外精炼以提高纯净度，炉外精炼具有如下特点[11]：

（1）精确控制钢水成分，钢的成分标准误差为 C±0.01%，Mn、Si、Cr 为±0.02%，Ni、Mo 为±0.01%，Al 为±0.0025%。

（2）精确控制钢水温度均匀一致且保持温度误差小于 5℃，只有均匀合理的钢水温度，才能保证钢锭内部及表面的质量。

（3）能使钢中的残余有害气体 N_2、H_2、O_2减少到最低程度，以增强成品钢的机械特性改善穿管性能，减少氢致裂纹和层状断口。

（4）严格脱硫、脱磷提高钢的冲击韧性、减除回火脆性，改善拉拔性能。

（5）脱碳到极低程度，提高钢的深冲性能、电磁性能和耐腐蚀性能。

（6）防止钢水的二次氧化和重新吸气。

以超纯低压转子 30Cr2Ni4MoV 钢为例，其冶炼工艺流程为：电炉→炉外精炼（钢包炉精炼）→真空浇注[12]。图 7-1 为纯净钢冶炼浇注示意图[13]。

冶炼的主要特点为[14,15]：电炉部分要备优质废钢，确保钢水具有较低含量的杂质元素（As、Sn、Sb 等）。氧化期强化脱磷操作，确保粗炼钢水终点磷达到工艺要求，为防止钢水回磷，粗炼钢水不进行脱氧操作。钢包精炼时应严格卡渣，防止回磷，精炼时入炉的合金及辅助材料严格烘烤，降低氢含量。并采用真空且通入氩气去除硫、氧和氢。最后浇注时采用真空碳脱氧再次去除氢和氧。若一次炉外精炼后纯净度不能达到要求，可采用再次精炼工艺如电渣重熔，这将有助于生产高纯度材料。

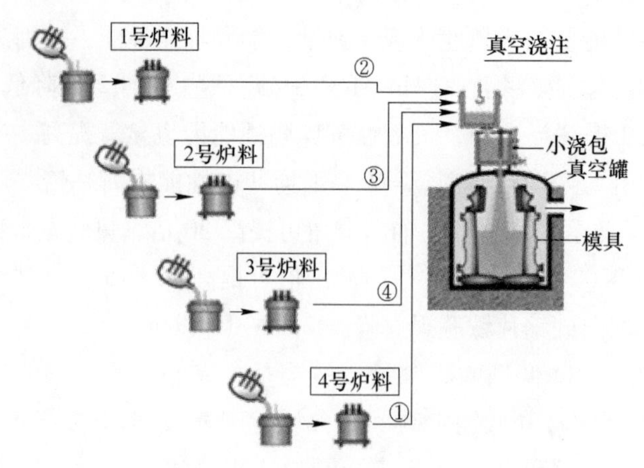

图 7-1　纯净钢冶炼浇注工艺

①~④：浇注顺序

7.4　超纯净钢在大型锻件上的应用

对于大型锻件，如汽轮机低压转子存在回火脆性的问题，而超纯净钢的一个优势就是能解决回火脆性问题。对于低压转子用 Ni-Cr-Mo-V 钢，常用 J 因子、$\overline{X}$ 因子、K 因子和 J 因子来衡量回火脆性，但这四个参数均与杂质元素有关，亦可认为与钢的纯净度有关。四种因子的表达式分别为[16]：

$$J=(\mathrm{Si}+\mathrm{Mn})\cdot(\mathrm{P}+\mathrm{Sn}(\mathrm{wt.}\ \%))\times 10^4 \tag{7-1}$$

$$\overline{X}=(10\mathrm{P}+5\mathrm{Sb}+4\mathrm{Sn}+\mathrm{As}(\mathrm{wt.}\ \%))\times 10^2 \tag{7-2}$$

$$K=(\mathrm{Si}+\mathrm{Mn})\cdot(10\mathrm{P}+5\mathrm{Sb}+4\mathrm{Sn}+\mathrm{As}(\mathrm{wt.}\ \%))\times 10^2 \tag{7-3}$$

$$J=(\mathrm{Si}+\mathrm{Mn})\cdot(\mathrm{P}+\mathrm{Sb}+\mathrm{Sn}(\mathrm{wt.}\ \%))\times 10^4 \tag{7-4}$$

7.4.1　美国超纯净大锻件的研制应用情况

美国电力研究院从 20 世纪 70 年代起对汽轮机低压转子用钢 3. 5NiCrMoV 的纯净化进行了较为细致的研究，并与 1987 年首次提出超纯净钢 3. 5NiCrMoV 的规范和目标成分，如表 7-3 所示[16]。

表 7-3　超纯净 3. 5NiCrMoV 钢低压转子锻件化学成分及 J 因子　（质量分数,%）

元素	C	Mn	Si	S	Ni	Cr	Mo	V	P	Al	Sn	As	Sb	J
目标	0. 25	0. 02	0. 02	0. 001	3. 50	1. 65	0. 45	0. 10	0. 002		0. 002	0. 002	0. 001	1. 6
规范（Max.）	0. 30	0. 05	0. 05	0. 002	3. 75	2. 00	0. 50	0. 15	0. 005	0. 005	0. 005	0. 005	0. 002	10
eg. EPRI/VEW/34t	0. 27	0. 02	0. 01	0. 001	3. 73	1. 71	0. 43	0. 10	0. 004	0. 006	0. 005	0. 006	0. 0015	2. 7
Kawagoe 120t	0. 25	0. 02	0. 02	0. 001	3. 61	1. 75	0. 42	0. 13	0. 002	0. 005	0. 003	0. 003	0. 0009	2. 5

美国学者的研究结果可归纳为[17-19]：（1）采用真空碳脱氧冶炼 3. 5NiCrMoV 钢具有更细小的晶粒，降低杂质含量亦使晶粒细化，如图 7-2 所示。（2）超纯净 3. 5NiCrMoV 钢中降低 Mn 含量，能够细化晶粒，并且降低晶粒的长大速率，如图 7-3 所示。（3）超纯净钢具有很好的淬透性，直径为 2750mm 的低压转子当心部冷速为 17. 5℃/h 时，亦能得到全贝氏体组织而不出现先共析铁素体，使转子径向组织均匀。（4）超纯净低压转子具有较低的 FATT，在高温长时间时效后 FATT 增加较小，如图 7-4 所示。（5）超纯净 3. 5NiCrMoV 钢的室温冲击性能、持久强度优于普通钢。（6）超纯净钢抵抗应力腐蚀开裂的能力优于普通钢，如图 7-5 所示。

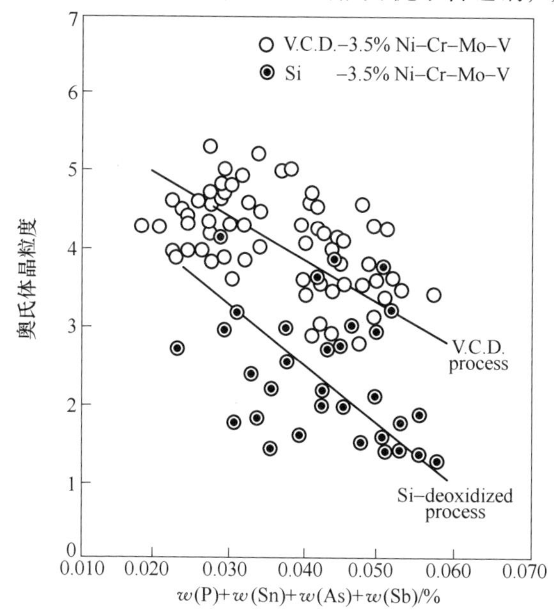

图 7-2　奥氏体晶粒度与纯净度的关系

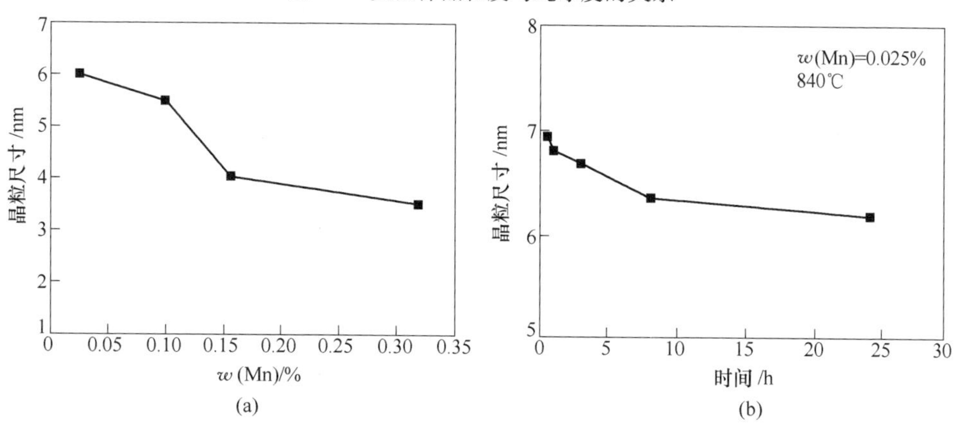

图 7-3　纯净度对晶粒度的影响

（a）锰含量；（b）保温时间

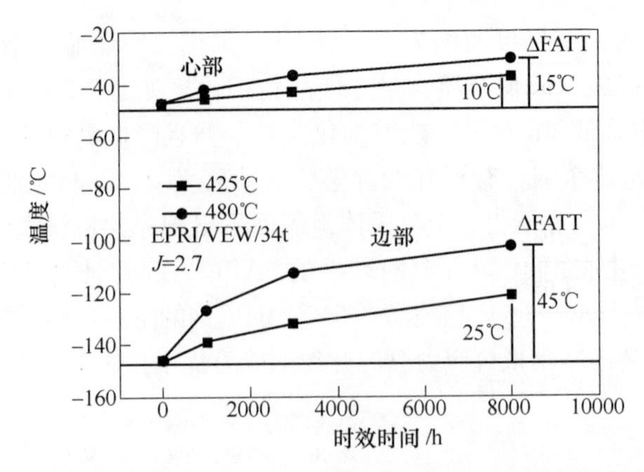

图 7-4　不同时效温度和时间下超纯净 3. 5NiCrMoV 转子的 FATT 值

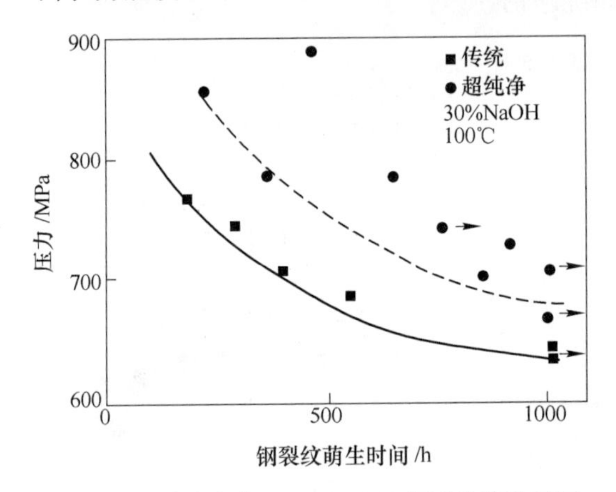

图 7-5　不同纯净度 3. 5NiCrMoV 钢裂纹萌生时间

此外，美国学者[20]还对新一代反应堆压力容器用钢 SA508Gr. 4N 的超纯净化进行了研究，钢的化学成分如表 7-4 所示。研究结果表明：超纯冶炼得到的 SA508Gr. 4N 钢经水冷调质后具有很高韧性，上平台冲击功高达 312. 3J，FATT 为 -143℃。而常规钢的上平台冲击功仅为 185. 6J，FATT 为 -73℃。超纯净钢的 316℃抗拉强度和屈服强度分别为 620. 5MPa、523. 2MPa，均高于规范要求的 613MPa 和 489MPa。

表 7-4　SA508Gr. 4N 钢反应堆压力锻件化学成分　（质量分数,%）

元素	C	Mn	Si	S	Ni	Cr	Mo	V	P
常规钢（≤）	0. 23	0. 20～0. 40	0. 15～0. 40	0. 02	2. 75～3. 90	1. 50～2. 00	0. 40～0. 60	0. 03	0. 020
超纯净（≤）	0. 25	0. 05	0. 05	0. 002	2. 75～3. 90	1. 50～2. 00	0. 40～0. 60	0. 05	0. 005
常规钢实测成分	0. 21	0. 25	0. 09	0. 007	3. 74	1. 66	0. 50	0. 02	0. 009
超纯净实测成分	0. 24	0. 04	0. 02	0. 002	3. 75	1. 93	0. 51	0. 024	0. 004

续表 7-4

元素	Al	Cu	As	Sn	Sb	Pb	O	N	H
常规钢（≤）									
超纯净（≤）	0.035	0.10	0.007	0.007	0.002	0.003	0.0020	0.0085	0.0002
常规钢实测成分	0.005	0.08	0.012	0.007	0.002	0.001	0.0034	0.0039	0.00016
超纯净实测成分	0.007	0.05	0.007	0.005	0.002	0.0002	0.0011	0.0063	0.00012

7.4.2 日本超纯净大锻件的研制应用情况

日本从 20 世纪 80 年代起对超纯净钢在汽轮机上的应用进行了研究，表 7-5 为汽轮机部件用超纯净钢的研制情况[21]。

表 7-5 日本汽轮机部件用超纯净钢的研制情况[21]

年份	钢　种	应用部位
1986	1CrMoV（仅为高纯净未达到超纯净）	高压/中压转子
1986	3.5NiCrMoV	低压转子
1989	CrMoVNi(W)→9CrMoVNiNbN	高压/低压整体转子
1991	12Cr	燃气涡轮盘
1994	New12Cr	超超临界高压/中压转子

日本学者对汽轮机部件用超纯净钢的研究结果表明[22,23]：（1）超纯净钢具有较低的 ΔFATT 值，如图 7-6 所示。（2）超纯净钢具有较高的持久强度。如图

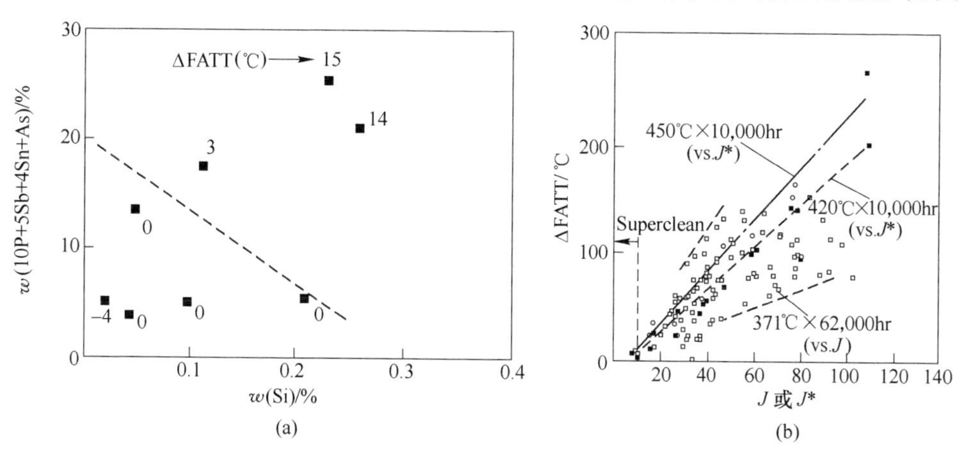

图 7-6 纯净度与 ΔFATT 的关系

（a）1Cr1.25Mo0.25V；（b）3.5NiCrMoV

7-7 所示。(3) 超纯净钢具有更高的抵抗断裂的能力，如图 7-8 所示。(4) 超纯净钢具有更好的低周疲劳寿命，如图 7-9 所示。

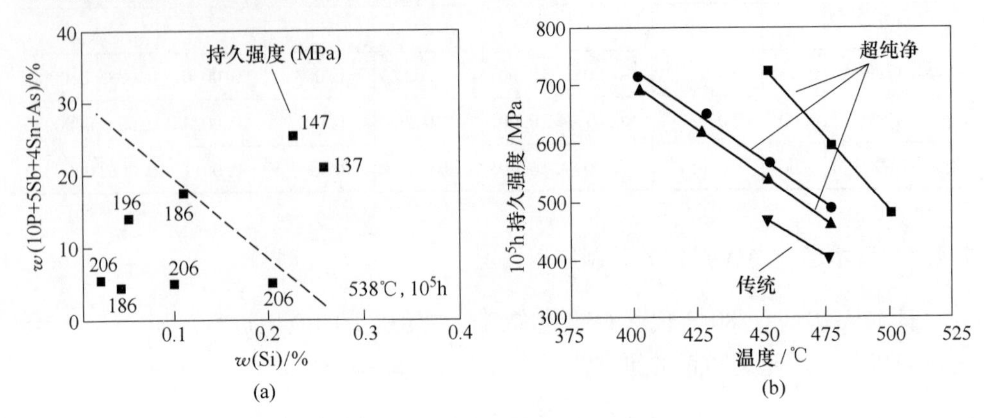

图 7-7　纯净度与持久强度关系

(a) 1Cr1.25Mo0.25V; (b) 12Cr

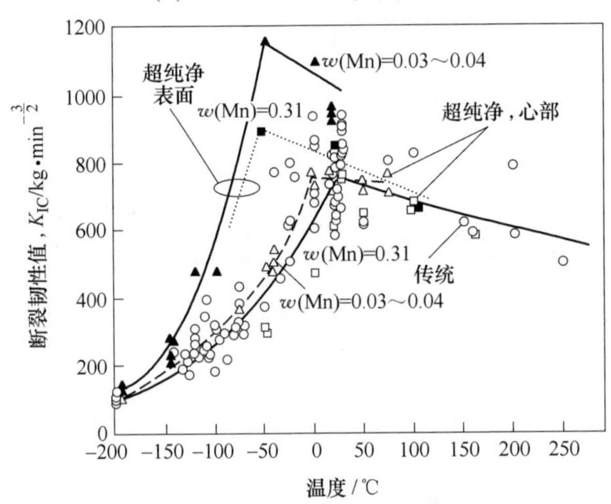

图 7-8　超纯净 3.5NiCrMoV 钢的断裂韧性

对于反应堆压力容器用钢 SA508Gr. 4N 日本学者进行了研究。降低钢中 Si 和杂质元素含量能够明显降低回火脆性敏感性，如图 7-10 所示。超纯净 SA508Gr. 4N 钢还具有较低的断口形貌转变温度[24,25]。

7.4.3　其他国家超纯净大锻件的研制应用情况

德国学者 Walter Grimm 等[26]采用步冷脆化工艺研究了纯洁度对 Ni-Cr-Mo-V 转子钢回火脆性的影响，表 7-6 为两种钢的化学成分和 J 系数。图 7-11 为两种钢的性能。

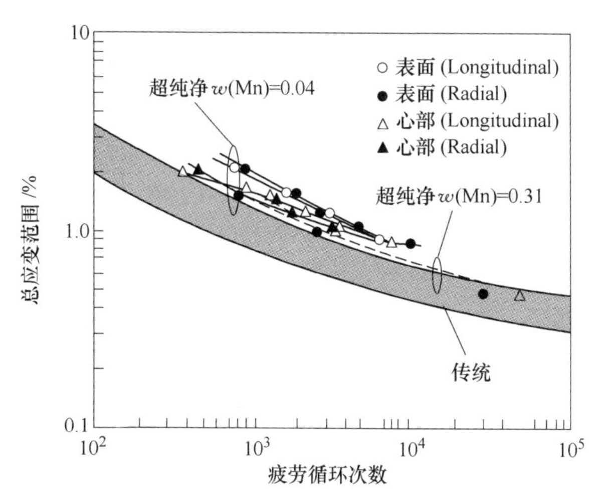

图 7-9 超纯净 3.5NiCrMoV 钢的低周疲劳寿命

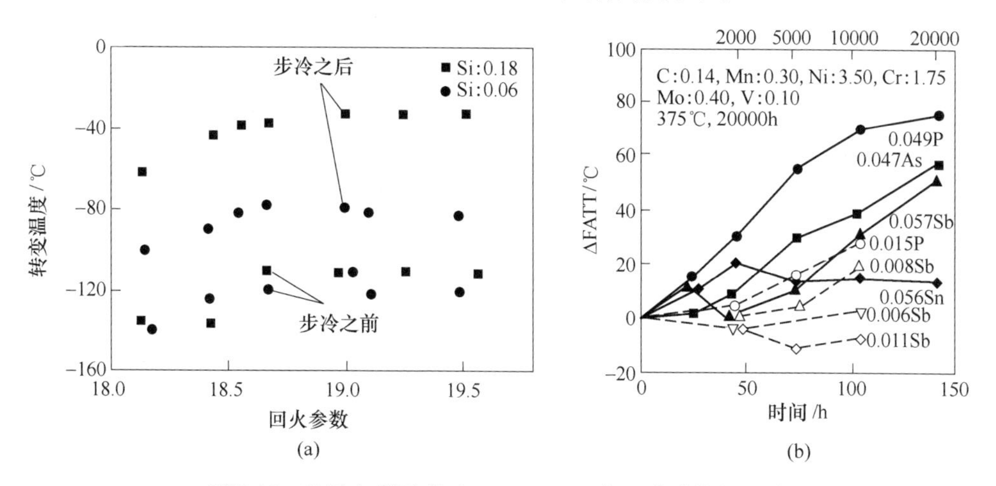

图 7-10 Si 及杂质元素对 SA508Gr. 4N 钢回火脆性的影响

（a）Si；（b）P、As、Sn 和 Sb 元素

表 7-6 转子钢化学成分及 *J* 系数

元素	C	Si	Mn	P	S	Cr	Ni	Mo	V	Sn	Sb	As	*J*
常规钢	0.23	0.15	0.19	0.005	0.002	1.75	3.08	0.42	0.11	0.006	0.001	0.0065	37.4
超纯净钢	0.23	0.03	0.027	0.003	0.001	1.93	3.15	0.55	0.10	0.003	0.0015	0.0048	3.20

由图 7-11 可知，超纯净钢无论是常规热处理还是脆化处理后均具有较低的断口形貌脆性转变温度和较高的上平台冲击功。脆化处理后，常规钢的断口形貌

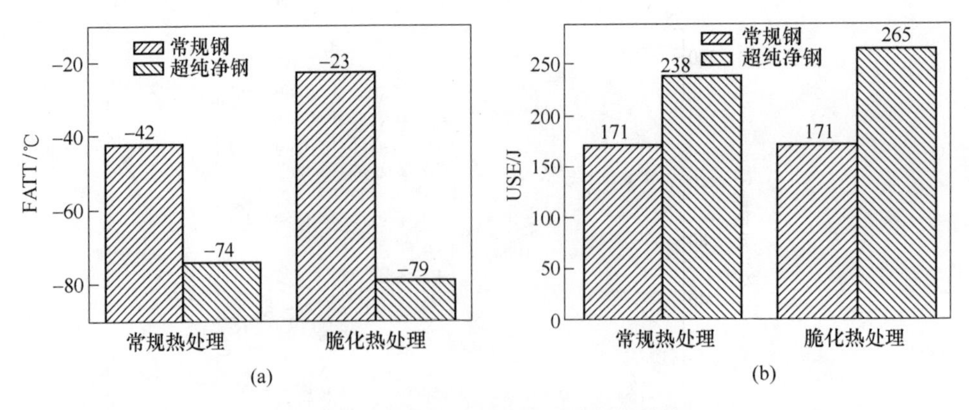

图 7-11　不同热处理状态两种钢的性能

（a）断口形貌脆性转变温度；（b）上平台冲击功

脆性转变温度急剧增加而超纯净钢的韧脆转变温度却降低，超纯净钢比常规钢具有更好的韧性和更低的回火脆性。图 7-12 为不同 P 含量时 J 参数与回火脆性的关系。图 7-12 也显现出回火脆性随 J 参数的增加而加剧。

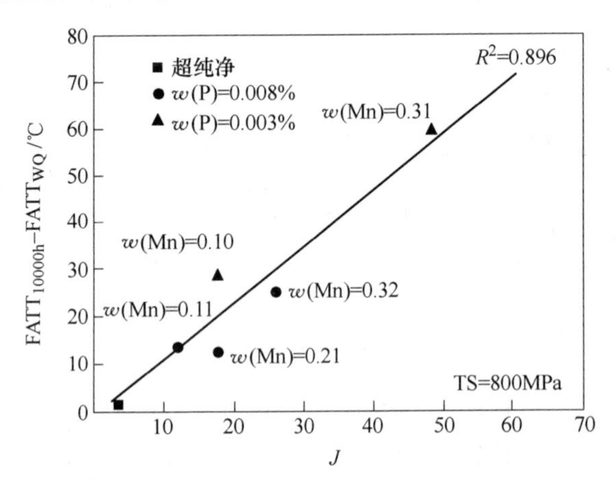

图 7-12　3. 5%NiCrMoV 钢 J 参数与回火脆性的关系

中国第二重型机械集团公司[27,28]通过工业实践研究了 3. 5%NiCrMoV 超纯净低压转子锻件的性能。通过前期调研，指出当 $J \geqslant 10$ 时 NiCrMoV 钢就会脆化，$J<10$ 时，低压转子在 350～500℃时不产生回火脆化敏感性。通过实际浇注锻造了超纯净低压转子，转子不同部位的 J 因子在 2. 4～4. 2 之间，晶粒度在 5. 5～7. 5 之间。转子各个部位的力学性能明显优于普通低压转子，超纯净转子的 FATT 值比普通转子低约 25℃，而上平台冲击功高约 34J。经过脆化处理后超纯净转子的冲击功几乎无变化，而普通转子的冲击功明显下降，如图 7-13 所示，充分证明超纯净钢低压转子具备很好的抗脆化倾向。

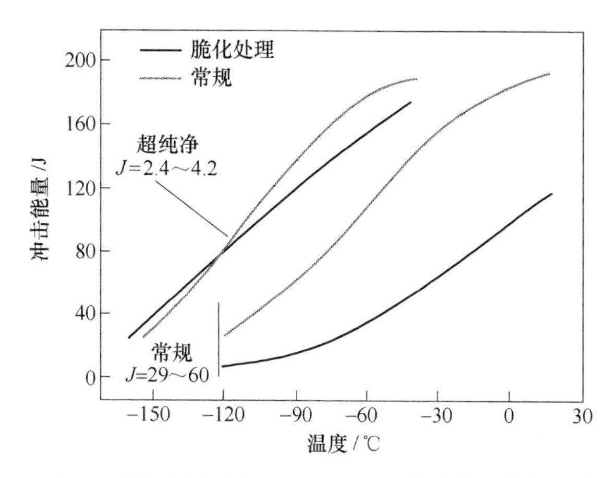

图 7-13 不同纯净度 3.5%NiCrMoV 低压转子脆化试验

7.5 SA508Gr. 4N 钢超纯净冶炼的实践

通过上述总结分析，确定 SA508Gr. 4N 钢的超纯净冶炼工艺及成分控制范围，采用不同脱氧方式冶炼了 4 炉钢，成分如表 7-7 所示。4 炉钢采用相同的锻造工艺改锻，锻造工艺为：开坯锻造温度在 1100～1220℃，终锻温度控制不低于 900℃。钢锭分别锻为 ϕ16mm×800mm 圆棒和 15mm×15mm×800mm 方棒，锻后在 620～670℃，经过 2～4h 退火处理。

表 7-7 SA508Gr. 4N 钢冶炼成分 （质量分数，%）

脱氧方式	钢号	C	Si	Mn	Al	N	P	S	$\overline{X}$
稀土脱氧	X-Mn0	0.19	0.014	0.01	0.026	0.009	0.002	0.002	2.68
	X-Mn3	0.19	0.013	0.36	0.030	0.010	0.002	0.002	2.43
真空碳脱氧	C-Mn0	0.16	0.015	0.04	0.024	0.029	0.003	0.003	3.43
	C-Mn3	0.20	0.015	0.36	0.031	0.024	0.002	0.002	3.12

注：$\overline{X}=(10P+5Sb+4Sn+As)\times10^2$。

锻后的试验钢经两次正火后进行调质，调质工艺为 860℃×5h，以 4.4℃/min 的冷速淬火，然后进行回火，工艺为 620℃×8h。模拟焊后热处理为 595℃×20h，并且控制升温速率<50℃/h。步冷脆化热处理工艺如图 7-14 所示。而后通过系列冲击试验比较确定 SA508Gr. 4N 钢超纯净冶炼工艺的关键控制因素。

7.5.1 力学性能

图 7-15 为不同试验钢不同热处理状态的韧-脆转变曲线，表 7-8 为试验钢的韧性统计。由图 7-15 可知，无论是焊后热处理态还是步冷脆化态的韧-脆转变曲

线，采用稀土脱氧冶炼的试验钢均位于真空碳脱氧试验钢的右侧。因此稀土脱氧冶炼的试验钢韧性相对较差。

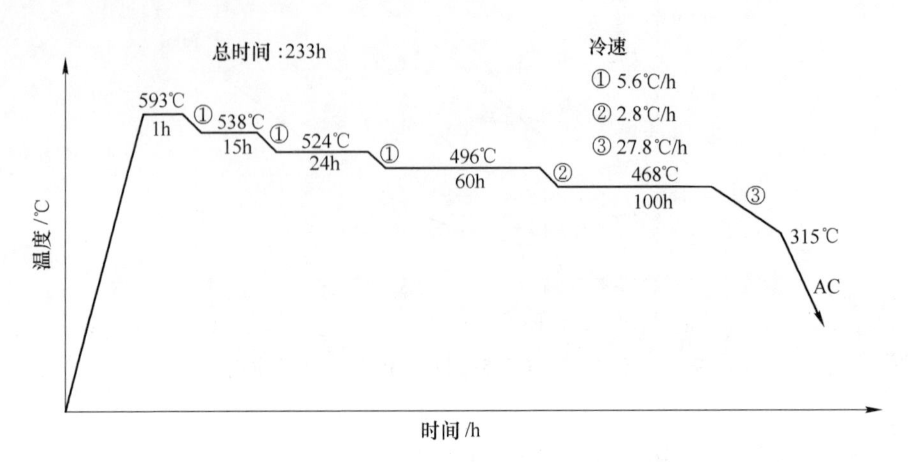

图 7-14　步冷脆化工艺

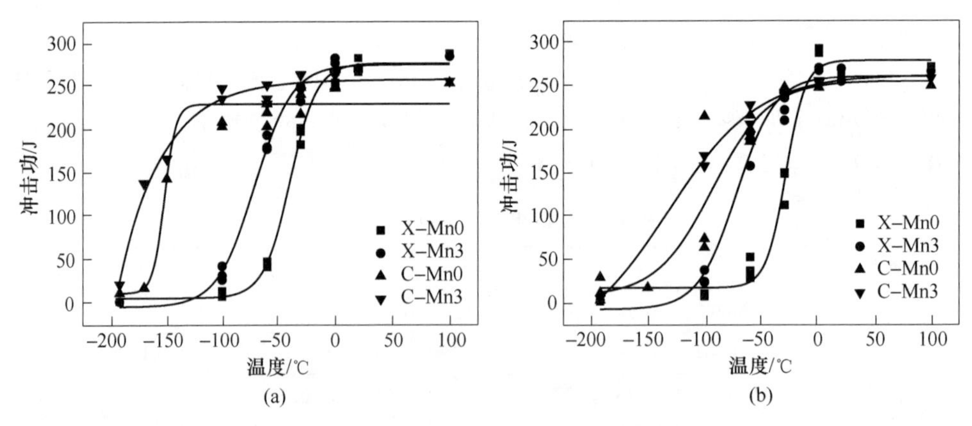

图 7-15　SA508Gr. 4N 钢不同状态的韧脆转变曲线
（a）焊后热处理态；（b）步冷脆化态

表 7-8　SA508Gr. 4N 钢冲击韧性统计

状　态	脱氧方式	稀土脱氧		真空碳脱氧	
	钢号	X-Mn0	X-Mn3	C-Mn0	C-Mn3
焊后态	USE/J	277	275	230	258
	DBTT/℃	-40	-71	-152	—
	T_{54J}/℃	-58	-93	-159	-188

续表 7-8

状　态	脱氧方式	稀土脱氧		真空碳脱氧	
	钢号	X-Mn0	X-Mn3	C-Mn0	C-Mn3
步冷脆化态	USE/J	280	261	255	262
	DBTT/℃	-29	-71	-93	-132
	T_{54J}/℃	-45	-92	-129	-159
	A/℃	-19	-90	-69	-101

由表 7-8 可知，在两种脱氧方式中 Mn 含量为 0.35%的试验钢具有较低的韧-脆转变温度。稀土脱氧的试验钢比真空碳脱氧的试验钢有更高的上平台冲击功。对比 X-Mn0 与 C-Mn3 两试验钢可知，真空碳脱氧的试验钢具有更低的韧-脆转变温度。经步冷脆化后，四种试验钢的韧-脆转变曲线均右移，韧脆转变温度升高，但 C-Mn1 和 C-Mn3 钢的韧-脆转变温度显著低于 X-Mn1 和 X-Mn3 钢并且含 Mn0.35%的试验钢的回火脆化敏感值均低于不含锰的试验钢。这表明采用真空碳脱氧能够使试验钢具有很好的韧性，并且 Mn 能够提高韧性不加剧回火脆性。

7.5.2　分析讨论

为了明确 SA508Gr. 4N 钢超纯净冶炼的脱氧方法和成分含量对 4 种试验钢的微观组织进行了分析。图 7-16 为试验钢的夹杂物形貌及等级。由图 7-16 可知，采用稀土脱氧冶炼的试验钢的夹杂物普遍大于真空碳脱氧的试验钢，减少夹杂物尺寸能够提高材料的性能，因此超纯净的 SA508Gr. 4N 钢应采用真空碳脱氧进行冶炼。为了确定夹杂物的具体种类，对夹杂物进行了扫描分析，如图 7-17 和图 7-18 所示。

由图 7-17 可知，稀土脱氧的试验钢中含有三种夹杂物，分别为稀土夹杂、Al_2O_3和硫化物。稀土主要为 Y，Y 熔点高、硬因此割裂了基体易形成裂纹起裂源，降低材料的韧性。采用真空碳脱氧的试验钢中主要为 Al_2O_3 和 MgO 复合夹杂，这或许与冶炼中采用的耐热材料有关。整体判定真空碳脱氧形成的夹杂物较少。

在前期的调研中发现，大锻件的超纯净冶炼往往将 Si 和 Mn 也控制在较低水平（<0.05%）。因为传统认为 Si 和 Mn 是促进脆化的元素，降低后能够减弱回火脆性。但在超纯净 SA508Gr. 4N 钢的研究中发现，钢中添加 0.35%的 Mn 能够具有很好的韧性和较低的回火脆性，这与传统观点不一致。为了探讨这一问题，对试验钢进行了微观分析，如图 7-19 所示。由图 7-19 可知添加 0.35%的 Mn 后使组织中含有一部分马氏体组织，由于马氏体组织的韧性优于贝氏体组织，从而能

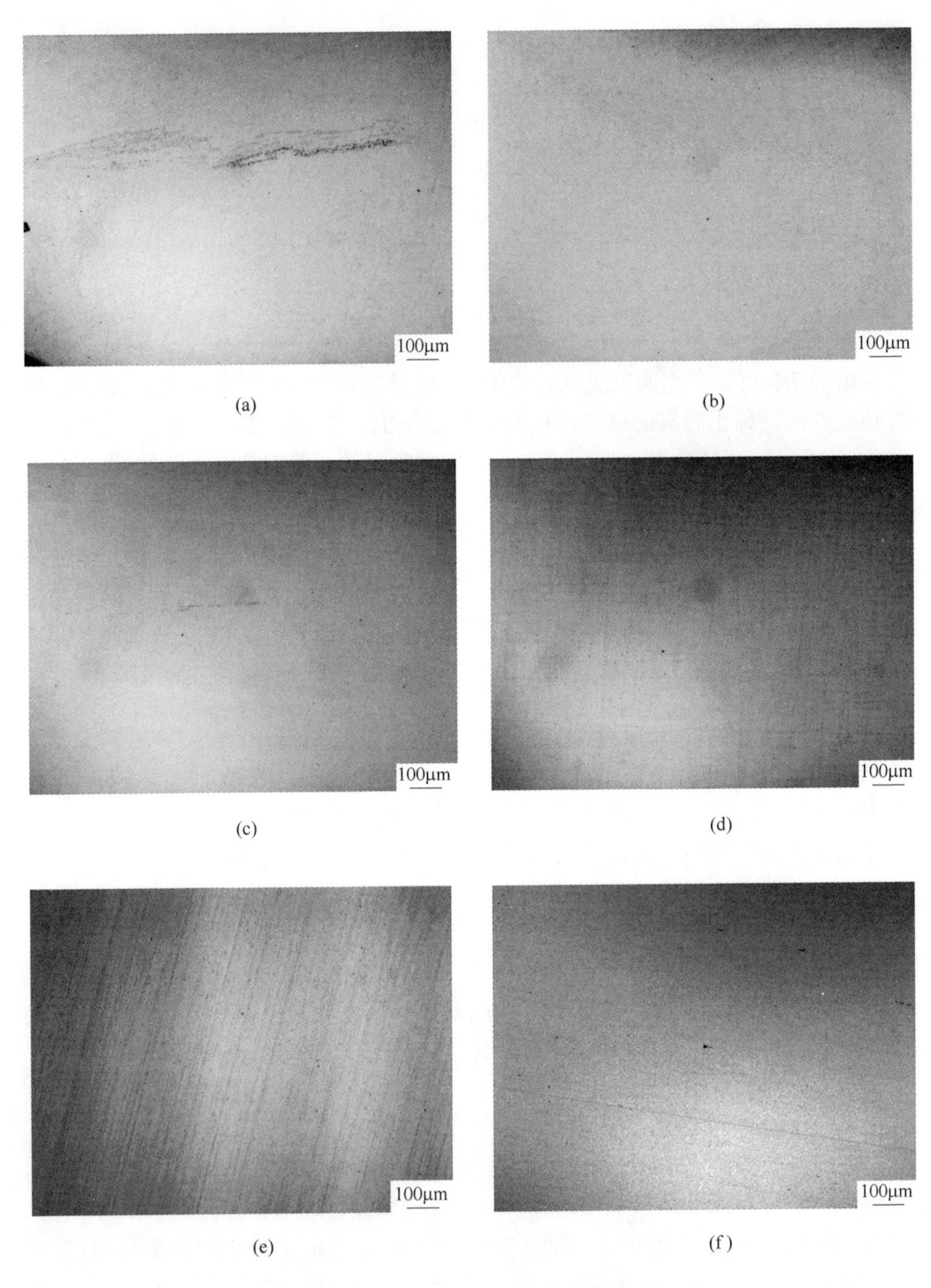

图 7-16　SA508Gr. 4N 钢的夹杂物

(a) X-Mn0 B 类细系 3 级；(b) X-Mn0 D 类细系 0.5 级；(c) X-Mn3 B 类细系 1.5 级；(d) X-Mn3 D 类细系 0.5 级；(e) C-Mn0 D 类细系 0.5 级；(f) C-Mn3 D 类粗系 0.5 级

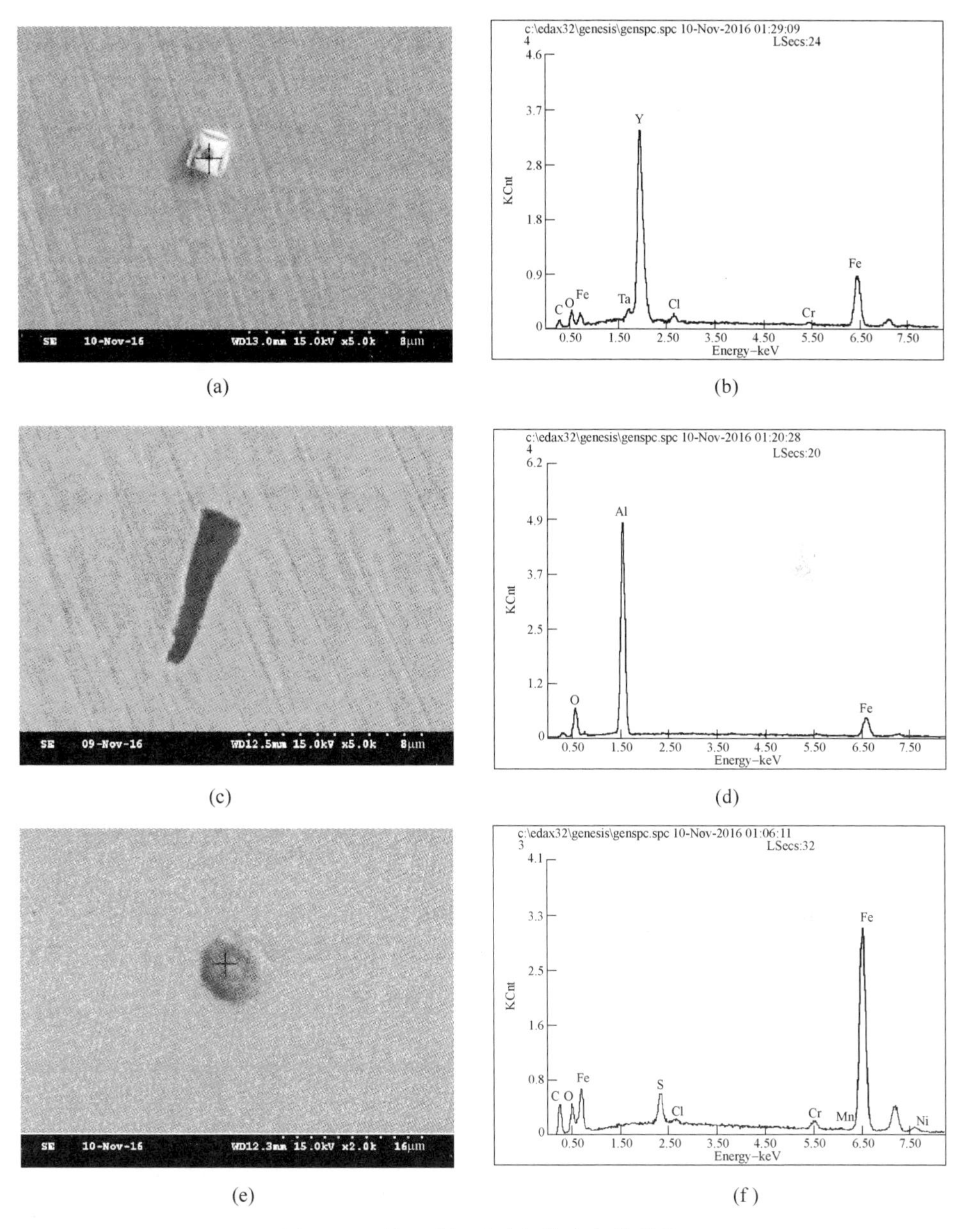

图 7-17 稀土脱氧试验钢的夹杂物种类

(a)，(b) 稀土；(c)，(d) Al_2O_3；(e)，(f) 硫化物

够提高韧性[29]。从图 7-19 (c)、(d) 可看出添加 Mn 后能够使碳化物更加细小弥散分布，细小弥散分布的碳化物能够减少应力集中，降低裂纹形成及开裂。

对两种试验钢的亚结构进行了分析如图 7-20 所示。由图 7-20 (a)、(c) 可知，添加 Mn 元素后能够使同一个晶粒内部的板条块取向更多，经统计确定 X-

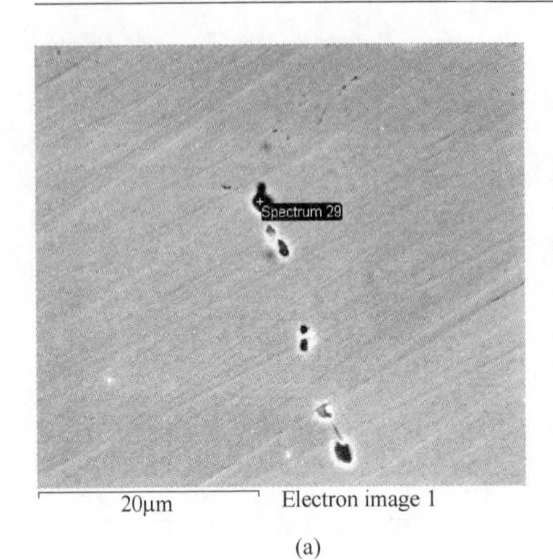

(a)

Element	质量分数 /%	原子分数 /%
C K	0.79	1.78
O K	27.14	46.32
Mg K	6.35	7.13
Al K	24.14	24.43
Cr K	1.03	0.54
Fe K	39.23	19.18
Ni K	1.33	0.62
Totals	100.00	

(b)

图 7-18　真空碳脱氧夹杂物类型

(a)，(b) Al_2O_3+MgO

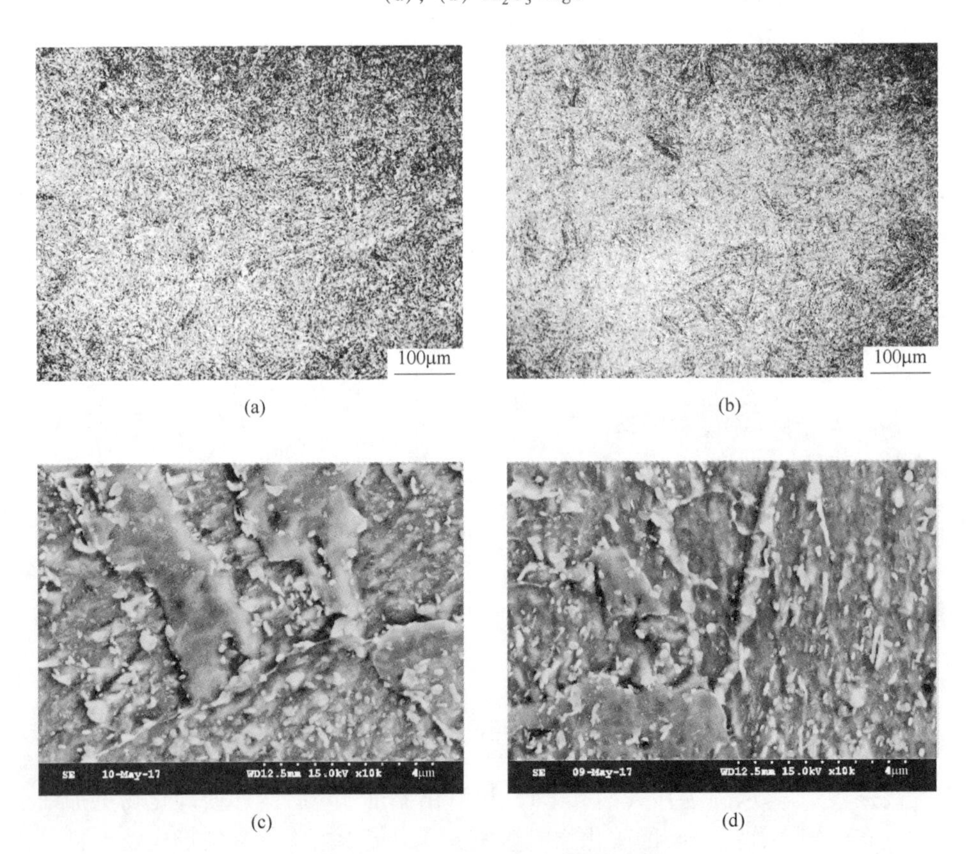

(a)　(b)　(c)　(d)

图 7-19　SA508Gr. 4N 钢的微观组织

(a)，(c) X-Mn0；(b)，(d) X-Mn3

Mn0 与 X-Mn3 两钢的板条块尺寸分别为 3.41μm 和 2.89μm，Mn 元素能够显著细化板条块。有研究表明板条块是决定材料韧性的有效晶粒尺寸[30,31]。Mn 元素通过细化板条块从而提高了材料的韧性。由图 7-20（b）、（d）可知，添加 Mn 元素后使大角度晶界更加密集，统计确定 X-Mn0 与 X-Mn3 两钢的大角度晶界比例分别为 23.75%和 29.95%，Mn 元素在细化晶粒的同时使大角度晶粒增大。材料受到冲击形成裂纹，而裂纹在扩展时遇到大角度晶界要发生倾转，从而消耗更多的能力，提高韧性[32]。

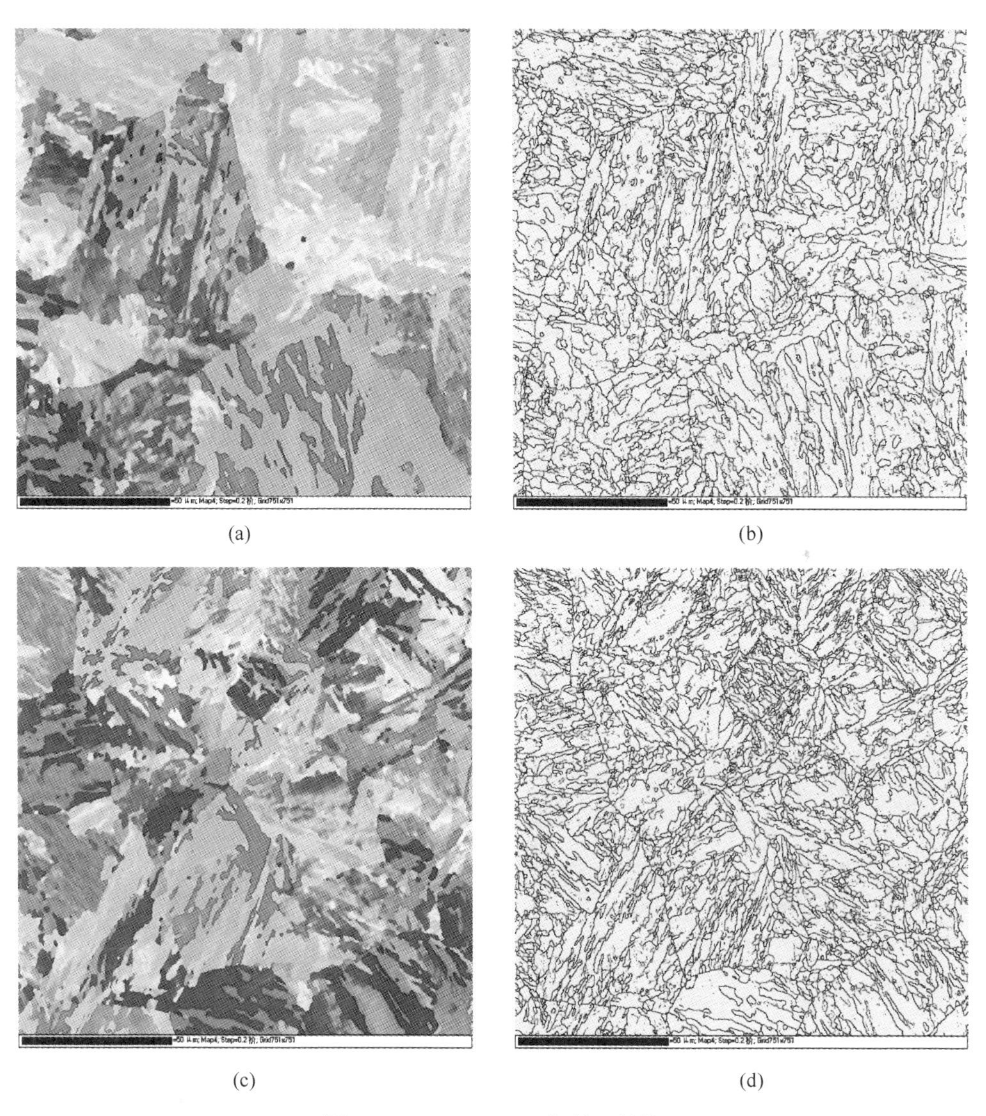

图 7-20 SA508Gr. 4N 钢的亚结构
（a），（b）X-Mn0；（c），（d）X-Mn3

一般认为 Mn 元素能够促进杂质元素的偏聚，对钢的性能产生不利影响。可是从此次试验结果来看，并未出现 Mn 加剧脆性的现象，因此采用俄歇能谱仪分析了元素偏聚情况，如图 7-21 所示。由于试验钢经步冷脆化后的韧性依然较好，在-192℃进行冲击时仍未发生沿晶断裂，故采用金相样品腐蚀出晶界以获取杂质元素在晶界的偏聚情况。由图 7-21（b）、（d）可知，试验钢中均未发生 P 元素的偏聚，这或许与试验钢的 P 含量较低有关。另外，当 Mn 含量较低时仅检查到了 S 元素的偏聚，而当 Mn 含量较高时没有检测到致脆元素的偏聚。这表明在脆化因子较低时，Mn 元素并不促进 P、S 等偏聚，相反 Mn 能减弱 S 的偏聚，这或许是 Mn 能够与 S 形成 MnS 夹杂，减少了 S 单质的存在，从而减少了 S 的晶界偏聚。

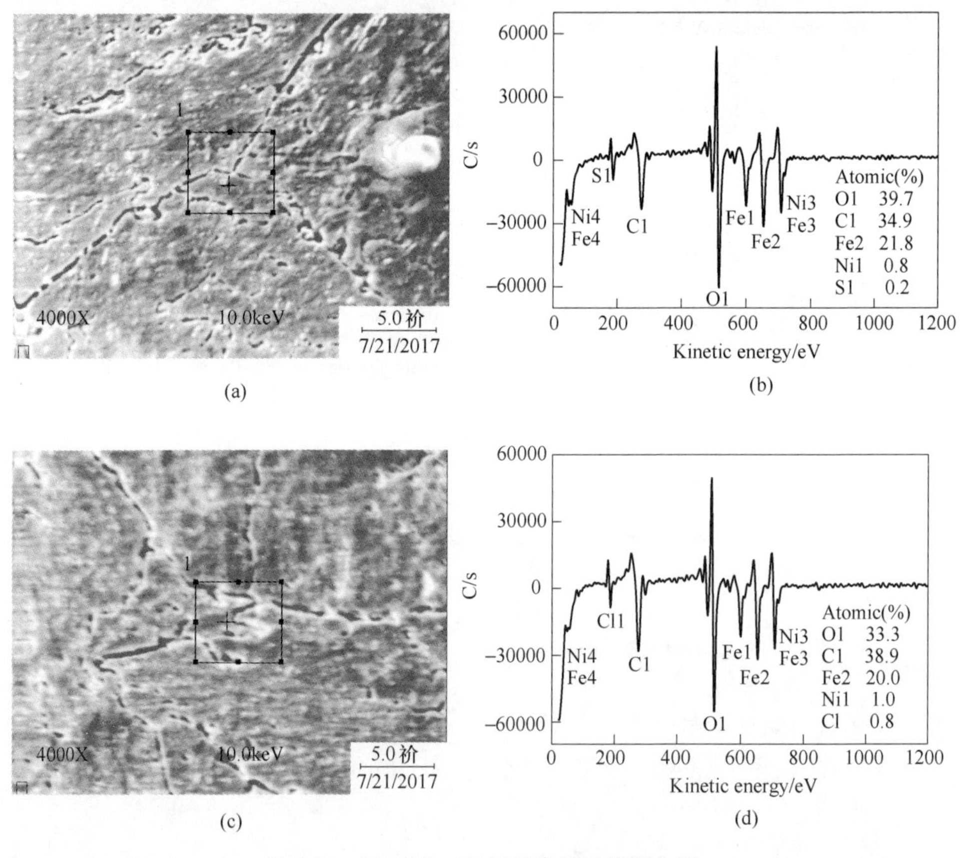

(a)　(b)　(c)　(d)

图 7-21　SA508Gr. 4N 钢元素晶界偏聚分析

（a），（b）X-Mn0；（c），（d）X-Mn3

综上所述，SA508Gr. 4N 钢的超纯净冶炼与传统意义上的超纯净有一定区别。SA508Gr. 4N 钢的超纯净需要降低 S、P、O、H 等杂质元素，减少夹杂物，降低

Si 含量。添加适量的 Mn 和 Al，N 元素也不易降到过低水平，这样一方面 Mn 元素能够提高淬透性，另一方面 Al 与 N 结合形成 AlN 钉扎晶界细化晶粒，从而提高钢的性能。

参 考 文 献

[1] 杨志强，何西扣，刘正东．钢铁研究总院内部技术报告 [R]. 2016. 1.
[2] Clean Steel (Special Report 77). London, U. K: The Iron and steel Institute, 1962, 11: 28~29.
[3] Kiessling R. Production and Application of Clean Steel. Balatonfured, Hungray [J]. The Iron and Steel Institute, 1970, 6: 23~26.
[4] 李正邦．超洁净钢的新进展 [J]. 材料与冶金学报，2002，1 (3)：161~165.
[5] 杨建春．30Cr2Ni4MoV 钢低压转子钢水超纯净化工艺研究与实践 [D]. 秦皇岛：燕山大学，2013.
[6] Fukumoto S and Mitchell A. The Manufacture of Alloys with Zero Oxide Inclusion Content. Proceedings of the 1991 Vacuum Metallurgy Conference on the Melting and Processing of Specialty Materials I &SS, Inc. Pittsburgh, USA , 1991, 3.
[7] 李正邦．超洁净钢和零非金属夹杂钢 [J]. 特殊钢，2004，25 (4)：24~27.
[8] 王绚，唐雪萍，杨接明，等．钢中主要杂质元素的特性及影响 [J]. 特钢技术，2011，17 (1)：13~15.
[9] Schaw winhold D. Demands of Materials Technology on Metallurgy for the Improvement of the Service Properties of Steels [C]. Process of the International Conference on Section Metallurgy. Aachen. Germany. 1987.
[10] 刘浏，曾加庆．纯净钢及其生产工艺的发展 [J]. 钢铁，2000，35 (3)：68~72.
[11] 赵文利．LF 钢包精炼炉电极控制的研究与应用 [D]. 沈阳：东北大学，2011.
[12] 张春雨，杨森．超纯转子钢 30Cr2Ni4MoV 的冶炼 [J]. 一重技术，2008，2：40~41.
[13] Yasuhiko Tanaka, Ikuo Sato. Development of high purity large forgings for nuclear power plants [J]. Journal of Nuclear Materials, 2011, 417: 854~859.
[14] Gelles D S. Clean steels for fusion [R]. The U. S. Department of Energy 1995, DE AC06-76RLO1830.
[15] 潘秀兰，王艳红．洁净钢生产技术初探 [J]. 鞍钢技术，2002，6：9~13.
[16] McNaughton W P, Richman R H, Jaffee R I. "Superclean" 3. 5NiCrMoV Turbine Rotor Steel: A Status Report Part I: Steelmaking Practice, Heat Treatment, and Metallurgical Properties [J]. J. Materials Engineering, 1991, 13 (1): 9~18.
[17] Mayer K H. EPRI/VEW Super Clean 3. 5% NiCrMoV Pilot Rotors [R]. Presented at meeting in Dtisseldorf, 1987.
[18] Rechberger J, Tromans D, MitchellStress A, et al. Corrosion Cracking of Conventional and Super-Clean 3. 5-NiCrMoV Rotor Steels in Simulated Condensates [J]. Corrosion, 1988, 44 (2): 79~87.

[19] McNaughton W P, Richman R H, Jaffee R I. "Superclean" 3. 5NiCrMoV Turbine Rotor Steel: A Status Report Part Ⅱ: Mechanical Properties [J]. J. Materials Engineering, 1991, 13(1): 19~28.

[20] Hinkel A V, Handerhan K J, Manzo G J, et al. Processing and Properties of Superclean ASTM A508Cl. 4 Forgings [R]. Bettis Atomic Power Lab. , West Mifflin, PA. Department of Energy, Washington, DC, 1998.

[21] Takeda Y. Proc. Workshop on Superclean Rotor Steels, 1989, Ed. By R. I. Jaffee, Pergamon Press, New York, 1989.

[22] Takahiko Kato, Yutaka Fukui, Shigeyoshi Nakamura, et al. An Overview of the Japanese Superclean Steel Technology for the Electric Power Industry [C]. International workshop of COST Action 517 on Cleaner metals for industrial exploitation, 1999.

[23] Watanabe O, Yoshioka Y, Schwant R C, et al. Evaluation of a Superclean NiCrMoV Low Pressure Turbine Rotor Forging for Advanced Steam Conditions [R]. Electric Power Research Institute, RP1403-15, 1991.

[24] 谷豪文，朝生一夫，和中宏樹，等. 低 Si 系 SA508Cl4 鍛鋼材の焼もどし脆化特性 [J]. 鉄と鋼，1980，66 (11)：1204.

[25] 高野正義，串田慎一. 压力容器用厚肉 3. 5Ni-Cr-Mo 鍛鋼品の焼もどしぜい性 [J]. 压力技術，1985，32 (5)：2~9.

[26] Walter Grimm. The Influence of Microstructure on Toughness Properties of 3%NiCrMoV Steels [C]. 13th International For gemasters Meeting, 1997.

[27] 崔晋娥，王涛. 3. 5%NiCrMoV 钢超纯净低压转子锻件材料与工艺性能的研究 [J]. 大型铸锻件，2007，6：7~10.

[28] 蒋新亮. 600 吨级低偏析高纯净特大合金钢锭极限制造技术研究与应用 [J]. 大型铸锻件，2013，5：15~23.

[29] Zhiqiang Yang, Zhengdong Liu, Xikou He, et al. Effect of microstructure on the impact toughness and temper embrittlement of SA508Gr. 4N steel for advanced pressure vessel materials [J]. Scientific Reports, 2018, 8(1): 207.

[30] 沈俊昶，罗志俊，杨才福，等. 低合金钢板条组织中影响低温韧性的"有效晶粒尺寸" [J]. 钢铁研究学报，2014，26(7)：70~76.

[31] Li S C, Zhu G M, Kang Y L. Effect of substructure on mechanical properties and fracture behavior of lath martensite in 0. 1C-1. 1Si-1. 7Mn steel [J]. Journal of Alloys & Compounds, 2016, 675: 104~115.

[32] Wang C F, Wang M Q, Shi J, et al. Effect of microstructural refinement on the toughness of low carbon martensitic steel [J]. Scripta Materialia, 2008, 58: 492~495.

8 SA508Gr. 4N 钢的回火脆化问题研究

SA508Gr. 4N 钢属于 Ni-Cr-Mo 系低碳合金钢，由于 Ni 和 Cr 含量较高，被认为具有较高的回火脆化敏感性。本章主要通过对比不同组织状态和化学成分对 SA508Gr. 4N 钢的韧-脆转变温度的影响，通过步冷脆化工艺和等温时效工艺系统研究了钢的回火脆性[1]。所选用的试验钢成分如表 8-1 所示，热处理在具有自主知识产权的控速降温炉中进行（如图 8-1 所示），炉温误差不超过5℃，热处理工艺如图 8-2 所示。

表 8-1 SA508Gr. 4N 钢成分 （质量分数,%）

元素	Si	Mn	P	S	Al	N	$\overline{X}$	K_1
1 号	0. 012	0. 35	0. 002	0. 001	0. 002	0. 0027	2. 63	1. 00
2 号	0. 013	0. 35	0. 002	0. 001	0. 030	0. 0028	2. 43	0. 92
3 号	0. 011	0. 01	0. 002	0. 002	0. 002	0. 0028	2. 78	0. 09
4 号	0. 014	0. 01	0. 002	0. 001	0. 026	0. 0027	2. 68	0. 11
5 号	0. 37	0. 36	0. 002	0. 002	0. 003	0. 0027	2. 64	2. 90
6 号	0. 015	0. 35	0. 020	0. 001	0. 027	0. 0027	20. 90	8. 01
7 号	0. 013	0. 02	0. 022	0. 001	0. 030	0. 0028	22. 59	1. 11
L-Al	0. 02	0. 02	0. 002	0. 001	0. 002	0. 0027	2. 42	0. 12
0. 02Al	0. 02	0. 01	0. 002	0. 001	0. 025	0. 014	2. 32	0. 14

注：$\overline{X}=w(10P+5Sb+4Sn+As)\times10^2$，$K_1=w(2Si+Mn)\cdot\overline{X}$。

图 8-1 控速降温炉

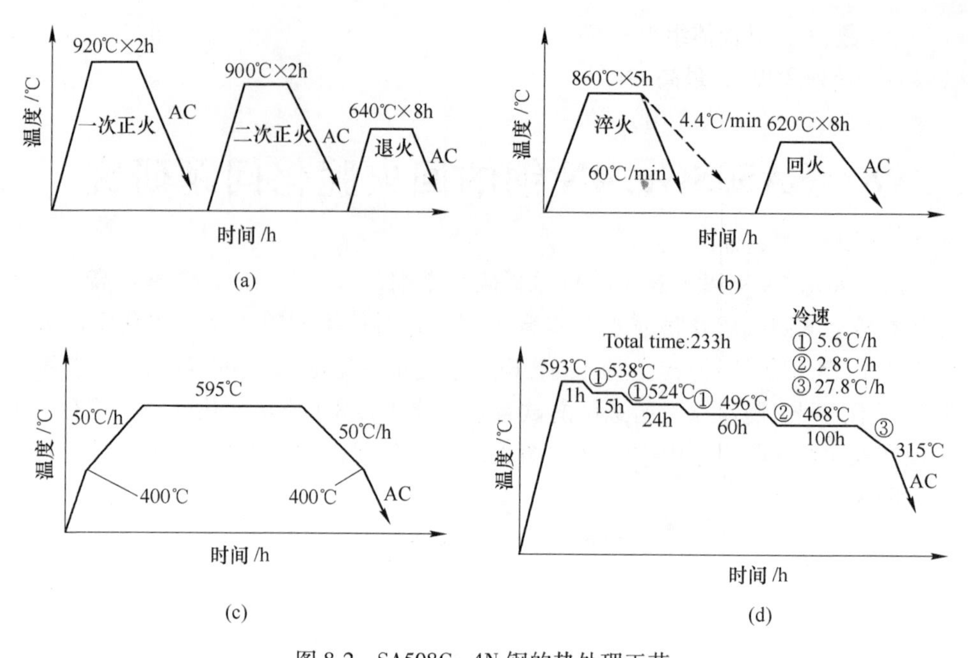

图 8-2　SA508Gr. 4N 钢的热处理工艺

(a) 预备热处理; (b) 性能热处理; (c) 焊后热处理; (d) 步冷脆化

热处理工艺中的预备热处理采用两次阶梯正火和一次退火以细化晶粒，消除组织遗传性为性能热处理提供组织基础。性能热处理包括淬火和高温回火。焊后热处理需要控制升温及降温速率，大锻件的升温和降温速率为 50℃/h。为了研究试验钢的回火脆化敏感性，采用步冷脆化工艺对材料进行脆化处理。

8.1　SA508Gr. 4N 钢的韧-脆转变行为

8.1.1　组织状态的影响

8.1.1.1　不同组织的韧-脆转变行为

SA508Gr. 4N 钢属于中高强度、高韧性材料，相应的断裂韧度测试较为困难，并且对试样的要求较大，故采用 V 型试样冲击功来表征其断裂行为。图 8-3 为三种不同组织状态的韧脆转变曲线。利用 Boltzmann 函数模型对系列冲击试验的数据进行拟合，Boltzmann 函数模型为[2]：

$$A_{kv} = \frac{A_1 - A_2}{1 + e^{(t-t_0)/\Delta t}} + A_2 \tag{8-1}$$

式中，A_{kv}为冲击功，J；A_1为下平台冲击功（LSE，Lower Shelf Energy），J；A_2为上平台冲击功（USE，Upper Shelf Energy），J；t 为试验温度，℃；t_0为韧脆转变温度（DBTT，Ductile-brittle transition temperature），℃；Δt 与韧脆转变温度区宽度

相关的参数,℃。马氏体组织具有最低的 DBTT（约为-86℃）。贝氏体组织具有最低的 USE（为 258J），最高的 DBTT（为-25℃）。贝氏体和铁素体混合在三种组织中具有最高的 USE（为 286J），其 DBTT 位于马氏体和贝氏体之间（为-59℃）。

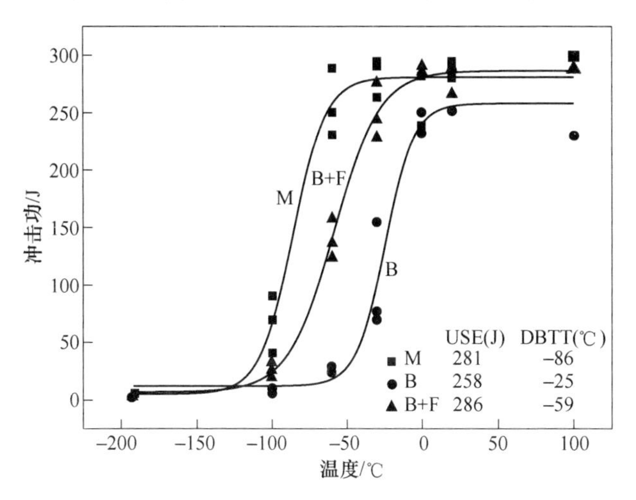

图 8-3 组织对韧-脆转变曲线的影响

Charpy-V 型缺口冲击试样的冲击功可分为裂纹形成功和裂纹扩展功。裂纹形成功表明材料受到外力时裂纹形成的难易程度。裂纹扩展功表明材料阻碍裂纹扩展的能力，是材料韧性高低的重要指标。为了确定微观组织对裂纹形成功及裂纹扩展功的影响对马氏体和贝氏体组织在-60℃进行示波冲击测试，结果如图 8-4 所示。M. M. Ghoneim 等[3]认为在示波冲击试验时，裂纹形成功位于冲击载荷-位移曲线上屈服点与最大载荷间，采用此方法确定试验钢的裂纹形成功与裂纹扩展功，如表 8-2 所示。

一般认为裂纹的扩展是由载荷最大处开始，当载荷由 F_m降低至 F_{iu}时在缺口附近形成纤维区，当载荷由 F_{iu}降低至 F_a时形成放射区，此区域越大表明材料的脆性越高。载荷由 F_a降至断裂在断口上将形成二次纤维区和剪切唇。从力-位移

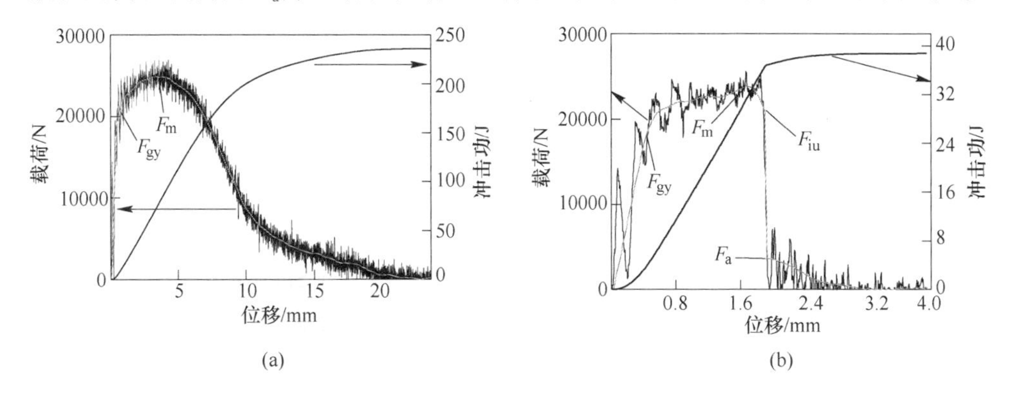

(c)

(d)

图 8-4　不同组织的示波冲击曲线及断口形貌
(a)，(c) 马氏体；(b)，(d) 贝氏体

表 8-2　不同组织示波冲击结果分析

组织状态	裂纹形成功/J	裂纹扩展功/J	冲击总吸收功/J	裂纹形成功/总吸收功	裂纹扩展功/总吸收功
马氏体	70. 37	165. 17	235. 54	29. 87%	70. 13%
贝氏体	31. 66	7. 01	38. 67	81. 87%	18. 13%

曲线可看出马氏体组织的载荷曲线达到最大值后出现缓慢下降，这表明裂纹在缺口尖端处产生了稳态扩展。而贝氏体组织的载荷曲线在达到最大值后，载荷很快进入垂直下降阶段，断口呈现大面积的失稳扩展区。马氏体组织在受到外力冲击时位移在 20mm 时，冲击载荷还未降到 0N，说明在裂纹扩展过程中受到了较多的阻碍，裂纹扩展路径曲折。马氏体的裂纹扩展功为 165. 17J，是裂纹形成功的 2. 35 倍，占总冲击功的 70. 13%。贝氏体组织在位移为 2mm 时，载荷基本降为 0N，并且贝氏体组织在冲击载荷达到最大时出现垂直下降，材料处于脆性状态。贝氏体的裂纹扩展功占比很小，仅为 18. 13%，这也表明贝氏体在裂纹形成后将发生脆性断裂。马氏体组织的裂纹扩展功与冲击总吸收功的比值明显高于贝氏体，说明贝氏体的裂纹扩展速率高于马氏体，更容易断裂。

8. 1. 1. 2　分析讨论

图 8-5 为三种不同组织的形貌。马氏体组织中板条清晰，在淬火过程中马氏体发生了自回火，组织中有少量的碳化物（如图 8-6 所示）。而在贝氏体组织（粒贝+下贝）中晶界处存在较大块状的 M/A 岛状组织（如图 8-7 所示）。贝氏体和铁素体混合组织中的铁素体韧性相能够提高材料的冲击韧性，降低 DBTT。

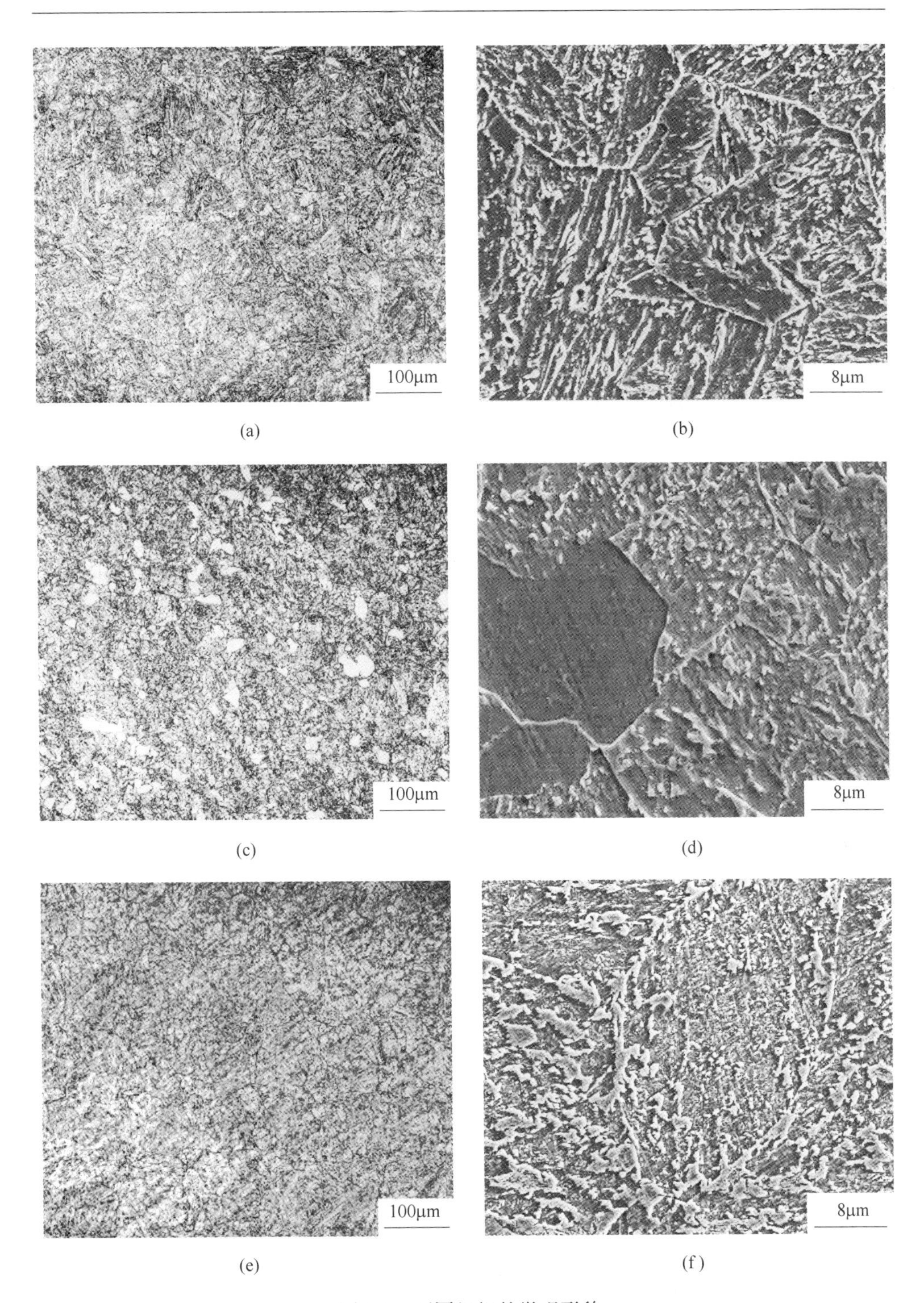

图 8-5 不同组织的微观形貌

(a)，(b) 马氏体；(c)，(d) 贝氏体+铁素体；(e)，(f) 贝氏体

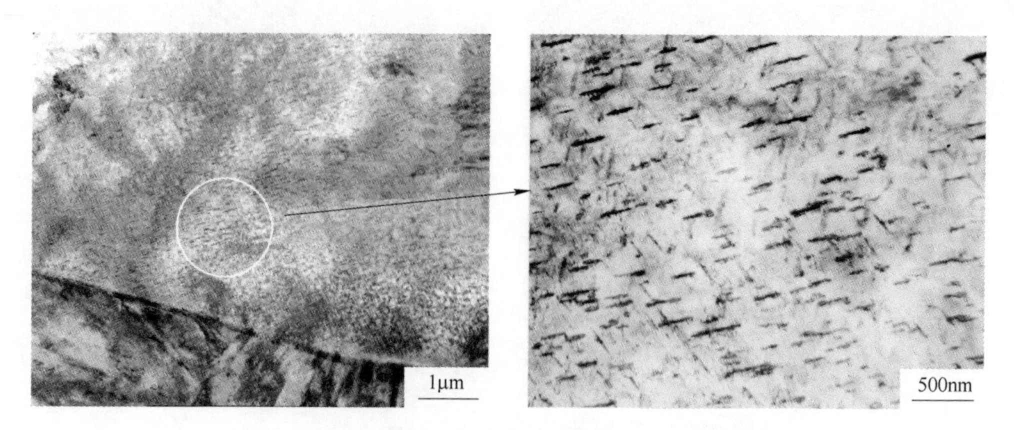

图 8-6　自回火马氏体

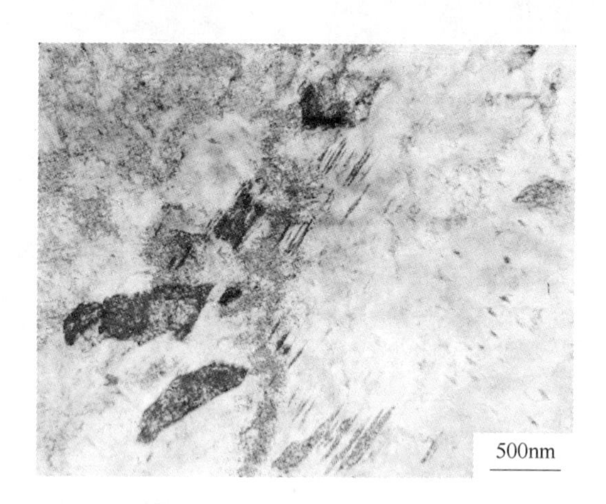

图 8-7　淬火组织中的 M/A 岛

回火后的组织如图 8-8 所示，经回火后组织中析出较多碳化物。马氏体组织中的碳化物较多，较细小，分布较为均匀。贝氏体组织中的碳化物呈团簇状分布在晶界附近，碳化物的团簇分布会造成内部应力不均，在受到外力后易形成裂纹，从而降低材料的韧性。

翁宇庆对低压转子用 Ni-Cr-Mo-V 钢的回火脆性进行了详细研究，认为马氏体组织比贝氏体组织有较低的 DBTT 的原因是马氏体组织中析出的碳化物明显小于贝氏体中的碳化物。贝氏体组织中粗大的碳化物是由于相变过程中长时间在高温阶段，使碳化物易于在晶界析出长大，进而粗化，这种现象导致了贝氏体 DBTT 高于马氏体[4]。由于贝氏体+铁素体组织中的碳化物较细小，呈均匀弥散分布，并且晶界碳化物较少，因此能够保证基体的完整性。这也是混合组织具有较高冲击韧性的原因。

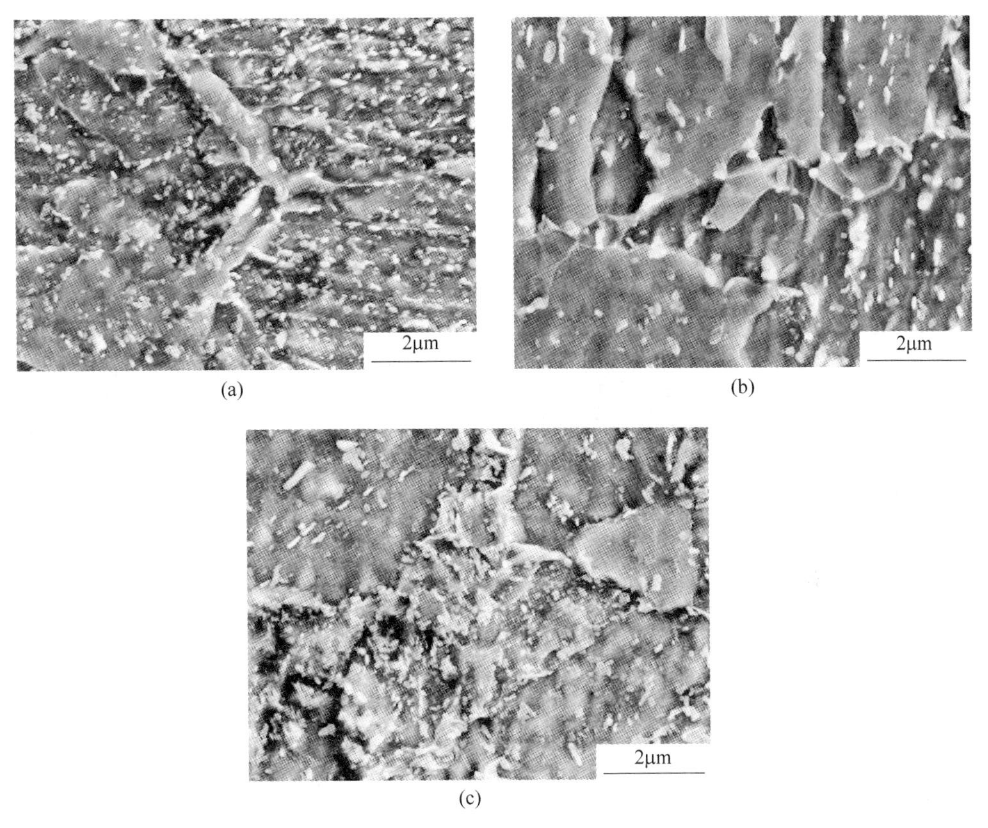

(a) (b) (c)

图 8-8 回火组织
(a) 马氏体；(b) 贝氏体+铁素体；(c) 贝氏体

采用 EBSD 技术确定不同组织的亚结构，如图 8-9 所示。图 8-9 中不同颜色代表不同的分布取向，(001) 取向用红色表示，(111) 取向采用蓝色表示，(101) 取向则用绿色表示（本书下同）。

不同取向的板条块形貌可分为两种，一种是相互平行分布，另外一种则是相互交织分布。平行分布的板条块对裂纹扩展的阻碍较小。交织分布的板条块不仅有利于抑制裂纹的扩展，而且有利于组织细化，提高材料的冲击韧性。图 8-9 中定义取向差 15°~60°为大角度界面以黑色线条代表，取向差≤15°为小角度界面以灰色线条代表（本书下同）。经统计确定马氏体组织中的板条块（Block）宽度为 1.68μm，而贝氏体组织的板条块宽度为 3.03μm。有研究表明低合金钢中决定其韧性的关键因素为有效晶粒尺寸，而板条块是决定韧性的最小亚结构，即板条块尺寸为影响低温韧性的有效晶粒尺寸[5,6]。马氏体组织的板条块尺寸仅为贝氏体组织的板条块的 55.4%，显著低于贝氏体组织的板条块。由于马氏体组织的板条块细小这使其具有较高的韧性。另外，统计确定马氏体组织中的大角度晶界比

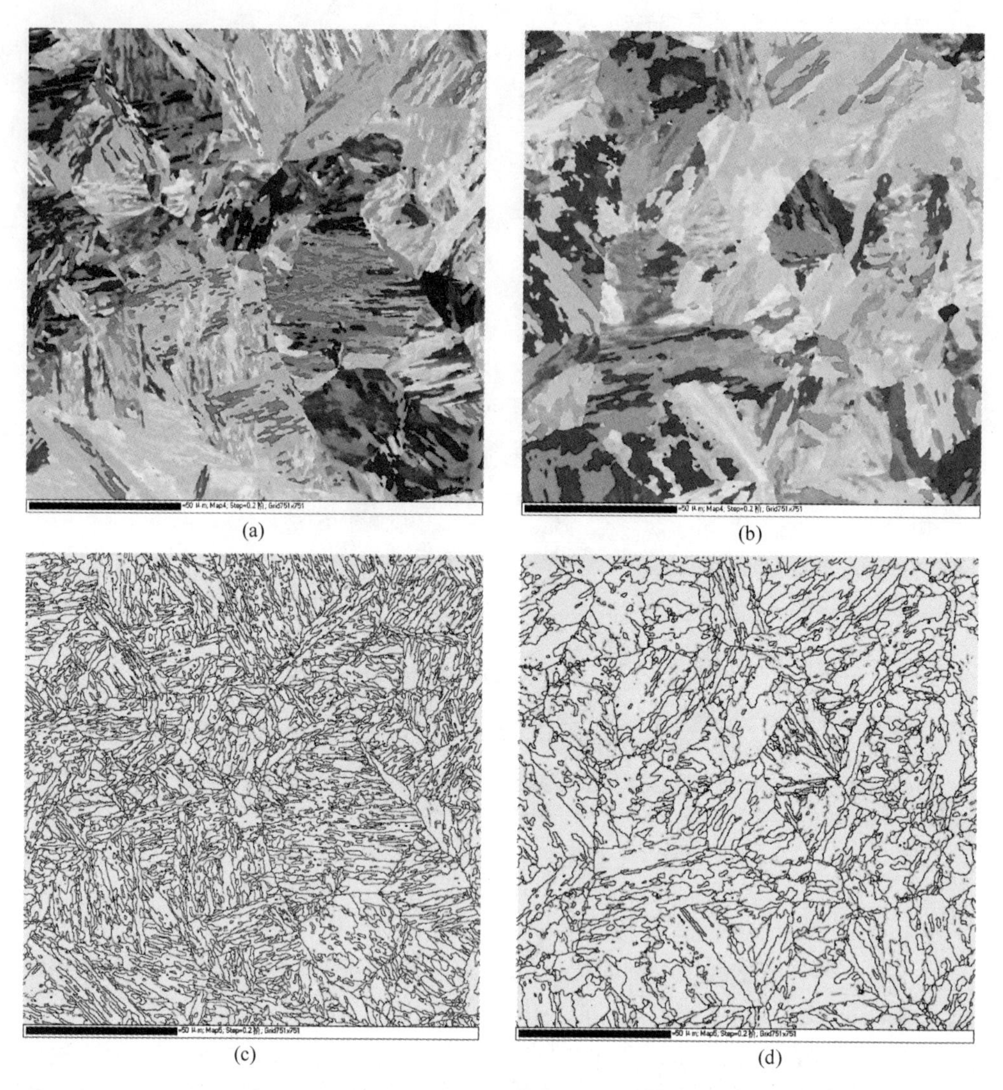

图 8-9　不同组织的亚结构

(a), (c) 马氏体; (b), (d) 贝氏体

例为 37.2%也高于贝氏体组织的 24.3%。这均能够使马氏体组织较贝氏体组织具有更低的 DBTT。马氏体组织的韧性高于贝氏体的原因是获得马氏体的过程中需要更快的淬火冷速，较高的冷却速率将减弱相变时的变体选择，从而导致板条块细化和大角度晶界增大。

图 8-10 为采用 SEM 观察马氏体组织在-192℃冲击断口的裂纹扩展路径。裂纹在扩展时遵循阻力最小、消耗能量最低的原则进行，即裂纹在一个方向扩展时一旦受到阻碍，就会出现裂纹偏转[7]。图 8-10 中的裂纹在一个原奥氏体晶粒内

发生多次倾转，这表明不但奥氏体晶界能够减缓裂纹扩展，晶粒内部的亚结构也能够减弱裂纹的扩展。

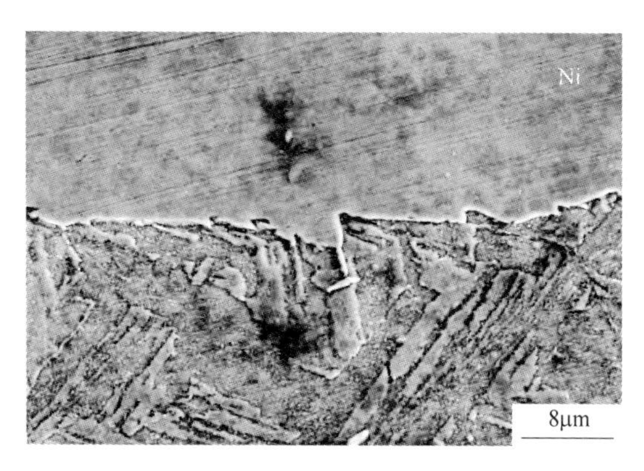

图 8-10　试验钢的裂纹扩展路径

图 8-11 为采用 EBSD 技术来研究马氏体组织中的裂纹扩展路径，可看出断裂裂纹曲折前进。一般认为大角度晶界的晶界能要远高于小角度晶界，即大角度晶界上的原子较大部分偏离于平衡位置，当裂纹扩展至大角度晶界时，由于原子排列的不规则，这将使裂纹在穿过大角度晶界时发生多次的折弯，从而消耗大量的裂纹扩展能量，提高断裂韧性。

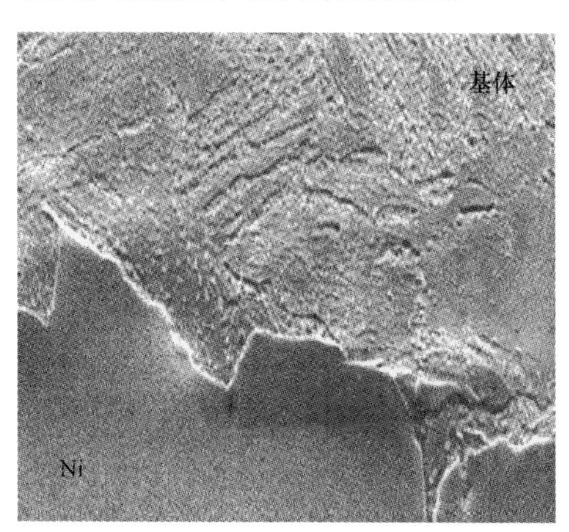

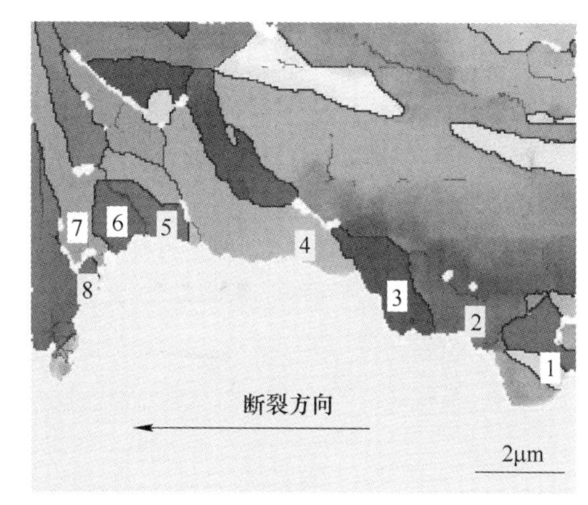

图 8-11　试验钢裂纹扩展路径的 EBSD 分析

S. Morito 等[8,9]对马氏体的晶体学研究认为板条束（Packet）界的取向差理论值在 14.88°至 57.21°间，而板条块界的取向差理论值为 49.47°和 60°。对图 3-10 中相邻板条块界取向差的分析结果如表 8-3 所示。板条块 5 与 6 相邻的取向差为 8.9°可见裂纹直接穿过界面，未发送倾转，板条块 3 与 4 之间的取向差高达 59.5°。裂纹先沿着板条块 3 前进在界面处裂纹方向发生较大转变，而在同一个板条块中裂纹变化较小。王春芳等[10]研究认为解理裂纹在板条块界和板条束界均能发生倾转，这是由于板条块与板条束的界面均属于大角度晶界，故均能阻止裂纹扩展。马氏体的大角度晶界比例高于贝氏体，使马氏体具有更高的韧性。

表 8-3　界面分析

界　面	1-2	2-3	3-4	4-5	5-6	6-7	7-8
相邻取向差/(°)	15. 5	19. 8	59. 5	45. 7	8. 9	57. 6	56. 8

8. 1. 2　化学成分的影响

8. 1. 2. 1　Mn 元素的影响

图 8-12 为两种 Mn 含量的试验钢的-192~100℃的韧-脆转变曲线，可以看出两种试验钢均存在较明显的韧-脆转变区域。表 8-4 为试验钢的冲击韧性统计。由图 8-12 可知，两试验钢的 LSE 均为 3. 6 J，Mn 对 LSE 无影响。但 Mn 元素能够影响 USE、DBTT 和冲击功为 54J 时所对应的温度（T_{54J}）。但对三者的影响规律不同，降低 Mn 含量能够使 USE 增加 19J，增加 Mn 含量能够使 DBTT 和 T_{54J}分别降低 13℃和 15℃，即增加 Mn 含量能够提高 SA508Gr. 4N 钢的冲击韧性。

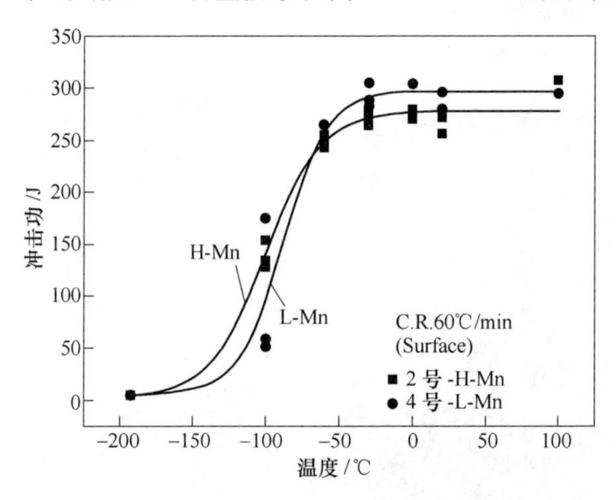

图 8-12　Mn 含量对韧-脆转变曲线的影响

表 8-4　Mn 含量对 SA508Gr. 4N 钢冲击韧性的影响

钢号	淬火冷速/℃ · min^{-1}	USE/J	DBTT/℃	T_{54J}/℃
2 号-H-Mn	60	278	−100	−127
4 号-L-Mn	60	297	−87	−112

为了确定 Mn 元素对裂纹形成功及裂纹扩展功的影响，对试验钢在低温进行动态力学测试，如图 8-13 所示。由图 8-13 可知两种试验钢的示波冲击曲线存在显著差异，Mn 含量较高的 2 号曲线变化更加缓慢，整个断裂过程的位移约为低 Mn 钢的 4 倍。两试验钢的裂纹形成功分别为 85J 和 36J，裂纹扩展功分别为 67J 和 8J。Mn 元素使得裂纹形成功和扩展功显著增加，这表明 Mn 元素能够增加裂纹形成及裂纹扩展的难度。

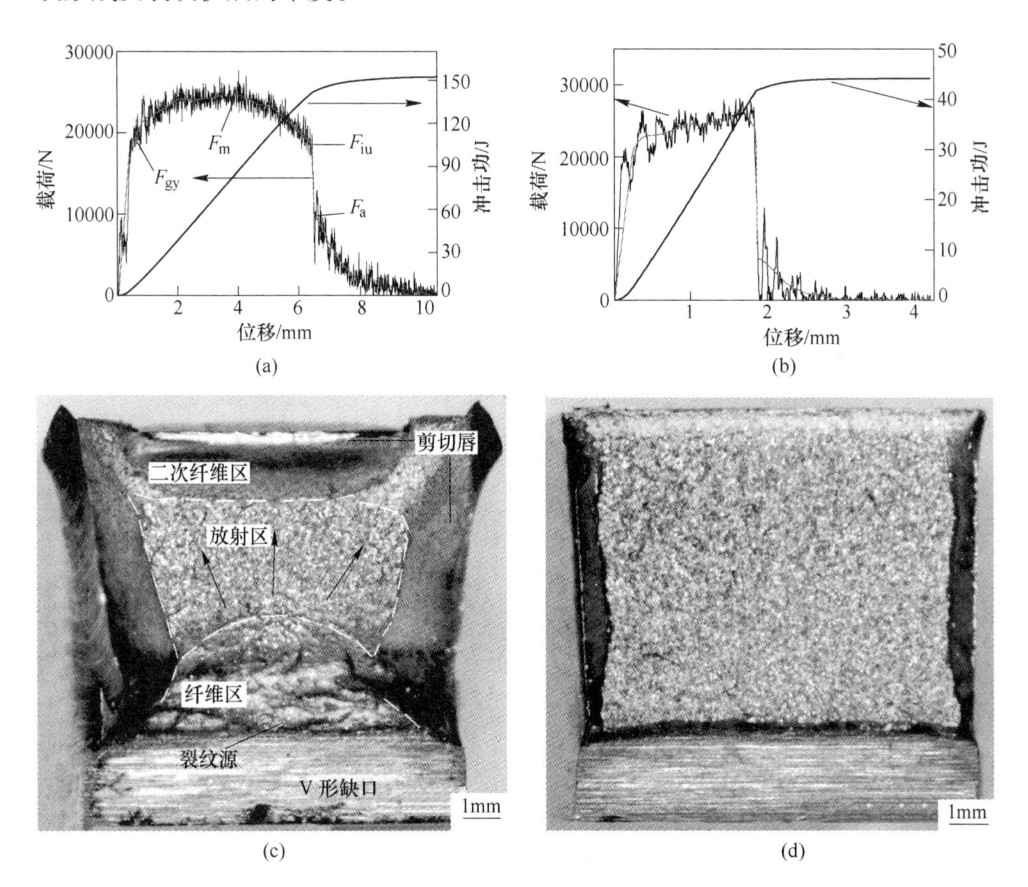

图 8-13　试验钢的动态示波冲击曲线及断口形貌

(a)，(c) 2 号-H-Mn；(b)，(d) 4 号-L-Mn

从力-位移曲线可看出增加 Mn 含量后曲线达到最大载荷后出现缓慢下降，这表明裂纹在缺口尖端处产生了稳态扩展，随后曲线进入垂直段，表明裂纹进入失稳扩展阶段，随后又进入稳态扩展，Mn 能够阻碍裂纹失稳扩展。而无 Mn 的试验钢在达到最大载荷后，很快进入了失稳扩展阶段直到断裂。无 Mn 钢的位移明显低于有 Mn 钢，这表明无 Mn 钢在冲击过程中受到的阻碍较小，裂纹较易扩展。此外，从冲击断口可以看出 H-Mn 钢的剪切唇的面积较大，发生了较为明显的塑性变形，并且形成二次纤维区。而 L-Mn 钢的断口呈现出大面积的放射区，剪切断面率约为 87%，表明 L-Mn 钢的韧性较差。

表 8-5 为两种 Mn 含量的试验钢在淬火冷速为 60℃/min 时的拉伸性能。两种试验钢的抗拉强度均高于 725MPa，满足 ASME 性能规范。由于 Mn 元素具有固溶强化的作用，使抗拉强度提高 20MPa。两种试验钢均保持较高的塑性。

表 8-5 试验钢的拉伸性能

钢号	抗拉强度/MPa	屈服强度/MPa	断后伸长率/%	断面收缩率/%
2 号-H-Mn	777	642	24.5	79
4 号-L-Mn	757	626	25.5	81

图 8-14 为 2 号-H-Mn 钢在 Formast-F Ⅱ模拟试验机上采集的不同冷却速率下的膨胀曲线，采用切线法确定临界相变温度（如图 8-15 所示）。表 8-6 为采用切线法求得各个冷速下相变开始与终了温度。

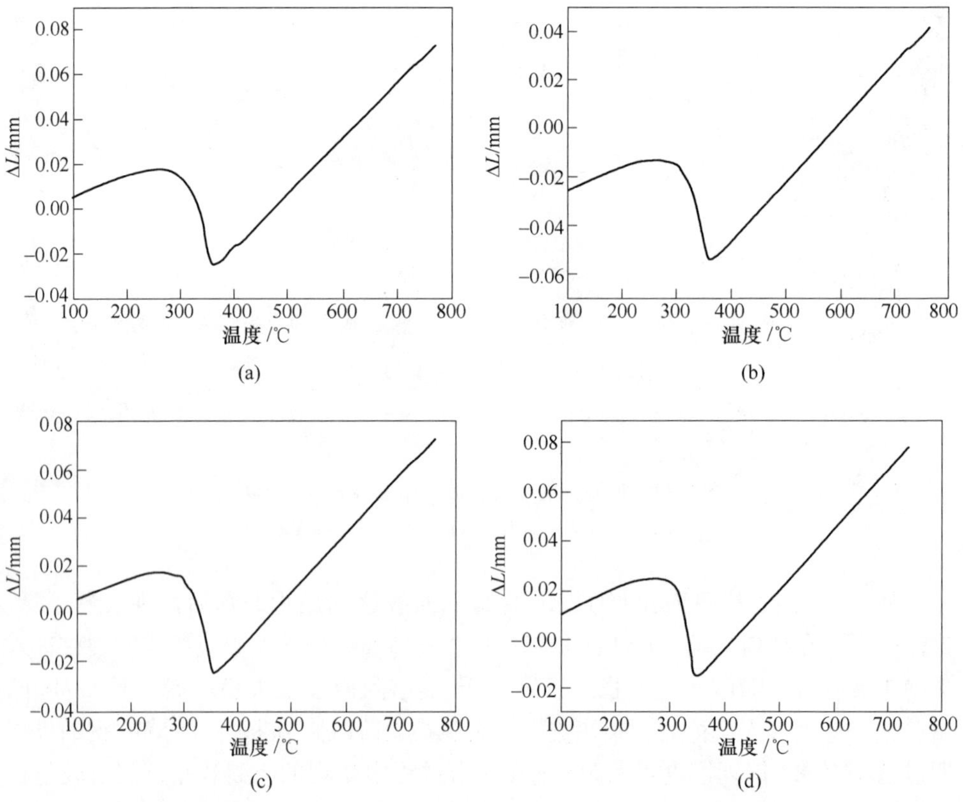

(a)

(b)

(c)

(d)

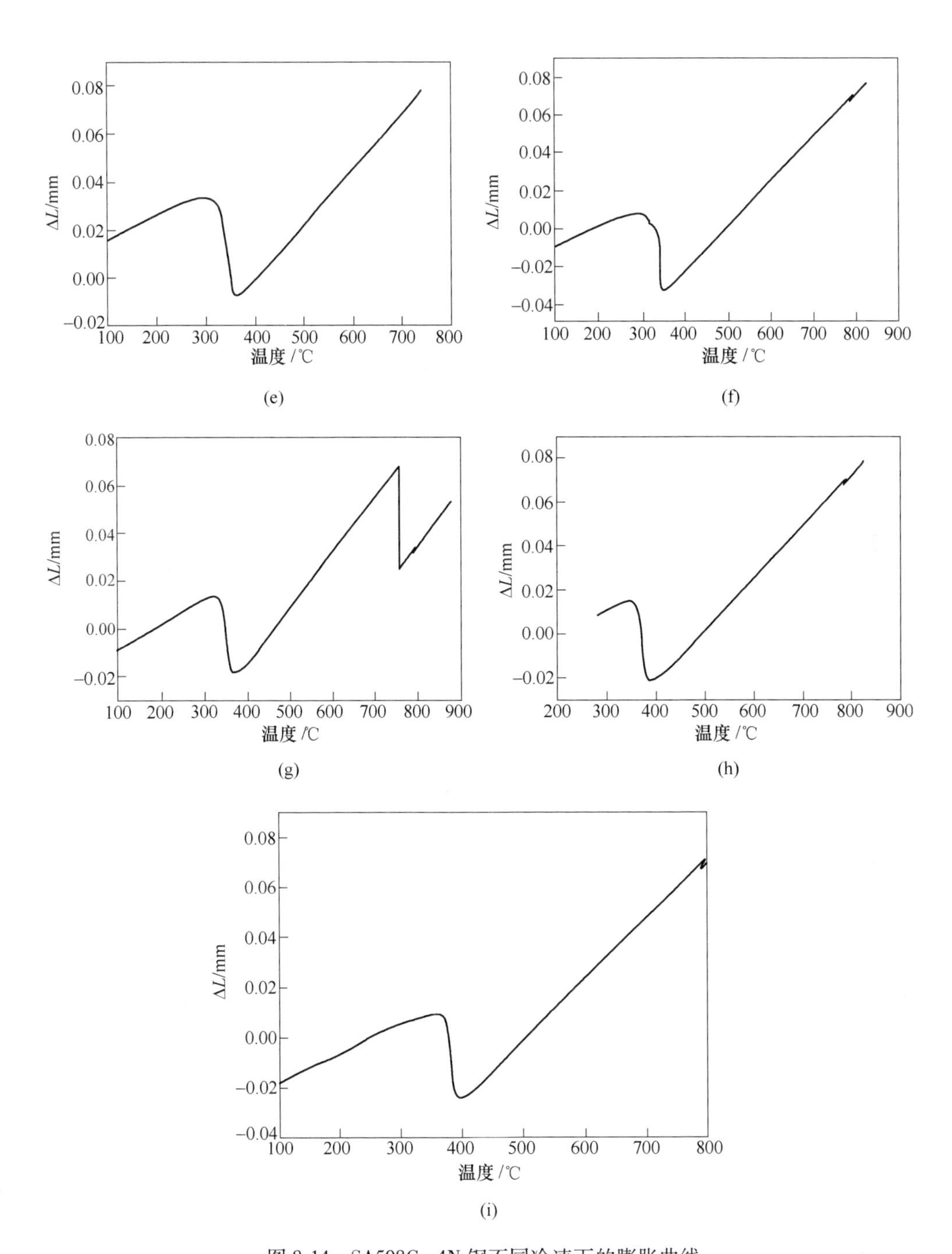

图 8-14 SA508Gr.4N 钢不同冷速下的膨胀曲线

(a) 14.6℃/s; (b) 7.3℃/s; (c) 3.65℃/s; (d) 1.46℃/s; (e) 0.73℃/s; (f) 0.278℃/s; (g) 0.139℃/s; (h) 0.056℃/s; (i) 0.028℃/s

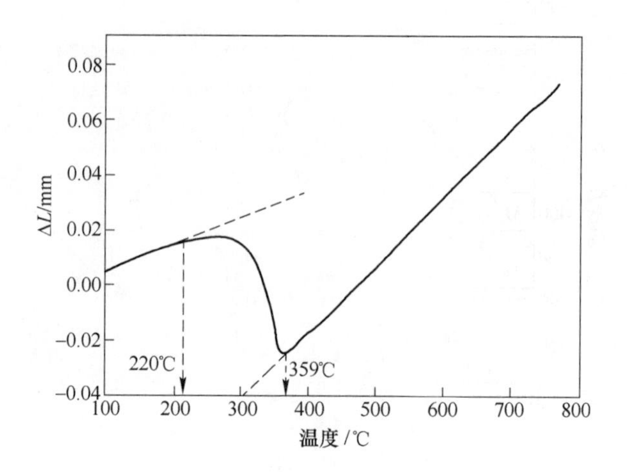

图 8-15　确定临界相变温度的示意图

表 8-6　SA508Gr. 4N 钢不同冷速下的 B_s、B_f、M_s 和 M_f 温度

冷速/℃ · s^{-1}	14. 60	7. 30	3. 65	1. 46	0. 73	0. 278	0. 139	0. 056	0. 028	平均值
B_s	—	—	—	—	—	378	399	412	417	401
B_f	—	—	—	—	—	264	291	316	323	298
M_s	359	345	352	361	358	—	—	—	—	355
M_f	220	203	232	229	244	—	—	—	—	225

根据膨胀曲线绘制出 SA508Gr. N 钢的 CCT 曲线（图 8-16）。表 8-7 为两种试验钢的相变点。由表 8-7 可知，添加 Mn 元素后能使 A_{c3} 和 A_{c1} 升高，使 M_s、M_f、B_s 和 B_f 降低，这将增加钢在冷却时的过冷度，从而提高钢的淬透性。这是由于 Mn 元素在相变时能在铁素体与奥氏体界面上富集，拖拽了相界面的迁移，从而使相变驱动力减小，导致相变温度降低。当冷却速率小于 500℃/h 时，完全得到贝氏体组织。故当淬火冷速为 60℃/min（3600℃/h）时为全马氏体组织。

试验温度由−192℃升高至 100℃时的断口宏观形貌如图 8-17 所示。不同试验温度下所获得的断口主要分为两种基本类型：一种是韧窝断口，多呈现等轴状，且韧窝的底部常有夹杂物及碳化物，这种断口主要发生于上平台温度区；一种是准解理断口或沿晶断裂，下平台温度一般为这种断裂；而在韧脆转变温度区域，断口多呈现为韧窝和准解理两种机制的混合断口，如图 8-18 所示。

图 8-19 为两种 Mn 含量的试验钢的−192℃冲击断口形貌。两试验钢的断口形貌出现明显的准解理刻面并有解理台阶及舌状花样。

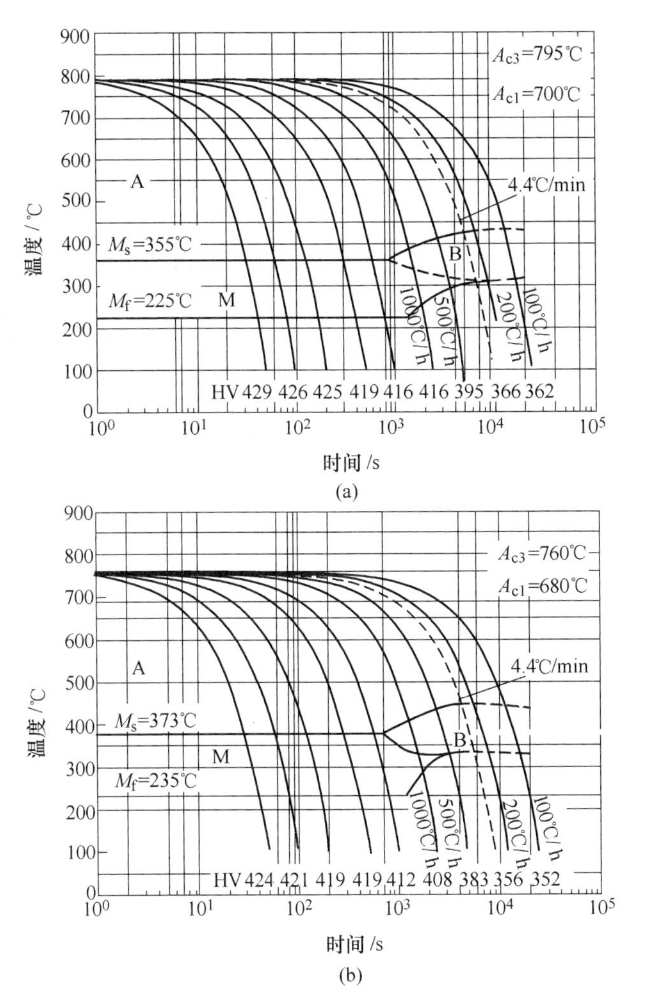

图 8-16　Mn 含量对 CCT 曲线的影响

（a）2 号-H-Mn；（b）4 号-L-Mn

表 8-7　Mn 元素对相变点的影响

钢号	A_{c3}/℃	A_{c1}/℃	B_s/℃	B_f/℃	M_s/℃	M_f/℃
2 号-H-Mn	795	700	401	298	355	225
4 号-L-Mn	760	680	420	309	373	235

舌状花样表面较光滑是由于解理断裂的主裂纹在扩展过程中与孪晶相遇，从而改变裂纹扩展方向，在钢铁中常见的舌状花样为 {100} 与 {112} 夹角约 35°16′以及 {112} 与 {100} 夹角约 48°12′[11]。Mn 含量较高时解理刻面较密集，解理面

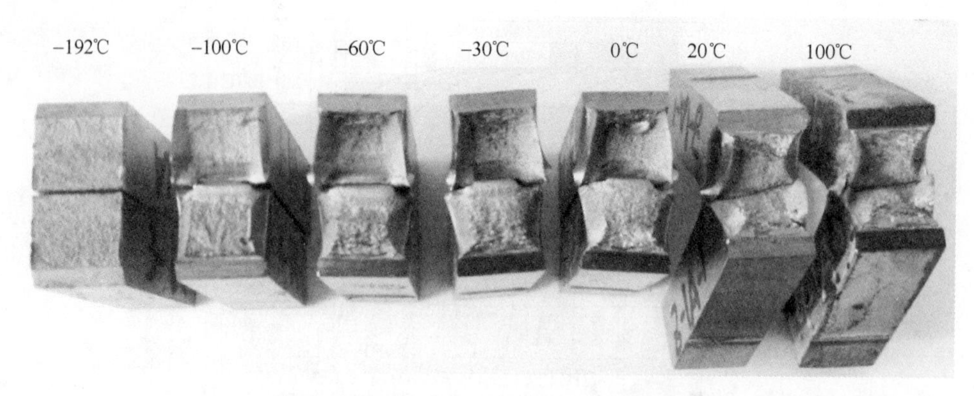

图 8-17　-192～100℃冲击断口宏观形貌

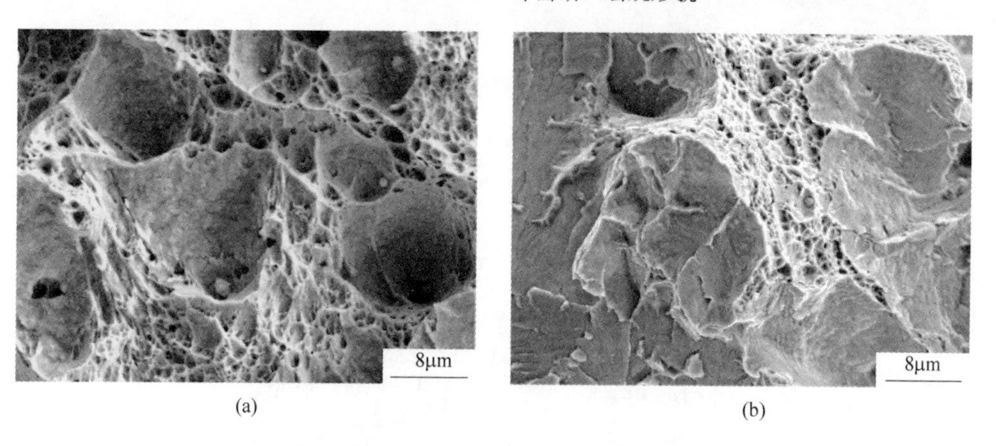

(a)　　(b)

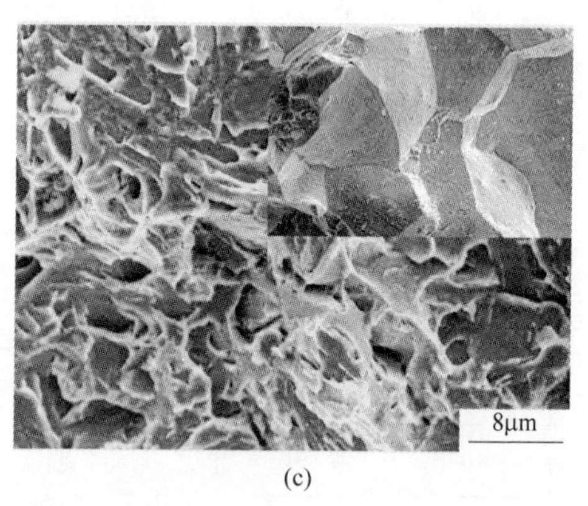

(c)

图 8-18　冲击断口形貌

（a）韧窝；（b）准解理和韧窝；（c）准解理和沿晶

较小。有研究表明解理裂纹的刻面大小决定材料韧性，并可以用公式表达[12]：

$$T_r = K - k_y \cdot l_c^{-1/2} \tag{8-2}$$

式中，T_r 为韧-脆转变温度,℃；K 和 k_y 为常数；l_c 为解理裂纹长度，μm。解理刻面小预示着材料的有效晶粒尺寸较小，材料的韧性较高[13]。

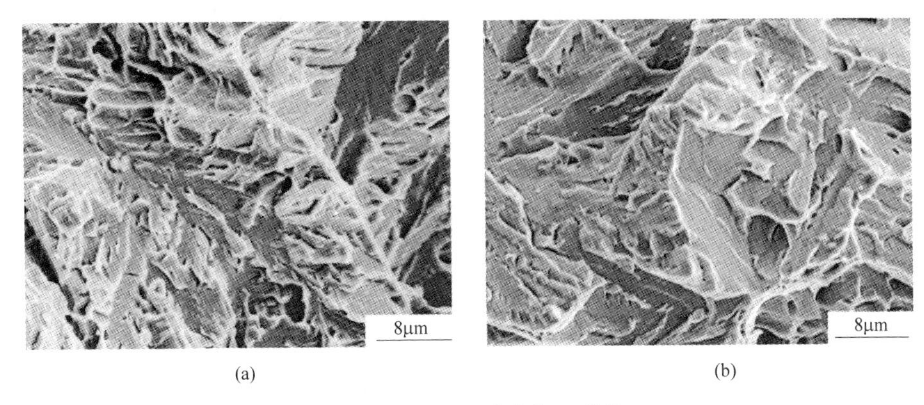

图 8-19 试验钢冲击断口形貌

（a）2 号-H-Mn；（b）4 号-L-Mn

图 8-20 为不同 Mn 含量时的晶粒形貌。在试验条件下，Mn 含量对晶粒尺寸

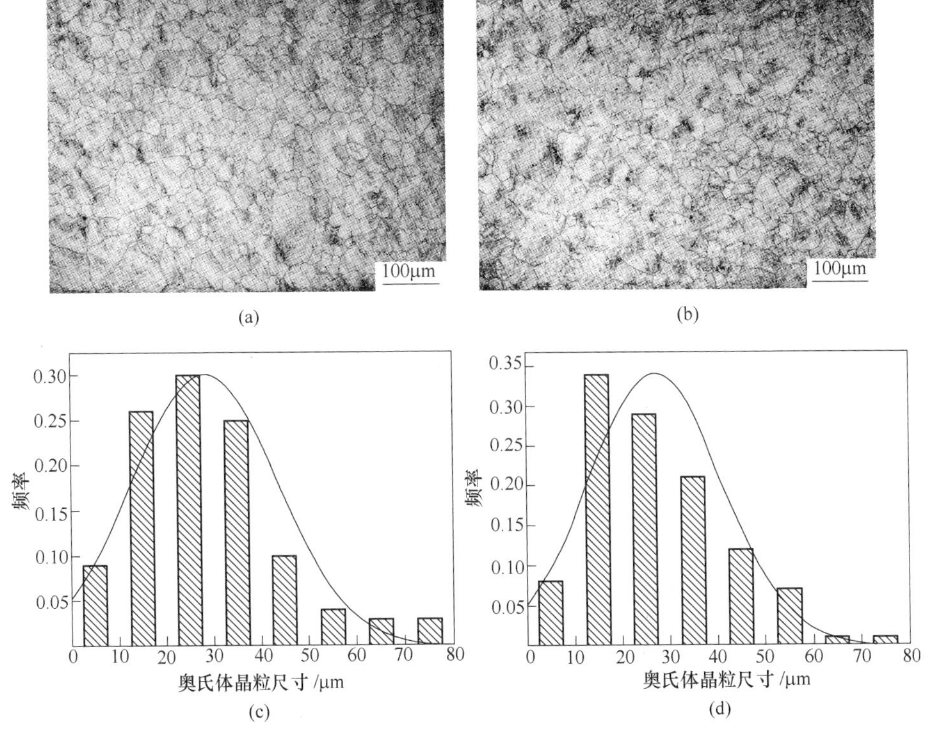

图 8-20 Mn 含量对晶粒尺寸的影响

（a），（c）2 号-H-Mn；（b），（d）4 号-L-Mn

无明显影响，试验钢的晶粒大小分布均匀，两钢的晶粒尺寸分别为 29. 6μm 和 28. 2μm 均为 7 级。统计确定含 Mn 较高的 2 号钢的晶粒尺寸分布根据趋近于正态分布晶粒尺寸多集中在 20～30μm，而 4 号钢的晶粒尺寸多集中在 10～20μm。M. Calcagnotto 等[14]对 C-Mn 钢的研究表明 Mn 能够扩大 $\alpha+\gamma+Fe_3C$ 相区，细化 Fe_3C 强化钉扎作用从而抑制晶粒生长，提高晶粒尺寸的稳定性。更加均匀稳定的晶粒有利于材料的力学性能，但对于 Ni-Cr-Mo 钢并未发现 Mn 具有晶粒细化的作用。

图 8-21 为两种试验钢的淬火组织。两种组织均为马氏体组织，在一个晶粒内有若干马氏体板条束组成。经高温回火后的组织如图 8-22 所示，经高温回火后两试验钢中均有较大碳化物析出，Mn 含量较高的钢中回火后依然能够清晰观察到马氏体板条束，且碳化物较细小。不含 Mn 的钢中马氏体板条束界面不太分明，且晶界上存在较大的碳化物。另外，在 10CrSiNiCu 钢的研究中也发现，降低 Si 含量增加 Mn 含量能够减弱固溶强化对韧性的损害，同时能把渗碳体由片层状变为短棒状或球状，这能使 DBTT 降低约 50℃[15]。

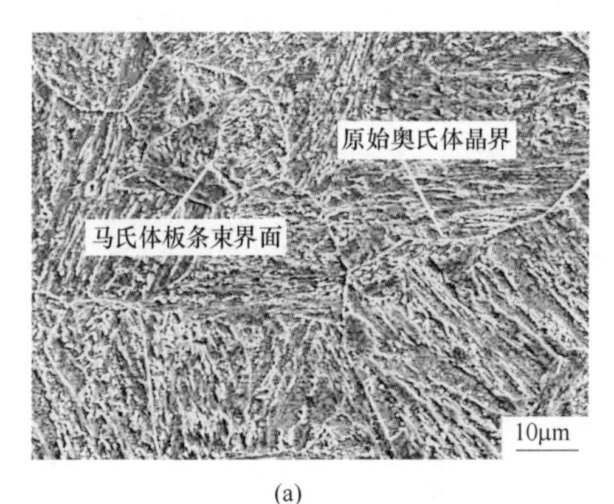

(a)

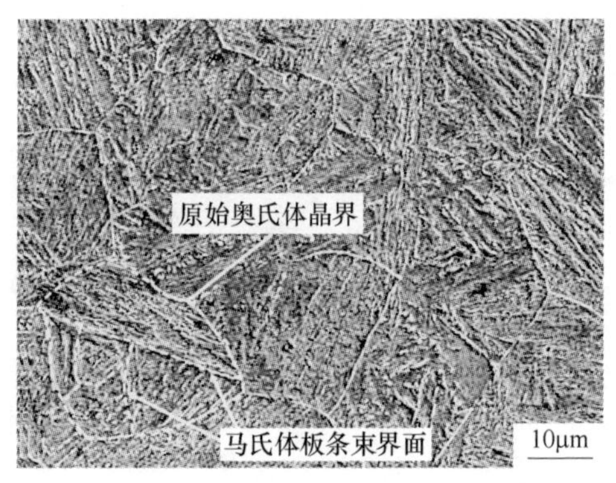

(b)

图 8-21　试验钢的淬火组织
(a) 2 号-H-Mn；(b) 4 号-L-Mn

采用 Image-Pro Plus 图像分析软件对两试验钢中的碳化物进行统计分析，分析结果如图 8-23 所示。两种 Mn 含量试验钢中碳化物尺寸分别为 154. 7nm（2 号-H-Mn）和 197. 3nm（4 号-L-Mn）。且 Mn 含量较高的碳化物尺寸分布更加均匀，趋近于正态分布。锰含量较低的钢晶界碳化物相对较大。一般认为能够减小碳元素扩散系数的元素如 Mn，将减小碳化物的析出和球化速度，能够保持碳化物的稳定性，使碳化物呈细小弥散分布[16]。

SA508Gr. 4N 钢中主要碳化物为 $M_{23}C_6$ 和 M_7C_3，碳化物的硬度高于基体，在受到冲击时，碳化物易成为起裂源。另外 Hodgson 等研究认为碳化物直径与材料的临界断裂应力有关并修订了 Griffith 的判据，指出材料的临界断裂应力与碳化

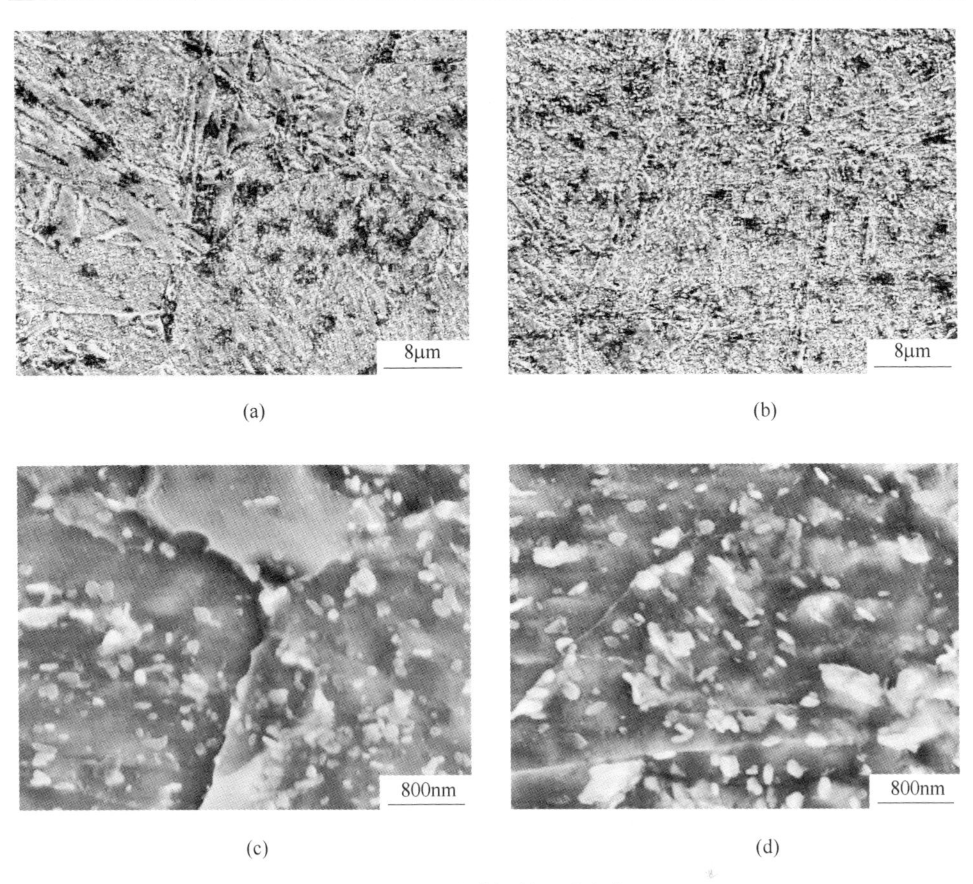

图 8-22 试验钢的回火组织

(a)，(c) 2 号-H-Mn；(b)，(d) 4 号-L-Mn

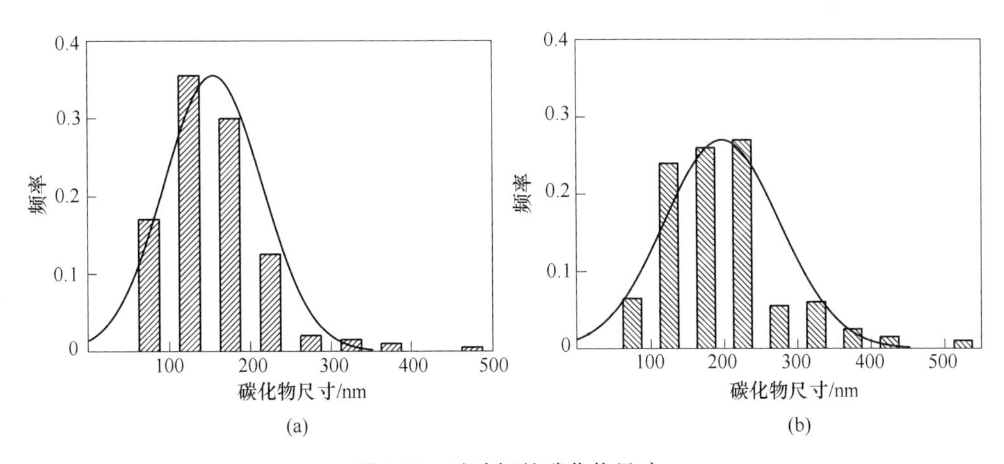

图 8-23 试验钢的碳化物尺寸

(a) 2 号-H-Mn；(b) 4 号-L-Mn

物尺寸有关，具体公式为[17]：

$$\sigma_c = \sqrt{\frac{\pi E\gamma}{(1-\nu)^2 d}} \tag{8-3}$$

式中　σ_c——临界断裂应力；

E——弹性模量；

γ——材料的表面能；

ν——泊松比；

d——碳化物尺寸。

由公式可知材料的临界断裂应力与碳化物尺寸呈反比，碳化物尺寸越大临近断裂应力越小，裂纹就较易在相同的单位面积中形核。Mn 含量较低的钢中碳化物尺寸较大，将导致其断裂韧性降低。

通过 EBSD 技术分析了两种试验钢的板条块、大小角度晶界和重合位置点阵（CSL）晶界（$\Sigma 3$），如图 8-24 所示。平行分布的板条块对裂纹扩展的阻碍较小，交织分布的板条宽有利于抑制裂纹的扩展，交织分布的板条块还有利于组织细化，提高材料的冲击韧性。小角度晶界由于位错结构简单，且晶界能低对裂纹无阻碍作用将导致裂纹容易扩展。而大角度晶界虽然能够阻碍裂纹扩展，但是由于晶界能过高，因此也容易造成杂质元素在晶界偏聚，导致晶界弱化，而 CSL 晶界具有适中的晶界能，既能够阻碍裂纹扩展又不引起杂质元素的偏聚[18]。有研究表明在纳米铜合金中$\Sigma 3$ 晶界是一种低能态的共格孪晶界，这既能阻碍位错的运动，又能在位错滑移时作为滑移面在运动中吸收、存储位错，这导致了材料的塑韧性提升[19,20]。EBSD 数据经 Channel 5 软件统计分析，可得到板条块尺寸、大角度晶界比例和$\Sigma 3$ 晶界比例如表 8-8 所示。由统计确定 Mn 元素能够将板条

(a)

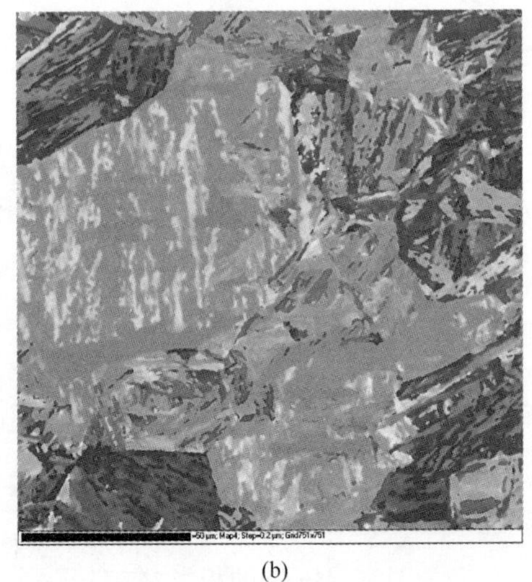

(b)

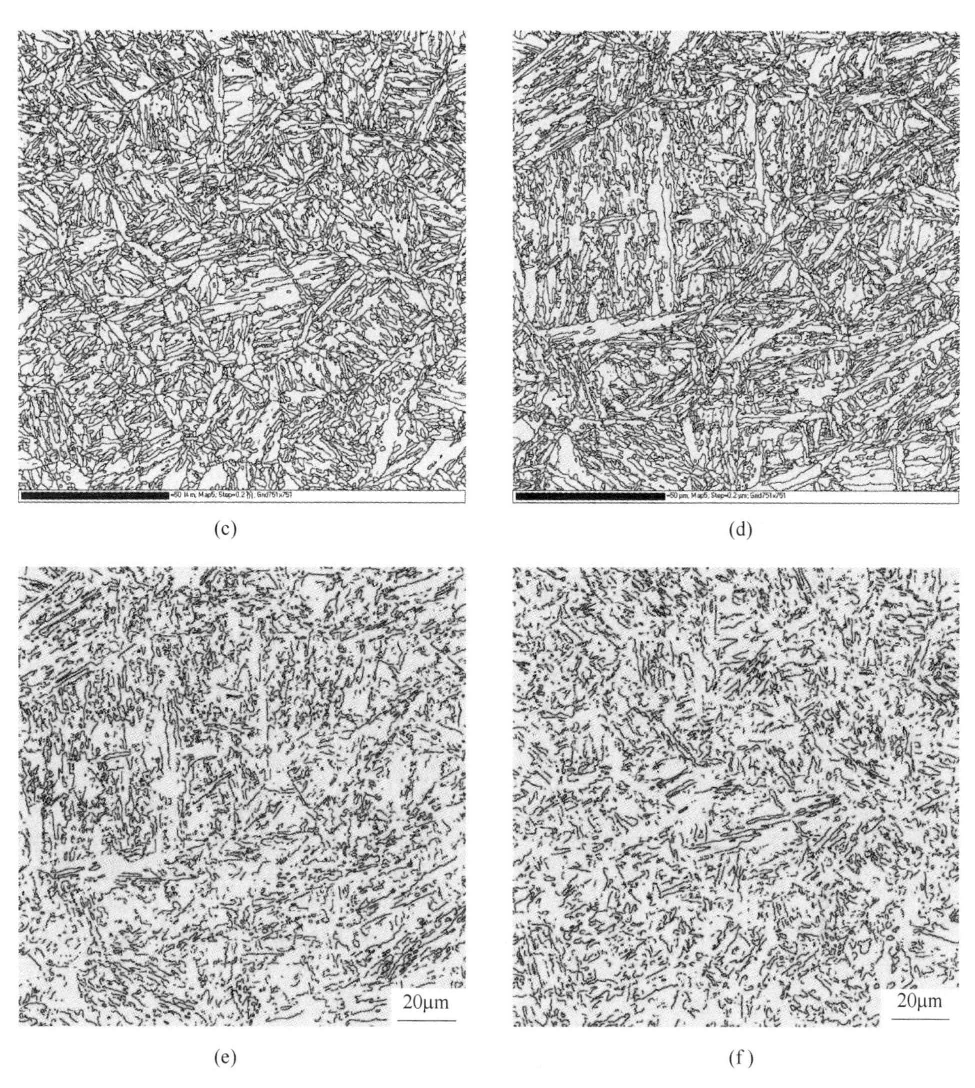

(c) (d) (e) (f)

图 8-24 试验钢的亚结构

(a), (c), (e) 2 号-H-Mn; (b), (d), (f) 4 号-L-Mn

表 8-8 试验钢的亚结构统计

钢号	板条宽度/μm	大角度晶界/%	∑3/%
2 号-H-Mn	1.429	44.28	22.16
4 号-L-Mn	1.636	39.89	18.43

块细化，比低 Mn 钢的板条块细化 12.7%。钢中具有较细小的亚结构有利于强韧性，添加 Mn 元素使板条块细化，使大角度晶界和∑3 晶界比例升高，这是

Mn 具有较低 DBTT 的一个原因。

王凯凯等[21]对贝氏体钢的研究表明，降低贝氏体等温温度能够使板条块的变体增多，且使板条块更加细小呈条状分布，如图 8-25 所示。而 Mn 元素能够降低相变点，这将能够细化 SA508Gr. 4N 钢的板条块，从而提高材料的韧性，这是 Mn 元素对韧性有利的原因。

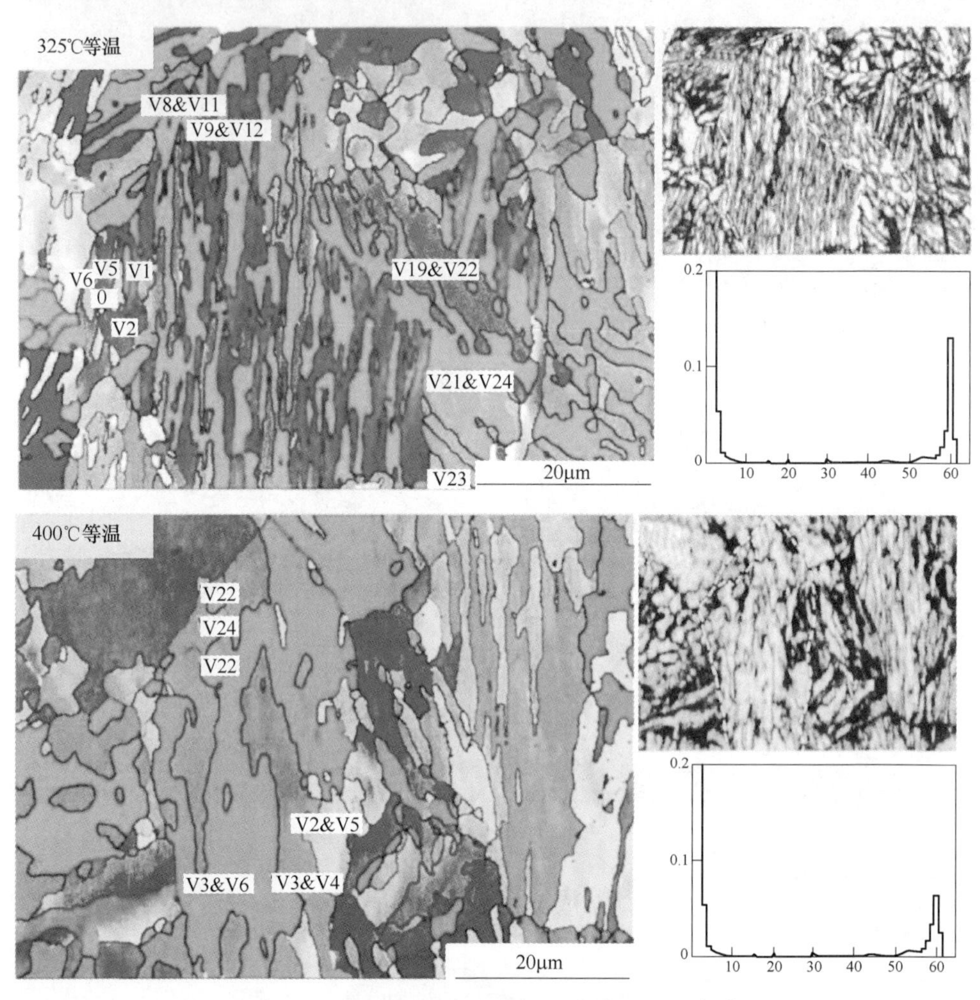

图 8-25　贝氏体钢等温温度对亚结构的影响[122]

8.1.2.2　Si 和 P 对韧脆转变的影响

Si 元素为 SA508Gr. 4N 钢的强化元素，能显著提高钢的 350℃ 强度[22]。而 SA508Gr. 4N 钢的高温强度不易达到。因此同时满足强度和韧性时需选取较适宜的 Si 含量。P 元素能够起到固溶强化的作用，但易引起回火脆性，理论上 P 含量应越低越好，但过度的降低 P 含量会增加冶炼难度。本节讨论 Si 和 P 对韧脆转变温度的影响程度以确定元素的适宜含量。图 8-26 为不同 Si 和 P 含量的三种试验钢的韧-脆转变曲线。表 8-9 为三种试验钢的韧性统计。三种试验钢的冲击韧性均满足在-30℃冲击功大于 48J 的 ASME 规范要求。5 号钢含有 0.35%的 Si，6 号钢含有 0.02%的 P，使 DBTT 升高约 20℃，并未对 DBTT 产生较为强烈的恶化。

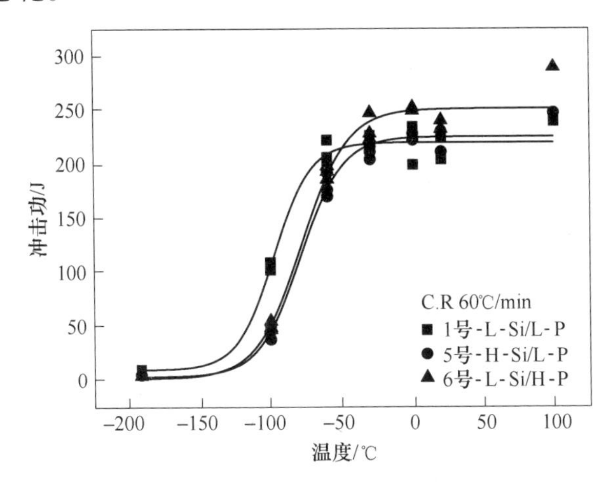

图 8-26 Si 和 P 对韧-脆转变曲线的影响

表 8-9 Si 和 P 对冲击韧性的影响

钢号	淬火冷速/℃·min^{-1}	USE/J	DBTT/℃	T_{54J}/℃
1 号-L-Si/L-P	60	219	-96	-114
5 号-H-Si/L-P	60	225	-78	-96
6 号-L-Si/H-P	60	249	-77	-97

图 8-27 为试验钢不同室温拉伸和 350℃拉伸性能。Si 和 P 对材料的塑性无

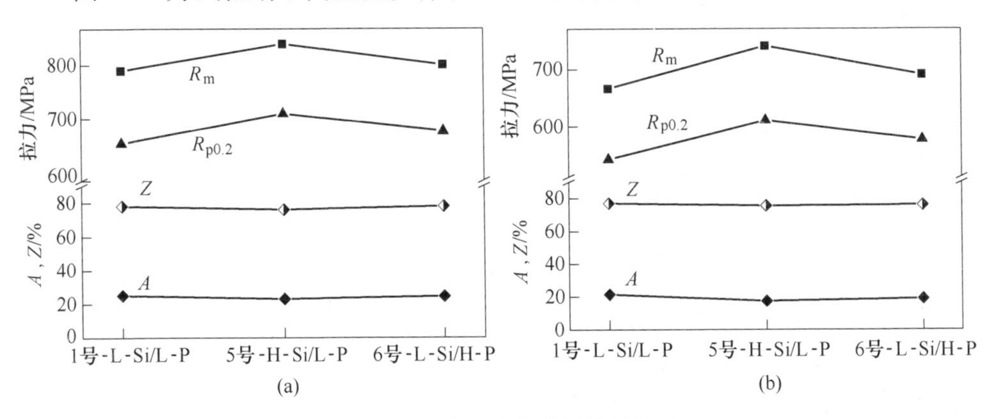

图 8-27 Si 和 P 对拉伸性能的影响

(a) 20℃；(b) 350℃

显著影响，断后伸长率均大于 18%，断面收缩率均大于 45%，满足 ASME 规范要求。由于 Si 和 P 是非碳化物形成元素，固溶强化作用明显，一般认为每增加 0. 1wt%的 Si 和 P 将使强度增加 4. 2MPa 和 30MPa[23]。因此，增加 Si 和 P 能够提高材料的室温和 350℃ 强度，调质态强度均满足规范要求。所以，SA508Gr. 4N 钢中应添加一定量的 Si 以提高 350℃ 强度。

采用 EBSD 技术对三种试验钢的马氏体板条块取向及大小角度晶界进行分析统计如图 8-28 和表 8-10 所示。由统计可知，增加 P 能够略微降低大角度晶界比例却对板条块尺寸无明显影响。Si 元素的改变对板条块及大角度晶界无显著影响。增加 Si 和 P 含量使 DBTT 升高约 20℃，应有两方面原因：一方面是 Si

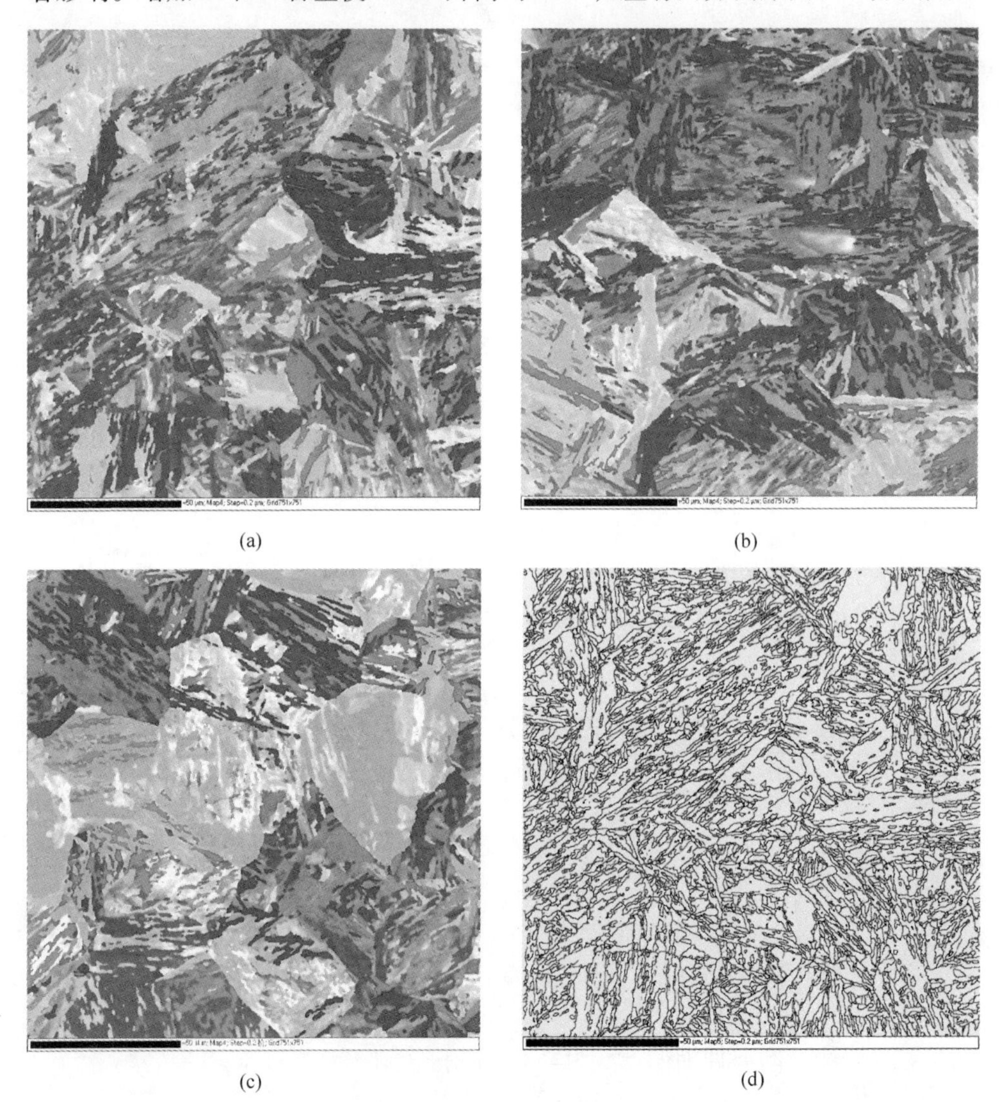
(a)　(b)　(c)　(d)

(e)

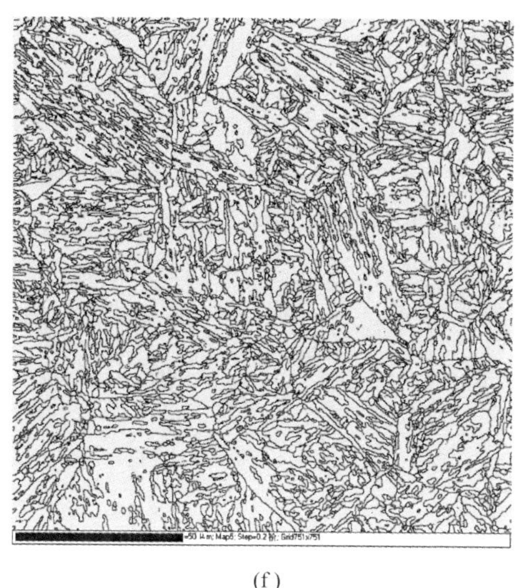

(f)

图 8-28　Si 和 P 对亚结构的影响

(a)，(d) 1 号-L-Si/L-P；(b)，(e) 5 号-H-Si/L-P；(c)，(f) 6 号-L-Si/H-P

和 P 的固溶强化作用将造成 DBTT 升高；另一方面是在 620℃ 回火时，将造成杂质元素的偏聚，并且 Si 为促脆性元素，P 为致脆性元素均能使 DBTT 升高。但由于回火温度较高杂质元素在晶界的饱和浓度也将较低，且回火时间较短不能使杂质元素在晶界上达到饱和偏聚浓度，故未使 DBTT 急剧增加。由于 Si 和 P 能够使韧性降低，故在满足 350℃ 强度的前提下应降低 Si 和 P 含量。

表 8-10　试验钢亚结构统计

钢号	板条宽度/μm	大角度晶界/%
1 号-L-Si/L-P	1.74	39.8
5 号-H-Si/L-P	1.69	39.1
6 号-L-Si/H-P	1.78	37.3

8.1.2.3　Al 对韧脆转变的影响

图 8-29 为不同 Al 含量试验钢的韧-脆转变曲线，表 8-11 为两试验钢的冲击韧性统计。由图 8-29 可知，增加 Al 能够提高钢的 USE，提高约 37J。Al 含量由 0.008%增加至 0.024%，将使 DBTT 由-78℃降至-136℃。

添加 Al 后不但能提高材料的韧性，而且能够使强度显著提高。试验钢添加 0.024%的 Al 后能使抗拉强度由 734MPa 提高至 770MPa，并且对材料的塑性无明显影响，断后伸缩率≥24%，断面收缩率≥78%。由于 Al 对材料的强度和韧性均有利，因此 SA508Gr. 4N 钢应添加适量的 Al 元素以提高强韧性。

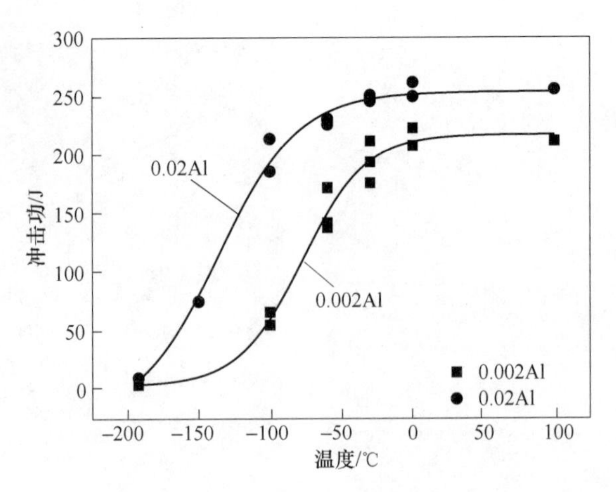

图 8-29　Al 对韧-脆转变曲线的影响

表 8-11　Al 对冲击韧性的影响

钢号	淬火冷速/℃ · min^{-1}	USE/J	DBTT/℃	T_{54J}/℃
L-Al	4.4	217	−78	−104
0.02Al	4.4	254	−136	−163

SA508Gr. 4N 钢中的 Al 元素与 N 元素形成 AlN 钉扎晶界细化晶粒，有文献指出当 N/Al≥0.5 时能有效细化晶粒[24]。两种试验钢中的 N/Al 比为 1.1，能够有效形成 AlN 钉扎晶界细化晶粒。两种试验钢的原始晶粒形貌如图 8-30 所示。经统计确定 Al 含量较低钢的晶粒尺寸为 6.5 级（36.7μm），Al 含量较高的晶粒为 10 级（10.4μm）。从韧化机制考虑，细晶增韧的本质是晶界的增多使裂纹扩展受到了阻碍。Pickering 等[25]研究表明，贝氏体钢的 DBTT 与奥氏体

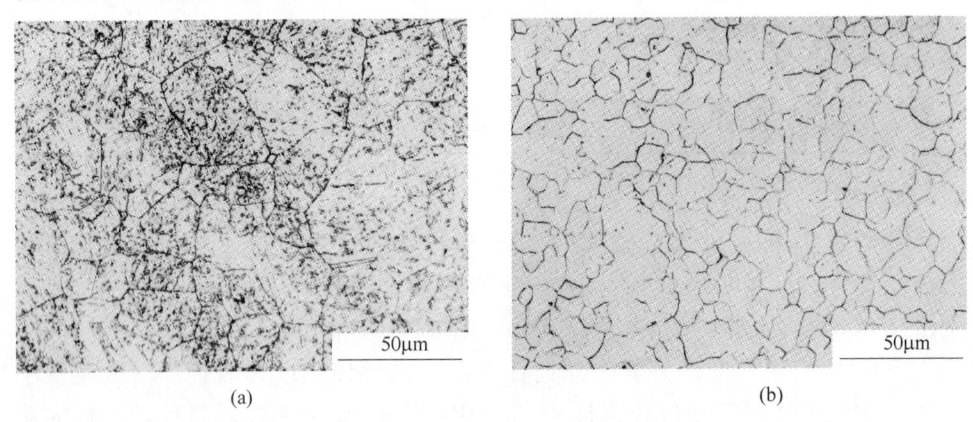

图 8-30　Al 对晶粒形貌的影响
（a）L-Al；（b）0.02Al

晶粒的直径的平方根成正比，因为奥氏体晶粒大小决定贝氏体板条束的尺寸，奥氏体晶粒细小即板条束的尺寸细小，在材料受到外力冲击产生微裂纹时，裂纹扩展将受到阻碍，将会导致 DBTT 降低。

为了检验 Al 元素对贝氏体亚结构的影响，利用 EBSD 技术分析两种试验钢回火贝氏体中的板条块及大角度晶界情况，如图 8-31 所示。

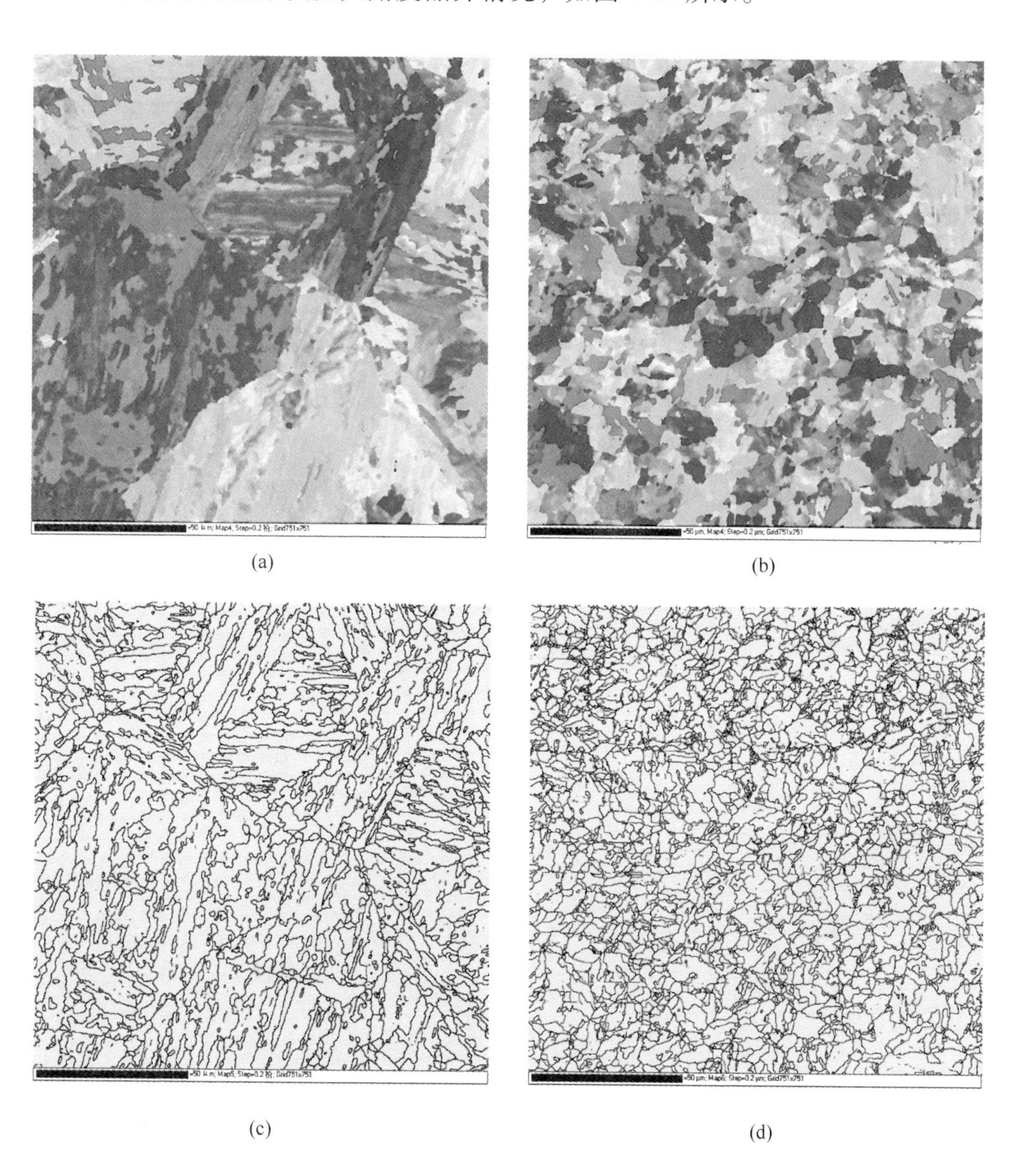

图 8-31 Al 对试验钢亚结构的影响
(a)，(c) L-Al；(b)，(d) 0.02Al

由图 8-31 可知，添加 Al 后晶粒细小，同一晶粒内部板条块的取向分布较多，这有利于细化板条块尺寸。经统计确定加 Al 后的试验钢板条块和大角度晶界数量分别为 2. 40μm 和 29. 48%。而未加 Al 元素的试验钢板条块较粗大，尺寸为 3. 33μm 是加 Al 试验钢的 1. 39 倍，未加 Al 的试验钢的大角度数量比例为 24. 31%，明显低于添加 Al 的试验钢。晶粒细化导致亚结构细化的原因是，晶粒细化后晶界面积增多，将增加相变时的形核位置，从而提高了单位面积内的形核密度，这将有利于相变时亚结构的细化。一般认为，晶粒细小将使淬透性降低，而 Al 元素对淬透性的影响较复杂。因为 Al 一方面固溶于基体，一方面形成 AlN 钉扎晶界细化晶粒。固溶于基体中的 Al 能够提高淬透性，细化晶粒又能减弱淬透性。研究表明[26]添加 0. 034%的 Al 后能够降低 SA508Gr. 3 钢的 Bs 温度，使 CCT 曲线右移，降低马氏体转变的临界冷速，提高了 SA508Gr. 3 钢的淬透性。相变点的降低和淬透性的提高能够将相变过程的变体选择弱化，从而使板条块细化。故 Al 元素是通过细化晶粒和细化板条块从而提高材料的韧性。

8. 1. 2. 4　元素与韧脆转变温度间的关系

结合前面小节的实验数据将元素对 SA508Gr. 4N 钢 DBTT 的影响进行汇总分析如图 8-32 所示。由图 8-32 可知，Mn 和 Al 元素能够提高材料的韧性，降低材料的 DBTT，且 Al 元素对 DBTT 的影响更为剧烈。Si 和 P 元素能够使材料的韧性恶化，尤其是 P 元素对材料韧性的伤害甚于 Si 元素。

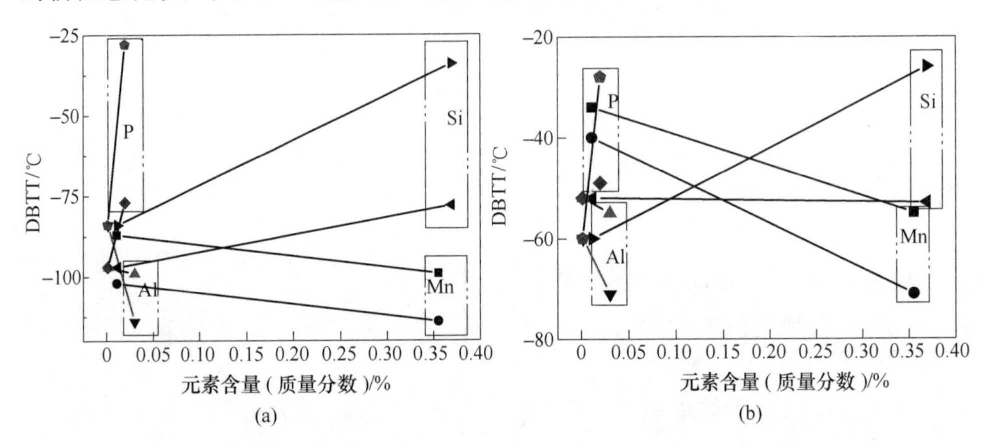

图 8-32　元素对 SA508Gr. 4N 钢韧-脆转变温度的影响

（a）马氏体；（b）贝氏体

常利用元素来进行某些参数的预判，如利用合金元素确定相变点（A_{c1}、M_s等），预测回火脆化敏感程度。也有文献[27,28]指出通过元素预测冲击韧性及 DBTT，如低合金钢的韧性、DBTT 与元素之间的关系为：

$$
\begin{aligned}
A_{kv}(\mathrm{J}) = \ & 253.3 + 286.1(\mathrm{C} + 1.4\mathrm{N}) - 322.4(\mathrm{C} + 1.4\mathrm{N})^2 - \\
& 11.64\mathrm{Mn} + 0.277\mathrm{Mn}^2 + 14.22\mathrm{Cr} - 0.435\mathrm{Cr}^2 + 1.91\mathrm{Ni} - \\
& 18.74\mathrm{Mo} - 25.1\mathrm{Si} - 125.4(\mathrm{Ti} + \mathrm{Nb} + \mathrm{V}) + 42.83\mathrm{Al} \quad (8\text{-}4)
\end{aligned}
$$

$$
\mathrm{DBTT} = 254 + 44\mathrm{Si} + 700\, N_f^{-1/2} + 2.2(Pearlite) - 0.36\, d^{-1/2} \quad (8\text{-}5)
$$

故结合实验数据初步确定了试验钢的元素与 DBTT 之间的关系，如图 8-33 所示，表 8-12 为元素与 DBTT 之间的数学表达式。

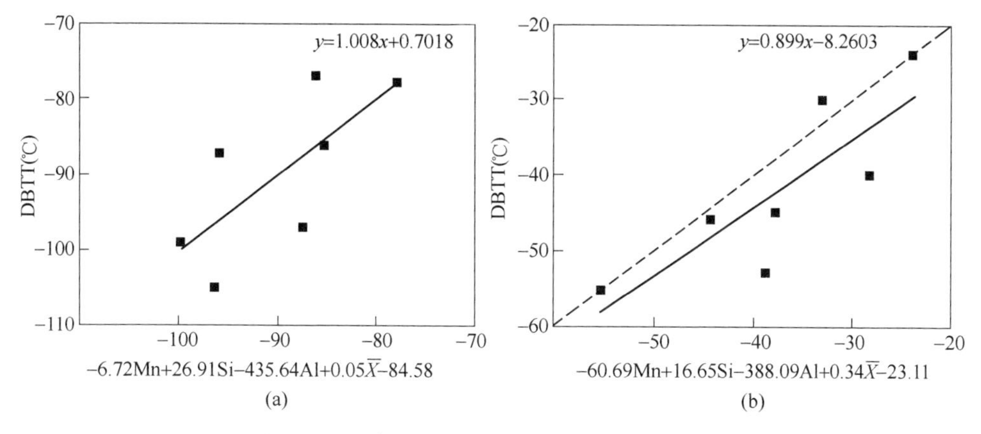

图 8-33 元素与韧-脆转变温度之间的数量关系
（a）马氏体；（b）贝氏体

表 8-12 元素与韧-脆转变温度关系的预测公式 （质量分数,%）

组织状态	预 测 公 式
马氏体	$\mathrm{DBTT}(℃) = -6.72\mathrm{Mn}+26.91\mathrm{Si}-435.64\mathrm{Al}+0.05\overline{X}-84.58$
贝氏体	$\mathrm{DBTT}(℃) = -60.69\mathrm{Mn}+16.65\mathrm{Si}-388.09\mathrm{Al}+0.34\overline{X}-23.11$

注：$\overline{X} = w(10\mathrm{P}+5\mathrm{Sb}+4\mathrm{Sn}+\mathrm{As})\times 10^2$。

由拟合结果可知，当组织为马氏体时，公式预测值与实际值较为接近，拟合方程斜率接近 1。贝氏组织的预测值与实际值存在的偏差略大，DBTT 的预测值较高。由预测公式可看出，Al 元素能够显著降低材料的 DBTT，Si 元素提高 DBTT 使韧性恶化，Mn 元素对 DBTT 的影响低于 Al 元素，但也能降低 DBTT 且能够显著降低贝氏体组织的 DBTT。因此，SA508Gr.4N 钢应提高 Al 和 Mn 元素含量，降低 Si 和杂质元素的含量以提高材料的韧性。

8.1.3 第二相的影响

8.1.3.1 碳化物对韧性的影响

图 8-34 为不同尺寸的碳化物形貌图。8-35 为碳化物颗粒尺寸与-30℃冲击性能之间的关系。可以看出冲击功与碳化物尺寸之间具有线性关系，即随着碳

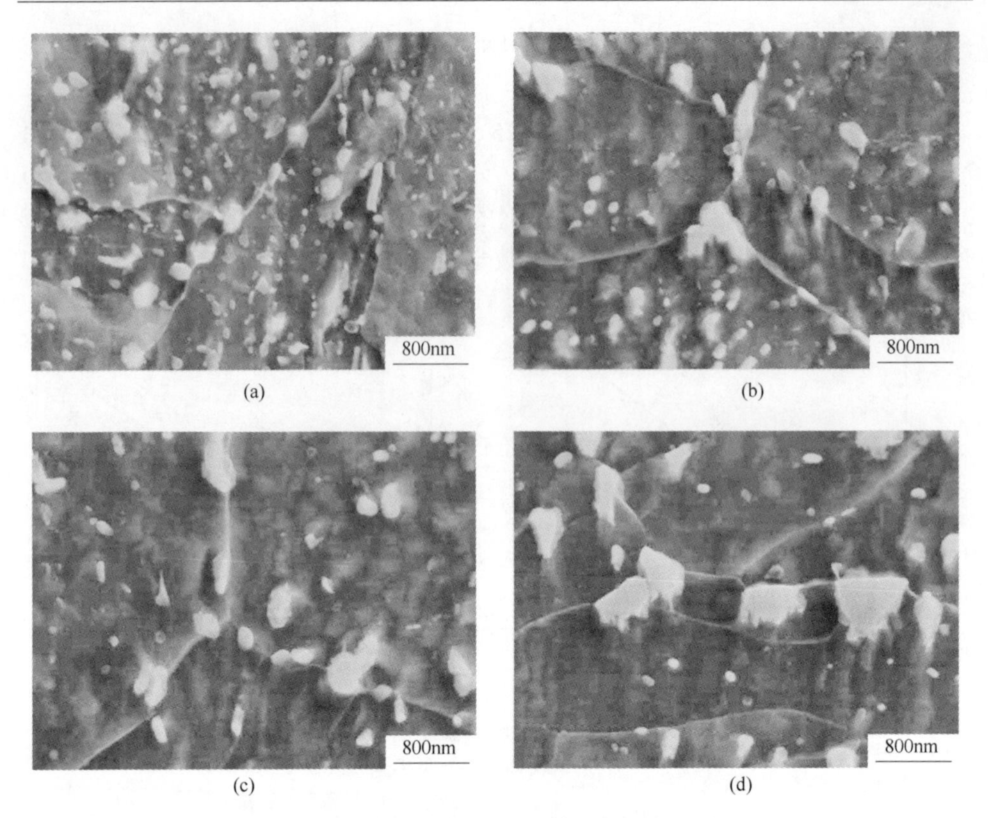

图 8-34　不同尺寸的碳化物形貌

（a）0.057μm；（b）0.069μm；（c）0.085μm；（d）0.108μm

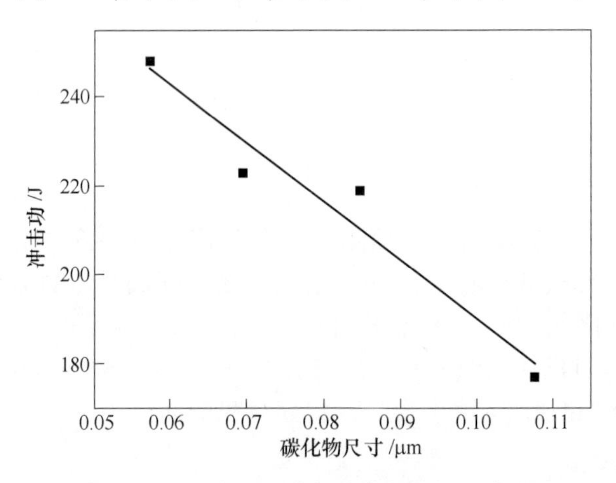

图 8-35　碳化物尺寸与冲击韧性间的关系

化物的增加而冲击功降低。组织中的碳化物将影响材料的临界断裂应力，碳化物越小临界断裂应力越高，裂纹将难以形核。碳化物在晶界析出时，其形核过程中会将杂质原子排出，导致原子在晶界偏聚，降低了有效表面能，将导致裂纹容易扩展，使韧性降低[29]。韩国学者在对 SA508Gr.3 钢断裂的问题研究发现，将基体中碳化物含量降低并且使晶界上粗大的 M_3C 消除，将基体中的细小的 M_2C 分布更加弥散有助于提高断裂韧性[30]。

8.1.3.2 夹杂物的影响

在试验中观察到多种裂纹起裂源，夹杂物和晶界碳化物均可以形成裂纹形核位置。图 8-36 为冲击断裂中解理断裂的起裂源。

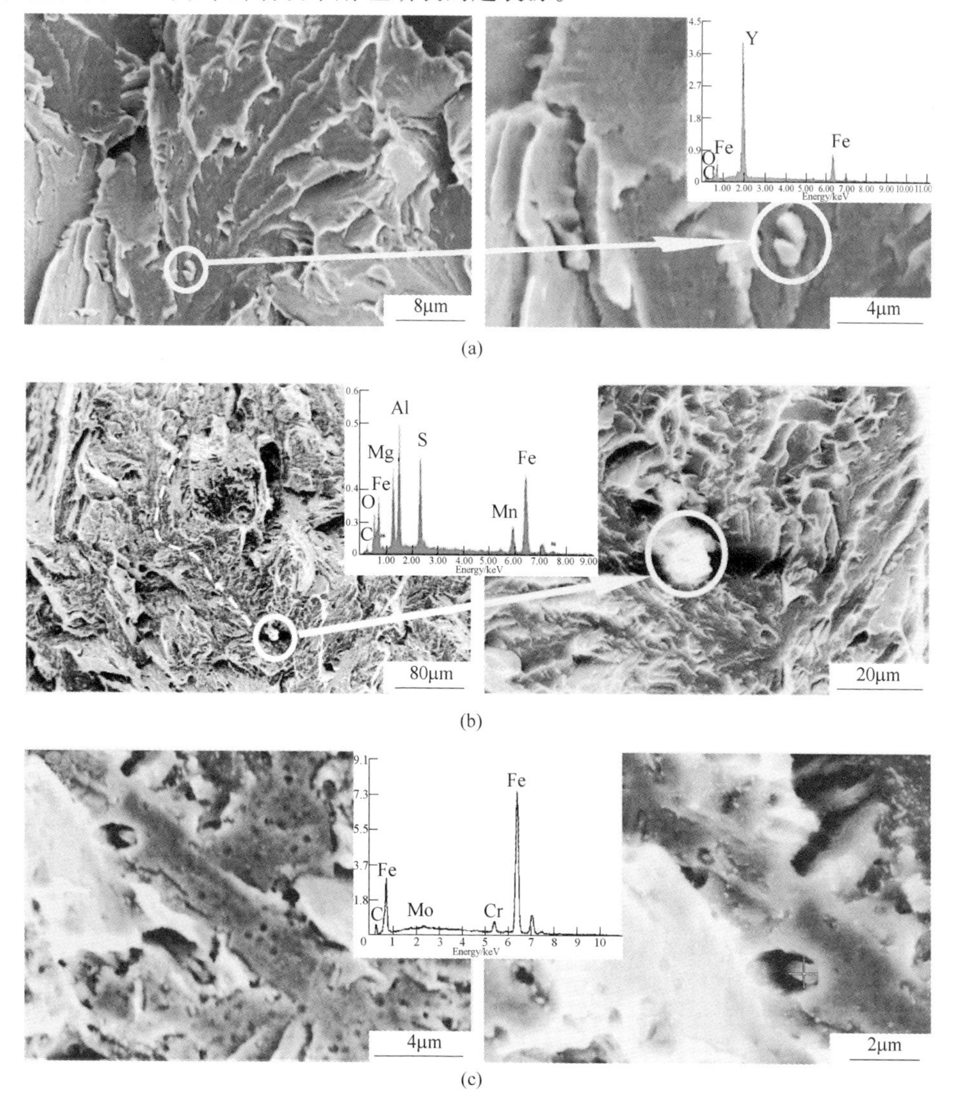

图 8-36 试验钢冲击断口裂纹起源

(a)，(b) 夹杂；(c) 碳化物

起裂源处常有夹杂物，其中夹杂物有两类分别是稀土 Y 夹杂物，这是稀土脱氧剂引入的夹杂物。另一类是 Al、Mg 和 Mn 的复合夹杂物，这是由于冶炼的炉衬引入的 Mg 夹杂物，钢中 Al 和 Mn 形成 Al_2O_3和 MnS 夹杂。解理断裂面上有许多碳化物。

由于第二相将基体的连续性破坏，在受到冲击力时第二相附近将产生应力集中而引起变形。E. Smith 等[31]认为在有关第二相引起断裂的裂纹起源模型中，若裂纹已在第二相上扩展，则扩展所需要的应力远远小于裂纹萌生的应力。若硬质的第二相已产生微裂纹则裂纹将快速扩张直至断裂。材料在发生解理断裂时存在临界裂纹尺寸，由公式 8-3 可知，减小第二相尺寸能够增大裂纹的萌生应力，提高断裂强度。文献[32]指出 3. 5Ni-Cr-Mo-V 钢在-192℃的临界解理断裂强度在 1472~1825MPa，而在铁素体钢中材料的表面能为 7J/m^2，可推算出，SA508Gr. 4N 钢发生解理脆性断裂时的临界尺寸要大于 1. 47μm。SA508Gr. 4N 钢中碳化物尺寸小于解理断裂临界尺寸，而部分夹杂物尺寸大于临界尺寸，将导致脆性断裂。因此在 SA508Gr. 4N 钢碳化物虽然对韧性有影响，但不是产生脆断的主导因素，而较大尺寸的夹杂物是产生韧性降低的主要原因。S. Lee 等[33]对 SA508Gr. 3 钢的断裂临界裂纹尺寸的研究表明，随着断裂温度的降低，临界裂纹尺寸也降低，在-75℃发生断裂的临界裂纹尺寸为 0. 414μm，而在-196℃断裂时临界裂纹尺寸以降低至 0. 151μm。因此，降低第二相尺寸，使其小于临界裂纹形成尺寸能够有效提高材料的低温韧性。

8. 2　SA508Gr. 4N 钢的回火脆性

8. 2. 1　组织状态对回火脆性的影响

图 8-37 为 6 号钢（P=0. 02%）不同组织的韧-脆转变曲线。表 8-13 为 6 号

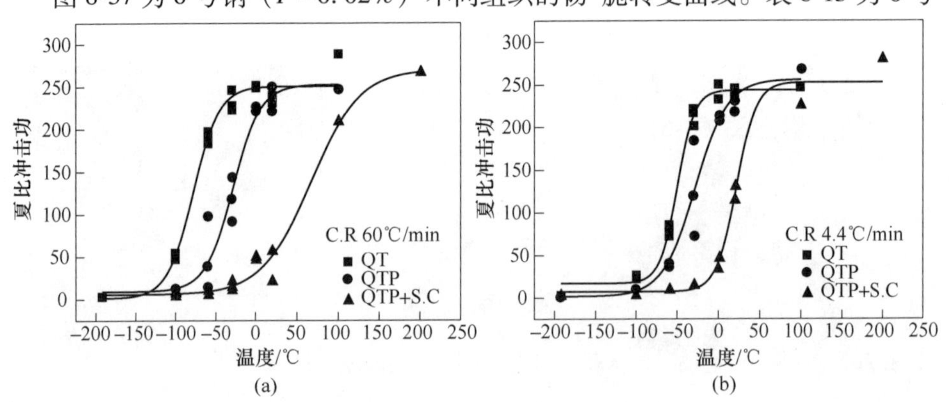

图 8-37　6 号钢的韧-脆转变曲线

（a）马氏体；（b）贝氏体

钢的冲击韧性统计。由图 8-36 可知，在调质、焊后热处理以及步冷脆化三种状态下，两种组织的韧-脆转变曲线均依次向右移，DBTT 逐渐升高。马氏体组织的三条韧-脆转变曲线较疏松，贝氏体组织的三条韧-脆转变曲线较密集。

表 8-13 6 号试验钢冲击韧性统计

状态	组织	USE/J	DBTT/℃	T_{54J}/℃
调质态	马氏体	249	-77	-99
	贝氏体	243	-49	-67
焊后热处理	马氏体	253	-28	-54
	贝氏体	256	-28	-54
焊后热处理+步冷脆化	马氏体	270	67	25
	贝氏体	252	22	4

由表 8-13 可知，在三种状态时马氏体组织与贝氏体组织的上平台冲击功相差较小，均高于 240J。调质后马氏体组织的 DBTT 低于贝氏体组织，韧性较好。经焊后热处理后，两种组织的 DBTT 已经趋于一致。这是由于 6 号钢的 P 含量较高（0.02%），在焊后热处理温度为 595℃，而后长时间（20h）保温缓慢冷却（50℃/h）后 P 元素等导致回火脆化的元素在晶界偏聚，降低晶界的结合力，使冲击韧性降低。调质态时马氏体组织的韧性优于贝氏体组织，而焊后热处理后韧性一致，马氏体组织的 DBTT 波动高于贝氏体，故马氏体组织具有较高的回火脆化敏感性。经步冷脆化后两种组织的 DBTT 均已经高于室温，韧性严重恶化，且马氏体组织的 DBTT 高达 67℃，显著高于贝氏组织的 DBTT。

通常以脆化度来衡量材料的回火脆性。脆化度可以有两种方法确定：一种是根据材料不同状态时 DBTT 的改变量（ΔDBTT）来表示，由表 8-13 中数据可计算出马氏体组织和贝氏体组织的 ΔDBTT 分别为 95℃ 和 50℃。马氏体组织比贝氏体组织具有更高的回火脆化敏感性；另一种根据不同状态的韧-脆转变曲线中冲击功为 54J 时对应温度（T_{54J}）的改变量确定，改变量越大材料的回火脆性越敏感。一般采用公式（8-6）来评价材料的回火脆化敏感性：

$$A = T_{54J} + \alpha \times \Delta T_{54J} \leqslant X \tag{8-6}$$

其中，T_{54J}为经过最小焊后热处理后冲击功为 54J 对应的温度；ΔT_{54J}为经最小焊后热处理后再经过步冷脆化处理后和经过最小焊后热处理后冲击功为 54J 对应的温度的增量。由于 SA508Gr. 4N 钢作为新一代反应堆压力容器用钢，面临着更严苛的服役环境，故本章采用更为严苛的 $A=T_{54J}+3.0\times\Delta T_{54J}\leqslant 0$(℃) 来评断其回火脆化敏感性。

由表 8-13 中的数据，采用 $A=T_{54J}+3.0\times\Delta T_{54J}$ 比较两种组织的回火脆化敏感性，马氏体组织的回火脆化敏感性值 A 为 183℃，贝氏体组织的 A 值为 120℃。

采用两种评价方法均得到马氏体组织的回火脆化敏感性高于贝氏体组织。

图 8-38 为 6 号钢步冷脆化后-192℃的冲击形貌，两种组织均为沿晶断裂。将断口进行腐蚀，发现在沿晶断裂晶面上可看出许多细小碳化物，晶界上的碳化物会破坏晶界间的结合力，导致韧性降低。由图 8-38（c）可看出在马氏体组织的晶面上碳化物呈细短杆状，排列较规则，而图 8-38（d）中贝氏体组织的晶面

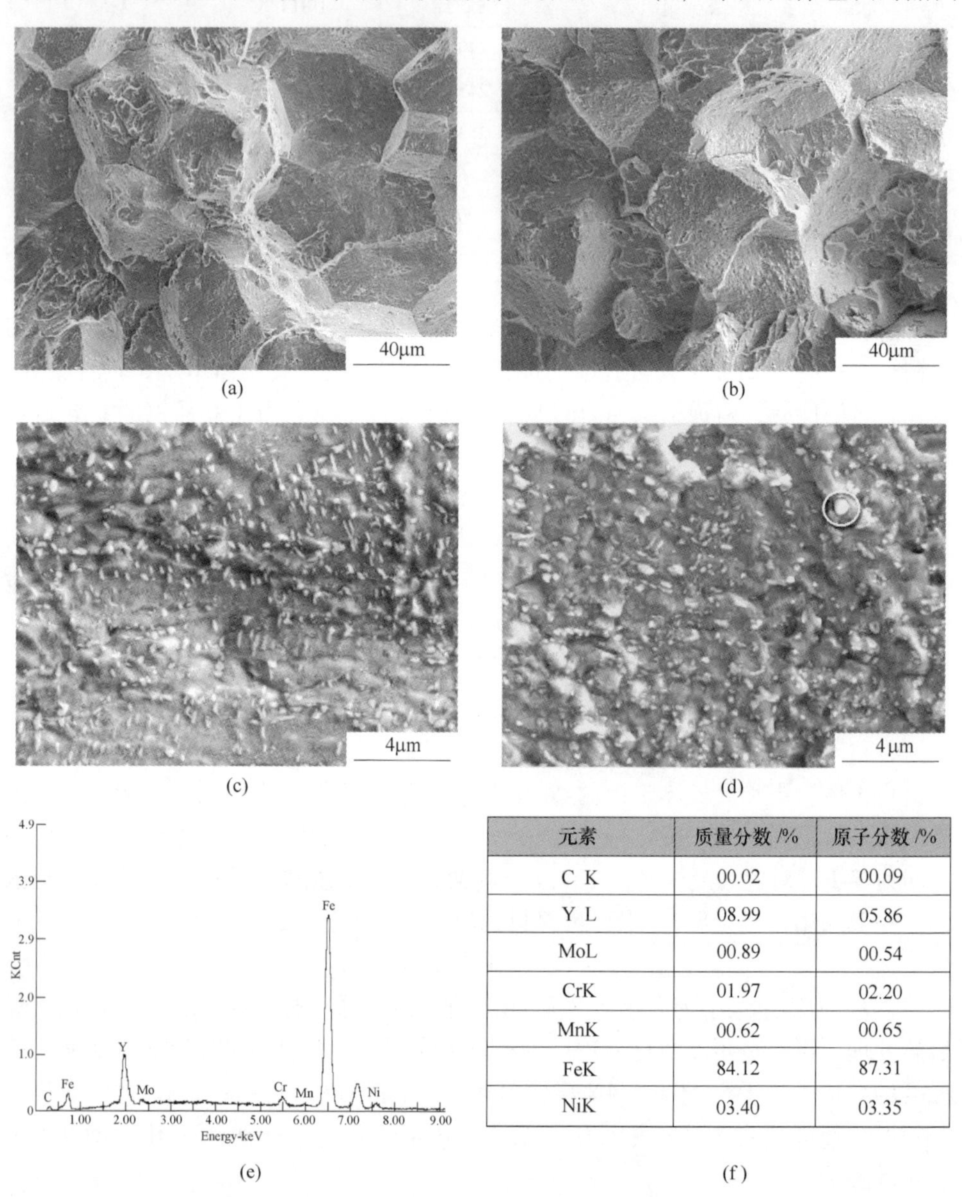

元素	质量分数 /%	原子分数 /%
C K	00.02	00.09
Y L	08.99	05.86
MoL	00.89	00.54
CrK	01.97	02.20
MnK	00.62	00.65
FeK	84.12	87.31
NiK	03.40	03.35

图 8-38　试验钢步冷脆化后断口形貌

（a），（c）马氏体；（b）～（f）贝氏体

上较粗糙，碳化物较接近球形。另外，贝氏体晶界上存在夹杂物，经能谱确定为稀土 Y 的夹杂物，应为冶炼时采用稀土脱氧剂引入的杂质。稀土元素能够净化晶界上的 S、P 等杂质元素，因为稀土元素有较大的原子半径，如 Y 的原子半径为 2.27 埃，溶解在 Fe 内将会造成较大的弹性畸变，从而将稀土元素在晶界富集时占据较大的原子位置，以降低畸变能。稀土元素将和杂质元素产生较强的位置竞争。此外，稀土元素与 S 的电负性相差大，Y 与 S 的电负性分别为 1.22 和 2.58。电负性相差大的元素易形成化合物，因而稀土元素会降低 S 在晶界的浓度，从而降低回火脆性[34]。

图 8-39 为两种组织经步冷脆化后对 -192℃ 断口进行俄歇能谱分析。马氏体组织经步冷脆化后 P 和 S 在晶界偏聚含量（原子分数）分别为 0.6% 和 0.3%。6 号钢初始状态 P 和 S 含量质量分数为 0.02% 和 0.002%，原子分数约为 0.036% 和 0.0035%。经步冷脆化后马氏体组织中的 P 和 S 含量是基体的 16.6 倍和 85.7 倍。贝氏体组织经步冷脆化后 P 和 S 在晶界偏聚量（原子分数）分别为 0.4% 和 0.2%。晶界上 P 和 S 的含量是基体的 11.1 倍和 57.1 倍。故杂质元素在马氏体

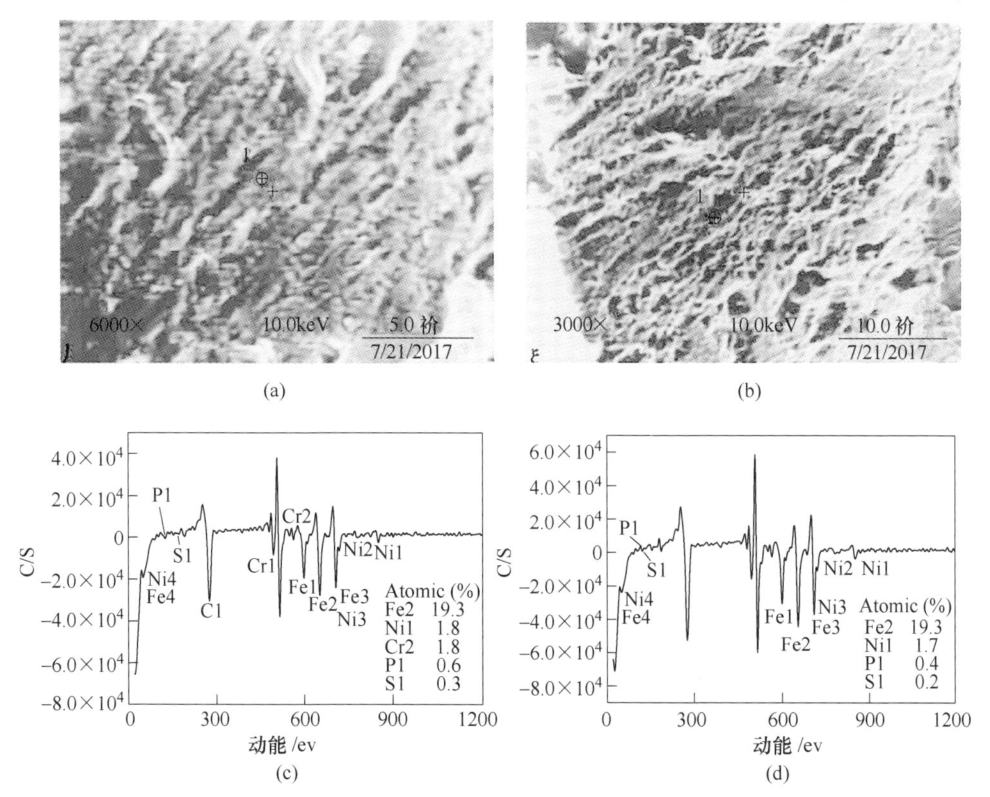

图 8-39 元素晶界偏聚分析

（a），（c）马氏体；（b），（d）贝氏体

组织中的晶界偏聚量高于贝氏体，这造成了马氏体组织具有较高的回火脆化敏感性。S. Raoul 等[35]对 A533 钢研究认为虽然大角度晶界易引起杂质元素的偏析，但相变中获得的贝氏体组织中的大角度晶界能够分担原奥氏体晶界的杂质偏聚，减弱原奥氏体晶界的偏聚含量。而马氏体组织中的大角度晶界能够使基体中的磷激活，优先偏聚在原奥氏体晶界。另外，马氏体组织中在回火过程中析出的碳化物能将 P 拖拽到原奥氏体晶界。这使马氏体的回火脆化敏感性高于贝氏体。

8.2.2　化学成分对回火脆性的影响

8.2.2.1　Mn 对回火脆性的影响

图 8-40 为不同 Mn 含量不同脆化因子试验钢在不同状态的韧-脆转变曲线，表 8-14 为试验钢的韧性统计。由图 8-40 可知，四种试验钢经步冷脆化后韧-脆转变曲线均右移，DBTT 升高，USE 没有明显改变。当脆化因子（$\overline{X}$）小于 3 时，Mn 含量为 0.35%的 2 号钢经步冷脆化后 ΔDBTT 为 4℃，而 Mn 含量为 0.01%的 4 号钢的 ΔDBTT 为 11℃，DBTT 显著升高。经公式判定高 Mn 钢和低 Mn 钢的回火

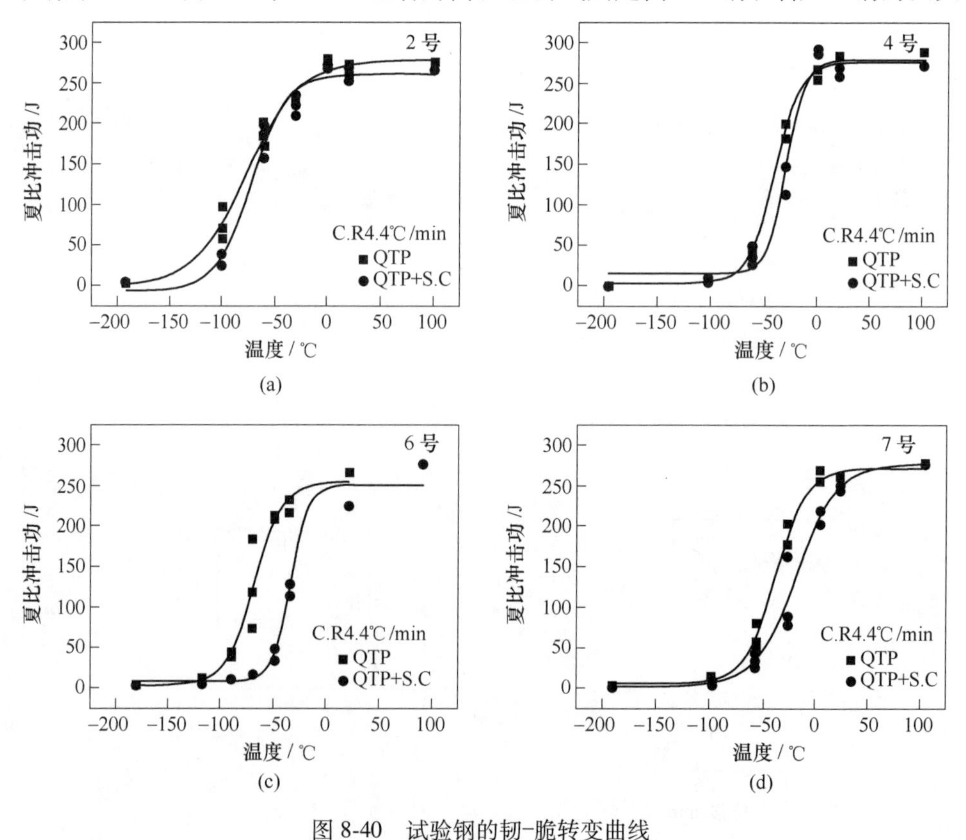

图 8-40　试验钢的韧-脆转变曲线

（a）2 号；（b）4 号；（c）6 号；（d）7 号

脆化敏感值（A）分别为-54℃和-21℃；当脆化因子（$\overline{X}$）大于 20 时，Mn 含量较高的 6 号钢的 ΔDBTT 为 50℃，Mn 含量较低的 7 号钢的 ΔDBTT 为 20℃，两试验钢的 A 值分别为 120℃和-23℃。

表 8-14 试验钢的冲击韧性

状态	钢号	脆化因子/$\overline{X}$	USE/J	DBTT/℃	T_{54J}/℃
焊后热处理	2 号	2.43	278	-75	-111
	4 号	2.67	275	-40	-57
	6 号	20.90	256	-28	-54
	7 号	22.59	276	-41	-62
焊后热处理+步冷脆化	2 号	2.43	261	-71	-92
	4 号	2.67	279	-29	-45
	6 号	20.90	252	22	4
	7 号	22.59	277	-21	-49

因此，Mn 元素对回火脆性的影响与脆化因子有关。当 $\overline{X}<3$，Mn 元素不加剧回火脆性。当 $\overline{X}$ 较高时，Mn 元素加剧回火脆性。有学者[36,37]研究了 Mn 元素对 2.25Cr-1Mo 钢回火脆性的影响，认为 Mn 元素为促脆元素，Mn 与 P 有交互作用能够同时偏聚于晶界。但 Mn 元素对回火脆性的影响与 Si 元素的含量密切相关，当 Si 含量低于 0.1%时，Mn 含量低于 0.45%时不会加剧回火脆性。

图 8-41 为 2 号和 4 号钢在低温的示波冲击曲线。经脆化后，低 Mn 钢受到冲击时，位移 2mm 载荷就下降为 0N，裂纹扩展功与裂纹萌生功之比为 0.23，冲击载荷达到最大值后出现陡降。而高 Mn 钢的位移在 7mm 时还未将到 0mm，裂纹扩展功与裂纹萌生功之比为 0.89，高 Mn 钢具有更高的韧性。

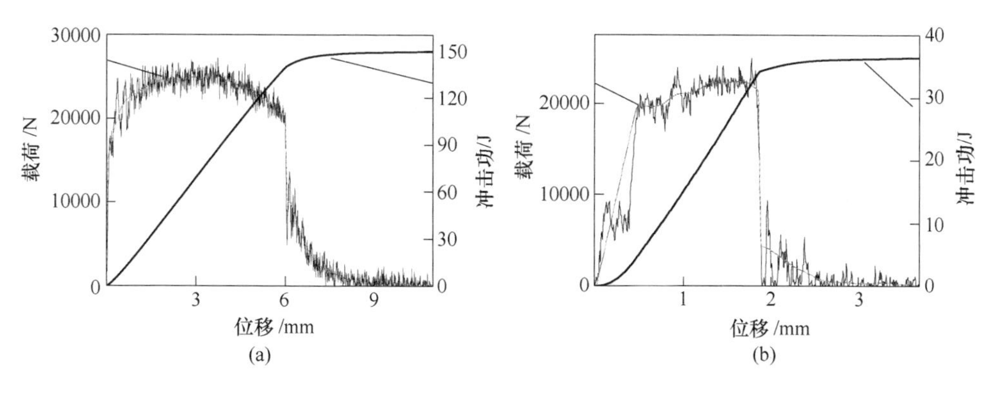

(c)

(d)

图 8-41　试验钢的示波冲击曲线及断口形貌
(a)，(c) 2 号；(b)，(d) 4 号

图 8-42 为试验钢经步冷脆化后的元素晶界偏聚情况。当试验钢的 $\overline{X}$ 较低时，只检测到 S 元素的晶界偏聚。W. Barrett 等[38]研究表明在低合金钢中 S 元素的偏聚也显著加剧回火脆性。由于 Mn 能与 S 结合形成 MnS，这应该是高 Mn 钢中 S 元素偏聚量较少的原因。当 $\overline{X}$ 较高时，结合 8.2.1 中 6 号钢的元素偏聚结果与 7 号钢的元素偏聚情况可知，Mn 元素促进 P 元素的偏聚，加剧回火脆性。

8.2.2.2　Al 对回火脆性的影响

图 8-43 为两种不同 Al 含量的试验钢在不同状态的韧-脆转变曲线，表 8-15 为试验钢的韧性统计。L-Al 钢的 DBTT 较高，经步冷脆化后 DBTT 升高 22℃。而含 Al 较高的 0.02Al 钢初始韧性较好，经步冷脆化后 DBTT 仅升高 5℃。经回火脆化敏感性公式判定后 L-Al 钢和 0.02Al 钢的 A 值分别为−38℃和−156℃。这表

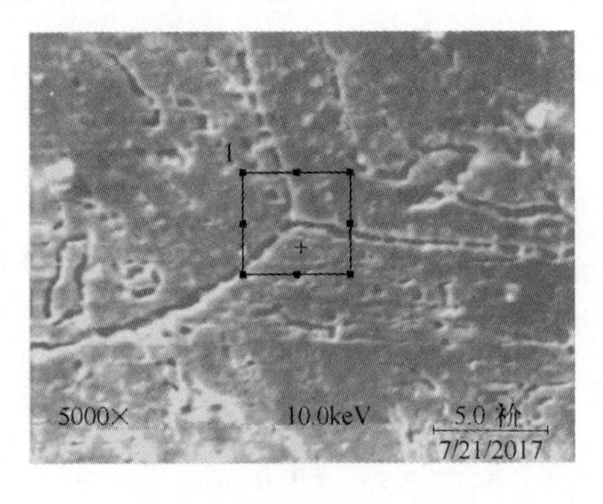

(a)

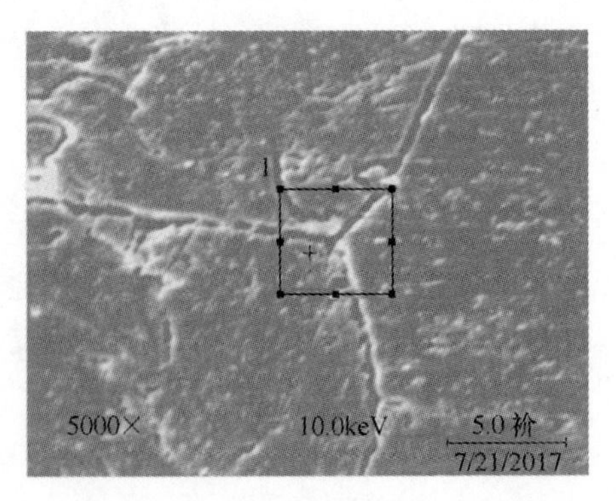

(b)

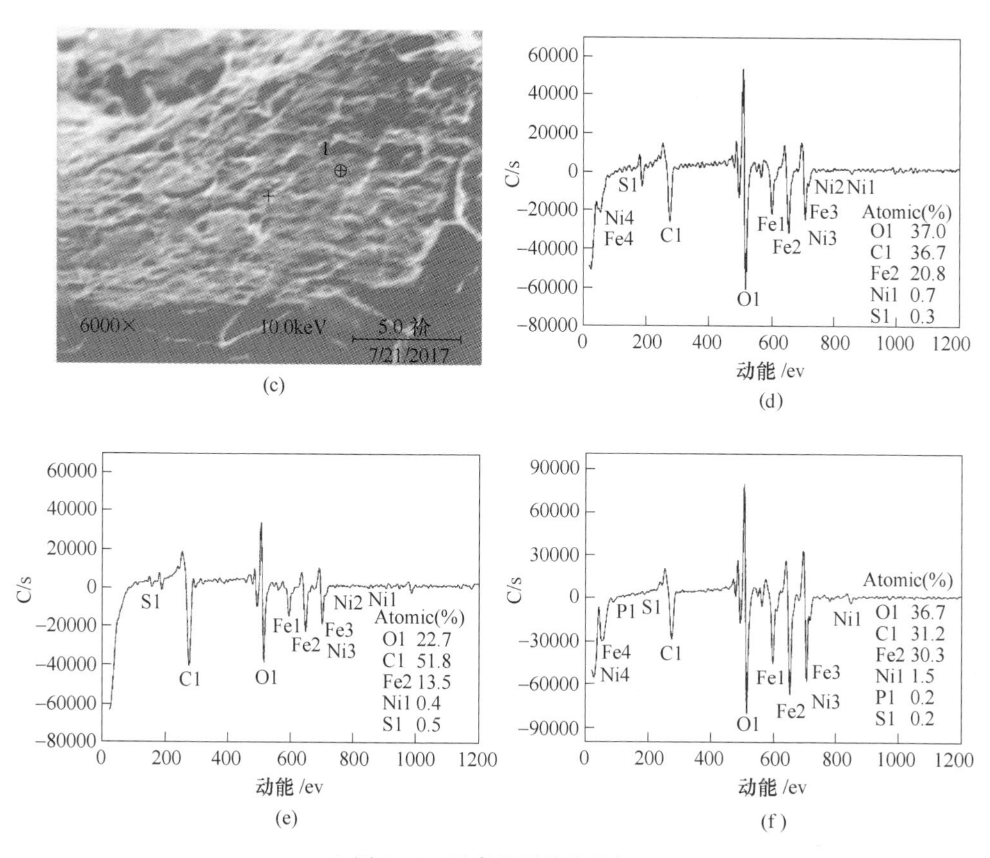

(c) (d) (e) (f)

图 8-42 元素晶界偏聚分析

(a)，(d) 2 号；(b)，(e) 4 号；(c)，(f) 7 号

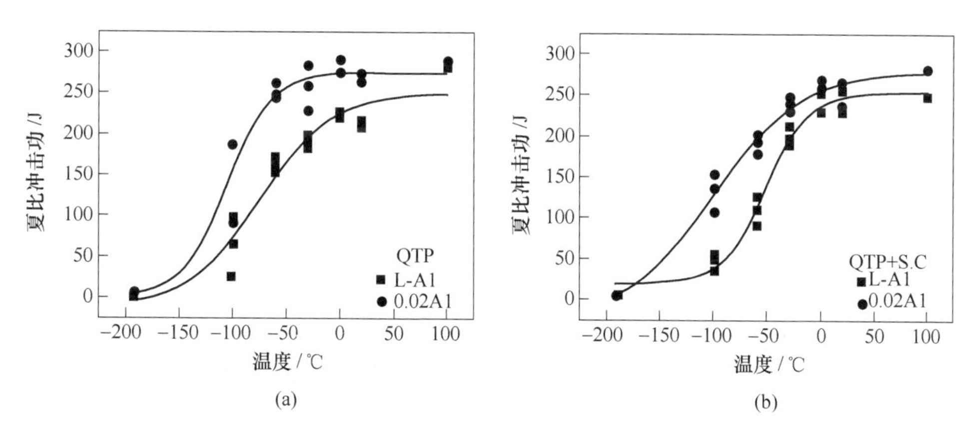

(a) (b)

图 8-43 Al 对韧-脆转变曲线的影响

(a) 焊后态；(b) 步冷脆化态

明添加 Al 元素后能够降低材料的回火脆化敏感性。Al 能够形成 AlN 细化晶粒，增加晶界面积从而减弱杂质元素在晶界偏聚浓度，从而提高韧性。因此，SA508Gr. 4N 钢中应添加适量的 Al。

表 8-15　Al 对试验钢冲击韧性的影响

状态	钢号	USE/J	DBTT/℃	T_{54J}/℃
QTP	L-Al	249	-75	-110
	0.02Al	273	-105	-135
QTP+S. C	L-Al	250	-53	-86
	0.02Al	276	-100	-142

图 8-44 为两种试验钢的冲击断口形貌。Al 含量较低的钢准解理面很大，较平滑。而含 Al 量较高的钢在断口上存在撕裂棱，解理面较小。这表明钢在受到外力发生断裂时，裂纹发生了较多次的倾转，消耗裂纹扩展功较多。Al 元素在细化晶粒的同时能够将晶粒内的亚结构细化，提高了钢的冲击韧性。

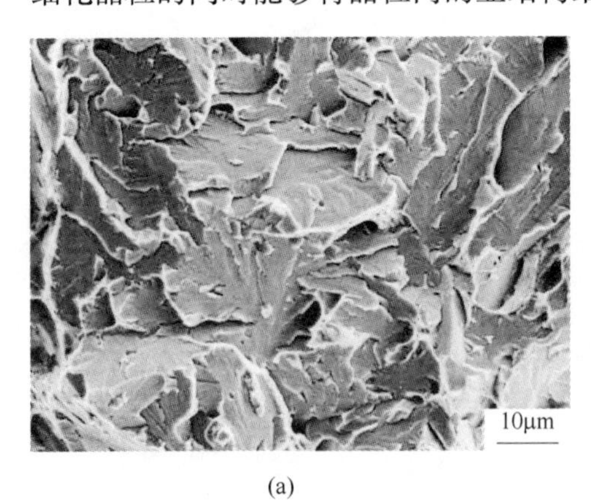

(a)

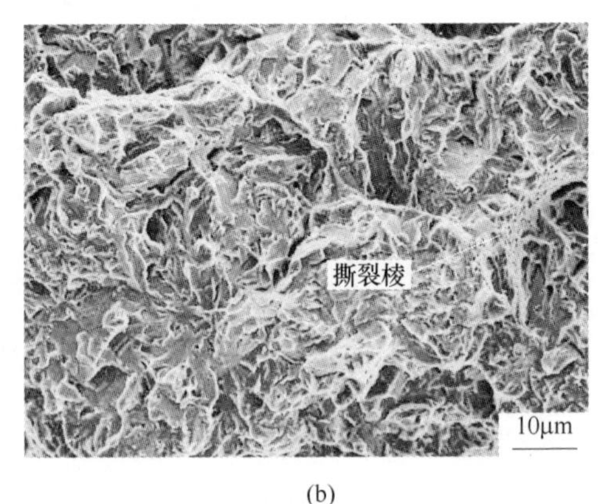

(b)

图 8-44　Al 对冲击断口的影响
（a）L-Al；（b）0.02Al

8.2.2.3　Si 和 P 对回火脆性的影响

图 8-45 为不同 Si 和 P 含量的试验钢在不同状态的韧-脆转变曲线，表 8-16 为试验钢的韧性统计。

由图 8-45 和表 8-16 可知，在焊后热处理后 5 号和 6 号钢的冲击韧性基本一致，经步冷脆化后，由于 5 号含有较多的 Si，使韧-脆转变曲线显著右移加剧回火脆性。1 号钢中 Si 和 P 含量较低，经步冷脆化后 DBTT 仅升高 7℃。通过回火脆化敏感性公式判定，三种试验钢的 A 值分别为-45℃、153℃和 120℃。1 号钢的回火脆化敏感性较弱，而 5 号和 6 号钢冲击韧性严重恶化不能满足使用要求。

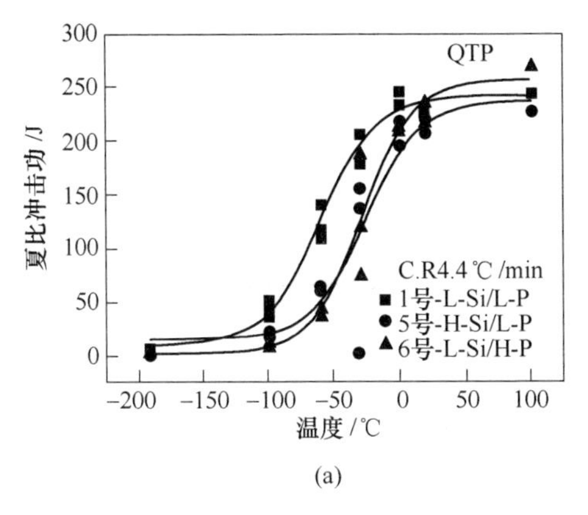

(a)

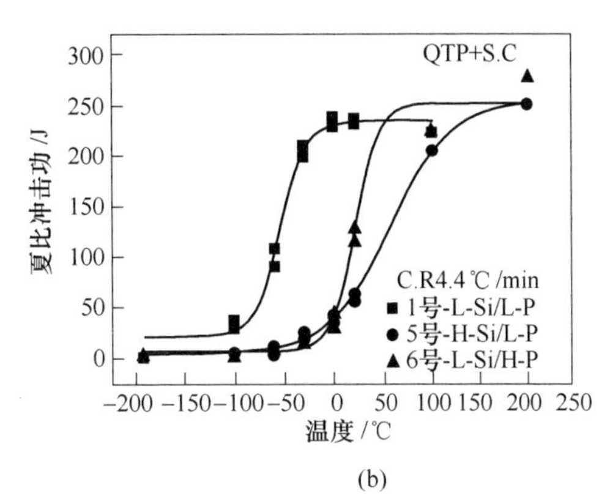

(b)

图 8-45　Si 和 P 对韧-脆转变曲线的影响
（a）焊后态；（b）步冷脆化态

表 8-16　试验钢的冲击韧性

状态	钢号	USE/J	DBTT/℃	T_{54J}/℃
焊后态	1 号 L-Si/L-P	241	-60	-90
	5 号 H-Si/L-P	236	-26	-58
	6 号 L-Si/H-P	256	-28	-53
步冷脆化态	1 号 L-Si/L-P	235	-53	-75
	5 号 H-Si/L-P	254	57	13
	6 号 L-Si/H-P	252	22	4

Si 元素能够促进杂质元素偏聚，增加回火脆性。然而对 2.25Cr-1Mo 的研究表明降低 Si 元素能够降低回火脆性，但调整回火参数在 18.5～19.1 范围内，Si 含量≤0.6%时回火脆性并不加剧[39]。故为了保证钢的高温强度可适当添加 Si 元素，通过调节回火参数来满足强韧性。

P 元素强烈促进元素偏聚，降低材料的晶界强度，使材料在裂纹形成后沿晶界发生扩展，产生沿晶断裂，如图 8-46 所示。

将试验钢中的元素含量与 DBTT 之间建立数量关系，如图 8-47 所示。由图 8-47可知，将 Si 和 P 元素含量降低在 0.002%以下时，无论焊后热处理还是步冷脆化后，材料的 DBTT 低于-50℃，韧性较好。材料中 Si 含量（质量分数）增加至 0.35%，脆化后 DBTT 增加 83℃，增长率为 244℃/%。而 P 含量增加至 0.02%，DBTT 增加 49℃，增长率为 2578℃/%。P 元素对回火脆性的影响更为严重。

8.2.2.4　脆化因子对回火脆性的影响

图 8-48 为不同脆化因子的脆化度（ΔDBTT）。由图 8-48 可知采用常用的 $\overline{X}$ 和 K_1 参数能够反映出马氏体组织的 ΔDBTT 高于贝氏体组织。在某些成分时能够

(a)

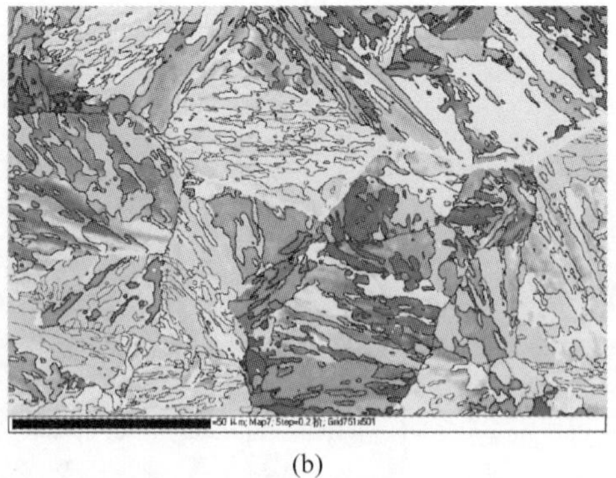
(b)

图 8-46　试验钢步冷脆化后裂纹扩展路径
（a）花样质量图；（c）反极图

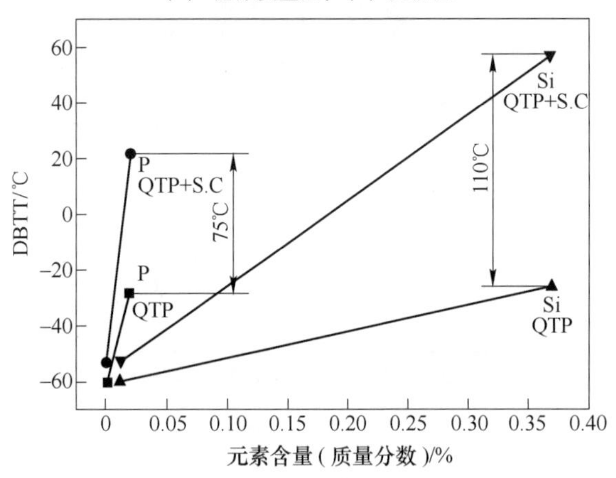

图 8-47　元素含量与韧-脆转变温度的关系

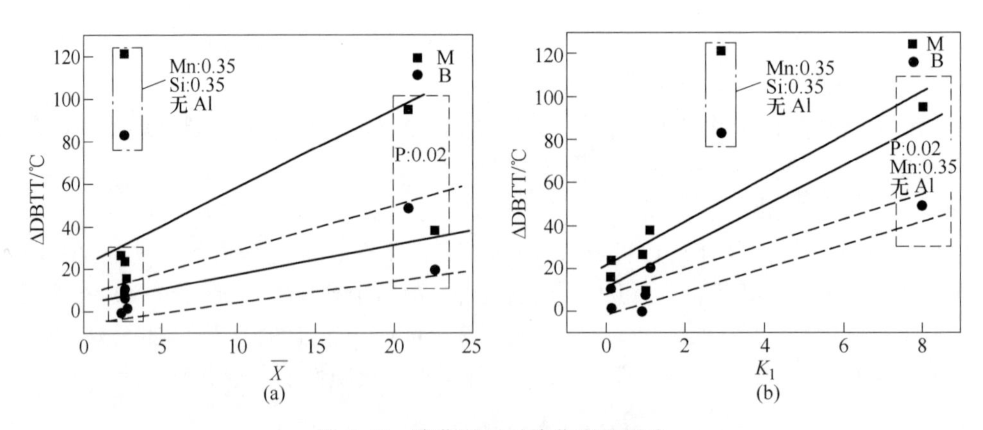

图 8-48　脆化因子对脆化度的影响
（a）$\overline{X}$；（b）K_1

反应材料的回火脆化情况，当脆化因子较低时（$\overline{X}<3$，$K_1<1$）无论马氏体组织还是贝氏体组织经步冷脆化后 ΔDBTT 小于 30℃，随着脆化因子的增加材料的回火脆化敏感性增加。但是在某些成分不能准确表征材料的回火脆化敏感性。这或许与脆化因子仅考虑了 Si、Mn、P、Sb、Sn 和 As，并没有考虑能够细化晶粒的 Al 元素。此外，ΔDBTT 仅考察了韧-脆转变温度的变化，忽略了脆化前后的 DBTT。因此采用日本学者推荐的回火脆化敏感性公式来建立两者之间的关系，如图 8-49 所示。

由图 8-49 可知，试验钢回火脆化敏感程度不能仅靠 $\overline{X}$ 和 K_1 参数确定，当脆化因子较小时如图 8-49（a）中，试验钢也具有强烈的回火脆化敏感性。因此针对 SA508Gr.4N 钢的回火脆化敏感性的评价，要优化脆化因子，需要考虑 Al 元素的影响。

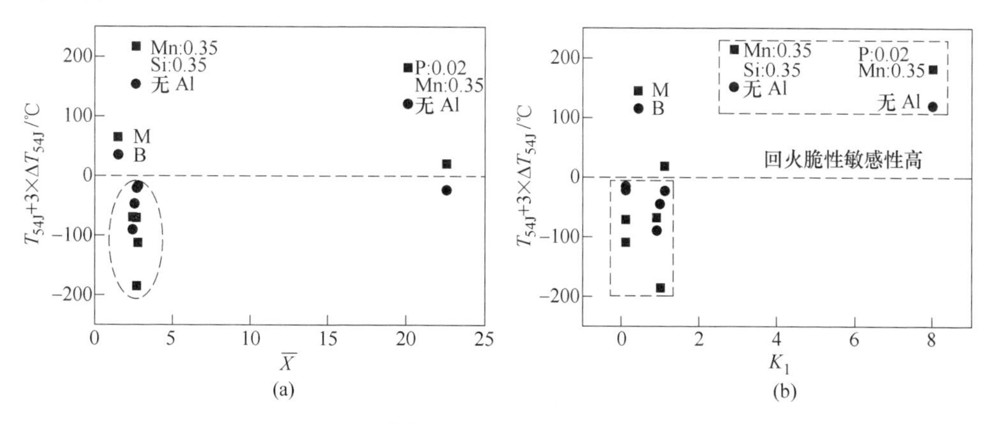

图 8-49　脆化因子与判定公式之间的关系

（a）$\overline{X}$；（b）K_1

L. G. Emmer 等[40]对 2.25Cr-1Mo 的研究认为 ΔT_{80J} 与元素间有线性关系：

$$\Delta T_{80J} = 83.4(\mathrm{Si} \times \ln\overline{X}) - 175.8\mathrm{Mn} + 160.1\mathrm{Mo} - 90.3 \tag{8-7}$$

由公式（8-7）可知，Mn 元素在 2.25Cr-1Mo 钢中能够减弱回火脆性。根据 SA508Gr.4N 钢的化学元素，拟合元素与 ΔDBTT 间的关系，如图 8-50 和表 8-17 所示。由图 8-50 可知，所构建的公式对于马氏体组织的预测较精确，拟合斜率为 1.017。而对于贝氏体组织预测值偏高，但数值也较为合理。由表 8-17 可知，Si 元素和脆化因子均使回火脆化度增加，加剧回火脆性。而 Al 元素能够降低 ΔDBTT。Mn 元素能够增加 ΔDBTT，Mn 的前置系数为 50 左右。但是 Mn 元素能够使 DBTT 降低，且在贝氏体组织中的前置系数为−60.69（表 8-12）。虽然 Mn 元素能够增加 ΔDBTT，由于 Mn 还能明显降低 DBTT，故在 SA508Gr.4N 钢中应添加适宜含量的 Mn 元素。结合图 8-48 与图 8-49，可确定低回火脆化敏感性

SA508Gr. 4N 钢中应降低 $w(\mathrm{Si}) \leqslant 0.02\%$、$w(\mathrm{P}) \leqslant 0.002\%$含量，添加 $w(\mathrm{Mn})=0.35\%$和 $w(\mathrm{Al})=0.025\%$。

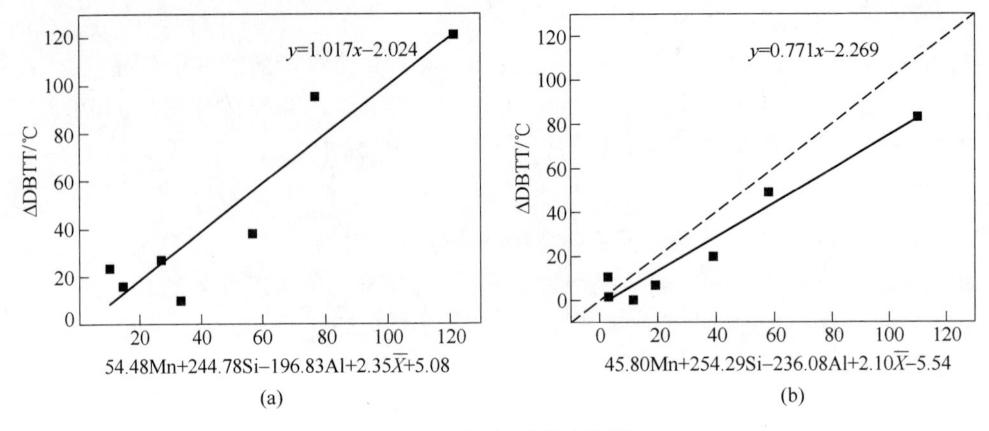

图 8-50 元素对-脆化度的影响

（a）马氏体；（b）贝氏体

表 8-17 元素与脆化度之间的关系

组织状态	公 式
马氏体组织	$\Delta\mathrm{DBTT}=54.48\mathrm{Mn}+244.78\mathrm{Si}-196.83\mathrm{Al}+2.35\overline{X}+5.08$
贝氏体组织	$\Delta\mathrm{DBTT}=45.80\mathrm{Mn}+254.29\mathrm{Si}-236.08\mathrm{Al}+2.10\overline{X}-5.54$

注：$\overline{X}=(10\mathrm{P}+5\mathrm{Sb}+4\mathrm{Sn}+\mathrm{As})\times10^2$。

8.3 基于晶界偏聚理论对 SA508Gr. 4N 钢回火脆性的预测

8.3.1 非平衡晶界偏聚理论

徐庭栋等[41]指出溶质原子在晶界偏聚或贫化，直接影响材料的性能，认为元素在晶界的偏聚存在两个过程即偏聚和反偏聚。偏聚过程中元素随时间的增加元素的偏聚浓度增加，而反偏聚过程中随时间的增加夹杂元素的晶界偏聚浓度降低，如图 8-51 所示。

偏聚与反偏聚之间的分界点称为临界时间，这是非平衡偏聚的一个重要特征。徐庭栋指出临界时间的计算公式为[42]：

$$t_c = [R^2\ln(D_c/D_i)]/[\delta(D_c - D_i)] \tag{8-8}$$

式中，R 为平均晶粒半径；D_c为复合体的扩散系数；D_i为溶质原子的扩散系数；δ 为比例常数。利用公式计算 P 元素在步冷脆化的每一个阶段的临界时间以判断每一个阶段处于偏聚还是反偏聚。

试验钢的晶粒尺寸直径约为 30μm，$D_c(\mathrm{m^2\cdot s^{-1}}) = 5\times10^{-5}\exp(-1.8/kT)$，

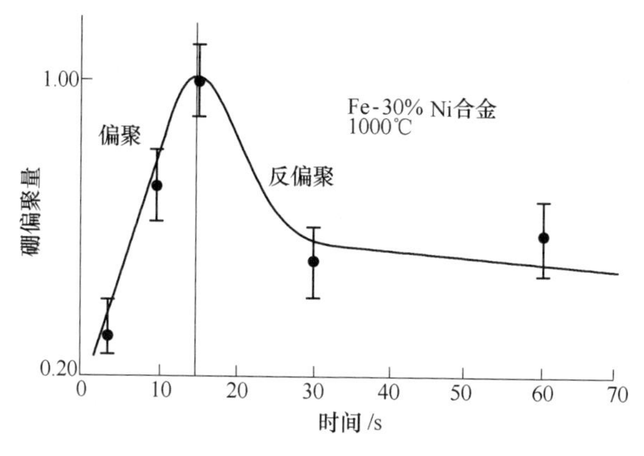

图 8-51 硼元素的偏聚与反偏聚

$D_i(m^2 \cdot s^{-1}) = 2.9 \times 10^{-4}\exp(-2.39/kT)$，其中 k 为玻尔兹曼常数 1.38×10^{-23} (J/K)，δ 为 6。经计算确定步冷脆化的整个过程的临界时间如表 8-18 所示。

由表 8-18 所示，步冷脆化中临界时间均大于保温时间，故整个过程 P 元素在晶界的聚集始终为偏聚过程未出现反偏聚，P 元素在脆化过程中偏聚含量时逐渐累积，脆化逐渐加重。

表 8-18 步冷脆化工艺的临界时间

温度/℃	$D_c/m^2 \cdot s^{-1}$	$D_i/m^2 \cdot s^{-1}$	临界时间/h	保温时间/h
593	6.94×10^{-16}	3.68×10^{-18}	26.34	1
538	1.27×10^{-16}	4.20×10^{-19}	156.22	15
524	7.97×10^{-17}	2.31×10^{-19}	255.31	24
496	2.96×10^{-17}	6.50×10^{-20}	718.47	60
468	1.02×10^{-17}	1.67×10^{-20}	2181.72	100
350	4.04×10^{-20}	1.39×10^{-23}	684640（78 年）	—

8.3.2 平衡偏聚下等效时间的推算

平衡晶界偏聚理论是由 Mclean 于 20 世纪 50 年代提出，并建立了二元系合金平衡偏聚的热力学及动力学相关计算理论公式。随后 Guttman 完善了这一理论并建立了三元系合金的相关理论。晶界平衡偏聚理论认为，金属材料的回火脆性是由于在脆化温度范围内，金属材料中的杂质元素在晶界发生了平衡偏聚，这造成晶界结合力减弱，在受到外力冲击时形成脆性断裂。

采用平衡偏聚理论将步冷脆化工艺可等效到某一温度的恒温脆化过程。如果材料在温度 T_i 下保温，杂质元素的扩散时间和扩散距离分别为 t_i 和 X。$X = B\sqrt{D_z(T_i)t_i}$，其中 B 为常数，$D_z(T_i)$ 为杂质原子在温度 T_i 下的扩散系数。如果杂质原子在另一温度 T_j时的扩散距离为 $X = B\sqrt{D_z(T_j)t_j}$ ，则 t_j为 t_i对应温度 T_j的等效时间[43]，即：

$$D_z(T_i)\ t_i = D_Z(T_j)\ t_j \tag{8-9}$$

由于

$$D_z(T_i) = D_0\exp\ (-E_A/\ kT_i) \tag{8-10}$$

$$D_z(T_j) = D_0\exp\ (-E_A/\ kT_j) \tag{8-11}$$

式中，D_0为扩散常数；E_A为杂质原子的扩散激活能。故可将等式变为：

$$t_i = t_j\exp\ [-E_A(T_i - T_j)/k\ T_i\ T_j] \tag{8-12}$$

式（8-12）为等温条件下的等效时间的计算方法。对连续冷却曲线则可用台阶足够小的阶梯代替。假设台阶的个数为 n 个，则整个冷却过程对应于温度 T_i的等效时间为：

$$t_e(T_i) = \sum_{j=1}^{n} t_j\exp\ [-E_A(T_i - T_j)/k\ T_i\ T_j] \tag{8-13}$$

在步冷脆化的冷却阶段，t_j与 T_j呈线性关系，将上式写成微分形式：

$$\mathrm{d}\ t_e(T_i) = \exp\ \{-E_A[T_i - (a + bt_j)]/kT_i(a + bt_j)\}\mathrm{d}\ t_j \tag{8-14}$$

式中　$T_j = a+b\ t_j$；

a，b——温度 T_j 与时间 t_j 的线性关系系数。

式（8-14）积分可得：

$$t_e(T_i) = \int_{t_a}^{t_b}\exp\{-E_A[T_i - (a + b\ t_j)]/k\ T_i(a + b\ t_j)\}\mathrm{d}t_i \tag{8-15}$$

式中　t_a，t_b——时间 t_j的积分上下限；

E_A——1. 8eV。

结合上述方法将 P 元素在步冷脆化的整个过程时间等效到 350℃ 等温时间，如表 8-19 所示。步冷脆化等效时间显著高于实际 350℃时效时间，故采用步冷脆化工艺能够加快判定 SA508Gr. 4N 钢的回火脆性，从而预判服役温度下的回火脆化情况。

表 8-19　步冷脆化工艺等效至恒温脆化时间

阶段	温度/℃	需要时间/h	等效到 350℃时间/h
保温	593	1	12084. 6
冷却	538	9. 8	57148. 5
保温	538	15	35363. 1
冷却	524	2. 5	4316. 7
保温	524	24	36004. 6
冷却	496	5	4579. 1
保温	496	60	34692. 1

续表 8-19

阶段	温度/℃	需要时间/h	等效到 350℃时间/h
冷却	468	10	3582. 5
保温	468	100	25919. 7
冷却	315	5. 5	149. 3
总计	213840. 2h（24. 4 年）		

8.3.3 SA508Gr. 4N 钢大锻件全寿命期内回火脆性预测

诸多文献表明[44~47]，金属材料的回火脆性是由于杂质元素在晶界的偏聚引起，且脆化度（ΔDBTT）与杂质元素的偏聚量成正比。脆化度与杂质元素之间的关系可用调整后的 Mclean 方程表示：

$$\frac{C_{gt} - C_{g0}}{C_{g\infty} - C_{g0}} = \frac{\Delta DBTT_t}{\Delta DBTT_\infty} \tag{8-16}$$

式中，C_{gt}为时间 t 时的晶界偏聚量；C_{g0}为时间 $t=0$ 时的晶界偏聚量，初始基体中含量；$C_{g\infty}$为时间 $t=\infty$ 时的晶界偏聚量；$\Delta DBTT_t$为时间为 t 时的脆化度；$\Delta DBTT_\infty$为饱和脆化度，另外脆化度还可采用 ΔT_{54J}表示。其中$C_{g\infty}$和C_{gt} 由式（8-17）和式（8-18）决定：

$$C_{g\infty} = \frac{AC_{g0}\exp(\Delta G/kT)}{1 + AC_{g0}\exp(\Delta G/kT)} \tag{8-17}$$

$$\frac{C_{gt} - C_{g0}}{C_{g\infty} - C_{g0}} = 1 - \exp\left(\frac{4D_p t}{\alpha^2 d^2}\right) \cdot \mathrm{erfc}\left(\frac{2\sqrt{D_p t}}{\alpha d}\right) \tag{8-18}$$

式中，A 为常数，取 0. 775；k 为玻耳兹曼常数；T 为绝对温度；ΔG 为偏聚自由能，取 38kJ/mol；D_p为 P 的扩散系数，$D_p(\mathrm{m^2/s}) = 2.9 \times 10^{-4}\exp(-2.39/kT)$；$\alpha$ 为富集程度；d 为晶界宽度；erfc 为补余误差函数。结合公式（5-10）可确定 P 含量（质量分数）分别为 0. 002%和 0. 02%的试验钢在 350℃脆化时的饱和偏聚量（原子分数）分别为 5. 2%和 35. 6%。

利用 8. 2 节步冷脆化后的 DBTT 来进行回火脆性预测。由步冷脆化过程等效到 350℃的时间为 213840h，利用公式（8-18）可确定 P 含量（质量分数）分别为 0. 002%和 0. 02%的试验钢，经步冷脆化结束后的晶界偏聚含量（原子分数）分别为 0. 74%和 7. 01%。通过计算可以确定试验钢在服役周期内，因温度和时间因素造成的 DBTT 的变化，如表 8-20 所示。

马氏体组织的饱和脆化度高于贝氏体。在试验钢中 2 号钢模拟大锻件表面及 1/4T 处的韧性，经步冷脆化后仍然具有最优异的韧性，这也表明要使 SA508Gr. 4N 钢大锻件在服役期内具有较高的韧性较低的回火脆性可以采用降低脆化因子，降低 Si 含量，添加 Al 和 Mn 来实现。

表 8-20　长期服役时韧-脆转变温度变化预测

组织	钢号	$\Delta DBTT_{\infty}$/℃	焊后态 DBTT/℃	40 年后 DBTT/℃	60 年后 DBTT/℃
马氏体	1 号	141	-94	-69	-64
	2 号	183	-102	-70	-63
	3 号	113	-89	-69	-65
	4 号	169	-115	-84	-78
	5 号	854	-34	116	144
	6 号	485	-28	88	108
	7 号	194	-82	-35	-27
贝氏体	1 号	50	-60	-51	-49
	2 号	28	-71	-66	-65
	3 号	14	-20	-17	-17
	4 号	78	-40	-26	-24
	5 号	586	-26	77	96
	6 号	249	-28	32	42
	7 号	102	-41	-17	-12

参 考 文 献

[1] 杨志强 . 核压力容器用 SA508Gr. 4N 钢大锻件的韧脆性研究 [D]. 钢铁研究总院，2018.

[2] 王烽，廉晓洁 . 冲击韧脆转变曲线数学模型的选择 [J]. 理化检验，2009，45(10)：617~620.

[3] Ghoneim M M，Hammad F H. Instrumented impact testing of an irradiated 20MnMoNi55 pressure vessel steel weld material [J]. Journal of Nuclear Materials，1992，186 (2)：196~202.

[4] 翁宇庆 . NiCrMoV 转子钢回火脆性的研究（Ⅱ）—显微组织对塑脆转变温度的影响 [J]. 钢铁研究总院学报，1986，6(4)：1~10.

[5] 沈俊昶，罗志俊，杨才福，等 . 低合金钢板条组织中影响低温韧性的“有效晶粒尺寸” [J]. 钢铁研究学报，2014，26(7)：70~76.

[6] Li S C，Zhu G M，Kang Y L. Effect of substructure on mechanical properties and fracture behavior of lath martensite in 0. 1C-1. 1Si-1. 7Mn steel [J]. Journal of Alloys & Compounds，2016，675：104~115.

[7] 陈林，郭飞翔，王慧军，等 . 微观组织对 U20Mn 贝氏体钢疲劳裂纹扩展行为的影响 [J]. 材料热处理学报，2018，39(2)：119~124.

[8] Morito S，Tanaka H，Konishi R，et al. The morphology and crystallography of lath martensite in Fe-C alloys [J]. Acta Materialia，2003，51：1789~1799.

[9] 邓灿明，李昭东，孙新军，等 . 低碳板条马氏体钢中大角度界面对解理裂纹扩展的影响机理 [J]. 机械工程材料，2014，38 (6)：20~24.

[10] Wang C F，Wang M Q，Shi J，et al. Effect of microstructural refinement on the toughness of

low carbon martensitic steel [J]. Scripta Materialia, 2008, 58: 492~495.

[11] 崔约贤，王长利. 金属断口分析 [M]. 哈尔滨工业大学出版社，1998.

[12] Katsumata M, Ishiyama O, Inoue T, et al. Microstructure and mechanical properties of baintite containing martensite and retained austenite in low carbon HSLA steel [J]. Materials transactions, 1991, 32(8): 715~728.

[13] Chen J H, Cao R. Micromechanism of cleavage fracture of metals [M]. Elsevier, 2015.

[14] Calcagnotto M, Ponge D, Raabe D, et al. On the effect of manganese on grain size stability and hardenability in ultrafine-grained ferrite/martensite dual phase steels [J]. Metallurgical & Materials Transactions A, 2012, 43(1): 37~46.

[15] 张永权，刘天军，杨才福，等. 硅锰含量对 10CrSiNiCu 钢低温韧性的影响 [J]. 特殊钢，1997，18 (6)：24~27.

[16] 张相林. 碳化物对钢的机械性能的影响 [J]. 金属热处理，1981，6(10)：15~23.

[17] Hodgson R A. Classification of structures on joint surfaces [J]. American Journal of Science, 1961, 259: 493~502.

[18] 袁晓虹. 高 Cr-Co-Mo 轴承钢强韧机制及抗疲劳特性的多尺度研究 [D]. 昆明理工大学，2015.

[19] Lu K. Stabilizing nanostructures in metals using grain and twin boundary architectures [J]. Nature Reviews Materials, 2016, 1 (5): 16019.

[20] Shen Y F, Lu L, Lu Q H, et al. Tensile properties of copper with nano-scale twins [J]. Scripta Materialia, 2005, 52 (10): 989~994.

[21] 王凯凯. 贝氏体钢轨钢组织调控与性能优化 [D]. 北京交通大学，2017.

[22] 柿本英樹，池上智紀. 大型原子力圧力容器用部材の鍛造技術 [J]. 神戸製鋼技報，2014，64 (1)：66~71.

[23] 雍岐龙. 钢铁材料中的第二相 [M]. 冶金工业出版社，2006.

[24] 胡本芙，卜勇，吴承建，等. N/Al 比值对 A508-3 钢的组织和性能的影响 [J]. 钢铁，1999，34 (1)：39~44.

[25] Pickering F B, Irvine K J. Continuous-cooled bainites [J]. J. Iron and Steel Inst., 1963, 201: 518~525.

[26] 何西扣. 核压力容器特厚大锻件的组织与性能研究 [D]. 钢铁研究总院，2013.

[27] Cheng X N, Dai Q X, Wang A D, et al. Effect of alloying elements and temperature on impact toughness of cryogenic austenitic steels [J]. Materials Science and Engineering A, 2011, 311: 211~216.

[28] Hanamura T, Yin F, Nagai K. Ductile-brittle transition temperature of ultrafine ferrite/cementite microstructure in a low carbon steel controlled by effective grain size [J]. Transactions of the Iron & Steel Institute of Japan, 2004, 44(3): 610~617.

[29] 孙茜，王晓南，章顺虎，等. 显微组织对新型热轧纳米析出强化钢断裂韧性的影响 [J]. 金属学报，2013，49(12)：1501~1507.

[30] Lee K H, Kim M C, Yang W J, et al. Evaluation of microstructural parameters controlling cleavage fracture toughness in Mn-Mo-Ni low alloy steels [J]. Materials Science and Engineering A,

2013, 565: 158~164.

[31] Smith E, Barnby J T. Crack nucleation in crystalline solids [J]. Metal Science Journal, 1967, 1(1): 56~64.

[32] 宮田隆司, 大塚昭夫, 大竹剛志, 等. 鋼のへき開破壊じん性と引張強度特性との相関 [J]. 材料, 1990, 39: 1549~1555.

[33] Lee S, Kim S, Hwang B, et al. Effect of carbide distribution on the fracture toughness in the transition temperature region of an SA508 steel [J]. Acta Materialia, 2002, 50 (19): 4755~4762.

[34] 罗迪, 邢国华, 邹惠良, 等. S, P 在高速钢晶界上的偏聚与稀土元素的净化作用 [J]. 金属学报, 1983, 19 (4): 151~157.

[35] Raoul S, Marini B, Pineau A. Effect of microstructure on the susceptibility of A533 steel to temper embrittlement [J]. Journal of Nuclear Materials, 1998, 257 (2): 199~205.

[36] 高松利男. 2-1/4Cr-1Mo 鋼の焼もどしぜい化特性 [J]. 鉄と鋼, 1981, 67 (1): 178~187.

[37] Bruscato R. Temper embrittlement and creep embrittlement of 2-1/4Cr-1Mo shielded metal-arc weld deposits [J]. Welding Research Supplement, 1970, 49 (4): 148~156.

[38] Barrett W, Garrett G G, Bee J V, et al. The effect of sulphur on the temper embrittlement susceptibility of a rare earth-containing low alloy steel [J]. Scripta Metallurgica, 1987, 21: 123~128.

[39] 勝亦正昭, 高田寿, 平野宏通, 等. 压力容器用鋼の焼もどしぜい性 [J]. 压力技術, 1981, 19(3): 120~127.

[40] Emmer L G, Clauser C D, Low J R, et al. Critical literature review of embrittlement in 2-1/4Cr-1Mo steel [J]. Welding Research Council Bulletin, 1973, 183: 1126~1137.

[41] 徐庭栋. 非平衡晶界偏聚动力学和晶间脆性断裂 [M]. 科学出版社, 2017.

[42] Xu T D, Cheng B Y. Non-equilibrium grain-boundary segregation kinetics [J]. Progress in Materials Science, 2004, 49 (2): 109~208.

[43] 张喜亮, 周昌玉, 张国栋. 基于平衡晶界偏聚理论的步冷试验脆化机理研究 [J]. 材料热处理学报, 2008, 29 (1): 167~170.

[44] 高野正義, 勝亦正昭. 2-1/4Cr-1Moおよび3Cr-1Mo 鋼の長時間恒温焼もどし脆化量の推定 [J]. 鉄と鋼, 1992, 78 (2): 296~303.

[45] 沈冬冬. P 的晶界偏聚对 2. 25Cr-1. 0Mo 钢热塑性及回火脆性的影响 [D]. 武汉科技大学, 2002.

[46] 薛永栋, 金明, 郭彪, 等. 大锻件用钢回火脆性的讨论 [J]. 矿山机械, 2011, 39 (9): 116~120.

[47] Joshi A, Palmberg P W, Stein D F. Role of Mn and Si in temper embrittlement of low alloy steels [J]. Metallurgical Transactions A, 1975, 6 (11): 2160~2171.

9 SA508Gr. 4N 钢的高韧性低回火脆性改善技术

为了保证反应堆压力容器用 SA508Gr. 4N 钢在服役周期内充足的韧性储备，良好的低温韧性。本章重点研究采用低 Si、控 Al、调整 N/Al 和 Mn 含量后的 SA508Gr. 4N 钢，并模拟了大锻件 1/4*T* 处的低温韧性和回火脆性，以期制备出可工业应用的 SA508Gr. 4N 钢[1]。

9.1 改善技术

9.1.1 提高 SA508Gr. 4N 钢的纯净度

结合前期调研基础及试验结果，确定了 SA508Gr. 4N 钢应提高纯净度，减少钢中的夹杂物，将 Si、P、S、O 等元素降低到较低水平，以提高钢的韧性降低回火脆性[2]。

9.1.2 优化成分

SA508Gr. 4N 钢添加适量的 Mn 元素以提高淬透性改善大锻件 1/4 壁厚处的组织，以提高韧性。通过添加 Al，调整 N/Al,形成足够多的 AlN 钉扎晶界，使 SA508Gr. 4N 钢具有较细小的晶粒度，通过细化晶粒及亚结构提高韧性降低回火脆性。

9.2 成分设计

本次冶炼的试验钢采用真空碳脱氧冶炼，冶炼钢锭为 100kg。试验钢的化学成分如表 9-1 所示。钢锭切去水口和冒口后，采用两次锻造成型，分别为始锻和改锻，始锻后尺寸为 40mm×40mm×800mm 的方坯，改锻后尺寸为 14mm×14mm×800mm 的方坯和 ϕ16mm×650mm 的圆棒，锻造在 1150~1220℃ 开坯，终锻温度不低于 850℃，锻后埋砂冷却。热处理工艺采用二次正火预备热处理，以细化晶粒、消除组织遗传性改善锻后组织。性能热处理为淬火+高温回火，淬火温度 860℃，淬火冷速 4.4℃/min，以模拟壁厚（*T*）为 700mm 大锻件 1/4*T* 处的组织，回火参数为 18.40~18.85。模拟焊后热处理温度 595℃，加热及冷速速率为 50℃/h（400~595℃）。回火脆性研究采用步冷脆化工艺。热处理后将试样加工成标准夏比 V 型冲击试样和 ϕ5mm 拉伸试样，进行力学性能测试及微观组织分析。

表 9-1　SA508Gr. 4N 试验钢成分　　（质量分数，%）

元素	Mn	Si	S	P	Al	N	$\overline{X}$	K_1
Mn0Al0	0. 04	0. 01	0. 002	0. 002	0. 001	0. 01	2. 64	0. 15
Mn0Al1	0. 04	0. 03	0. 002	0. 002	0. 029	0. 029	2. 56	0. 25
Mn3Al1	0. 35	0. 016	0. 002	0. 002	0. 031	0. 024	2. 04	0. 78

注：$\overline{X}=(10P+5Sb+4Sn+As)\times10^2$，$K_1=(2Si+Mn)\cdot\overline{X}$。

9. 3　韧性和回火脆性的改善效果

9. 3. 1　冶炼质量

图 9-1 为三种试验钢的夹杂物形貌及等级。由图 9-1 可知，试验钢中主要夹杂物为 Al_2O_3 和 MgO，添加 Mn 后的 Mn3Al1 钢夹杂物有 B 类和 D 类两种，而另外两钢只有 D 类夹杂物。故添加 Mn 将增加冶炼难度，使夹杂物种类增多。但钢中的夹杂物较少，等级基本为 0. 5 级，冶炼质量较好。较好的冶炼质量较少的夹杂物能够减少裂纹的起裂源从而提高钢的韧性。

(a)　(b)
(c)　(d)

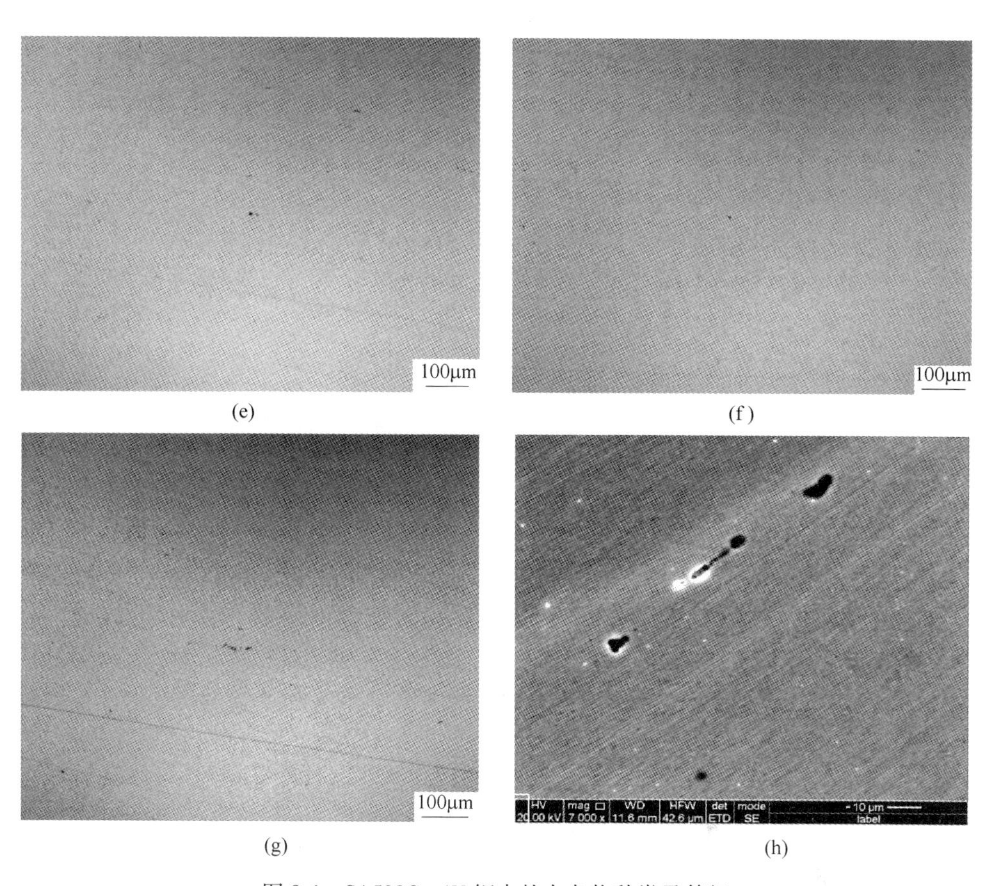

图 9-1 SA508Gr. 4N 钢中的夹杂物种类及等级

(a) Mn0Al0 钢 D 类细系 0.5 级；(b) Mn0Al0 钢 Al_2O_3夹杂；(c) Mn0Al1 钢 D 类细系 0.5 级；(d) Mn0Al1 钢 Al_2O_3+MgO 夹杂；(e) Mn3Al1 钢 D 类粗系 0.5 级；(f) Mn3Al1 钢 D 类细系 0.5 级；(g) Mn3Al1 钢 B 细系 0.5 级；(h) Mn3Al1 钢 Al_2O_3+MgO 夹杂

9.3.2 韧性的改善效果

图 9-2 为试验钢在调质态及焊后态的室温拉伸性能。由图 9-2 可知，加 Al 后试验钢的强度（772MPa）明显高于未加 Al 的钢（738MPa），抗拉强度约升高 34MPa。这是由于 Al 元素细化晶粒的作用造成。随 Mn 含量的增加，试验钢的强度逐渐增加并且 Mn 含量由 0.04%增加至 0.35%时，抗拉强度约增加 30MPa。这反映出 Mn 元素的固溶强化作用明显。Al 元素不但对强度提高明显，并且对能使塑性保持较高水平，Al 元素通过细化晶粒使材料既保持较高强度和较好塑性。而试验钢的塑性随 Mn 含量的增加略有降低，固溶强化虽然能使强度增加却略微牺牲塑性。但试验钢的强塑性依然满足 ASTM 标准要求[3]。

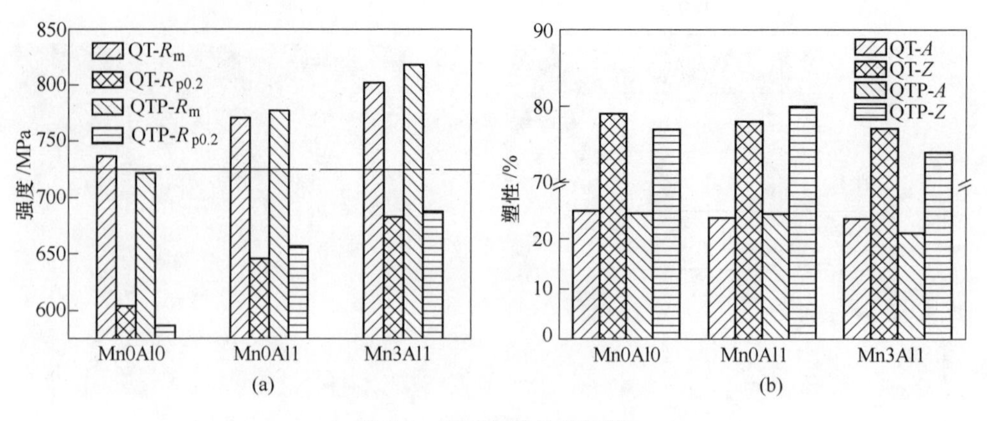

图 9-2　试验钢的拉伸性能
（a）强度；（b）塑性

图 9-3 为三种试验钢调质后的韧-脆转变曲线。表 9-2 为试验钢调质后的性能与前期试验钢在相同淬火冷速时的性能对比。由图 9-3 可知，试验钢的韧-脆转变曲线随 Al 和 Mn 元素的添加而左移，韧-脆转变温度降低。并且由于 Mn3Al1 钢的韧性较好，韧-脆转变温度低于试验温度无法准确测定。Mn3Al1 的上平台冲击功为 267J 与前期制备的 2 号钢处于同一水平，但 Mn3Al1 钢的 T_{54J} 比 2 号钢低 98℃，冲击韧性优越。

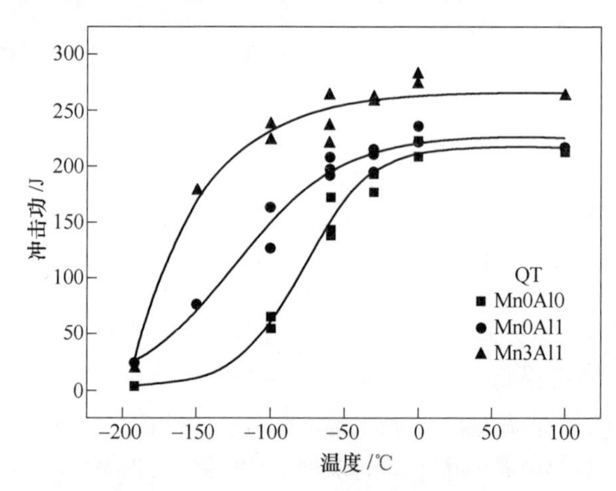

图 9-3　试验钢调质态的韧-脆转变曲线

图 9-4 为 Mn3Al1 钢的 T_{54J} 与前期试验结果的比较。Mn3Al1 钢的抗拉强度为 793MPa 高于 ASME 标准要求的 725MPa，前期试验钢（第 8 章）的抗拉强度最高为 813MPa（高 Si 钢）。但 Mn3Al1 钢的 T_{54J} 显著低于前期试验钢，最少相差 60℃。Mn3Al1 钢能够在保证高强度的前提下具有很高的韧性。

表 9-2 调质态 Mn3Al1 钢和 2 号钢性能对比

类型	Mn0Al0	Mn0Al1	Mn3Al1	2 号（第 8 章）
USE/J	217	226	267	278
DBTT/℃	-78	-123	—	-56
T_{54J}/℃	-102	-161	-185	-87

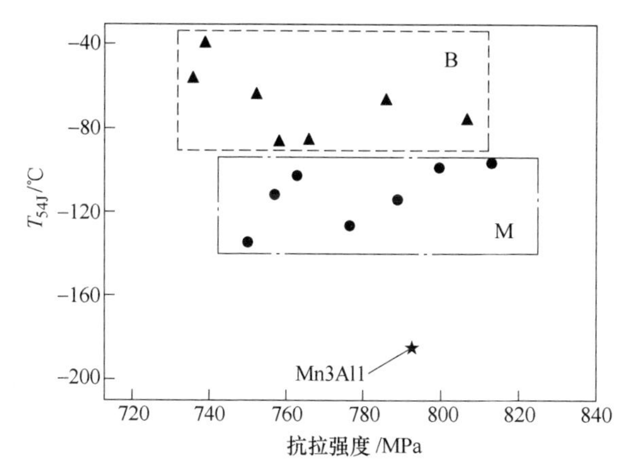

图 9-4 调质态 Mn3Al1 钢与前期试验钢的 T_{54J} 比较

9.3.3 回火脆性的改善效果

图 9-5 为 Mn3Al1 钢焊后态及步冷脆化后的韧-脆转变曲线，表 9-3 为 Mn3Al1 钢与前期试验钢的回火脆性比较。三种试验钢经焊后热处理后，上平台冲击功随着 Al 和 Mn 的添加而升高，Mn3Al1 钢具有最低 54J 转变温度，Mn0Al0 的 54J 转变温度为-107℃相对较高韧性略差。经步冷脆化后三种试验钢的上平台冲击功无明显改变，但韧-脆转变曲线向右移，韧-脆转变现象比焊后热处理时明显。Mn 含量为 0.35%时具有最低的韧脆转变温度为-128℃，与 2 号试验钢（第 8 章，-71℃）相比韧脆转变温度显著下降。由于部分试验钢的韧脆转变温度低于-192℃，超出了试验温度范围。故采用公式（$A=T_{54J}+3\times\Delta T_{54J}\leqslant 0$(℃)）来判定回火脆化敏感性。由表 9-3 可知，Mn3Al1 钢的 A 值比前期制备的 2 号和 4 号钢的 A 值均低。另外，Mn0Al0 钢的 DBTT 和 A 值均较低，且出现经步冷脆化后 DBTT 和 T_{54J} 均降低的反常现象，这应与试验误差有关，后续将进行重复验证试验。因为 Mn3Al1 钢的 DBTT 较低，变化符合规律所以将 Mn3Al1 钢的 A 值与前期试验结果的比较（见图 9-6）。Mn3Al1 钢经过步冷脆化后能够保证较高的强度和较低的 A 值，这表明 Mn3Al1 钢具有较低的回火脆化敏感性。

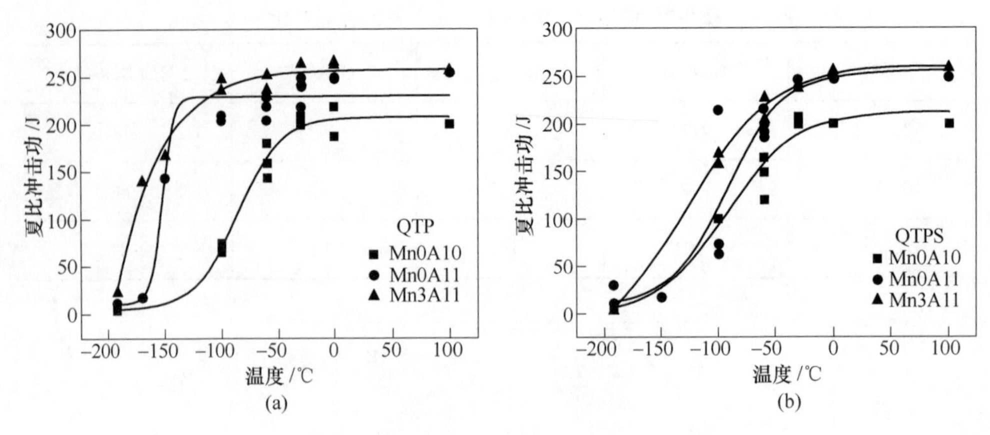

图 9-5　试验钢不同状态的韧-脆转变曲线

（a）焊后态；（b）步冷脆化态

表 9-3　新炼钢与 2 号和 4 号钢回火脆性比较

组织状态	钢号	热处理状态	USE/J	DBTT/℃	T_{54J}/℃	A/℃
贝氏体	Mn0Al0	QTP	208	-85	-107	-161
		S. C	213	-92	-125	
	Mn0Al1	QTP	229	-152	-160	-64
		S. C	255	-92	-128	
	Mn3Al1	QTP	258	—	-184	-106
		S. C	264	-128	-158	
	2 号（第 8 章）	QTP	278	-71	-111	-54
		S. C	261	-71	-92	
	4 号（第 8 章）	QTP	275	-40	-57	-21
		S. C	279	-29	-45	

图 9-7 为 Mn3Al1 钢的强度与韧性与公开发表文献的对比[2,4~11]。Mn3Al1 钢的韧性优于公开发表文献的数据。另外韩国的文献中一般采用空冷（28. 2℃/min）小试样进行试验，这将使钢的组织中含有较多的马氏体组织，从而在组织上优于 Mn3Al1 钢的组织，使强度高于 Mn3Al1 钢。日本学者模拟研究的是壁厚 300mm 锻件 1/4T 处的性能，冲击韧性也低于 Mn3Al1 钢。综上所述，Mn3Al1 钢的综合力学性能优于公开文献报道。采用偏聚理论推算 Mn3Al1 钢服役 60 年因温度因素造成的 T_{54J}增量约为 45℃，即 T_{54J}还低于-140℃，韧性优异。

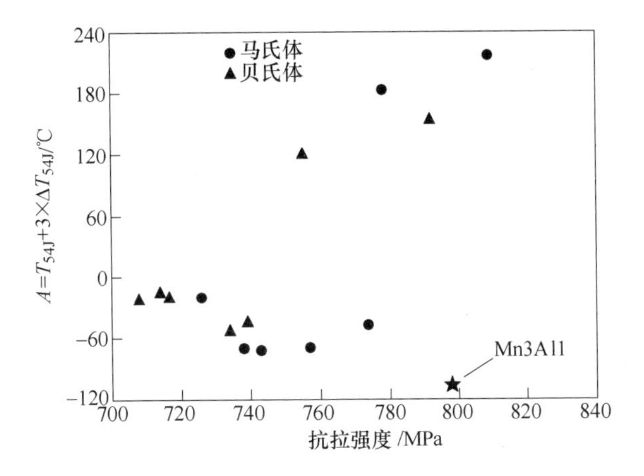

图 9-6 Mn3Al1 钢与前期试验钢 A 值的比较

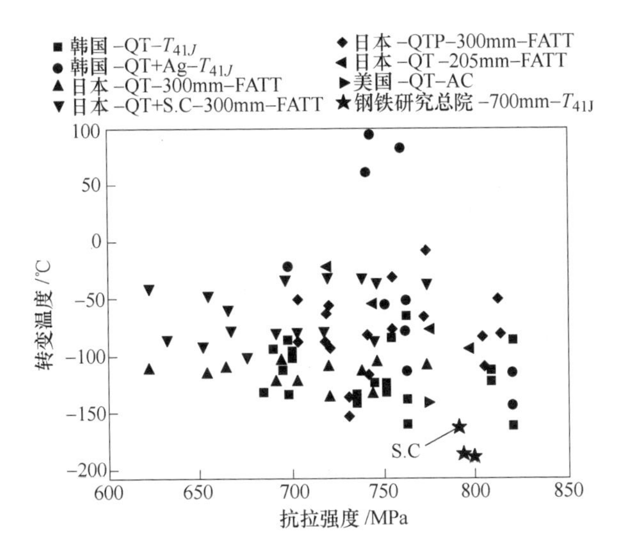

图 9-7 Mn3Al1 钢与公开文献报道性能对比

9.4 分析与讨论

图 9-8 为试验钢的晶粒形貌。表 9-4 为相分析测定钢中 AlN 的含量。由图 9-8 可知，由于 Mn0Al0 试验钢中无 Al，所以晶粒尺寸较大，经统计晶粒尺寸为 33.74μm，约为 6.5 级。而加 Al 后的 Mn0Al1 试验钢的晶粒尺寸约为 12.12μm，9.5 级。可见 AlN 对晶粒的细化作用显著。Mn3Al1 试验钢晶粒尺寸约为 10.05μm，10 级。而第 8 章中的 2 号钢的晶粒度约为 7 级。通过调整 N/Al 比将钢中的 Al 以酸溶铝的形式存在并与 N 结合能够细化晶粒，并减少 Al_2O_3夹杂。

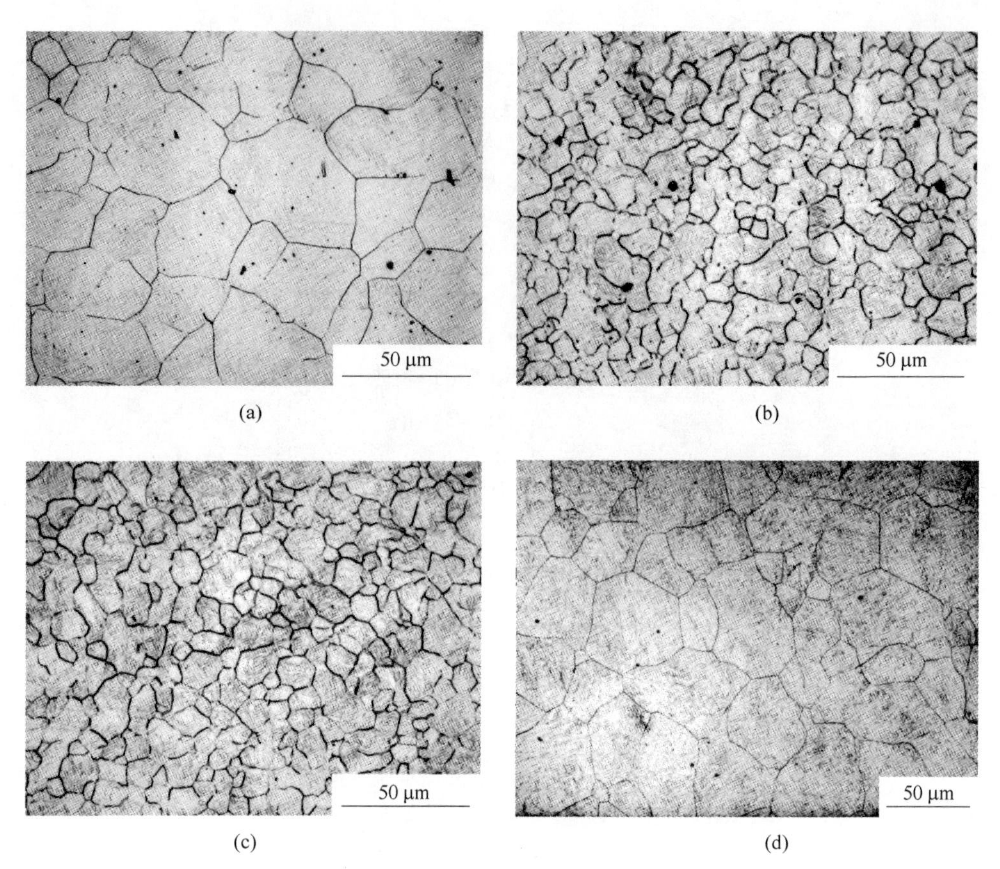

图 9-8　试验钢的晶粒形貌

（a）Mn0Al0；（b）Mn0Al1；（c）Mn3Al1；（d）2 号

表 9-4　试验钢中的 AlN

钢号	质量分数/wt%		
	Al	N	AlN
Mn0Al1	0. 032	0. 017	0. 049
Mn3Al1	0. 024	0. 012	0. 036

图 9-9 为试验钢的淬火组织。Mn 含量由 0. 04%增加至 0. 35%时，组织中含有较多的马奥岛，且马奥岛随着 Mn 含量的增加而减少，马奥岛数量的减小及细化将对钢的韧性有利。对比图 9-9（a）与 9-9（b）可知加入 Al 元素后使钢中的马奥岛增多，这是由于 Al 元素均以酸溶铝的形式与 N 结合形成了钉扎晶界的 AlN，细化了晶粒，使晶界面积增多，这将导致淬透性降低，从而使组织中含有较多的马奥岛。

采用 EBSD 技术分析了试验钢的亚结构，如图 9-10 所示。对比可知原先一个

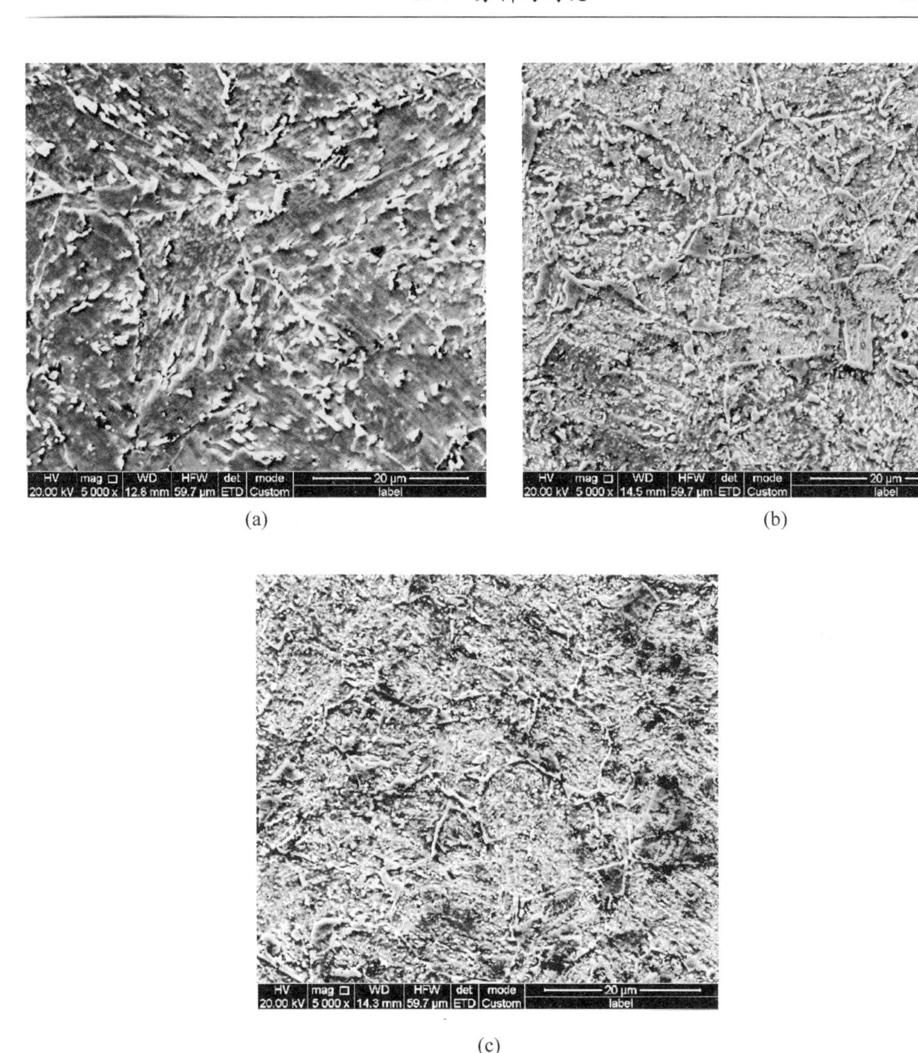

(a)　(b)

(c)

图 9-9　试验钢的淬火组织

(a) Mn0Al0；(b) Mn0Al1；(c) Mn3Al1

奥氏体晶粒内存在大块状的板条块，且板条块呈现一个方向，随 Mn 含量的增加，在一个奥氏体晶粒内板条块呈细条状、交错分布。板条块分布如图 9-11 所示，板条块尺寸分布呈半正态分布，随着 Mn 含量的增加，板条块尺寸≤2μm 的比例增多，板条块尺寸≥7μm 后 Mn 含量对其无显著影响。经统计确定随 Mn 含量的增加板条块尺寸减小由 2.25μm 减小至 1.31μm，Mn 含量由 0.15%增至 0.35%时，板条块下降显著。另外，第 8 章中的 2 号钢的板条块为 2.45μm，Mn3Al1 钢中的板条块尺寸显著细化。新设计冶炼的试验钢具有更细小的板条块这能够保障高韧性。

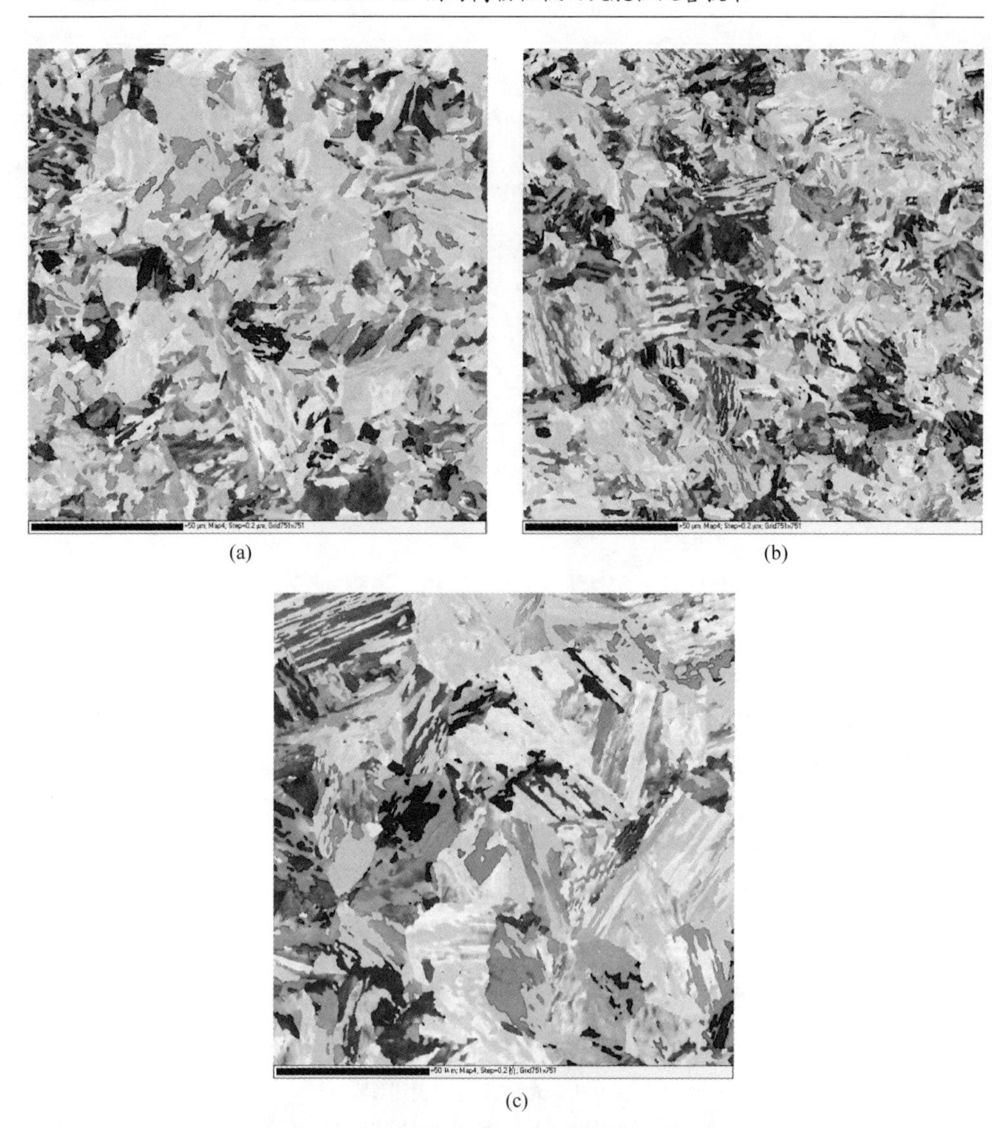

图 9-10　试验钢的反极图
(a) Mn0Al1；(b) Mn3Al1；(c) 2 号

对不同试验钢的大角度晶界进行分析统计，如图 9-12 所示。随 Mn 含量的增大，试验钢中的大角度晶界比例逐渐增加，大角度晶界由 32.12% 增加至 41.68%。Mn 元素能够细化板条块增加大角度晶界比例。Mn3Al1 钢的大角度晶界比例为 41.68%显著高于 2 号钢的 32.14%。在板条块得到细化后，由于板条块的界面为大角度晶界，所以造成了大角度晶界比例的增大。大角度晶界比例的增加主要与板条块的细化有关，而大角度晶界能够阻碍裂纹的扩展，裂纹在遇到板条块、板条束等大角度晶界时将发生倾转，导致裂纹路径曲折，消耗较多的能

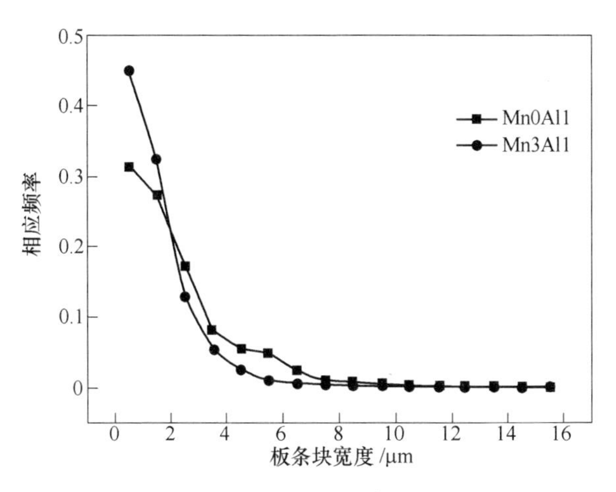

图 9-11　试验钢的板条块分布

量，故提高材料的冲击韧性[12,13]。

根据晶界的不同结构特征，可分为小角度晶界、∑1、重合位置点阵（CSL）晶界（∑3~∑29）以及大角度随机晶界。在这些晶界中小角度晶界由于位错结构简单，且晶界能低对裂纹无阻碍作用。而大角度晶界由于晶界能过高虽然能够阻碍裂纹扩展，但是也容易造成杂质元素在晶界的偏聚，导致晶界弱化。CSL 晶界具有适中的晶界能，既能够阻碍裂纹扩展也不引起杂质元素的偏聚[14]。有研究表明在纳米铜合金中∑3 晶界是一种低能态的共格孪晶界，这既能阻碍位错的运动，又能在位错滑移时作为滑移面在运动中吸收、存储位错，这导致了材料的塑韧性提升[15,16]。通过实验确定了不同成分 Mn 含量的试验钢的∑3 晶界分布如

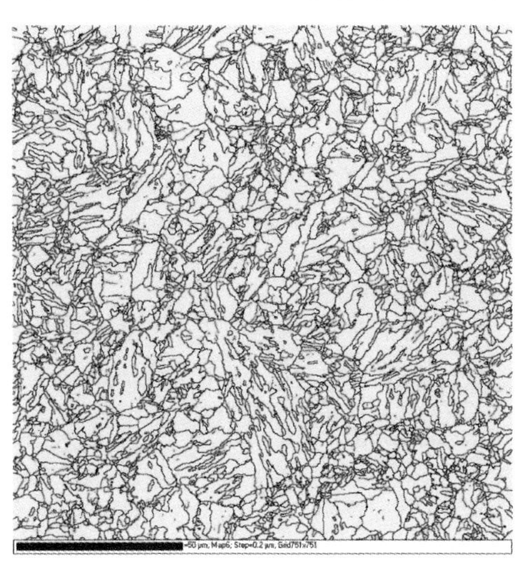

(a)

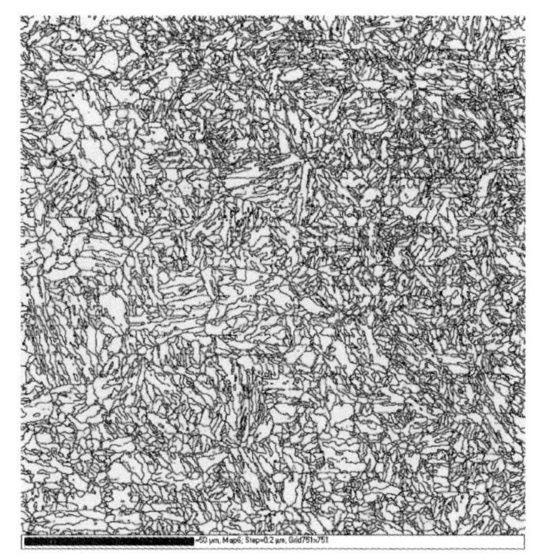

(b)

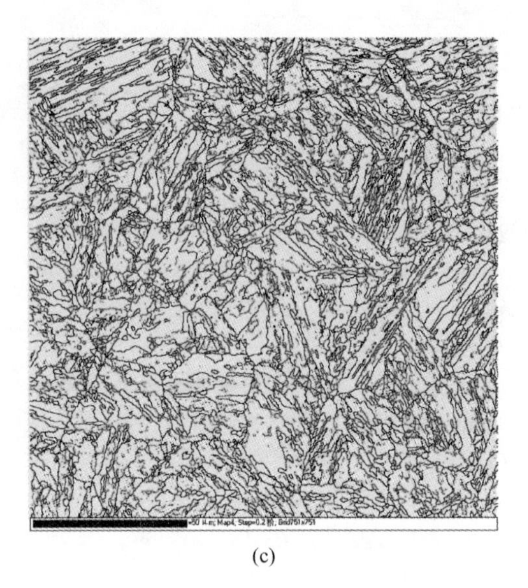

(c)

图 9-12　试验钢的晶界分布图

（a）Mn0Al1；（b）Mn3Al1；（c）2 号

图 9-13 所示。经统计 Mn0Al1 和 Mn3Al1 钢中的 ∑3 晶界比例分别为 8.93%和 14.25%。随 Mn 元素增加 ∑3 晶界比例增加，Mn 含量为 0.35%时具有较高含量的 ∑3 晶界，这有助于提高钢的韧性减弱回火脆性。

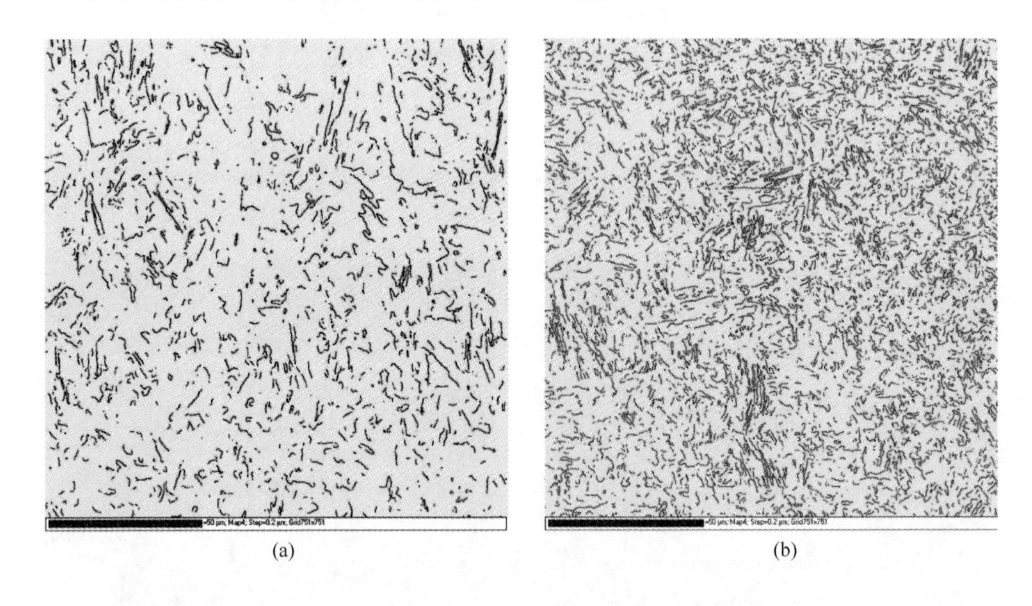

(a)　(b)

图 9-13　试验钢的 ∑3 晶界

（a）Mn0Al1；（b）Mn3Al1

参 考 文 献

[1] 杨志强. 核压力容器用SA508Gr.4N钢大锻件的韧脆性研究[D]. 钢铁研究总院，2018.

[2] Hinkel A V, Handerhan K J, Manzo G J, et al. Processing and properties of superclean ASTM A508Cl.4 forgings [R]. Bettis Atomic Power Lab., West Mifflin, PA. Department of Energy, Washington, DC, 1998.

[3] ASME boiler & pressure vessel code, Section II-Materials, Part A—Ferrous material specifications, American Society of Mechanical Engineers(2013).

[4] Ki Hyoung Lee, Sang Gyu Park, Min Chul Kim, et al. Characterization of transition behavior in SA508Gr.4N Ni-Cr-Mo low alloy steels with microstructural alteration by Ni and Cr contents [J]. Materials Science and Engineering A, 2011, 529: 156~163.

[5] Ki Hyoung Lee, Min Chul Kim, Bong Sang Lee, et al. Analysis of the master curve approach on the fracture toughness properties of SA508 Gr.4N Ni-Mo-Cr low alloy steels for reactor pressure vessels [J]. Materials Science and Engineering A, 2010, 527: 3329~3334.

[6] Ki Hyoung Lee, Sang Gyu Park, Min Chul Kim, et al. Cleavage fracture toughness of tempered martensitic Ni-Cr-Mo low alloy steel with different martensite fraction [J]. Materials Science and Engineering A, 2012, 534: 75~82.

[7] Lee K H, Jhung M J, Kim M C, et al. Effects of tempering and PWHT on microstructures and mechanical properties of SA508Gr.4N steel [J]. Nuclear Engineering and Technology, 2014, 46(3): 413~422.

[8] 高野正義，串田慎一. 压力容器用厚肉3.5Ni-Cr-Mo鍛鋼品の焼もどしぜい性[J]. 压力技術，1985，32(5)：2~9.

[9] 高野正義，串田慎一. SA508Class4鋼の機械的性質におよぼす化学成分の影響[J]. 鉄と鋼，1979，65(4)：495.

[10] 高野正義，串田慎一. SA508Class4鋼のじん性に及ぼす溶接後熱処理後の冷却速度の影響[J]. 鉄と鋼，1979，65(11)：961.

[11] 谷豪文，宮田克彦，入谷正夫，等. 低Si系SA508Cl4厚肉鍛鋼の製造と諸性質[J]. 鉄と鋼，1987，73(11)：613.

[12] 邓灿明，李昭东，孙新军，等. 低碳板条马氏体钢中大角度界面对解理裂纹扩展的影响机理[J]. 机械工程材料，2014，38(6)：20~24.

[13] Hwang B, Yang G K, Lee S, et al. Effective grain size and charpy impact properties of high-toughness X70 pipeline steels [J]. Metallurgical & Materials Transactions A, 2005, 36(8): 2107~2114.

[14] 袁晓虹. 高Cr-Co-Mo轴承钢强韧机制及抗疲劳特性的多尺度研究[D]. 昆明理工大学，2015.

[15] Lu K, Stabilizing nanostructures in metals using grain and twin boundary architectures [J]. Nature Reviews Materials, 2016, 1(5): 16019.

[16] Shen Y F, Lu L, Lu Q H, et al. Tensile properties of copper with nano-scale twins [J]. Scripta Materialia, 2005, 52(10): 989~994.

10　SA508Gr. 4N 钢的辐照脆化问题

核压力容器用钢之所以要求严格，是因为压力容器需要在中子辐照环境下长时间服役。中子辐照将会使材料参数点缺陷和缺陷团及其演化的离位峰、层错、位错环等[1]。这些缺陷将引起材料的微观和宏观性能变化，从而危及压力容器的服役安全。辐照脆化包含了冶金和辐照两重影响，即在成分、组织和工艺对材料的影响基础上又叠加了辐照产生的缺陷影响，因此涉及面较广泛。

尽管核能的应用已近半个多世纪，材料学者对辐照脆化进行了较多研究，但是还未形成统一理论。模型和假设也较多。有的尚处在假设、推理和研究阶段。虽然试验表明，辐照对材料性能会产生影响，但至今还没有总结出确切的定量规律。因此需要总结辐照对压力容器用钢影响的相关规律，从而进一步指导新一代核压力容器用 SA508Gr. 4N 钢的研制。本章简要介绍了辐照脆化的相关知识、阐述了核反应堆的堆内环境、总结了辐照脆化的影响规律。

10.1　压力容器用钢的辐照环境

10.1.1　反应堆内中子的分类

1932 年 Chadwick 发现了中子（Neutrons），中子是一种电中性的粒子，具有与质子大约相同的质量。中子由两个下夸克和一个上夸克构成，绝大多数的原子核都由中子和质子组成。中子可按动能（电子伏特，eV）分类，中子按照动能由小至大可分为：冷中子、热中子、超热中子、镉中子、超镉中子、慢中子、共振中子、中能中子、快中子和相对论中子。各种中子的动能如表 10-1 所示[2]。

表 10-1　不同中子的动能及分类

名　称	动能/eV	名　称	动能/eV
冷中子	0~0. 025	慢中子	1~10
热中子	0. 025	共振中子	10~300
超热中子	0. 025~0. 4	中能中子	$300\sim1\times10^6$（1MeV）
镉中子	0. 4~0. 5	快中子	$1\times10^6\sim2\times10^7$
超镉中子	0. 5~1	相对论中子	$>2\times10^7$（20MeV）

核反应中不需要中子精确分类，可将中子分为热中子、共振中子和快中子。大多数核反应堆只使用两个中子能量群，即慢中子群（0. 025eV~1keV）和快中

子群（1keV~10MeV）。核燃料裂变产生的快中子能量在0.1~20MeV间，平均为2MeV，快中子不能引起^{235}U的裂变，还会被^{238}U吸收，虽然快中子也能引起^{238}U的裂变，但概率很小[2]。因此在核反应中需要利用慢化材料使快中子能量降低至能引起^{235}U裂变的慢中子能量区，以维持链式反应。

10.1.2 快中子慢化剂

核电站需要控制慢中子发生可控链式反应，因此需要用中子慢化剂将快中子慢化。中子慢化剂的特性为：中子散射截面高、能量碰撞损失高、截面吸收率低、熔点高、沸点高、导热性高、比热容高、黏度低、活度低、腐蚀性低、价格低廉[2]。慢化剂是由较轻的原子核构成如：石墨、轻水、重水、铍、氧化铍和氢化锆。

压水堆在一回路采用加压轻水作为冷却剂和慢化剂，一回路将核裂变产生的能量传递给二回路产生蒸汽用于发电。

目前常用的Canada Deuterium Uranium（CANDU）型重水堆与压水堆相比增加了一个回路将重水冷却剂和重水慢化剂分开。冷却剂加压（10MPa）而慢化剂不加压，可单独控制慢化剂的流量以控制慢化效果。

沸水堆也属于轻水堆，只有一个回路采用轻水作为慢化剂和冷却剂。将轻水在压力容器内直接产生蒸汽，然后进入汽轮机发电。沸水堆的安全性低于压水堆。

高温气冷堆采用石墨作为慢化剂。快中子增殖堆采用快中子引起核裂变链式反应，因此不需要慢化剂。

10.1.3 中子注量

中子注量是中子注量率（或中子通量）的时间积分，或称中子积分通量，即整个辐照时间内通过单位面积的中子总数。常见压水堆的中子注量率在$(1.2\sim4.0)\times10^{10}$n/(cm^2·s)，全寿命周期的中子注量在$(1.2\sim4.0)\times10^{19}$n/cm^2。而沸水堆的中子注量率和全寿命周期的中子注量比压水堆的低一个数量级，可见压水堆对核压力容器用材料的要求高于沸水堆。图10-1为CPR1000型压水堆堆芯部的中子注量率[3]。可见核电站在整个寿命期内具有很高的中子注量，这样对材料的性能产生较大影响。

10.2 压力容器用钢的辐照效应

10.2.1 辐照效应的类型

反应堆内的快中子将会对压力容器产生几种效应[1]：

（1）电离效应：是指反应堆内带电粒子和快中子撞击出的高能离位原子与

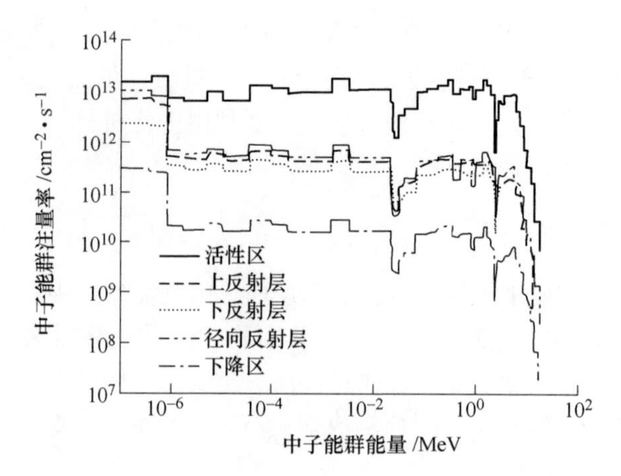

图 10-1　CPR1000 型压水堆堆芯处中子注量率

材料中的原子轨道上的电子发生碰撞，使电子跳离轨道的电离现象。针对金属材料而言，电离效应对材料的性能产生的影响不大，这由于当电离使原子外层轨道失去电子时，金属中的公有电子将会对轨道进行补充，使结构处于稳定状态。

（2）嬗变：是指在堆内中子辐照下使原子核吸收一个中子变成异质原子的核反应。例如$^{10}_{5}B+^{1}_{0}n \rightarrow ^{7}_{3}Li+^{4}_{2}He$ 的嬗变反应对含硼的控制材料有影响，其他结构材料由于热中子或在低注量下引起的嬗变反应较少，对性能影响不大。

（3）离位效应：中子在与材料内部的原子发生碰撞时，若中子的能力足够大，原子将脱离点阵节点而留下一个空位。当离位原子停止运动而不能跳回原来的位置时，便停留在晶格间隙之中形成间隙原子。堆内快中子引起的离位效应会产生大量初级离位原子，随之又产生级联碰撞，将产生许多点缺陷，缺陷的变化和聚集形态是引起辐照效应的主要原因。

（4）离位峰中的相变：在高能快中子或高能离子辐照下，有序合金将会转变为无序相或非晶态相，这是由于辐照中产生液态似离位峰快速冷却造成。并且随中子注量的增加，材料的无序区域将逐渐扩大，最后整个材料成为无序或非晶状态。

10. 2. 2　辐照效应的影响

核压力容器用钢在堆内受到辐照后所产生的辐照效应包括辐照硬化、辐照脆化、辐照蠕变和辐照疲劳等。尤其是辐照硬化和辐照脆化影响最为显著，也最受研究关注。本节主要讨论了核压力容器用钢的辐照硬化和辐照脆化。

10. 2. 2. 1　辐照硬化

压力容器用钢经辐照后强度将增加。如 SA508Gr. 3 钢（$w(S)=0.08\%$；$w(Cu)=0.03\%$；$w(P)=0.014\%$）在 280℃ 经中子注量为 8.55×10^{19} n/cm^2

(>1MeV)的辐照后，抗拉强度增加 17%，屈服强度增加 25%，产生较显著的辐照硬化[4]。辐照硬化的研究是个多尺度的问题，宏观力学性能的改变取决于微观尺度上辐照缺陷导致晶粒内部结构的变化，也取决于细观尺度上晶粒间的相互作用。Wirth 等[5]指出材料的辐照硬化分析可分为 3 个尺度的研究：原子尺度（微观层次）、晶粒尺度（细观层次）和多晶尺度（宏观层次）。在不同尺度下，辐照硬化的分析有其主要的研究方法和手段，如图 10-2 所示。在原子尺度，常用的方法主要包括数值模拟，如第一性原理计算、分子动力学模拟等；在晶粒尺度，理论模型通常为研究辐照硬化提供了有效的途径，如基于连续介质力学的辐照晶体塑性理论；在多晶尺度，金属材料受辐照后的力学性能研究主要通过实验、理论和数值计算等方法[6]。目前对辐照硬化的研究还多集中在多晶尺寸，多关注辐照前后力学性能的变化以评价材料能否满足服役要求。

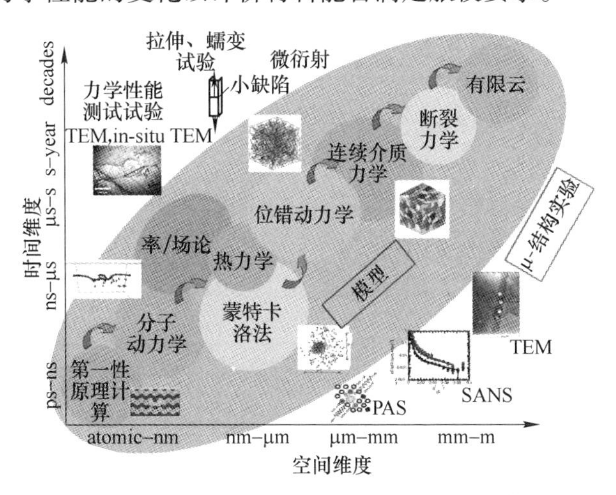

图 10-2 材料辐照硬化多次度研究示意图[5]

关于辐照硬化的理论解释还未形成统一观点，一般从位错的观点去解释。认为在反应堆内，快中子与钢的点阵原子发生碰撞使钢内部的缺陷增加，体心立方的缺陷为位错环，面心立方的缺陷为层错四面体和空洞[6]。辐照缺陷能钉扎、阻碍位错的滑移，从而导致强度升高，缺陷越多强度升高越显著，如图 10-3 所示[7]。辐照缺陷随中子注量的增加而增多，当缺陷饱和后，随中子注量的增加缺陷将演变为空洞。中子注量对位错环和层错四面体的尺寸无显著影响[9]。

影响辐照硬化的因素包括以下 4 个方面：辐照的中子注量、辐照温度、材料的晶粒尺寸、微观组织等。

随着辐照的中子注量的增加，材料的屈服应力会不断上升，塑性不断下降。这是由于中子注量增加将使材料内部的缺陷增多，导致缺陷对位错的钉扎和阻碍作用增强。另外当中子注量大于 0.1dpa 时，材料将出现过屈服点应力下降的现

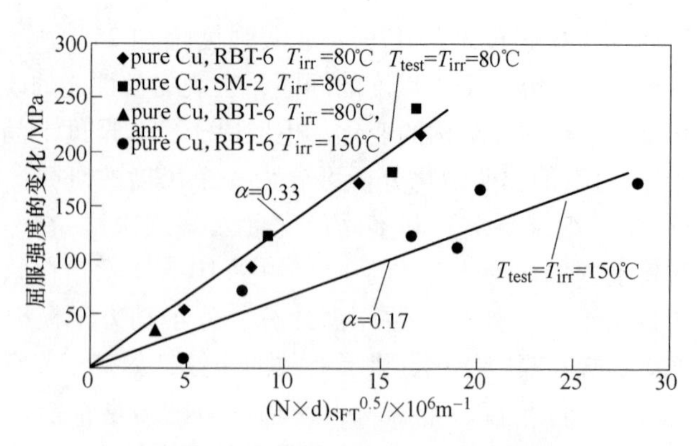

图 10-3　缺陷密度与强度之间的关系

象，即屈服后软化。材料的屈服应力的演变由两部分竞争决定，一方面是缺陷湮灭导致应力的减小；另一方面是位错增殖导致应力的增加[8,9]。当辐照计量较高时，大量缺陷的湮灭对应力的影响大于位错增殖的影响，故会出现过屈服点后应力下降的现象。

辐照温度也显著影响辐照硬化行为，当温度升高时将减弱辐照硬化现象。这是因为位错与缺陷相互作用的强弱与位错所处的能量状态有关，当辐照温度升高，位错将受热激励使其穿越缺陷的能量阈值下降，因而克服缺陷阻碍所需的力降低。

材料的微观结构以及晶粒的尺寸对辐照硬化有显著的影响。研究认为，马氏体组织的辐照硬化低于贝氏体组织。针对多晶材料的晶粒尺寸对辐照硬化的影响相对较少，一般认为，当晶粒细小时晶界面积增多在辐照后能够减弱辐照硬化现象。这是由于晶粒尺寸较小时辐照对材料的内部缺陷产生两种竞争关系；一方面晶粒内部位错源激发位错的难易程度将变得越来越难；另一方面晶粒内部的位错和缺陷受到晶粒自由表面的影响，将容易从自由表面逃逸，从而导致晶粒内部的位错以及缺陷密度降低，这样就降低了辐照缺陷的影响[10]。而对于晶粒尺寸对单晶材料辐照硬化的影响研究较多，一般认为单晶材料的晶粒尺寸较大时，其辐照硬化效应与多晶材料基本一致，但是当晶粒尺寸减小时，辐照硬化效应将受到尺寸因素的影响存在一个临界尺寸，当单晶尺寸小于临界尺寸时，尺寸效应对单晶的力学性能起主导作用，辐照硬化的影响可以忽略；当尺寸大于临界尺寸时，辐照硬化将成为主导机制，单晶尺寸的改变对其力学性能几乎没有影响[11]。

10.2.2.2　辐照脆化

辐照效应的另一个重要影响是脆性，即辐照脆化。核压力容器用钢在受到辐照后其韧脆转变温度将出现明显增加。宏观力学性能的改变由微观组织决定，一般认为辐照脆化的机理包括三个方面：溶质沉淀、基体损伤和脆性元素晶界偏聚。溶质沉淀和基体损伤从位错的观点可归结为由于辐照产生的纳米尺寸析出相的硬化从而导致脆化，其脆化过程如图 10-4 所示[12,13]。

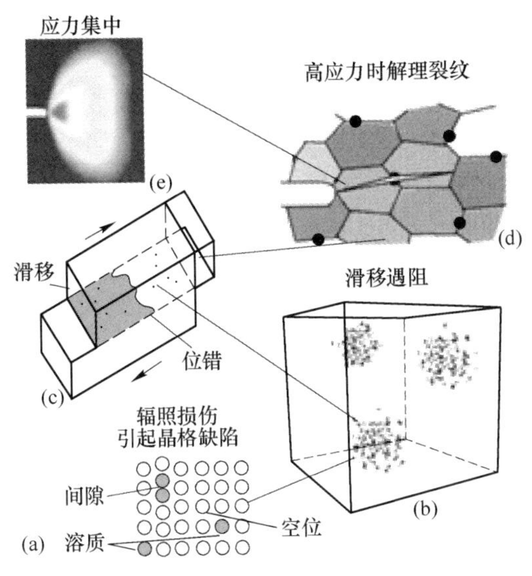

图 10-4　辐照脆化过程图示

辐照脆化过程包括：中子散射和中子冲击产生的空位和间隙原子等晶格缺陷（图 10-4（a））；缺陷的进一步扩散形成纳米级的溶质团簇原和富 Cu 沉淀（图 10-4（b））。钉扎位错使材料硬化（图 10-4（c））。硬化引起的转变温度的升高（图 10-4（d）和（e））。

A　辐照环境对辐照脆性的影响

中子辐照时将诱发 P 等脆性元素与间隙原子的相互作用，加速 P 的晶界热偏聚。P 等脆性元素的晶界偏聚则可以降低断裂强度，促进材料晶间断裂[14]。从而加剧辐照脆性。诸多研究表明，辐照脆化程度随中子注量和中子注量率的增加而加剧[15-17]。当中子注量高于 $10^{23}n/cm^2$ 时，中子注量对辐照脆化的影响将无变化。微观分析表明，提高中子注量能够增加位错环直径，SA508Gr. 3 钢中当中子注量由 0. 108dpa 增至 0. 271dpa 时，位错环直径由 1. 8nm 增至 4. 6nm[18]。位错环增加引起硬化和脆化程度增大。

辐照温度与辐照脆化之间具有相反的关系，即辐照温度越高，辐照效应愈小。核压力容器用钢在辐照温度高于 250℃时，辐照脆化效应将减弱。辐照缺陷在 250℃以上时，自愈合能力明显增大，使辐照脆化效应急剧下降[1]。压力容器的服役温度高于 250℃，这是否能够减弱辐照脆化效应还有待研究。

B　成分对辐照脆性的影响

杂质元素引起的辐照脆化效应都较大。钢中的杂质元素很难完全避免，实际生产中又不能不惜成本地提高钢的纯净度，因此应根据辐照规律对钢中杂质元素提出合理范围限制。

P 和 Cu 元素是促进辐照脆化的主要元素[19]。两元素具有协调促进作用，图 10-5 为采用模型计算不同辐照计量下 Cu 和 P 对转变温度的影响[20]。法国 RCC-M 推荐的 Cu 和 P 影响辐照脆化的评估模型为：

$$\Delta RT_{NDT} = [22 + 556(Cu - 0.08) + 2778(P - 0.008)] \times (f/10^{19})^{0.5} \quad (10\text{-}1)$$

式中，f 为快中子注量。指出将 Cu 和 P 降低到一定值则 ΔRT_{NDT} 将很小。

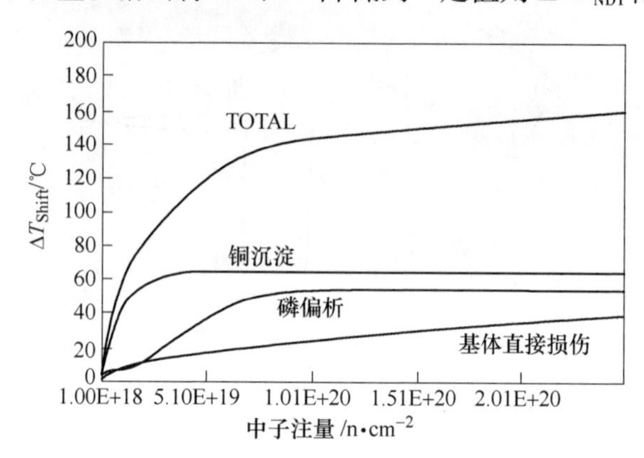

图 10-5　模型计算不同计量下杂质对转变温度的影响

国内学者[21~24]采用热时效的方法研究富 Cu 相析出引起的辐照脆化。对于 Cu 含量为 0.52%、P 含量为 0.016%的 SA508Gr3 钢在 400℃、13000h 热时效后，富铜相的尺寸为 20nm。Cu 和 P 元素具有共偏聚作用（图 10-6），P 促进富 Cu 原子团簇析出，Cu 团簇的密度随时间延长而增加，而后稳定在 $10^{23}m^{-3}$级。

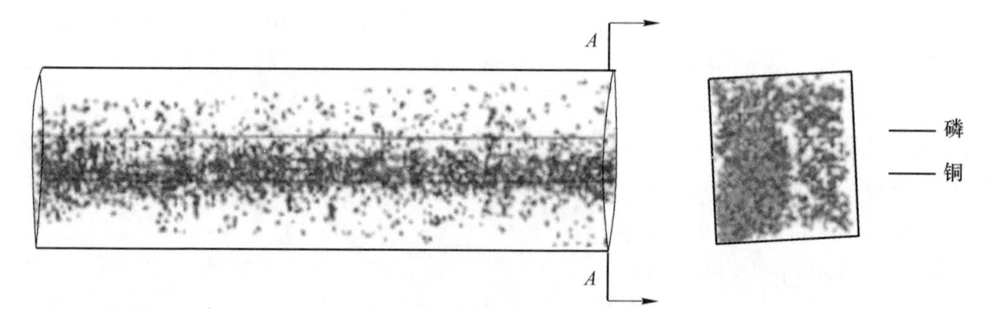

图 10-6　Cu 和 P 在热时效中的共偏聚

高维森等[25]指出将 SA508G. 3 钢中的 Cu 降至 0.034%，P 和 S 均控制在 0.005%时，在辐照温度 288℃±10℃，中子注量 5.13×10^{19} n/cm^2 辐照后，T_{68J} 由 −39℃升值−9℃。满足法国 RCC-M 及美国 NRC 标准和法规要求，材料已出口巴基斯坦。E. Altstadt 等[26,27]研究发现 VVER-1000 压力容器用 15Kh2NMFAA 钢在

高的辐照计量下（$6.95\times10^{19}n/cm^2$），Ni、Mn、Si 和 Fe 也将和 Cu、P 一起团簇富集，如图 10-7 所示。

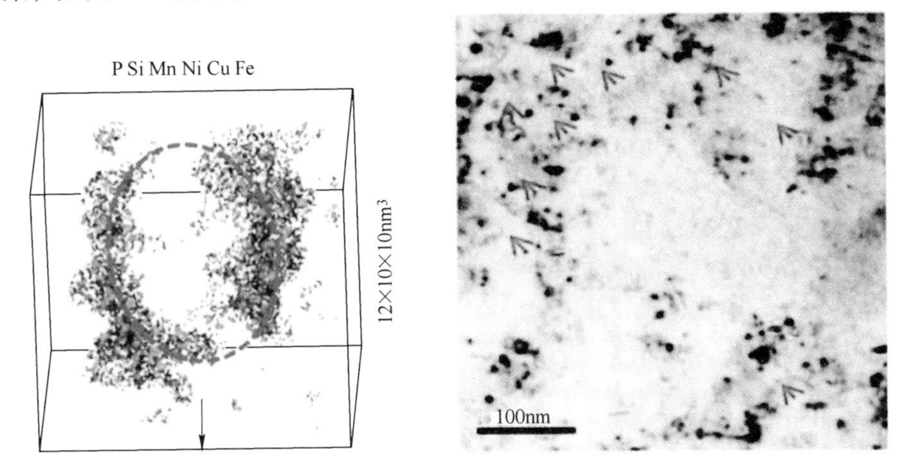

图 10-7　高剂量辐照下的元素团簇富集

RPV 钢的主要合金元素包括 C、N、Ni、Cr、Mn、Mo、Si 和 V。一般认为 C 和 N 元素都是对辐照有害的间隙元素[28]。近年对 SA508Gr. 4N 钢的研究表明，在辐照温度 231℃、中子注量 8.85mdpa、中子注量率 4.24×10^{-8}dpa/s 时，增加 C 含量能够减弱辐照脆化如图 10-8 所示[29]。

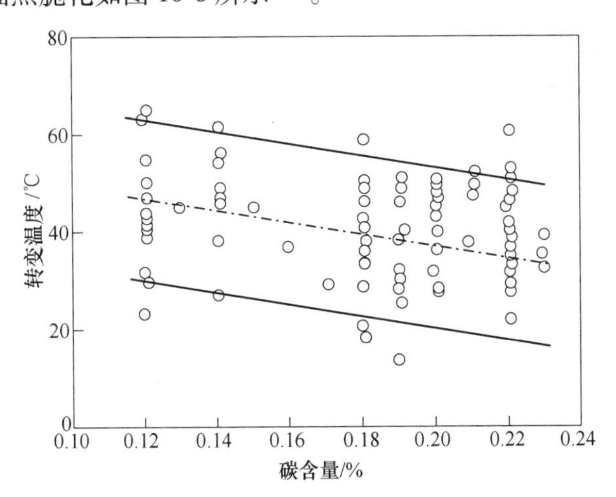

图 10-8　C 含量对 SA508Gr. 4N 钢辐照脆化的影响

Si 元素一般认为会加剧辐照脆化，但对其脆化原因还未有明确结论。但 Si 对 A533B 钢的辐照脆化没有明显影响[30]。

Ni 元素能够扩大 γ 相，一般认为扩大 γ 相的元素能够加剧辐照脆化，但也有研究表明 Ni 并不显著加剧辐照脆化。这或许与 Ni 的添加能够提高淬透性、降低韧脆转变温度，提高 RPV 钢的韧性储备。故 Ni 提高韧性与引起辐照脆化的抵消作用。故 Ni 在 RPV 钢对辐照脆化的影响还需详细研究。

Hawthorne 等[31]研究表明在 Cu 为 0.05%、辐照温度 288℃、中子注量（2.4～2.6）$\times 10^{19}$n/cm^2 时，Ni 含量从 0.05% 增至 0.70% 没有导致显著的辐照脆化。Stofanak 等[32]研究表明在 288℃、0.19dpa 辐照环境下，含量为 3.55% 的 Ni、0.05%Cu 的 RPV 钢，DBTT 增加了 64℃。而 1.28%Ni、0.2%Cu 的 RPV 钢 DBTT 增加 262℃。认为 Ni 对辐照的影响与 Ni 和 Cu 之间的协同作用有关，并且这种协同作用中存在 Cu 含量阈值。

L. Debarberis 等[33]将含 Cu 为 0.1% 的试验钢放入辐照温度 270℃ 的 Kola NPP 电站中进行辐照脆化试验，结果表明 Ni 强烈加剧辐照脆化，如图 10-9 所示。通过 3DAP 确定 Ni 经辐照后偏聚位置与 P 和 Si 偏聚位置有差别，Ni、P 和 Si 均在位错处偏聚，而 Ni 和 Mn 能够偏析于析出相，如图 10-10 所示。还指出当 RPV 钢 Cu 含量很低，Mn 含量适中即使 Ni 含量较高辐照脆化作用也较低[34]。

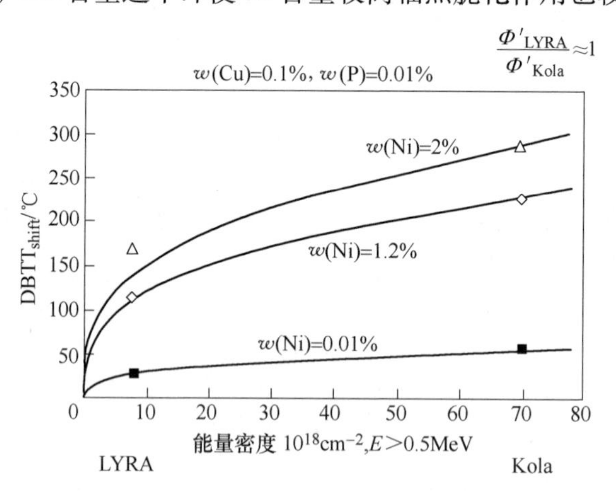

图 10-9　Ni 对辐照脆化的影响

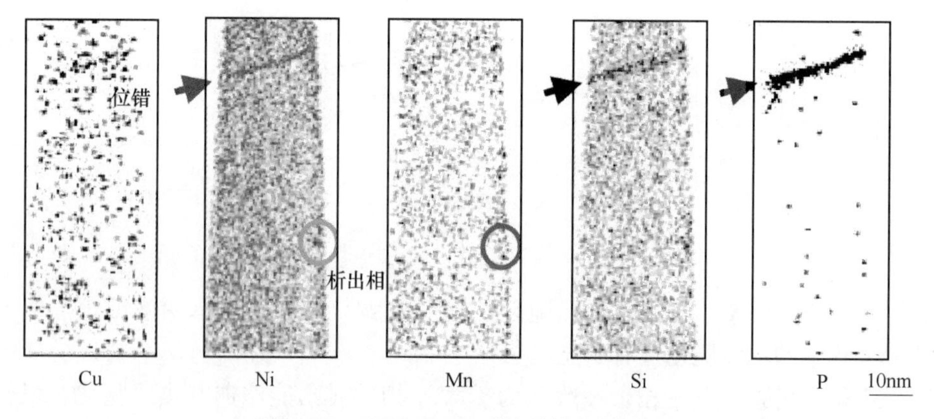

图 10-10　WWER-1000 锻钢的原子偏聚图

韩国学者[35]的研究表明，SA508Gr. 4N 钢在中子注量为 $4.5\times10^{19}n/cm^2$ 和 $9.0\times10^{19}n/cm^2$ 时，Ni 含量在 0.92%～3.52%，Cu 含量 0.002%～0.01%，Mn 含量 0.3%～1.39%，控制 P、S 含量，增加 Ni 对辐照脆化影响不显著。

一般认为 Mn 和 Ni 一样能够增大 γ 相，而加剧辐照脆化。认为 Mn 和 Cu 具有协同偏聚效应，又有研究表明 Mn 和 Si 具有共偏聚作用。但是在不同的合金体系中 Mn 对辐照脆化的影响不同。在 Fe-Mn 系合金中增加 Mn 含量能显著加剧辐照脆化。但在 Fe-Mo-Ni-Mn 系合金中增加 Mn 对辐照脆化的影响不显著，如图 10-11 所示[36]。

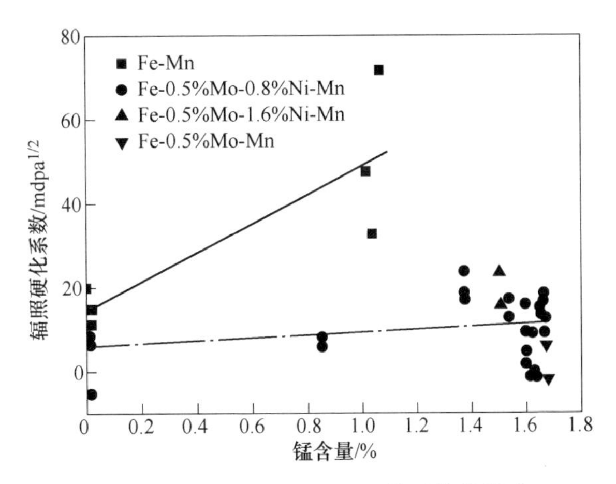

图 10-11　Mn 含量对辐照硬化系数的影响

M. G. Burke 等[37]对 SA508Gr. 4N 钢在 239℃、高中子注量率 10^{-7}dpa/s 下的研究表明，当 Ni 含量 2.89%～3.53%，Cu 含量 0.03%～0.1%时，改变 Mn 含量能够加剧辐照脆化。当 Mn 含量为 0.33% 时，ΔRT_{NDT} 为 58℃。而当 P 和 S (<0.003%)、Cu、Si 和 Mn 均极低时（<0.03%），ΔRT_{NDT} 为 21℃。其余性能变化如图 10-12 所示。

Hawthorne 等[38]研究 A533B 钢时发现 Mn 元素对辐照脆化的影响与 Cu 和 Mo 含量有关，如图 10-13 所示。同时降低 Cu 和 Mo 含量，高 Mn 时经辐照后转变温度升高较低。古平恒夫也指出 Mo 和 Mn 能够减弱辐照脆化敏感性[39]。Martin Lundgren[40]亦确定 RPV 钢经过辐照后 Mn 能够减弱辐照脆化敏感性，如图 10-14 所示。

Cr 和 Mo 能够改善 RPV 钢的冲击韧性，降低辐照脆化。日本学者认为，这是由于固溶的 Cr 原子可以捕获自由 C，减少其对辐照的不利影响[1]。Mo 和 C 的亲和力很强，能明显抑制辐照脆化。Hawthorne 等[38]研究发现，随着 Mo 的质量分数从 0.36%增加到 0.67%，材料的辐照脆化程度逐渐降低，如图 10-15 所示。

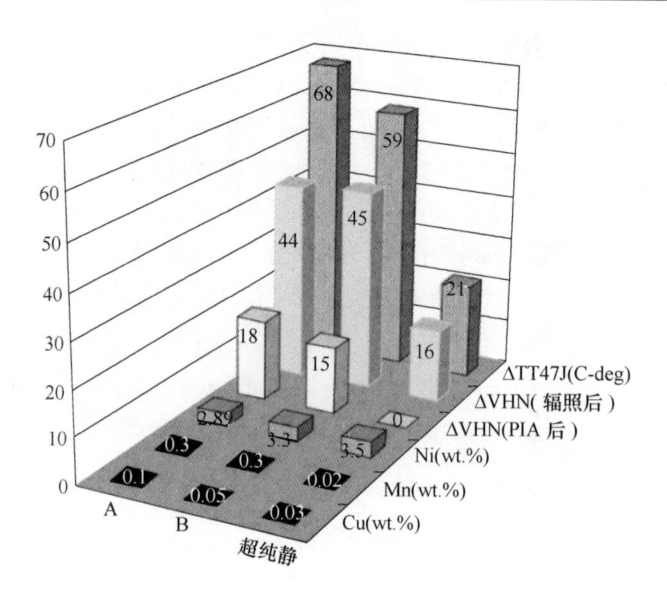

图 10-12　元素对 SA508Gr. 4N 钢辐照脆化的影响

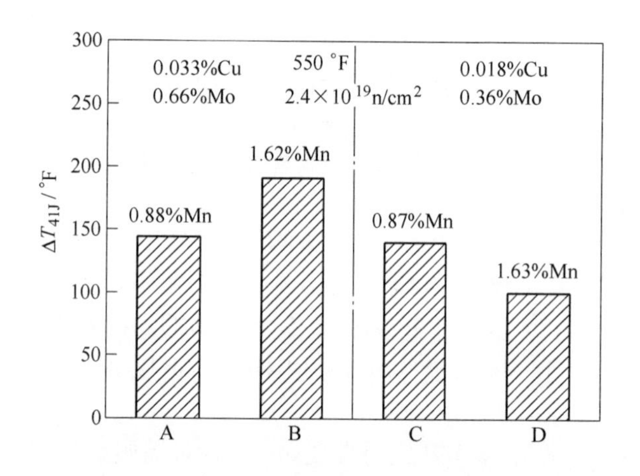

图 10-13　Mn 和 Mo 对辐照脆化的影响

C　微观组织对辐照脆化的影响

反应堆压力容器壁厚超过 200mm，淬火后厚截面不同部位组织不同。这势必造成不同部位辐照脆化敏感程度不同。B. Marini 等[41]研究了 SA508Gr. 3 钢马氏体组织（M）、马氏体贝氏体混合组织（M+B）和贝氏体组织（B）在 280℃、$7.75\times10^{19}n/cm^2$ 计量下的性能演变。不同组织对辐照脆化的影响。结果表明：经辐照后不同组织抗拉强度增加 12%～13%。屈服强度增幅差距较大，不同组织屈服强度增加分别为 14%（M）、18%（M+B）和 21%（B）。在冲击韧性方面辐照脆

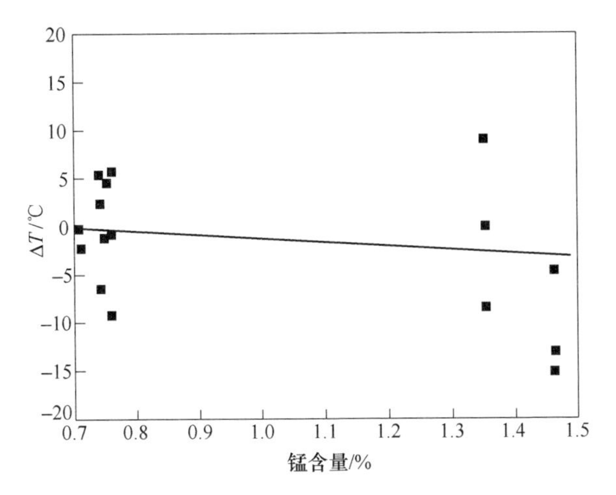

图 10-14　辐照后 Mn 含量对转变温度的影响

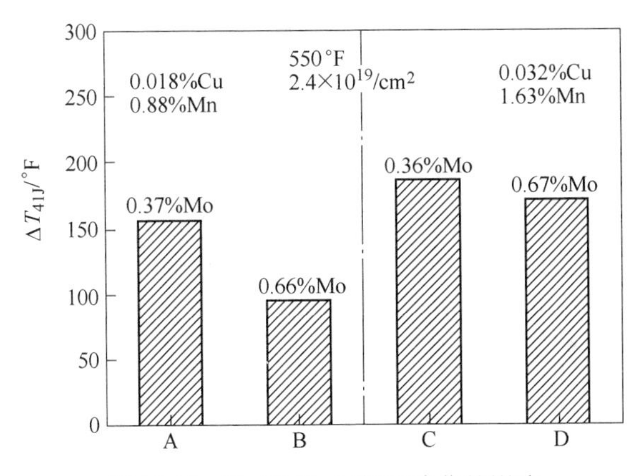

图 10-15　Mn 和 Mo 对辐照脆化的影响

化前马氏体具有最低的韧脆转变温度（-116℃），马氏体贝氏体混合组织较高（-77℃），贝氏体最高（-54℃）。经辐照脆化后马氏体贝氏体混合组织韧脆转变温度增幅最大为 75℃，贝氏体增幅最小为 50℃，马氏体的增幅为 57℃，但马氏体依然具有最低的韧脆转变温度。

10.3　辐照脆化的评价方法

10.3.1　评价标准

辐照效应变化的总趋势是强度升高，塑、韧性下降，特别是屈服强度将快速升高，均匀延伸率迅速下降脆性加剧。检验辐照脆化的方法很多，如屈强比、蠕变脆性等，但对于核压力容器用钢而言，国内外广泛采用标准夏比 V 型冲击试样进行系列冲击试验。根据系列冲击试验拟合出韧脆转变曲线，进一步确定韧性转变温度的改变或者 41J 冲击功对应温度的改变，或者上平台冲击功的变量，如图 10-16 所示。

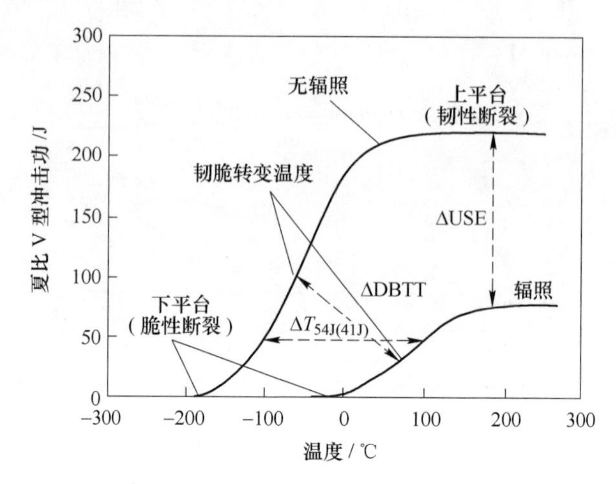

图 10-16　辐照对夏比 V 型冲击试验的影响

国内外常用的压水堆压力容器材料辐照脆化的评价标准有四种，如表 10-2 所示[42~45]。压力容器辐照监督的方法是在堆内构件吊篮外壁放置监督管，定期取出进行力学性能测试，根据力学性能试验结果和中子注量综合评价压力容器材料的中子辐照脆化效应。辐照监督管内试样包括：V 型冲击、拉伸、紧凑拉伸、弯曲、中子剂量计和温度检测计。

表 10-2　常用的压力容器材料辐照脆化评价标准

国家	标准号	名　　称
中国	NB/T 20220—2013	轻水冷却反应堆压力容器辐照监督
美国	ASTM E185-02	Standard Practice for Design of Surveillance Programs for Light-Water Moderated Nuclear Power Reactor Vessels
法国	RCC-M	Design and construction rules for mechanical components of PWR nuclear island
日本	JEAC4201—2013	原子炉構造材の監視試験方法

V 型冲击试验评价材料辐照前后不同温度的冲击吸收功、断口形貌、侧膨胀量，以确认 USE、ΔUSE、T_{41J}、T_{58J}、T_{68J}、FATT 及侧膨胀量 0.9mm 对应温度（$\Delta T_{0.9mm}$）。并确定转变温度增量，法国规范为：$\Delta T = \max(T_{58J}、\Delta T_{0.9mm})$。并认为 ΔT 等于断裂韧性参考曲线增量温度，即 ΔRT_{NDT}。

拉伸试验评价材料辐照前后完整的应力-应变曲线以确认屈服强度、屈服点、抗拉强度、断裂载荷、断裂盈利、均匀伸长率、总伸长率、断面收缩率等。紧凑拉伸试验以确定辐照前后的断裂韧度，弯曲试验确定辐照前后的弯曲性能。

为了保证压力容器钢在服役周期内不出现脆性破坏，通常采用3个指标对钢的韧性进行要求：参考无延性转变温度（T_{NDT}）、上平台能量（USE）和参考承压热冲击温度（T_{PTS}）[46]。标准规定RPV钢未经辐照的初始USE不应低于102J，其寿期末的USE不低于68J；寿期末母材和纵焊缝的T_{PTS}不高于132℃，环焊缝的T_{PTS}不高于149℃。同时，寿期末RPV钢的调整参考温度（ART）不应超过93℃，最好使ART小于67℃。ART的测试方法为：先由落锤实验确定零延展性温度NDT，然后依据经验选择略高于NDT的温度T_{NDT}，在T_{NDT}+33℃下进行三组冲击实验。若冲击功不低于68J，侧膨胀值不小于0.9mm，则确定T_{NDT}为参考零延展性温度RT_{NDT}。调整参考温度为：

$$ART = RT_{NDT} + \Delta RT_{NDT} + M \tag{10-2}$$

式中，ΔRT_{NDT}为中子辐照所造成的转变温度增量；M为裕量，是为了排除测量中的不确定因素而给出的误差。

10.3.2 取样方法

辐照监督管内试样一般分三个区域，分别为母材、焊缝和焊接热影响区，但焊接热影响区不强制取样。试样所经历的制造工艺（奥氏体化，淬火和回火，焊后热处理）应与反应堆压力容器制造工艺完全相同。所取试样包括V型冲击、拉伸、紧凑拉伸和弯曲试样，试样的选取、加工尺寸和试验方法需符合相应的国家标准，如表10-3所示（包括最新标准版本同样适用）。三个部位的取样方法如下所述[42,43,47]。

表10-3 辐照检测试验取样检验需符合的国家标准

标准号	标准名称
GB/T 2975—1998	钢材力学性能及工艺性能试验取样规定
GB/T 229—2007	金属材料夏比摆锤冲击试验方法
GB/T 12778—2008	金属夏比冲击断口测定方法
GB/T 4338—2006	金属材料高温拉伸试验方法
GB/T 228.1—2010	金属材料　拉伸试验第1部分　室温试验方法
GB/T 21143—2007	金属材料　准静态断裂韧度的统一试验方法
GB/T 4161—2007	金属材料　平面应变断裂韧度K_{IC}试验方法

10.3.2.1　母材金属取样

试样取压力容器筒体锻件，取样部位距锻件筒体内表面 1/4T 厚度，取样示意图如图 10-17 所示。拉伸试样的长轴平行与主锻造方向（筒体周向即切向），即拉伸试样为纵向试样。Charpy-V 型缺口冲击试样分横向和纵向试样。横向试样的长轴平行于表面且垂直于主锻造方向，试样缺口轴线应垂直于锻件的表面，开裂面垂直于主锻造方向。纵向试样的长轴平行于表面且平行于主锻造方向，缺口轴线垂直于锻件的表面，开裂面垂直于主锻造方向。

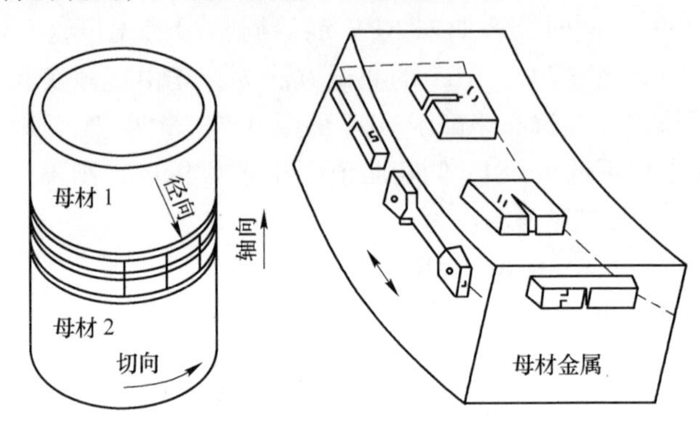

图 10-17　母材取样示意图

10.3.2.2　焊缝金属取样

离焊缝根部和焊缝表面距离大于 12.7mm 的焊缝中心部位取样，取样示意图如图 10-18 所示。拉伸试样的主轴平行于焊缝接头的中心线，也就是与焊缝方向一致。Charpy-V 型缺口冲击试样和紧凑拉伸试样的主轴垂直与焊接方向，缺口轴线垂直于焊缝的表面，开裂面位于焊缝中心线。

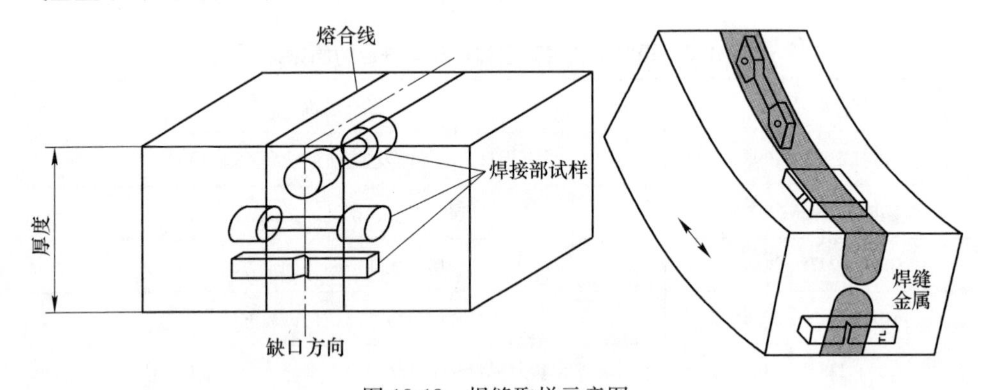

图 10-18　焊缝取样示意图

10.3.2.3　热影响区取样

试样从试件接头内、外表面大约 1/4 壁厚处取样，取样示意图如图 10-19 所示。Charpy-V 型缺口冲击试样主轴垂直于熔合线，缺口轴线平行于熔合线，同时位于离熔合线 0.8mm 处。

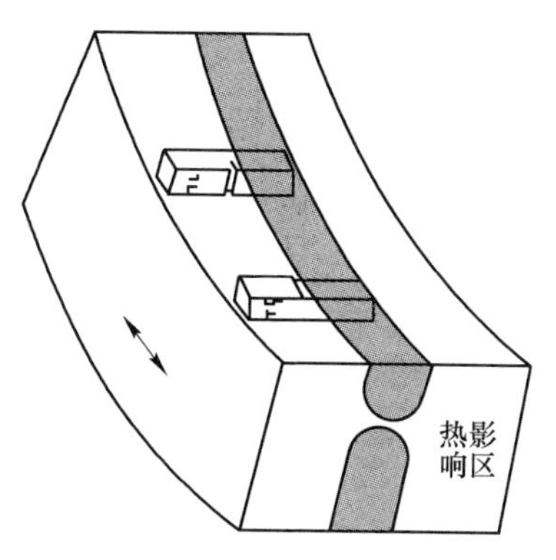

图 10-19 焊接热影响区取样示意图

堆内的辐照监督管内试样的最低数量为每种材料（母材、焊缝和焊接热影响区（不做强制要求））至少 15 个 V 型冲击、5 个拉伸试样和 8 个紧凑拉伸试样（母材）。在可能的情况下，监督管内应放置尽可能多的试样。表 10-4 为法国 900MWe 核电站辐照监督计划[48]。图 10-20 为俄罗斯 WWER-1000 反应堆内辐照监督管的试样布局。

表 10-4 法国 900MWe 核电站辐照监督取样计划

辐照监督管堆内方位	堆内辐照时间/年	超前因子	等效容器辐照时间/年	母材	焊缝	焊接热影响区	参考材料	备注
U-20°	4	2.75	11	15Cv，5T，6CT，1B	15Cv，4T，6CT	15Cv	15Cv	Cv—V 型冲击；T—拉伸；B—弯曲；CT—紧凑拉伸
V-20°	7	2.85	20	15Cv，5T，6CT，1B	15Cv，4T，6CT	15Cv	15Cv	
Z-17°	9	3.11	28	30Cv，5T，6CT，1B	15Cv，4T，6CT	15Cv	—	
Y-20°	14	2.79	39	15Cv，5T，6CT，1B	15Cv，4T，6CT	15Cv	15Cv	
W	备用	—	约 50	30Cv，5T，6CT，1B	15Cv，4T，6CT	15Cv	—	
X	备用	—	约 60	30Cv，5T，6CT，1B	15Cv，4T，6CT	15Cv	—	
未辐照	—		—	24Cv，6T，6CT	24Cv，6T，12CT	24Cv	—	

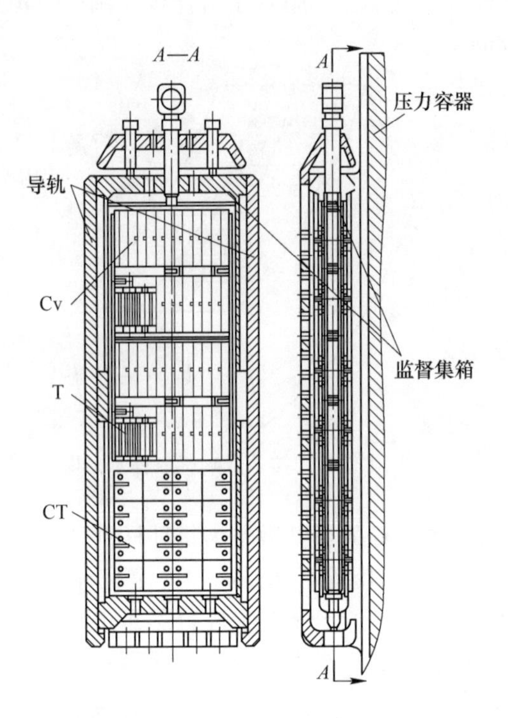

图 10-20　俄罗斯 WWER-1000 反应堆内辐照监督管的试样布局

10.4　改善辐照脆化的方法

改善辐照脆化从环境方面不易实现，因此可以从控制材料成分方面进行改善脆化。降低 RPV 钢中的 Cu、P 含量能够显著降低辐照脆化，图 10-21 为 RPV 钢中 Cu 含量的演变[49]，可看出 Cu 需要控制在 0.05%内。降低钢中的 S 和 Si 等杂质元素的含量，降低杂质元素能够显著提高钢的韧性、降低辐照脆化。控制 Ni 和

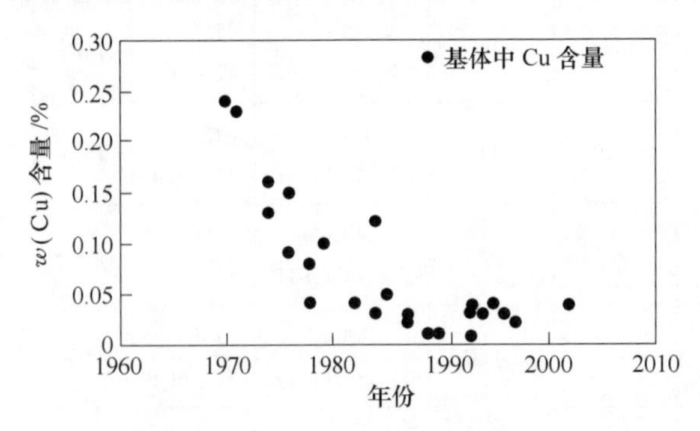

图 10-21　RPV 钢中 Cu 含量演变

Mn 元素添加量，调整 RPV 钢中 Cr 和 Mo 含量，Cr 和 Mo 能够降低韧-脆转变温度，且不加剧辐照脆化。

改善 RPV 钢的晶粒度，减小晶粒尺寸能够减弱辐照脆化效应。如在钢中添加 Al 以与 N 结合形成 AlN 以细化晶粒[1]。适量添加 Nb，Nb 是扩大α相的元素，并且有很强的晶粒细化作用；同时 Nb 又是氮和氧的形成元素，能形成较稳定的铌化物。国产 RPV 钢通过添加 Nb 能有效降低辐照脆化[25]。针对新一代核压力容器用 SA508Gr. 4N 钢而言，应尽可能提高钢的纯净度，减少 P、S、Cu 等有害元素的含量，从而提高抗辐照脆化的能力。

参 考 文 献

[1] 杨文斗．反应堆材料学［M］. 原子能出版社，2000.
[2] http：//www. nuclear-power. net.
[3] 付鹏涛，石秀安，韩嵩，等．CPR1000 型压水堆 14C 产生量研究［J］. 原子能科学技术，2013，47(s1)：184~187.
[4] Marini B，Averty X，Wident P，et al. Effect of the bainitic and martensitic microstructures on the hardening and embrittlement under neutron irradiation of a reactor pressure vessel steel［J］. Journal of Nuclear Materials，2015，465：20~27.
[5] Wirth B D，Odette G R，Marian J，et al. Multiscale modeling of radiation damage in Fe-based alloys in the fusion environment［J］. Journal of Nuclear Materials，2004，329（8）：103~111.
[6] 肖厦子，宋定坤，楚海建，等．金属材料力学性能的辐照硬化效应［J］. 力学进展，2015，45(1)：141~178.
[7] Fabritsiev S A，Pokrovsky A S. Effect of irradiation temperature on microstructure，radiation hardening and embrittlement of pure copper and copper-based alloy［J］. Journal of Nuclear Materials，2007，370(10)：977~983.
[8] Singh B N，Edwards D J，Toft P. Effect of neutron irradiation and post-irradiation annealing on microstructure and mechanical properties of OFHC-copper［J］. Journal of Nuclear Materials，2001，299(3)：205~218.
[9] Singh B N，Horsewell A，Toft P，et al. Temperature and dose dependencies of microstructure and hardness of neutron irradiated OFHC copper［J］. Journal of Nuclear Materials，1995，224(2)：131~140.
[10] Alsabbagh A，Valiev R Z，Murty K L. Influence of grain size on radiation effects in a low carbon steel［J］. Journal of Nuclear Materials，2013，443(1-3)：302~310.
[11] Victoria M，Baluc N，Bailat C，et al. The microstructure and associated tensile properties of irradiated fcc and bcc metals［J］. Journal of Nuclear Materials，2000，276(1-3)：114~122.
[12] Odette G R，Lucas G E. Embrittlement of nuclear reactor pressure vessels［J］. JOM，2001，53(7)：18~22.
[13] Odette G R，Lucas G E. Recent Progress in Understanding Reactor Pressure Vessel Embrittlement. Rad. Effects and Defects in Solids，1998，144：189~231.
[14] Kameda J，Bevolo A J. Neutron irradiation-induced intergranular solute segregation in iron base

alloys [J]. Acta Metallurgica, 1989, 37: 3283~3296.
[15] 李正操，陈良. 核能系统压力容器辐照脆化机制及其影响因素 [J]. 金属学报，2014，50(11)：1285~1293.
[16] 佟振峰，林虎，宁广胜，等. 低铜合金反应堆压力容器钢辐照脆化预测评估模型 [J]. 原子能科学技术，2009，43(s1)：103~108.
[17] 吕继新. 影响钢材辐照脆化的材质因素 [J]. 核动力工程，1995，16(2)：161~165.
[18] 万强茂，束国刚，王荣山，等. A508-3 钢质子辐照条件下微结构演变研究 [J]. 金属学报，2012，48(8)：929~934.
[19] Kryukova A, Debarberisa L, von Estorff U. Irradiation embrittlement of reactor pressure vessel steel at very high neutron fluence [J]. Journal of Nuclear Materials, 2012, 422: 173~177
[20] Debarberis, et al. Semi-mechanistic analytical model for radiation embrittlement and embrittlement data analysis [J]. International Journal of Pressure Vessels and Piping, Volume 82, 2005.
[21] 冯柳，周邦新，彭剑超，等. RPV 模拟钢中纳米富 Cu 析出相的复杂晶体结构表征 [J]. 材料工程，2015，43(7)：80~86.
[22] 徐刚，楚大锋，蔡琳玲，等. RPV 模拟钢中纳米富 Cu 相的析出和结构演化研究 [J]. 金属学报，2011(7)：905~911.
[23] 王伟，朱娟娟，林民东，等. 核反应堆压力容器模拟钢中富 Cu 纳米团簇析出早期阶段的研究 [J]. 北京科技大学学报，2010，32(1)：39~43.
[24] 张瑞谦，洪晓峰，彭倩. 反应堆压力容器模拟钢中富 Cu 原子团簇对材料力学性能的影响 [J]. 核动力工程，2010，31(1)：4~8.
[25] 高维森，伍晓勇，崔永海，等. 改进型 A508Cl3 钢的中子辐照脆化性能研究 [J]. 核动力工程，1996，17(5)：443~447.
[26] Altstadt E, Serrano M, Gillemot F, et al. Conclusions from Longlife, Longlife Final International Workshop, 15-16 January 2014, Dresden, Germany.
[27] Gurovich B, Kuleshova E, Shtrombakh Y, et al. Evolution of microstructure and mechanical properties of VVER-1000 RPV steels under re-irradiation [J]. Journal of Nuclear Materials, 2015, 456: 373~381.
[28] 杨文斗. PWR 核压力容器钢辐照效应综述 [J]. 核安全，2012(3)：1~11.
[29] Wire G L, Beggs W J, Leax T R. Evaluation of Irradiation Embrittlement of A508Gr4N and Comparison to Other Low Alloy Steels [R]. West Mifflin, Pennsylvania: Effects of Radiation on Materials, 2003.
[30] 王荣山，徐超亮，刘向兵，等. 反应堆压力容器钢辐照脆化的影响因素分析 [J]. 中国冶金，2014，25(7)：1~5.
[31] Hawthorne J R, Proc. 11th Conference on the Effects of Radiation on Materials, ASTM STP 782, p. 375(1982). J. R. Hawthorne, Nucl. Eng. Design 89, 223 (1985).
[32] Stofanak R J, Poskie T J, Li Y Y, et al. Proc. 6th Int. Symp. on Environmental Degradation of Materials in Nuclear Power System-Water Reactors, (eds. R. E. Gold and E. P. Simonen), p. 757, The Minerals, Metals, and Materials Society, Warrendale, PA, USA(1993).
[33] Debarberis L, Törrönen K, Sevini F, et al. Experimental Studies of Copper, Phosphorus and Nickel Effect on RPV Model Alloys at Two Different Fluences. Proceedings of Workshop on RPV

Life Predictions, Madrid, Spain 2000.

[34] IAEA. Effects of nickel on irradiation embrittlement of light water reactor pressure vessel steels [R]. IAEA-TECDOC-1441, 2005.

[35] Chang-Hoon Lee, Kasada R, Kimura A. Effect of Nickel Content on the Neutron Irradiation Embrittlement of Ni-Mo-Cr Steels [J]. Metals and Materials International, 2013, 19(6): 1203~1208.

[36] Odette G R, Lucas G E, Klingensmith R D, et al. The effect of composition and heat treatment on hardening and embrittlement of reactor pressure vessel steels', NUREG/CR-6778, US Nuclear Regulatory Commission, Washington DC, USA, 2003.

[37] Burke M G, Stofanak R J, Hyde. Microstructural Aspects of Irradiation Damage in A508Gr4N Forging Steel: Composition & Flux Effects [R]. Effects of Radiation on Materials, ASTM STP 1447.

[38] Hawthorne J R. Composition influences and interactions in radiation sensitivity of reactor vessel steels [J]. Nuclear Engineering & Design, 1985, 89(1): 223~232.

[39] 古平恒夫. 軽水炉圧力容器鋼材の進歩 [J]. 鉄と鋼, 1987, 14: 1656~1668.

[40] Lundgren M. Analysis of predictive models for correlation of irradiation effects on pressure vessel steels [J]. Chalmers University of Technology, 2011.

[41] Marini B, Averty X, Wident P, et al. Effect of the bainitic and martensitic microstructures on the hardening and embrittlement under neutron irradiation of a reactor pressure vessel steel [J]. Journal of Nuclear Materials, 2015, 465: 20~27.

[42] NB/T 20220—2013 轻水冷却反应堆压力容器辐照监督.

[43] ASTM E185-02. Standard Practice for Design of Surveillance Programs for Light-Water Moderated Nuclear Power Reactor Vessels.

[44] RCC-M. Design and construction rules for mechanical components of PWR nuclear island.

[45] JEAC4201—2013 原子炉構造材の監視試験方法.

[46] 邱天, 罗英, 马姝丽, 等. 基于辐照脆化的反应堆压力容器60年设计寿命改进分析 [J]. 核动力工程, 2013, 34(s1): 103~108.

[47] 万强茂, 束国刚, 王荣山, 等. 法国900MWe压水堆RPV中子辐照脆化寿命管理策略研究 [J]. 核科学与工程, 2011, 31(4): 372~384.

[48] Tomimatsu M, Hirota T, Hardin T, et al. 4-Embrittlement of reactor pressure vessels (RPVs) in pressurized water reactors (PWRs) [J]. Irradiation Embrittlement of Reactor Pressure Vessels in Nuclear Power Plants, 2015: 57~106.

[49] Tomimatsu M, Hirota T, Hardin T, et al. Embrittlement of reactor pressure vessels (RPVs) in pressurized water reactors (PWRs) [J]. Irradiation Embrittlement of Reactor Pressure Vessels in Nuclear Power Plants, 2015: 57~106.

11 SA508Gr. 4N 钢大锻件工程实践

随着能源问题的日益凸显，核能这一清洁能源越来越受关注，提高核电站的效率也日益迫切。SA508Gr. 4N 钢作为新一代核反应堆压力容器用钢，其工业化试制被列为重要攻关项目。本章主要总结了钢铁研究总院和中国一重在 SA508Gr. 4N 钢大锻件上的研究及工业化情况，为大锻件的国产化提供支持。

11.1 冶炼内控成分

根据钢铁研究总院实验室研究结果，结合中国一重在 3.5NiCrMoV 低压转子锻件和核废料罐试制件的经验，确定了 SA508Gr. 4N 大锻件在工业生产中的内控成分，如表 11-1 所示。

表 11-1 SA508Gr. 4N 锻件内控成分要求

元素	C	Si	Mn	P	S	Cr	Ni	Mo	Al	As	Sn	Sb	H	O	N
规格	≤0.23	≤0.10	0.20/0.40	≤0.006	≤0.005	1.50/2.00	2.75/3.90	0.45/0.60	≤0.025	≤0.010	≤0.010	≤0.002	≤0.00008	—	—
电炉	0.05/0.15	≤0.01	—	≤0.001	≤0.012	—	3.50/3.60	0.40/0.50	—	≤0.004	≤0.004	≤0.0015	—	—	—
LF 炉内控	0.18/0.20	≤0.05	0.28/0.32	≤0.003	≤0.002	1.70/1.80	3.50/3.70	0.45/0.52	≤0.010	≤0.004	≤0.004	≤0.0015	≤0.00008	≤0.0020	≤0.0050
目标值	0.19	0.02	0.30	≤0.002	≤0.001	1.75	3.60	0.50	≤0.010	≤0.002	≤0.002	≤0.0015	≤0.00008	≤0.0020	≤0.0050

11.2 冶炼工艺及流程

SA508Gr. 4N 钢冶炼方式为 LVCD+VCD-X，锻件的锭型为 44t，冶炼工艺如表 11-2 所示。

表 11-2 冶炼工艺方案

电炉	精炼炉	真空吸注
2 号（44t）	7 号（44t）	44t

冶炼过程中要严格控制原材料和冶炼工艺具体要求如下：

（1）原材料、包体要求：

1）萤石及铁合金烘烤良好，粉状脱氧剂必须干燥；

2）精炼炉所用石灰为活性灰，块度 15~50mm，小于 15mm 者不大于 5%，萤石必须金华萤石，石灰使用前出炉如超过 48 小时应重新烘烤；

3）精炼包、中间包要求不允许采用新包底和新包衬，并且包底和包衬没有大面积残钢和残渣。包衬允许挂一层薄渣，砖缝清晰可见，渣线挖补面积不大于渣线面积的 50%。

（2）电炉粗炼工艺要点：

1）配料：生铁 30%，30Cr2Ni4MoV 钢种的返回重废钢 70%。炉料要求干燥，不得混有泥沙、熔渣等杂物；

2）炉底石灰料重 3%~5%，一次料上氧化铁皮料重 1%~3%，料包内石灰 2%，料包内石灰可随二次料装在炉墙易损区域以保护炉墙；

3）严格控制吹氧时间，熔清后禁止采用吹氧升温；

4）出钢条件：[C]=0.05%~0.15%，[P]≤0.001%，[Si]≤0.01%；

5）出钢温度 1620~1640℃；

6）出钢随钢流加入小块石灰，石灰用量 150kg。

（3）精炼炉工艺要点：

1）精炼包使用前进行烘烤，温度≥800℃。兑钢时严禁电炉渣进入精炼包；

2）按 4∶1 比例加入石灰、萤石造渣，渣层厚度控制在 200~300mm；

3）用自制碳粉扩散脱氧；

4）当渣色变白，温度合适进行合金化操作。成分进入内控，转真空位处理，进真空温度 1650~1660℃；

5）真空度≤2 托，保持时间 20min，达到要求真空度并处理 17min 后，降低氩气流量至 20~40L/min，总真空时间≤50min；

6）真空后取样分析，按目标值微调合金成分；

7）所有合金加入后，调整氩气流量至 20~50L/min，软吹 30~45min 内出钢；

8）出钢前取炉后样；

9）出钢温度 1590~1600℃。

（4）铸锭工艺要点：

1）钢锭模、底盘表面清理干净，然后烘烤、喷砂处理，人工打磨局部锈蚀；

2）附具装配时内外表面彻底吹风除尘，装配完毕用干净铁板盖住冒口；

3）吸浇管道，管道直径 ϕ120mm；

4）未尽事宜按《14#真空室使用内径 80mm 浇注系统真空吸浇操作规程》（RY-LG-14080）和《铸锭基本工艺规程》（版本号 CFHI S S502—2012）。

11.3　锻造工艺及流程

SA508Gr. 4N 锻件属于特厚饼型锻件，厚度达到了 755mm，如图 11-1 所示。

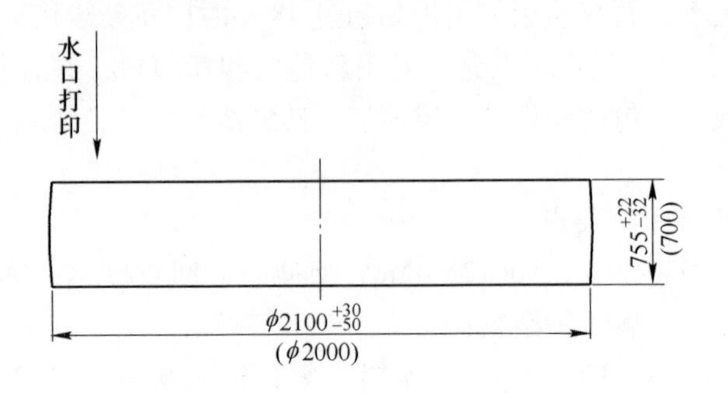

图 11-1　SA508Gr. 4N 锻件结构简图

SA508Gr. 4N 锻件主要锻造工序包括：

第一火：压钳口，ϕ800mm×1400mm，如图 11-2 所示。Ⅰ料：锻本图号成品锻件一件；Ⅱ料：转 4500t 快锻，出同令号 1207KY00103，图号 1207KY00103002 试板与令号 1207KY00103，图号 1207KY00103003 焊接试板的合锻件一件，出余料令号 0B72201502062，图号 0B72201502062002 一件。

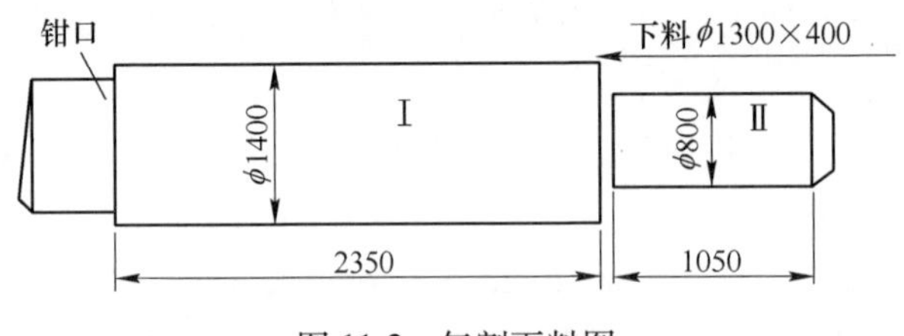

图 11-2　气割下料图

第二火：漏盘镦粗：H = 1300 × ~ ϕ1880。用 KD 法拔长至 ϕ1300 × ~ L = 2700mm（压下量 ε = 20%），锻比$_{镦}$ = 1.8，锻比$_{拔}$ = 2.0。目的：破碎铸态组织、锻合内部孔隙性缺陷、增加锻比、钢锭组织的改善。

第三火：镦粗至 H = 1300×ϕ1860。用 KD 法拔长至 ϕ1400×~L = 2300mm（压下量 ε = 20%）；上平下 V 砧光整至 ϕ1300 × 2600mm；拔长钳口 ϕ700 × ~ L = 1800mm，气割钳口，如图 11-3 所示。Ⅰ料：锻本图号成品锻件一件；Ⅱ料：出余料令号 0B72201502062，图号 0B72201502062001 一件；锻比$_{镦}$ = 2.0，锻比$_{拔}$ = 2.0。目的：压实。

第四火：镦粗至 H = 1400×~ϕ1750，锻比$_{镦}$ = 1.9。

第五火：按图 11-4 镦粗后压平。

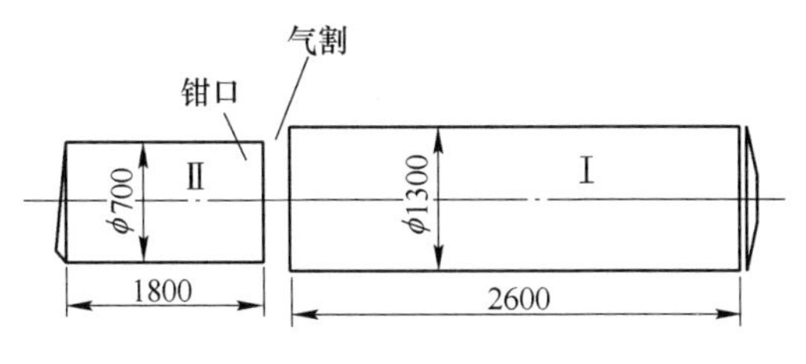

图 11-3 气割钳口尺寸图

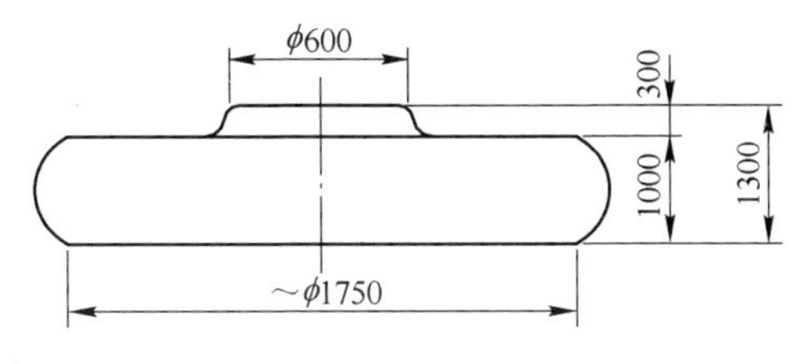

图 11-4 镦粗后压平

镦粗出成品，滚外圆；锻比$_{镦}$ = 1.9，总锻比为 13。如图 11-5 所示。同时锻造试板一件，如图 11-6 所示。

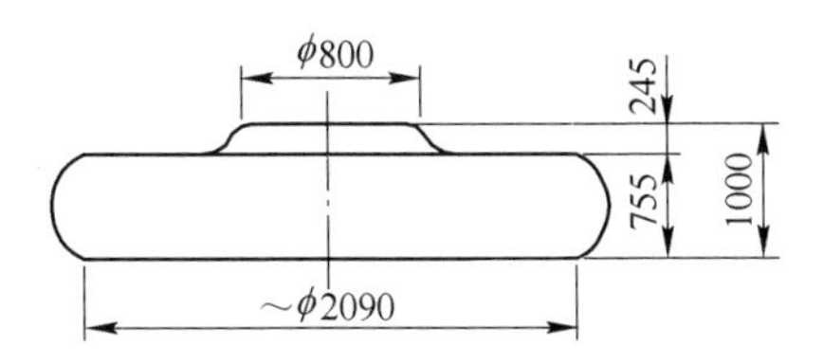

图 11-5 SA508Gr. 4N 锻件成品

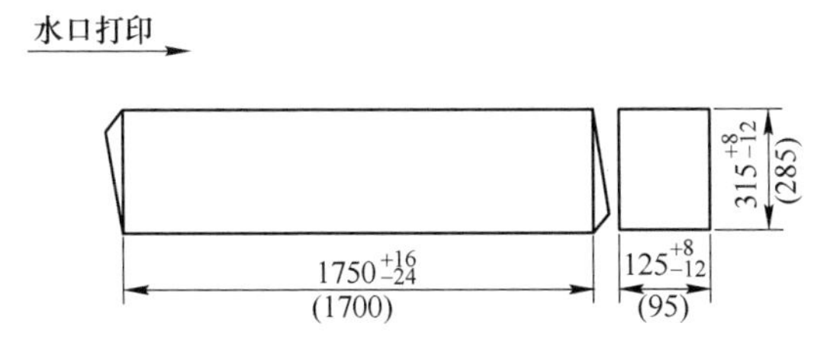

图 11-6 SA508Gr. 4N 钢试板

11.4 热处理工艺

SA508Gr. 4N 工业试制锻件的热处理工艺方案如图 11-7 和图 11-8 所示，热处理过程中需实时监控温度，严格按照工艺执行。工业试制锻件采用喷淬处理，喷淬冷却设备如图 11-9 所示。

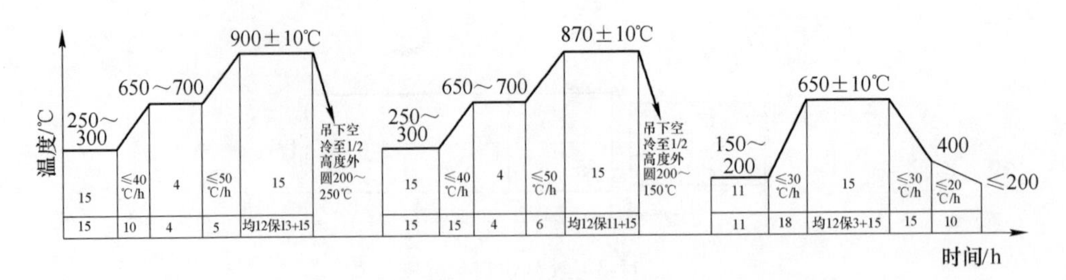

图 11-7　SA508Gr. 4N 工业试制锻件锻后热处理工艺曲线

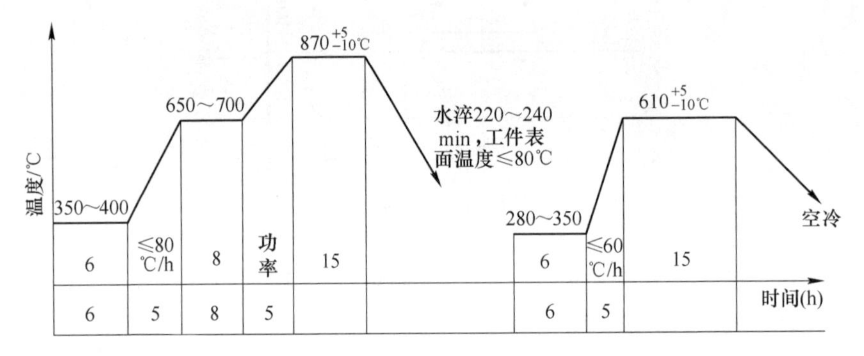

图 11-8　SA508Gr. 4N 工业试制锻件性能热处理工艺曲线

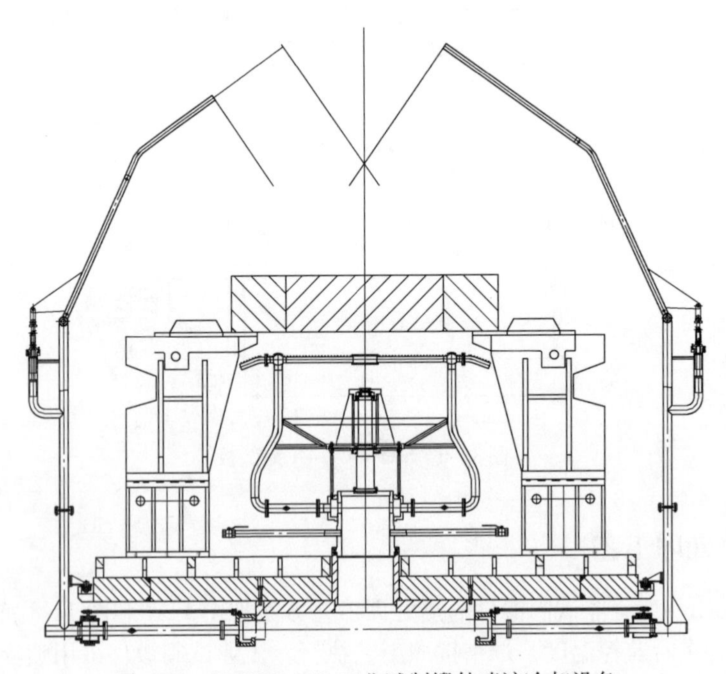

图 11-9　SA508Gr. 4N 工业试制锻件喷淬冷却设备

11.5　大锻件工业试制

11.5.1　锻造后的试制锻件

锻造后的试制锻件如图 11-10 所示。对锻件进行宏观和探伤检测，发现锻件表面没有明显的锻造缺陷，锻件内部探伤合格，从而可进行下一步工序。

图 11-10　SA508Gr. 4N 锻件

11.5.2　试制锻件的粗加工

为了检验 SA508Gr. 4N 工业试制锻件的化学成分均匀性及偏析情况，在 U. T. 探伤后进行硫印及化学取样检验。在锻件水、冒口各加工出 200mm 宽的硫印区，水冒口相互垂直，检验锻件偏析程度，检测结果如图 11-11～图 11-13 所示。在硫印检验完成后，在平顶盖锻件水冒口两端各按母线取化学成分检验，检验结果如表 11-3 所示。由图 11-12、图 11-13 及表 11-3 可见，SA508Gr. 4N 锻件工业化试制的硫印、化学检验及 U. T. 均满足技术文件要求。

图 11-11　SA508Gr. 4N 锻件硫印

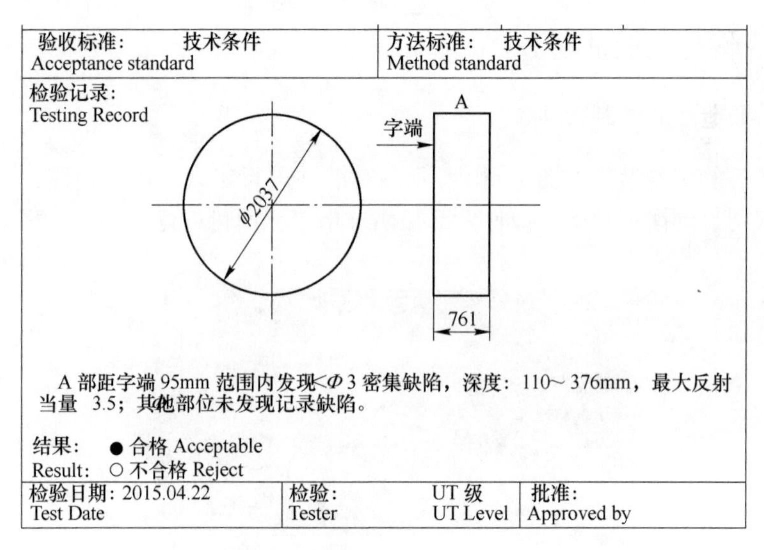

验收标准：　技术条件 Acceptance standard	方法标准：　技术条件 Method standard	
检验记录： Testing Record		

A 部距字端 95mm 范围内发现<Φ3 密集缺陷，深度：110~ 376mm，最大反射当量 3.5；其他部位未发现记录缺陷。

结果：　● 合格 Acceptable
Result：　○ 不合格 Reject

检验日期：2015.04.22 Test Date	检验：　UT 级 Tester　UT Level	批准： Approved by

图 11-12　SA508Gr. 4N 锻件探伤报告

试验编号 Test No. 委托编号 Comnission No.	宏观检验结果 Macroscopic Test Result		
A1793	硫印等级：点状偏析 0.5 级，未发现定型偏析	判定 Evaluate	判定人 Evaluated By
15099-水			
A1794	硫印等级：点状偏析 0.5 级，未发现定型偏析	判定 Evaluate	判定人 Evaluated By
15099-冒			
		判定 Evaluate	判定人 Evaluated By

图 11-13　SA508Gr. 4N 锻件硫印报告

表 11-3　SA508Gr. 4N 锻件化学成分

元素			冒口端 180°~0°									
	范围	目标值	MD1	MD2	MD3	MD4	MD5	MD6	MD7	MD8	MD9	MD10
C	≤0.23	0.19	0.19	0.19	0.19	0.19	0.20	0.21	0.20	0.19	0.20	0.21
Si	0.15~0.40	0.02	<0.05	<0.05	<0.05	<0.05	<0.05	<0.05	<0.05	<0.05	<0.05	<0.05
Mn	0.20~0.40	0.30	0.29	0.30	0.29	0.30	0.29	0.29	0.29	0.29	0.29	0.29

续表 11-3

元素			冒口端 180°~0°									
	范围	目标值	MD1	MD2	MD3	MD4	MD5	MD6	MD7	MD8	MD9	MD10
P	≤0.006	0.002	<0.005	<0.005	<0.005	<0.005	<0.005	<0.005	<0.005	<0.005	<0.005	<0.005
S	≤0.005	0.0010	0.0020	0.0022	0.0023	0.0023	0.0023	0.0021	0.0022	0.0020	0.0020	0.0020
Cr	1.50~2.00	1.75	1.75	1.77	1.75	1.77	1.73	1.75	1.74	1.73	1.73	1.72
Ni	2.75~3.90	3.6	3.63	3.66	3.64	3.66	3.62	3.62	3.67	3.68	3.68	3.67
Mo	0.45~0.60	0.50	0.51	0.51	0.51	0.51	0.51	0.51	0.51	0.50	0.50	0.50
Cu			0.04	0.04	0.04	0.04	0.04	0.04	0.04	0.03	0.03	0.03
V			<0.002	<0.002	<0.002	<0.002	<0.002	<0.002	<0.002	<0.002	<0.002	<0.002
Al	≤0.025	0.020	0.012	0.012	0.012	0.012	0.012	0.012	0.012	0.012	0.012	0.011

元素			冒口端 90°~270°									
	范围	目标值	MC1	MC2	MC3	MC4	MC5	MC6	MC7	MC8	MC9	MC10
C	≤0.23	0.19	0.20	0.20	0.20	0.20	0.20	0.21	0.21	0.20	0.20	0.22
Si	0.15~0.40	0.02	<0.05	<0.05	<0.05	<0.05	<0.05	<0.05	<0.05	<0.05	<0.05	<0.05
Mn	0.20~0.40	0.30	0.29	0.29	0.29	0.28	0.29	0.29	0.29	0.29	0.28	0.28
P	≤0.006	0.002	<0.005	<0.005	<0.005	<0.005	<0.005	<0.005	<0.005	<0.005	<0.005	<0.005
S	≤0.005	0.0010	0.0020	0.0020	0.0020	0.0020	0.0035	0.0020	0.0020	0.0020	0.0020	0.0020
Cr	150~2.00	1.75	1.73	1.73	1.74	1.72	1.75	1.75	1.75	1.75	1.75	1.74
Ni	2.75~3.90	3.6	3.68	3.68	3.69	3.68	3.70	3.69	3.69	3.69	3.68	3.68
Mo	0.45~0.60	0.50	0.50	0.50	0.50	0.50	0.51	0.51	0.50	0.51	0.50	0.50
Cu			0.03	0.03	0.03	0.03	0.03	0.03	0.03	0.03	0.03	0.03
V			<0.002	<0.002	<0.002	<0.002	<0.002	<0.002	<0.002	<0.002	<0.002	<0.002
Al	≤0.025	0.020	0.011	0.012	0.011	0.011	0.011	0.011	0.011	0.011	0.011	0.012

元素			水口端 180°~0°									
	范围	目标值	SD1	SD2	SD3	SD4	SD5	SD6	SD7	SD8	SD9	SD10
C	≤0.23	0.19	0.19	0.20	0.19	0.20	0.20	0.19	0.19	0.20	0.20	0.20
Si	0.15~0.40	0.02	<0.05	<0.05	<0.05	<0.05	<0.05	<0.05	<0.05	<0.05	<0.05	<0.05

续表 11-3

元素			水口端 180°~0°									
	范围	目标值	SD1	SD2	SD3	SD4	SD5	SD6	SD7	SD8	SD9	SD10
Mn	0.20~0.40	0.30	0.29	0.28	0.28	0.29	0.28	0.28	0.28	0.28	0.28	0.28
P	≤0.006	0.002	<0.005	<0.005	<0.005	<0.005	<0.005	<0.005	<0.005	<0.005	<0.005	<0.005
S	≤0.005	0.0010	0.0020	0.0020	0.0020	0.0020	0.0022	0.0022	0.0023	0.0023	0.0020	0.0020
Cr	1.50~2.00	1.75	1.77	1.74	1.71	1.76	1.75	1.75	1.71	1.73	1.70	1.73
Ni	2.75~3.90	3.6	3.75	3.70	3.65	3.73	3.70	3.70	3.70	3.74	3.67	3.73
Mo	0.45~0.60	0.50	0.51	0.50	0.48	0.51	0.50	0.50	0.49	0.50	0.49	0.50
Cu			0.04	0.03	0.03	0.03	0.03	0.03	0.03	0.03	0.03	0.03
V			<0.002	<0.002	<0.002	<0.002	<0.002	<0.002	<0.002	<0.002	<0.002	<0.002
Al	≤0.025	0.020	0.011	0.011	0.011	0.011	0.011	0.011	0.010	0.011	0.010	0.011

元素			水口端 90°~270°									
	范围	目标值	SC1	SC2	SC3	SC4	SC5	SC6	SC7	SC8	SC9	SC10
C	≤0.23	0.19	0.20	0.20	0.18	0.18	0.19	0.20	0.20	0.20	0.19	0.18
Si	0.15~0.40	0.02	<0.05	<0.05	<0.05	<0.05	<0.05	<0.05	<0.05	<0.05	<0.05	<0.05
Mn	0.20~0.40	0.30	0.28	0.28	0.28	0.28	0.28	0.28	0.28	0.28	0.28	0.28
P	≤0.006	0.002	<0.005	<0.005	<0.005	<0.005	<0.005	<0.005	<0.005	<0.005	<0.005	<0.005
S	≤0.005	0.0010	0.0022	0.0023	0.0020	0.0020	0.0031	0.0024	0.0029	0.0029	0.0021	0.0023
Cr	1.50~2.00	1.75	1.74	1.71	1.70	1.72	1.72	1.70	1.70	1.70	1.72	1.72
Ni	2.75~3.90	3.6	3.72	3.70	3.63	3.65	3.67	3.62	3.65	3.66	3.67	3.68
Mo	0.45~0.60	0.50	0.50	0.49	0.48	0.48	0.49	0.49	0.48	0.48	0.49	0.49
Cu			0.03	0.03	0.03	0.03	0.03	0.03	0.03	0.03	0.03	0.03
V			<0.002	<0.002	<0.002	<0.002	<0.002	<0.002	<0.002	<0.002	<0.002	<0.002
Al	≤0.025	0.020	0.011	0.011	0.011	0.010	0.011	0.011	0.010	0.011	0.011	0.011

11.5.3 试制锻件的热处理

SA508Gr.4N 工业试制锻件采用立式喷淬系统，在淬火冷却时进行测温，测量 SA508Gr.4N 锻件工业化实际冷却速率。

SA508Gr.4N 锻件（工令号：1207KY00103，炉号：7150114，卡号：1500561）淬火测温位置分别为锻件近上表面（距离上表面 10mm）、T/4、T/2 处，沿半径方向的 R、$R/2$ 和圆心各设置三个测温点，共 9 个试温点，如图11-14 所示。敷偶支架如图 11-15 所示，锻件敷偶如图 11-16 所示，实际热处理过程如图 11-17 所示。

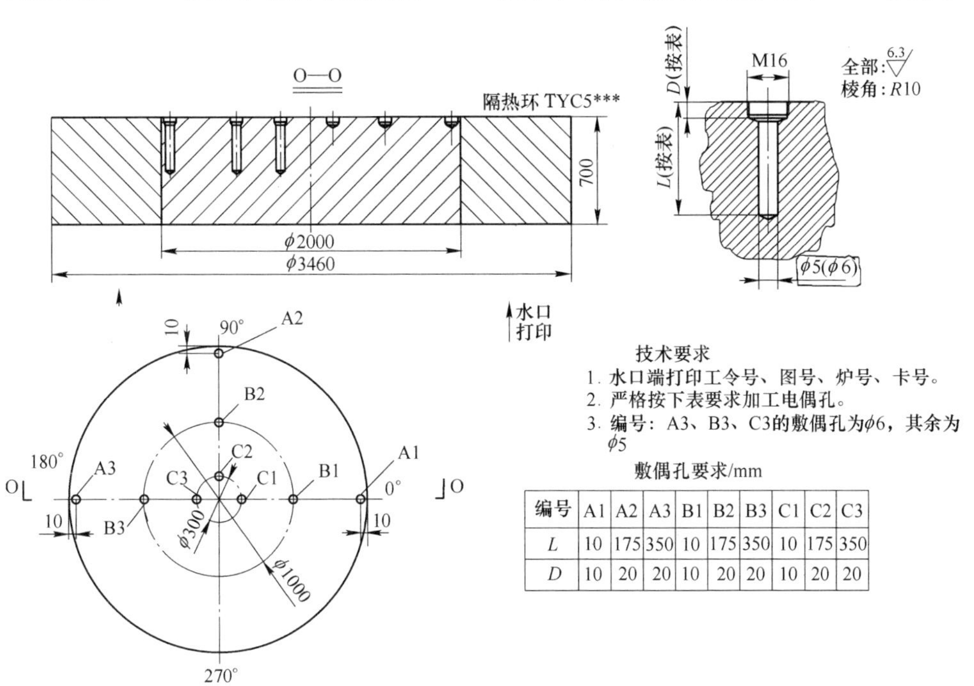

编号	A1	A2	A3	B1	B2	B3	C1	C2	C3
L	10	175	350	10	175	350	10	175	350
D	10	20	20	10	20	20	10	20	20

图 11-14　SA508Gr.4N 锻件敷偶图

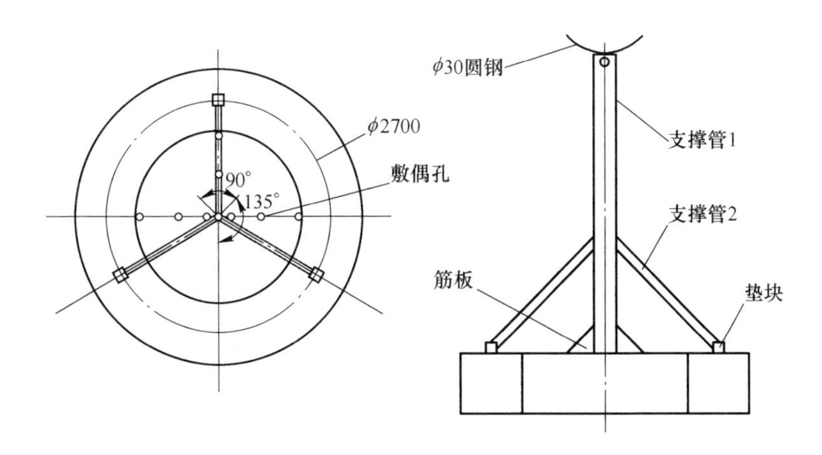

说明：1. 测温支架严格按图示装配及焊接，必须避开敷偶孔；
　　　2. 测温支架所有零件均不得与锻件本体进行焊接

图 11-15　SA508Gr.4N 锻件敷偶支架

图 11-16　SA508Gr. 4N 锻件敷偶图

图 11-17　SA508Gr. 4N 工业试制锻件热处理过程

锻件测温位置敷偶孔深度与图纸存在不一致的情况，各敷偶孔实测深度与图纸要求深度对比见表 11-4。

表 11-4　SA508Gr. 4N 锻件各敷偶孔实测深度与图纸要求深度对比

敷偶孔编号	A1	A2	A3	B1	B2	B3	C1	C2	C3
要求值/mm	10	175	350	10	175	350	10	175	350
实际值/mm	10	175	350	10	175	350	10	175	350

SA508Gr. 4N 锻件不同位置冷却曲线，如图 11-18 所示，并计算了各位置在 A_{c3}-M_s 点（对应温度为 790~360℃）之间的平均冷却速度。

从图 11-18 中可以看出，近表面位置 A1、B1、C1 冷速最快，在锻件入水后温度迅速降低；T/4 位置 B2 和圆心处 C2 冷速基本一致，A2 由于锻件与隔热环之间进水，冷速不准；T/2 位置冷速最慢，淬火 280min 后圆心 C3 位置才降至 200℃（M_f 点）以下。B2 位置由于加工敷偶孔时钻头折断，未进行测温；A3 位置 660℃以前与 C3 位置冷速一致，之后由于电偶孔进水冷速不准。

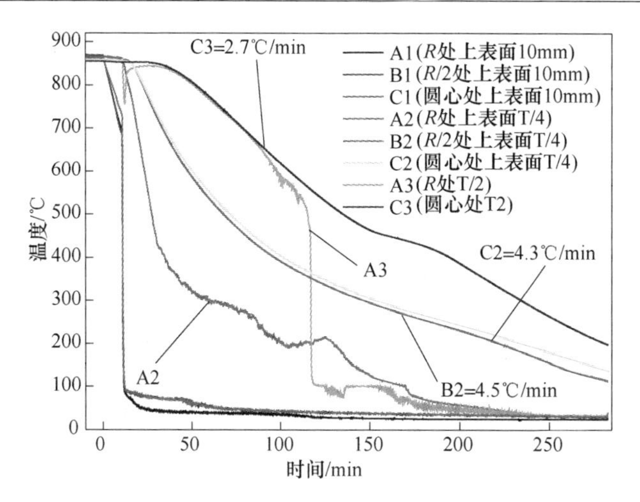

图 11-18 SA508Gr.4N 锻件不同位置冷却曲线

11.6 SA508Gr.4N 钢工业试制大锻件的全面性能检测及评价

11.6.1 试制锻件的试料分解和性能检测项目

SA508Gr.4N 钢试制锻件完成性能热处理后，先进行初检，根据初检结果进行后续解剖检验。锻件解剖、取样与全面性能测试和评估研究，包括按研制技术条件要求在距外圆 730mm（即一个厚度、用 T 表示）以里切取全厚度五层试验环——距上端面 40mm 处、上 T/4 处、T/2 处、下 T/4 处、距下端面 40mm 处，每层试环直径 D mm/(D−140)mm×120mm。图 11-19 为 SA508Gr.4N 试制锻件的解剖取样图，可以看出，切取了外圆试环和 D/2 试环，其中 A1—距上端面 40mm 处、B1—上 T/4 处、C1—T/2 处、D1—下 T/4 处、E1—距下端面 40mm 处；

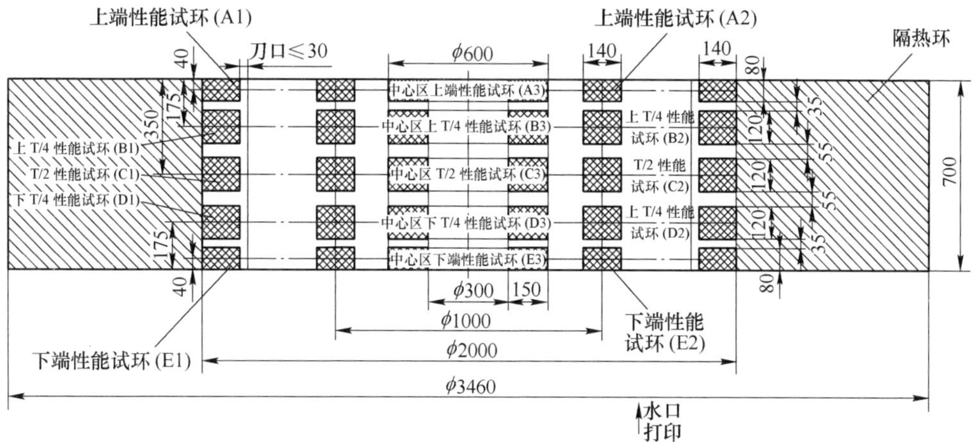

图 11-19 SA508Gr.4N 锻件解剖取样图

A2—距上端面 40mm 处、B2—上 T/4 处、C2—T/2 处、D2—下 T/4 处、E2—距下端面 40mm 处。图 11-20 为锻件分解图。

图 11-20　SA508Gr. 4N 钢工业试制锻件试料分解

锻件性能检测项目包括：

（1）不同部位（距上端面 40mm 处、上 T/4 处、T/2 处、下 T/4 处、距下端面 40mm 处）的化学成分及气体含量；

（2）不同部位（距上端面 40mm 处、上 T/4 处、T/2 处、下 T/4 处、距下端面 40mm 处）、不同取样方向和不同热处理状态（调质处理态和模拟焊后热处理态）试样的室温和高温拉伸性能；

（3）不同部位（距上端面 40mm 处、上 T/4 处、T/2 处、下 T/4 处、距下端面 40mm 处）、不同取样方向和不同热处理状态（调质处理态和模拟焊后热处理态）试样的-30℃夏比 V 型缺口冲击试验、系列温度夏比 V 型缺口冲击试验和绘制 Cv-T℃曲线；

（4）不同部位、不同取样方向和不同热处理状态试样的落锤试验，并确定 RT_{NDT}温度。

11.6.2　试制锻件化学成分分析

工业试制锻件不同部位的化学成分如表 11-5 所示，可见工业试制锻件的化学成分均满足任务书成分范围要求，并且成分均匀。

表 11-5 SA508Gr.4N 钢工业试制锻件不同位置的化学成分分析(质量分数)

取样位置		C/%	Si/%	Mn/%	P/%	S/%	Cr/%	Ni/%	Mo/%	Cu/%	V/%	Nb/%	Al/%	B/%	Co/%	As/%	Sn/%	Sb/%	Ti/%	Ca/%	H/%	O /×10^{-6}	N /×10^{-6}	Ceq
		≤ 0.23	0.15-0.40	0.20-0.40	≤ 0.006	≤ 0.005	1.50-2.00	2.75-3.90	0.45-0.60	≤0.03	≤0.01	≤0.01	≤ 0.025	≤ 0.0003	≤ 0.02	≤ 0.01	≤ 0.01	≤ 0.002	≤ 0.015	≤ 0.015	≤ 0.8ppm	提供	提供	
试板		0.19	0.05	0.28	0.005	0.002	1.75	3.55	0.54	0.03	0.002	0.005	0.013	0.0002	0.009	0.004	0.002	0.0010	0.005	0.008	0.5	10	35	0.81
大件	A1	0.19	0.05	0.29	<0.005	0.002	1.72	3.59	0.5	0.03	0.002	0.005	0.014	<0.002	0.007	0.004	0.002	0.001	<0.005	<0.008	0.5	16	33	0.80
	B1	0.19	0.05	0.29	<0.005	0.002	1.72	3.58	0.51	0.03	0.002	0.005	0.014	<0.002	0.007	0.004	0.003	0.001	<0.005	<0.008	0.5	14	32	0.80
	C1	0.19	0.05	0.30	<0.005	0.002	1.78	3.69	0.54	0.03	0.002	0.005	0.014	<0.002	0.010	0.004	0.002	0.0009	<0.005	<0.008	0.5	14	33	0.83
	D1	0.19	0.05	0.28	<0.005	0.002	1.73	3.56	0.50	0.03	0.002	0.006	0.013	<0.002	0.010	0.004	0.002	0.0009	<0.005	<0.008	0.5	34	11	0.80
	E1	0.19	0.05	0.28	<0.005	0.002	1.73	3.57	0.50	0.03	0.002	0.006	0.013	<0.002	0.009	0.004	0.002	0.0009	<0.005	<0.008	0.5	36	30	0.80
	A2	0.19	0.05	0.29	0.005	0.002	1.77	3.63	0.50	0.03	0.002	0.005	0.013	0.0002	0.010	0.005	0.003	0.0009	0.005	0.008	0.5	29	33	0.81
	B2	0.20	0.05	0.29	0.005	0.002	1.74	3.56	0.50	0.03	0.002	0.005	0.013	0.0002	0.010	0.005	0.003	0.0010	0.005	0.008	0.5	12	32	0.81
	C2	0.20	0.05	0.29	0.005	0.002	1.75	3.59	0.50	0.03	0.002	0.005	0.014	0.0002	0.011	0.005	0.003	0.0010	0.005	0.008	0.5	23	34	0.82
	D2	0.20	0.05	0.30	0.005	0.002	1.77	3.63	0.50	0.03	0.002	0.005	0.018	0.0002	0.010	0.005	0.002	0.001	0.005	0.008	0.5	12	31	0.82
	E2	0.19	0.05	0.29	0.005	0.002	1.76	3.60	0.50	0.03	0.002	0.005	0.013	0.0002	0.010	0.005	0.002	0.0010	0.005	0.008	0.5	15	31	0.81
	A3	0.20	0.05	0.29	0.005	0.002	1.76	3.63	0.52	0.03	0.002	0.005	0.013	0.002	0.007	0.004	0.003	0.0009	0.005	0.008	0.5	12	35	0.82
	B3	0.20	0.05	0.29	0.005	0.002	1.76	3.63	0.52	0.03	0.002	0.005	0.013	0.002	0.007	0.004	0.003	0.0009	0.005	0.008	0.5	8	33	0.82
	C3	0.20	0.05	0.29	0.005	0.002	1.74	3.62	0.52	0.03	0.002	0.005	0.014	0.002	0.007	0.004	0.003	0.0009	0.005	0.008	0.5	9	35	0.82

11.6.3　锻件的力学性能检测

11.6.3.1　室温拉伸试验

SA508Gr. 4N 钢工业试制锻件不同位置的室温拉伸性能如表 11-6 所示，室温拉伸性能均满足任务要求。大锻件的横向与周向拉伸基本一致，锻件的拉伸性能较均匀。

表 11-6　SA508Gr. 4N 钢工业试制锻件不同位置的室温拉伸性能

取样位置		方向	热处理状态	屈服强度/MPa	抗拉强度/MPa	伸长率/%	断面收缩率/%
				≥585	725~895	≥18	≥45
试板		横向	HTMP	747	863	20.0	76.0
			HTMP+SSRHT	683	803	20.5	72.0
初检性能	A	周向	HTMP	678	795	24.5	81.0
			HTMP+SSRHT	652	774	25.0	80.0
		轴向	HTMP	666	789	21.0	80.0
			HTMP+SSRHT	635	761	24.0	80.0
	B	周向	HTMP	620	740	25.0	73.0
			HTMP+SSRHT	619	750	24.0	78.0
		轴向	HTMP	630	763	23.5	77.0
			HTMP+SSRHT	621	753	21.5	61.0
终检性能	A1	周向	HTMP	644	774	23.0	79.0
			HTMP+SSRHT	623	755	22.0	78.0
		轴向	HTMP	623	762	19.0	70.0
			HTMP+SSRHT	624	765	21.0	77.0
	B1	周向	HTMP	640	769	20.0	73.0
			HTMP+SSRHT	611	745	23.5	79.0
		轴向	HTMP	641	772	18.0	57.0
			HTMP+SSRHT	614	748	23.5	77.0
	C1	周向	HTMP	650	777	24.0	77.5
			HTMP+SSRHT	633	762	24.0	77.0
		轴向	HTMP	647	774	23.0	73.5
			HTMP+SSRHT	618	749	23.5	73.0
	D1	周向	HTMP	650	783	24.5	78.0
			HTMP+SSRHT	627	760.0	23.5	78.0
		轴向	HTMP	653	787.0	20.5	71.0
			HTMP+SSRHT	632	766.0	21.5	74.0

续表 11-6

取样位置		方向	热处理状态	屈服强度/MPa	抗拉强度/MPa	伸长率/%	断面收缩率/%
				≥585	725~895	≥18	≥45
终检性能	E1	周向	HTMP	699	816.0	23.0	79.0
			HTMP+SSRHT	664	789.0	25.0	79.0
		轴向	HTMP	637	765.0	20.0	77.0
			HTMP+SSRHT	694	819.0	22.0	79.0
	A2	周向	HTMP	680	805.0	22.5	79.0
			HTMP+SSRHT	651	778.0	23.0	79.5
		轴向	HTMP	659	792.0	18.0	78.5
			HTMP+SSRHT	649	785.0	21.0	79.0
	B2	周向	HTMP	638	771.0	22.5	77.0
			HTMP+SSRHT	616	751.0	23.0	78.0
		轴向	HTMP	636	775.0	19.0	68.5
			HTMP+SSRHT	608	750.0	24.5	77.5
	C2	周向	HTMP	652	783.0	22.0	76.5
			HTMP+SSRHT	619	753.0	22.0	77.0
		轴向	HTMP	648	790.0	18.5	69.0
			HTMP+SSRHT	618	757.0	19.0	75.0
	D2	周向	HTMP	646	782.0	20.5	76.0
			HTMP+SSRHT	616	751.0	22.0	78.0
		轴向	HTMP	637	770.0	19.0	78.0
			HTMP+SSRHT	606	740.0	22.5	78.0
	E2	周向	HTMP	674	798.0	22.5	79.0
			HTMP+SSRHT	669	794.0	22.5	78.0
		轴向	HTMP	667	790.0	21.0	77.0
			HTMP+SSRHT	621	750.0	21.0	80.0
	A3	周向	HTMP	681	808.0	24.0	760.0
			HTMP+SSRHT	635	757.0	22.5	77.0
		轴向	HTMP	664	795.0	21.0	80.0
			HTMP+SSRHT	630	762.0	23.0	79.0
	B3	周向	HTMP	643	780.0	21.5	75.0
			HTMP+SSRHT	606	744.0	22.5	77.0
		轴向	HTMP	639	776.0	21.5	74.0
			HTMP+SSRHT	604	742.0	22.0	73.0
	C3	周向	HTMP	639	775.0	22.5	75.0
			HTMP+SSRHT	603	742.0	24.0	77.0
		轴向	HTMP	638	773.0	19.5	71.0
			HTMP+SSRHT	609	751.0	20.0	73.0

11. 6. 3. 2　350℃拉伸试验

SA508Gr. 4N 钢工业试制锻件不同位置的 350℃ 拉伸性能如表 11-7 所示，350℃拉伸性能均满足任务要求。

表 11-7　SA508Gr. 4N 钢工业试制锻件不同位置的 350℃拉伸性能

取样位置		方向	热处理状态	屈服强度/MPa	抗拉强度/MPa	伸长率/%	断面收缩率/%
试板		横向	HTMP	572	661	16. 5	75. 0
			HTMP+SSRHT	571	665	17. 0	73. 0
初检性能	A	周向	HTMP	566	675	20. 5	78. 5
			HTMP+SSRHT	548	665	21. 5	78. 5
		轴向	HTMP	570	671	18. 5	79. 0
			HTMP+SSRHT	544	663	20. 0	77. 5
	B	周向	HTMP	540	668	20. 5	79. 0
			HTMP+SSRHT	525	661	20. 5	77. 0
		轴向	HTMP	539	669	19. 5	72. 5
			HTMP+SSRHT	522	661	19. 0	69. 5
终检性能	A1	周向	HTMP	541	673	22. 0	79. 0
			HTMP+SSRHT	532	665	21. 5	75. 0
		轴向	HTMP	523	672	21. 0	70. 5
			HTMP+SSRHT	520	666	20. 0	70. 0
	B1	周向	HTMP	553	669	18. 0	78. 0
			HTMP+SSRHT	545	662	18. 5	78. 0
		轴向	HTMP	547	668	17. 0	69. 0
			HTMP+SSRHT	544	662	17. 0	73. 0
	C1	周向	HTMP	546	671	18. 5	78. 0
			HTMP+SSRHT	544	665	17. 5	78. 0
		轴向	HTMP	550	669	16. 5	58. 5
			HTMP+SSRHT	541	661	16. 5	70. 5
	D1	周向	HTMP	550	676	16. 0	78. 5
			HTMP+SSRHT	549	667	18	78. 5
		轴向	HTMP	551	671	17	72. 5
			HTMP+SSRHT	540	667	17	73. 0
	E1	周向	HTMP	582	675	18. 5	78. 0
			HTMP+SSRHT	563	670	19	79. 5

续表 11-7

取样位置		方向	热处理状态	屈服强度/MPa	抗拉强度/MPa	伸长率/%	断面收缩率/%
终检性能	E1	轴向	HTMP	557	673	18.5	77.5
			HTMP+SSRHT	542	668	14	67.5
	A2	周向	HTMP	572	676	21	78.0
			HTMP+SSRHT	561	669	19.5	78.0
		轴向	HTMP	561	669	20.5	79.5
			HTMP+SSRHT	549	662	19	80.0
	B2	周向	HTMP	551	668	19	75.5
			HTMP+SSRHT	546	660	20.5	78.5
		轴向	HTMP	548	667	19	73.0
			HTMP+SSRHT	545	660	19	69.5
	C2	周向	HTMP	556	671	20	78.5
			HTMP+SSRHT	537	663	20	78.5
		轴向	HTMP	548	668	17	68.5
			HTMP+SSRHT	539	662	19	76.0
	D2	周向	HTMP	566	676	19	79.0
			HTMP+SSRHT	549	665	18	78.0
		轴向	HTMP	548	671	16	81.0
			HTMP+SSRHT	536	665	18.5	77.0
	E2	周向	HTMP	563	679	18.5	78.0
			HTMP+SSRHT	553	671	17.5	79.0
		轴向	HTMP	554	673	16.5	76.5
			HTMP+SSRHT	533	667	20	79.5
	A3	周向	HTMP	550	675	18	77.0
			HTMP+SSRHT	547	667	19.5	81.0
		轴向	HTMP	551	672	16	80.0
			HTMP+SSRHT	543	663	17.5	79.0
	B3	周向	HTMP	547	672	19	77.5
			HTMP+SSRHT	529	665	18	77.0
		轴向	HTMP	542	670	19	81.5
			HTMP+SSRHT	528	663	17	75.0
	C3	周向	HTMP	537	668	19	78.5
			HTMP+SSRHT	525	662	18.5	78.5
		轴向	HTMP	528	667	18	72.0
			HTMP+SSRHT	513	660	17.5	72.0

11.6.3.3 -30℃夏比冲击试验

SA508Gr.4N 钢工业试制锻件不同位置的-30℃冲击性能如表 11-8 所示，-30℃冲击性能均满足任务要求。

表 11-8　SA508Gr. 4N 钢工业试制锻件不同位置的-30℃冲击性能

取样位置		方向	热处理状态	冲击功/J			
				平均值 72J		最小值 56J	平均值
试板		横向	HTMP	242	239	234	238.3
			HTMP+SSRHT	245	252	213	236.7
大件初检性能	A	周向	HTMP	260	256	256	257.3
		轴向		271	261	269	267.0
		周向	HTMP+SSRHT	273	259	260	264.0
		轴向		280	265	274	273.0
	B	周向	HTMP	269	277	272	272.7
		轴向		244	268	248	253.3
		周向	HTMP+SSRHT	210	234	207	217.0
		轴向		223	229	186	212.7
大件	A1	周向	HTMP	239	239	244	240.7
		轴向		231	218	230	226.3
		周向	HTMP+SSRHT	255	268	269	264.0
		轴向		201	228	238	222.3
	B1	周向	HTMP	240	243	244	242.3
		轴向		231	243	231	235.0
		周向	HTMP+SSRHT	259	254	249	254.0
		轴向		244	269	253	255.3
	C1	周向	HTMP	261	270	268	266.3
		轴向		241	229	214	228.0
		周向	HTMP+SSRHT	270	272	275	272.3
		轴向		234	194	221	216.3
	D1	周向	HTMP	261	260	250	257.0
		轴向		188	232	201	207.0
		周向	HTMP+SSRHT	266	257	267	263.3
		轴向		229	233	211	224.3
	E1	周向	HTMP	242	221	227	230.0
		轴向		258	245	249	250.7
		周向	HTMP+SSRHT	214	219	249	227.3
		轴向		231	210	235	225.3

续表 11-8

取样位置		方向	热处理状态	冲击功/J			
				平均值 72J	最小值 56J		平均值
大件	A2	周向	HTMP	238	244	236	239.3
		轴向		242	233	254	243.0
		周向	HTMP+SSRHT	243	244	248	245.0
		轴向		253	238	240	243.7
	B2	周向	HTMP	234	237	231	234.0
		轴向		183	226	206	205.0
		周向	HTMP+SSRHT	251	250	244	248.3
		轴向		225	223	219	222.3
	C2	周向	HTMP	203	198	131	177.3
		轴向		190	198	131	173.0
		周向	HTMP+SSRHT	249	238	231	239.3
		轴向		207	236	149	197.3
	D2	周向	HTMP	224	234	226	228.0
		轴向		230	218	220	222.7
		周向	HTMP+SSRHT	251	246	242	246.3
		轴向		223	226	206	218.3
	E2	周向	HTMP	231	257	230	239.3
		轴向		203	249	211	221.0
		周向	HTMP+SSRHT	258	249	252	253.0
		轴向		218	226	203	215.7
	A3	周向	HTMP	229	254	229	237.3
		轴向		245	235	245	241.7
		周向	HTMP+SSRHT	254	254	247	251.7
		轴向		249	244	250	247.7
	B3	周向	HTMP	222	234	249	235.0
		轴向		208	218	218	214.7
		周向	HTMP+SSRHT	238	232	240	236.7
		轴向		230	199	237	222.0
	C3	周向	HTMP	214	207	229	216.7
		轴向		167	141	152	153.3
		周向	HTMP+SSRHT	234	249	231	238.0
		轴向		200	206	106	170.7

11.6.3.4　落锤和 Cv 冲击试验

SA508Gr. 4N 钢工业试制锻件不同位置的落锤性能如表 11-9 所示，落锤性能均满足任务要求。

表 11-9　SA508Gr. 4N 钢工业试制锻件不同位置的落锤性能

取样位置		方向	热处理状态	$RT_{NDT} \leqslant -60℃$
试板		横向	HTMP+SSRHT	-75℃两块未断裂
大件初检性能	A	周向	HTMP	-60℃两块未断裂
			HTMP+SSRHT	-55℃两块未断裂
	B	周向	HTMP	-60℃两块未断裂
			HTMP+SSRHT	-55℃两块未断裂
		径向	HTMP	-60℃两块未断裂
			HTMP+SSRHT	-55℃两块未断裂
大件	A1	周向	HTMP	-75℃两块未断裂
			HTMP+SSRHT	-75℃两块未断裂
		径向	HTMP	-75℃两块未断裂
			HTMP+SSRHT	-75℃两块未断裂
	B1	周向	HTMP	-75℃两块未断裂
			HTMP+SSRHT	-75℃两块未断裂
		径向	HTMP	-75℃两块未断裂
			HTMP+SSRHT	-75℃两块未断裂
	C1	周向	HTMP	-75℃两块未断裂
			HTMP+SSRHT	-75℃两块未断裂
		径向	HTMP	-75℃两块未断裂
			HTMP+SSRHT	-75℃两块未断裂
	D1	周向	HTMP	-75℃两块未断裂
			HTMP+SSRHT	-75℃两块未断裂
		径向	HTMP	-75℃两块未断裂
			HTMP+SSRHT	-75℃两块未断裂
	E1	周向	HTMP	-75℃两块未断裂
			HTMP+SSRHT	-75℃两块未断裂
		径向	HTMP	-75℃两块未断裂
			HTMP+SSRHT	-75℃两块未断裂
	A2	周向	HTMP	-75℃两块未断裂
			HTMP+SSRHT	-75℃两块未断裂

续表 11-9

取样位置		方向	热处理状态	$RT_{NDT}\leq-60$℃
大件	A2	径向	HTMP	-75℃两块未断裂
			HTMP+SSRHT	-75℃两块未断裂
	B2	周向	HTMP	-75℃两块未断裂
			HTMP+SSRHT	-75℃两块未断裂
		径向	HTMP	-75℃两块未断裂
			HTMP+SSRHT	-75℃两块未断裂
	C2	周向	HTMP	-75℃两块未断裂
			HTMP+SSRHT	-75℃两块未断裂
		径向	HTMP	-75℃两块未断裂
			HTMP+SSRHT	-75℃两块未断裂
	D2	周向	HTMP	-75℃两块未断裂
			HTMP+SSRHT	-75℃两块未断裂
		径向	HTMP	-75℃两块未断裂
			HTMP+SSRHT	-75℃两块未断裂
	E2	周向	HTMP	-75℃两块未断裂
			HTMP+SSRHT	-75℃两块未断裂
		径向	HTMP	-75℃两块未断裂
			HTMP+SSRHT	-75℃两块未断裂
	A3	周向	HTMP	-75℃两块未断裂
			HTMP+SSRHT	-75℃两块未断裂
		径向	HTMP	-75℃两块未断裂
			HTMP+SSRHT	-75℃两块未断裂
	B3	周向	HTMP	-75℃两块未断裂
			HTMP+SSRHT	-75℃两块未断裂
		径向	HTMP	-75℃两块未断裂
			HTMP+SSRHT	-75℃两块未断裂
	C3	周向	HTMP	-75℃两块未断裂
			HTMP+SSRHT	-75℃两块未断裂
		径向	HTMP	-75℃两块未断裂
			HTMP+SSRHT	-75℃两块未断裂

11.6.3.5 Cv-*T* 曲线试验

工业试制锻件不同位置系列冲击性能如表 11-10 所示，满足任务要求。

表 11-10　SA508Gr. 4N 钢工业试制锻件不同位置的系列冲击性能

测试温度/℃	冲击性能/J											
	A1		B1		C1		D1		E1		A2	
	周向	轴向	周向	轴向	周向	轴向	周向	轴向	周向	轴向	周向	轴向
-80	210	195	220	190	220	205	220	165	210	205	220	195
	230	200	215	200	250	190	200	155	210	225	205	220
	235	200	205	140	210	200	205	145	230	225	230	205
-60	225	220	220	90	235	210	215	235	230	230	150	200
	215	205	220	175	245	230	235	190	240	235	150	210
	230	225	205	160	255	185	225	165	230	260	90	210
-30	240	205	230	220	230	200	250	210	230	250	250	225
	215	210	235	225	230	205	240	180	230	245	235	225
	220	225	230	190	255	215	220	230	230	235	230	250
0	240	225	245	220	270	245	265	215	245	265	245	230
	235	225	240	220	275	205	230	205	275	260	255	240
	240	230	245	180	255	180	255	165	235	240	250	225
30	230	210	235	205	240	245	240	170	228	245	235	230
	235	200	225	210	240	205	243	180	255	240	235	235
	250	225	240	220	230	205	235	210	243	265	240	230

测试温度/℃	冲击性能/J											
	B2		C2		D2		E2		D3		E3	
	周向	轴向	周向	轴向	周向	轴向	周向	轴向	周向	轴向	周向	轴向
-80	160	95	175	90	175	50	230	250	155	165	235	230
	165	70	170	85	155	35	225	215	175	180	240	225
	80	150	45	100	170	100	220	220	210	125	230	220
-60	205	175	205	145	215	155	225	230	205	185	220	230
	185	150	170	110	190	195	230	250	175	180	220	230
	190	165	225	80	220	150	235	250	230	225	240	210
-30	225	190	215	200	235	195	255	240	235	220	215	225
	225	210	225	175	215	200	240	250	215	225	240	230
	230	210	205	165	220	135	225	250	235	220	255	255
0	225	230	215	185	220	185	265	250	220	230	240	250
	220	185	220	180	225	195	230	230	220	240	260	245
	215	205	235	195	240	195	245	250	235	245	245	260
30	220	205	205	160	210	205	260	255	215	225	240	225
	235	210	230	195	225	190	240	250	220	235	240	240
	210	160	210	190	205	190	260	255	225	225	235	230

11.6.4 锻件的微观组织分析

11.6.4.1 低倍组织形貌

磨制好的试样用1∶1盐酸水溶液+5%硝酸热腐蚀后，检验低倍组织，检验结果见表11-11，大锻件中的疏松和偏析均达到要求。低倍组织形貌见图11-21。

表11-11 低倍组织检验结果

一般疏松（级）	中心疏松（级）	锭型偏析（级）	其他低倍缺陷
0.5	0.5	0.5	未发现

图11-21 低倍组织形貌

11.6.4.2 金相组织、晶粒度、夹杂物

试样纵截面磨制抛后进行非金属夹杂物检验，检验标准为GB/T 10561—2005、GB/T 6394—2002，典型非金属夹杂物形貌见图11-22。夹杂物含量很少，能够满足要求。横截面浸蚀后检验晶粒度，晶粒形貌如图11-23所示。检验结果见表11-12和表11-13。大锻件的晶粒度达为6.5~7.5级，高于标准要求的5级，

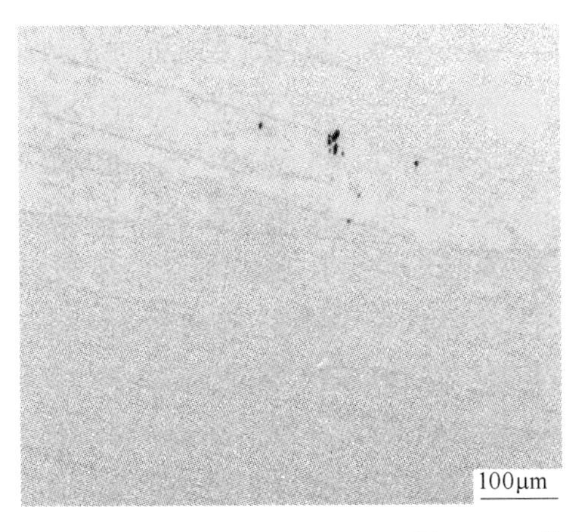

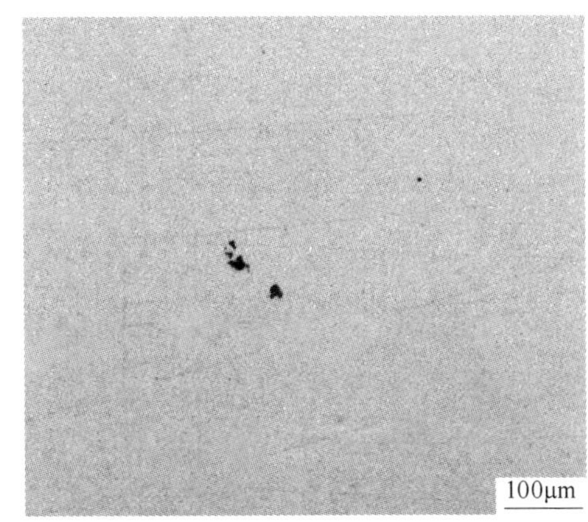

图11-22 非金属夹杂物形貌

具有较优异的微观组织。大锻件的力学性能和微观组织均达到了要求，能够进一步工业应用。

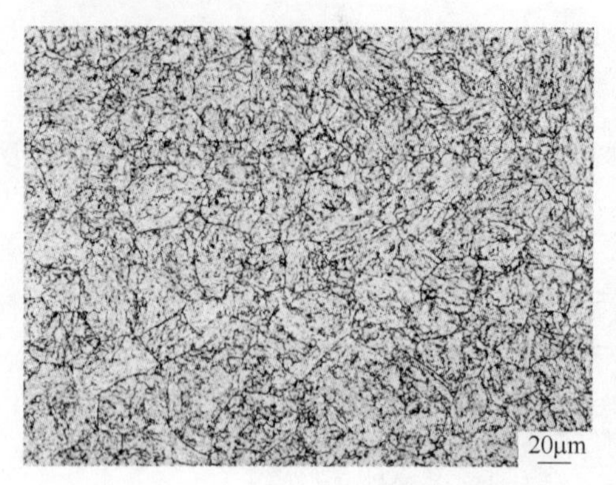

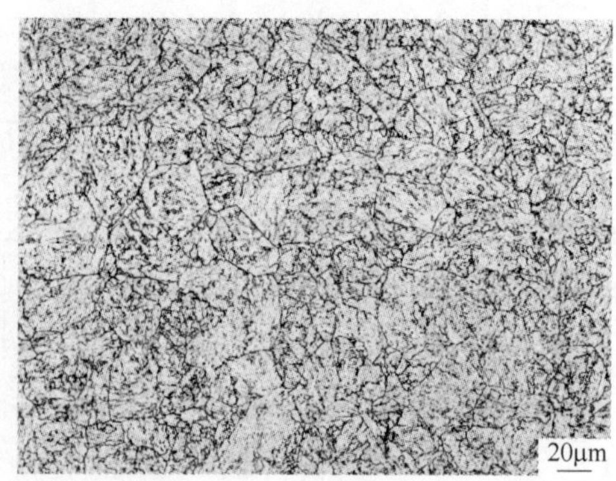

图 11-23　晶粒组织形貌

表 11-12　非金属夹杂物、晶粒度检验结果

非金属夹杂物（级）									晶粒度（级）
A		B		C		D		DS	
细	粗	细	粗	细	粗	细	粗		
0	0	0	0	0	0	1.0	1.0	0	7.5

表 11-13　工业试制锻件不同部位的金相组织、晶粒度和夹杂物检验结果

取样位置		热处理状态	组织	晶粒度	夹杂物			
				≥5	A（硫化物）	B（氧化铝）	C（硅酸盐）	D（球氧）
					≤1.5	≤1.5	≤1.5	≤1.5
试板		HTMP+SSRHT	回火索氏体	6.5	0.5	0.5	0.5	0.5
大件	A1	HTMP+SSRHT	回火索氏体	7	0.5	0.5	0.5	0.5
	B1	HTMP+SSRHT	回火索氏体	7	0.5	0.5	0.5	0.5
	C1	HTMP+SSRHT	回火索氏体	7	0.5	0.5	0.5	0.5
	D1	HTMP+SSRHT	回火索氏体	7	0.5	0.5	0.5	0.5
	E1	HTMP+SSRHT	回火索氏体	6	0.5	0.5	0.5	0.5
	A2	HTMP+SSRHT	回火索氏体	6.5	0.5	0.5	0.5	0.5
	B2	HTMP+SSRHT	回火索氏体	7	0.5	0.5	0.5	0.5
	C2	HTMP+SSRHT	回火索氏体	7	0.5	0.5	0.5	0.5
	D2	HTMP+SSRHT	回火索氏体	7	0.5	0.5	0.5	0.5
	E2	HTMP+SSRHT	回火索氏体	7	0.5	1	0.5	0.5
	A3	HTMP+SSRHT	回火索氏体	7	0.5	0.5	0.5	0.5
	B3	HTMP+SSRHT	回火索氏体	7	0.5	0.5	0.5	0.5
	C3	HTMP+SSRHT	回火索氏体	7	0.5	0.5	0.5	0.5